建筑与市政工程施工现场专业人员职业标准培训教材

安全员通用与基础知识

（第2版）

建筑与市政工程施工现场专业人员职业标准培训教材编审委员会　编

主　编　丁宪良
副主编　徐向东　杜　镀
主　审　牛志鹏

黄河水利出版社
·郑州·

内容提要

本书是为满足企业岗位培训需要而编写的材料。主要内容包括通用知识和基础知识两大部分,具体包括:工程材料的基本知识,施工图识续的基本知识,工程施工工艺和方法,工程项目管理的基本知识,力学的基本知识,建筑构造、结构、设备的基本知识,环境与职业健康管理的基本知识等。

本书用于安全员岗位培训,也可作为土建类工程技术人员学习资料使用。

图书在版编目(CIP)数据

安全员通用与基础知识/丁宪良主编;建筑与市政工程施工现场专业人员职业标准培训教材编审委员会编.—2版.—郑州:黄河水利出版社,2018.2

建筑与市政工程施工现场专业人员职业标准培训教材

ISBN 978-7-5509-1990-7

Ⅰ.①安… Ⅱ.①丁…②建… Ⅲ.①建筑工程-安全管理-职业培训-教材 Ⅳ.①TU714

中国版本图书馆 CIP 数据核字(2018)第 044744 号

出 版 社:黄河水利出版社　　网址:www.yrcp.com

地址:河南省郑州市顺河路黄委会综合楼 14 层　　邮政编码:450003

发行单位:黄河水利出版社

发行部电话:0371-66026940、66020550、66028024、66022620(传真)

E-mail:hhslcbs@126.com

承印单位:河南承创印务有限公司

开本:787 mm×1 092 mm　1/16

印张:19.25

字数:468 千字　　印数:1—3 000

版次:2018 年 2 月第 2 版　　印次:2018 年 2 月第 1 次印刷

定价:59.00 元

建筑与市政工程施工现场专业人员职业标准培训教材
编审委员会

序

为了加强建筑工程施工现场专业人员队伍的建设，规范专业人员的职业能力评价方法，指导专业人员的使用与教育培训，提高其职业素质、专业知识和专业技能水平，住房和城乡建设部颁布了《建筑与市政工程施工现场专业人员职业标准》(JGJ/T 250—2011)，并自2012年1月1日起颁布实施。我们根据《建筑与市政工程施工现场专业人员职业标准》(JGJ/T 250—2011)配套的考核评价大纲，组织建设类专业高等院校资深教授、一线教师，以及建筑施工企业的专家共同编写了《建筑与市政工程施工现场专业人员职业标准培训教材》，为2014年全面启动《建筑与市政工程施工现场专业人员职业标准》的贯彻实施工作奠定了一个坚实的基础。

本系列培训教材包括《建筑与市政工程施工现场专业人员职业标准》涉及的土建、装饰、市政、设备4个专业的施工员、质量员、安全员、材料员、资料员5个岗位的内容，教材内容覆盖了考核评价大纲中的各个知识点和能力点。我们在编写过程中始终紧扣《建筑与市政工程施工现场专业人员职业标准》(JGJ/T 250—2011)和考核评价大纲，坚持与施工现场专业人员的定位相结合、与现行的国家标准和行业标准相结合、与建设类职业院校的专业设置相结合、与当前建设行业关键岗位管理人员培训工作现状相结合，力求体现当前建筑与市政行业技术发展水平，注重科学性、针对性、实用性和创新性，避免内容偏深、偏难，理论知识以满足使用为度。对每个专业、岗位，根据其职业工作的需要，注意精选教学内容、优化知识结构，突出能力要求，对知识和技能经过归纳，编写了《通用与基础知识》和《岗位知识与专业技能》，其中施工员和质量员按专业分类，安全员、资料员和材料员为通用专业。本系列教材第一批编写完成19本，以后将根据住房和城乡建设部颁布的其他岗位职业标准和施工现场专业人员的工作需要进行补充完善。

本系列培训教材的使用对象为职业院校建设类相关专业的学生、相关岗位的在职人员和转入相关岗位的从业人员，既可作为建筑与市政工程现场施工人员的考试学习用书，也可供建筑与市政工程的从业人员自学使用，还可供建设类专业职业院校的相关专业师生参考。

本系列培训教材的编撰者大多为建设类专业高等院校、行业协会和施工企业的专家和教师，在此，谨向他们表示衷心的感谢。

在本系列培训教材的编写过程中，虽经反复推敲，仍难免有不妥甚至疏漏之处，恳请广大读者提出宝贵意见，以便再版时补充修改，使其在提升建筑与市政工程施工现场专业人员的素质和能力方面发挥更大的作用。

建筑与市政工程施工现场专业人员职业标准培训教材编审委员会

2013年9月

前　言

《建筑与市政工程施工现场专业人员职业标准》(JGJ/T250－2011,以下简称《职业标准》)是整个标准体系里的第一个,也是住建部第一个关于技术人员的行业标准。

《职业标准》自2012年1月1日起正式实施。

河南省建设教育协会为满足企业岗位培训需要,组织编写了本套培训教材,根据有关规范、标准的变化,2017年11月在2013年版本基础上进行了修订。本教材包括通用知识和基础知识两大部分,具体内容包括工程材料的基本知识、施工图识读、绘制的基本知识、工程施工工艺和方法、工程项目管理的基本知识、力学的基本知识、建筑构造、结构,建筑设备的基本知识、环境与职业健康管理的基本知识等。本书主编由河南建筑职业技术学院丁宪良担任;副主编由河南建筑职业技术学院徐向东、杜镀担任;主审由许昌职业技术学院牛志鹏担任。

教材编写具体分工是:工程材料的基本知识:赵瑞霞;施工图识读、绘制的基本知识:闫小春;工程施工工艺和方法:丁宪良(其中第一节由陈晓燕编写);工程项目管理的基本知识:张照方;力学的基本知识:徐向东;建筑构造、结构、建筑设备的基本知识:刘萍、宋乔、符佩佩、康兰(其中建筑构造的知识由刘萍编写;建筑结构的知识由宋乔编写;建筑设备的基本知识的建筑给排水一般知识、建筑供暖工程一般知识、建筑通风与空调工程一般知识由符佩佩编写;施工安全用电基本知识、建筑供电照明一般知识、建筑弱电系统一般知识由康兰编写);环境与职业健康管理的基本知识:杜镀。

本书用于安全员岗位培训,也可作为土建类工程技术人员学习资料使用。

限于编者的水平,书中难免有不足之处,恳请广大同仁和读者批评指正。

编　者

2018年1月

目　录

第一篇　通用知识

第一章　工程材料的基本知识

【学习目标】

1. 掌握无机胶凝材料的种类及特性。
2. 掌握常用水泥的品种、特性及应用。
3. 掌握混凝土的种类和主要技术要求。
4. 掌握常用混凝土外加剂的品种及应用。
5. 掌握砌筑砂浆和抹面砂浆的特性及应用。
6. 了解砌筑用石材的种类及应用。
7. 掌握砖、砌块的种类及应用。
8. 掌握钢结构、钢筋混凝土结构用钢的品种及特性。
9. 了解建筑节能材料的特性及应用。

第一节　无机胶凝材料

在一定条件下，经过自身一系列物理、化学作用后，能将散粒或块状材料黏结成整体，并使其具有一定强度的材料，统称为胶凝材料，在建筑工程中应用极其广泛。

胶凝材料按化学性质不同可分为有机胶凝材料和无机胶凝材料两大类。无机胶凝材料是以无机化合物为主要成分的一类胶凝材料，如石灰、石膏、水泥等；有机胶凝材料是以天然或合成高分子化合物为基本组成的一类胶凝材料，如沥青、树脂等。

无机胶凝材料按硬化条件的不同分为气硬性无机胶凝材料和水硬性无机胶凝材料两大类。气硬性无机胶凝材料只能在空气中凝结、硬化，保持并发展其强度，如石灰、石膏、水玻璃等。水硬性无机胶凝材料既能在空气中硬化，又能很好地在水中硬化，保持并继续发展其强度，如各种水泥。

一、气硬性胶凝材料

（一）石灰

石灰是人类在建筑中最早使用的胶凝材料之一，因其原材料蕴藏丰富，分布广，生产工艺简单，成本低廉，使用方便，所以至今仍被广泛应用于建筑工程中。

1. 生石灰

生石灰是一种白色或灰色块状物质，其主要成分是氧化钙。正常温度下煅烧得到的石灰具有多孔结构，内部孔隙率大，晶粒细小，表观密度小，与水作用速度快。实际生产中，若煅烧温度过低或煅烧时间不充足，则 $CaCO_3$ 不能完全分解，将生成欠火石灰，使用欠火石灰时，产浆量较低，质量较差，降低了石灰的利用率。若煅烧温度过高或煅烧时间过长，将生成颜色较深、表观密度较大的过火石灰，过火石灰熟化十分缓慢，使用时会影响工程质量。

2. 石灰的熟化及硬化

1）石灰的熟化（消解）

生石灰与水作用生成熟石灰，经熟化所得的氢氧化钙（熟石灰）即石灰熟化。石灰熟化时放出大量的热量，同时体积膨胀 1～2.5 倍。

过火石灰熟化极慢，为避免过火石灰在使用后因吸收空气中的水蒸气而逐步水化膨胀，使硬化砂浆或石灰制品产生隆起、开裂等破坏，在使用前应将较大尺寸的过火石灰块利用筛网等除去（同时可除去较大的欠火石灰块），之后让石灰浆在储灰池中陈伏两周以上，使较小的过火石灰充分熟化。陈伏期间，石灰浆表面应留有一层水，与空气隔绝，以免石灰碳化。

2）石灰的硬化

石灰在空气中的硬化包括干燥、结晶和碳化三个交错进行的过程。

石灰硬化慢、强度低、不耐水。

3. 石灰的品种

建筑工程所用的石灰有三个品种：建筑生石灰、建筑生石灰粉和建筑消石灰粉。根据氧化镁的含量不同有钙质生石灰、镁质生石灰、钙质消石灰粉、镁质消石灰粉、白云石质消石灰粉。

根据建筑行业标准将石灰分成优等品、一等品、合格品三个等级。

4. 石灰的特性

（1）保水性和可塑性好。生石灰熟化成的石灰浆具有良好的保水性和可塑性，用来配制建筑砂浆可显著提高砂浆的和易性，便于施工。

（2）吸湿性强。生石灰吸湿性强，保水性好，是传统的干燥剂。

（3）凝结硬化慢、强度低。石灰浆的碳化很慢，且 $Ca(OH)_2$ 结晶量很少，因而硬化慢、强度很低。如 1∶3的石灰砂浆 28 d 抗压强度通常只有 0.2～0.5 MPa，不宜用于重要建筑物的基础。

（4）耐水性差。由于 $Ca(OH)_2$ 能溶于水，所以长期受潮或受水浸泡会使硬化的石灰溃散。所以石灰不宜在潮湿的环境中应用。

（5）硬化时体积收缩大。石灰浆在硬化过程中要蒸发掉大量水分，易出现干缩裂缝，除调成石灰乳做薄层粉刷外，不宜单独使用。使用时常在其中掺加砂、麻刀、纸筋等，以抵抗收缩引起的开裂和增加抗拉强度。

5. 石灰的应用

生石灰经加工处理后可得到很多品种的石灰，如生石灰粉、消石灰粉、石灰乳、石灰膏等，不同品种的石灰具有不同的用途。

石灰可制成石灰砂浆和石灰乳涂料，用于墙体砌筑或内墙、顶棚抹面以及用作内墙及天棚粉刷的涂料；石灰粉与黏土按一定比例拌和，可制成石灰土，或与黏土、砂石、炉渣等填料拌制成三合土,夯实后主要用在一些建筑物的基础、地面的垫层和公路的路基上;制作碳化石灰板,可作非承重的内隔墙板、天花板;也可制作成灰砂砖、粉煤灰砖、砌块等硅酸盐制品。

6. 石灰的储存

生石灰会吸收空气中的水分和 CO_2 生成 $CaCO_3$ 固体,从而失去黏结力。所以在工地上储存时要防止受潮,且不宜太多太久。另外,石灰熟化时要放出大量的热,因此应将生石灰与可燃物分开保管,以免引起火灾。通常进场后可立即陈伏,将储存期变为陈伏期。

(二)石膏

石膏是一种以硫酸钙为主要成分的气硬性无机胶凝材料。石膏制品具有质轻、强度较高、隔热、耐火、吸声、美观及易于加工等优良性质。

石膏品种主要有建筑石膏、高强石膏、粉刷石膏、无水石膏等。其中,以半水石膏为主要成分的建筑石膏和高强石膏在建筑工程中应用较多,最常用的是以 β 型半水石膏为主要成分的建筑石膏。

1. 建筑石膏的分类和技术要求

1)分类

按原材料种类分为三类:天然建筑石膏,代号为 N;脱硫建筑石膏,代号为 S;磷建筑石膏,代号为 P。

2)技术要求

根据《建筑石膏》(GB/T 9776—2008)规定,建筑石膏按 2 h 抗折强度分为 3.0、2.0、1.6 三个等级。其中强度、细度和凝结时间三个指标均应满足各等级的技术要求。

建筑石膏按产品名称、代号、等级及标准编号的顺序进行产品标记。例如:等级为 2.0 的天然建筑石膏表示为:建筑石膏 N2.0GB/T 9776—2008。

建筑石膏在贮运过程中,应防止受潮及混入杂物。不同等级的石膏应分别贮运,不得混杂。建筑石膏自生产之日起,在正常贮运条件下,贮存期为 3 个月,超过 3 个月,强度将降低 30% 左右,超过贮存期限的石膏应重新进行质量检验,以确定其等级。

2. 建筑石膏的特性

(1)凝结硬化快。建筑石膏与水拌和后,在常温下几分钟可初凝,30 min 以内可达终凝。为满足施工操作的要求,一般需加硼砂或用石灰活化的骨胶、皮胶和蛋白胶等做缓凝剂。

(2)微膨胀性。建筑石膏硬化过程中体积略有膨胀,硬化时不出现裂缝,所以可以不掺加填料而单独使用,可以浇筑成型制得尺寸准确、表面光滑、图案饱满的构件或装饰图案,且可锯可钉。

(3)孔隙率大。建筑石膏质轻,隔热、吸声性好,且具有一定的调温调湿性,是良好的室内装饰材料。但石膏制品的强度低、吸水率大。

(4)耐水性、抗冻性差。建筑石膏制品软化系数小(0.2~0.3),耐水性差,若吸水后受冻,将因水分结冰而崩裂,故建筑石膏的耐水性和抗冻性都较差,不宜用于室外。

(5)防火性好。石膏硬化后的结晶物 $CaSO_4 \cdot 2H_2O$ 受到火烧时,结晶水蒸发吸收热量,并在表面生成具有良好绝热性的无水石膏,起到阻止火焰蔓延和温度升高的作用,所以石膏有良好的防火性。但石膏不宜长期在 65 ℃以上的高温部位使用,以免二水石膏缓慢脱水分解而降低强度。

3. 建筑石膏的应用

建筑石膏不仅具有如上所述的许多优良性能，而且具有无污染、保温绝热、吸声、阻燃等方面的优点，一般做成石膏抹面灰浆、建筑装饰制品和石膏板等。除可用于室内抹灰及粉刷外，还可用于生产装饰制品，但更多的用于制作石膏板，如石膏蜂窝板、防潮石膏板、石膏矿棉复合板等。建筑石膏若配以纤维增强材料、黏结剂等还可制成石膏角线、线板、角花、灯圈、罗马柱、雕塑等艺术装饰石膏制品。

二、通用水泥

水泥是一种粉状材料，加水拌和成塑性浆体后，能在空气中和水中硬化，并形成稳定的化合物。水泥作为胶凝材料，可用来制作混凝土、钢筋混凝土和预应力混凝土构件，也可配制各类砂浆用于建筑物的砌筑、抹面、装饰等。不仅大量应用于工业和民用建筑，还广泛应用于公路、桥梁、铁路、水利和国防等工程，被称为建筑业的粮食，在国民经济中起着十分重要的作用。

水泥按矿物组成可分为硅酸盐水泥、铝酸盐水泥、硫铝酸盐水泥、铁铝酸盐水泥、氟铝酸盐水泥等。按水泥的用途及性能分为通用水泥、专用水泥、特性水泥三类。

（一）通用硅酸盐水泥的定义和品种

硅酸盐水泥是以硅酸盐水泥熟料和适量石膏及规定的混合材料共同磨细制成的水硬性胶凝材料。

通用硅酸盐水泥按混合材料的品种和掺量分为以下六种：硅酸盐水泥（P·Ⅰ、P·Ⅱ）、普通硅酸盐水泥（P·O）、矿渣硅酸盐水泥（P·S·A、P·S·B）、火山灰硅酸盐水泥（P·P）、粉煤灰硅酸盐水泥（P·F）、复合硅酸盐水泥（P·C）。

（二）硅酸盐系列水泥的水化与凝结硬化

水泥加水拌和后，水泥颗粒立即与水发生化学反应并放出一定的热量。此时的水泥浆既有可塑性又有流动性，随着反应的进行，水化物膜层增厚并相互连接，浆体逐渐失去流动性，产生“初凝”。继而完全失去可塑性，即为“终凝”。水泥浆逐渐产生强度并发展成为坚硬的水泥石，这一过程称为水泥的“硬化”。

在四种水泥熟料矿物成分中，C_3A 的水化最快，能使水泥瞬间产生凝结。为了方便施工使用，通常在水泥熟料中加入掺量为水泥质量 3% ~5% 的石膏，目的是达到缓凝。

硅酸盐水泥与水作用后生成的主要水化反应产物有：水化硅酸钙和水化铁酸钙凝胶、氢氧化钙、水化铝酸钙和水化硫铝酸钙晶体。

硬化水泥石由未水化的水泥颗粒、凝胶体、晶体、水（自由水和吸附水）和孔隙（毛细孔和凝胶孔）组成。

（三）通用硅酸盐水泥的技术标准

1. 化学指标

通用硅酸盐水泥的化学指标包括不溶物、烧失量、三氧化硫、氧化镁、氯离子，其含量应符合 GB 175—2007 的规定。

2. 标准稠度用水量

水泥净浆标准稠度用水量是指水泥净浆达到标准规定的稠度时所需的加水量，常以水和水泥质量之比的百分数表示。标准法是以试杆沉入净浆并距底板(6 ±1)mm 时的水泥净浆为标准稠度净浆。水泥的标准稠度用水量一般为 24% ~33%。测定水泥凝结时间和体积安定时必须采用标准稠度的水泥浆。

3. 凝结时间

水泥的凝结时间分为初凝时间和终凝时间。初凝时间是指从水泥加水到标准净浆开始失去可塑性的时间;终凝时间是指从水泥加水到水泥浆标准净浆完全失去可塑性的时间。

水泥的凝结时间在工程施工中有重要作用。为有足够的时间对混凝土进行搅拌、运输、浇筑和振捣,初凝时间不宜过短。为使混凝土尽快硬化具有一定强度,以利于下道工序的进行,故终凝时间不宜过长。

国家标准规定,通用水泥的初凝时间不得早于 45 min;硅酸盐水泥终凝时间不迟于 6.5 h,其余五种水泥的终凝时间不得迟于 10 h。

4. 体积安定性

水泥体积安定性是指水泥在凝结硬化过程中体积变化的均匀性。当水泥浆体在硬化过程中体积发生不均匀变化时,会导致水泥混凝土膨胀、翘曲、产生裂缝等,即所谓体积安定性不良。安定性不良的水泥会降低建筑物质量,甚至引起严重事故。

水泥体积安定性不良的原因是水泥熟料中游离氧化钙、游离氧化镁过多或石膏掺量过多。游离氧化钙和游离氧化镁在高温烧制水泥熟料时生成,处于过烧状态,水化很慢,它们在水泥硬化后开始或继续进行水化反应,其水化产物体积膨胀使水泥石开裂。过量石膏会与已固化的水化铝酸钙作用,生成钙矾石,体积膨胀,使已硬化的水泥石开裂。

国家标准规定,由游离氧化钙引起的水泥体积安定性不良可采用沸煮法检验。沸煮法包括试饼法和雷氏法两种。当试饼法和雷氏法结论有矛盾时,以雷氏法为准。

5. 强度及强度等级

水泥强度是选用水泥的主要技术指标,国家规定按水泥胶砂强度检验方法(ISO 法)来测定其强度,并按规定龄期的抗压强度和抗折强度来划分水泥的强度等级。

通用硅酸盐水泥的强度等级及各龄期强度值的规定分别见表 1-1。各龄期强度不得低于表 1-1 中规定的数值。强度等级中带 R 的为早强型水泥。

6. 碱含量(选择性指标)

水泥中碱含量过高,当使用活性骨料时,易发生碱 - 骨料反应,造成工程危害,应使用低碱水泥。水泥中的碱含量按 $Na_2O + 0.685K_2O$ 计算,当使用活性骨料或用户要求提供低碱水泥时,水泥中的碱含量不得大于 0.60% 或由供需双方商定。

7. 细度(选择性指标)

细度是指水泥颗粒的粗细程度。水泥的颗粒越细,水泥水化速度越快,强度也越高。但水泥太细,其硬化收缩较大,磨制水泥的成本也较高。因此,细度应适宜。国家标准规定:硅酸盐水泥和普通水泥的细度用比表面积表示,其比表面积应小于 300 m^2/kg;其他四种水泥的细度用筛析法,要求在 0.08 mm 方孔筛筛余不大于 10% 或 0.045 mm 的方孔筛筛余不大于 30%。

表 1-1　硅酸盐水泥的强度等级及各龄期的强度要求(GB 175—2007)

品种	强度等级	抗压强度(MPa)		抗折强度(MPa)	
		3 d	28 d	3 d	28 d
硅酸盐水泥	42.5	17.0	42.5	3.5	6.5
	42.5R	22.0	42.5	4.0	6.5
	52.5	23.0	52.5	4.0	7.0
	52.5R	27.0	52.5	5.0	7.0
	62.5	28.0	62.5	5.0	8.0
	62.5R	32.0	62.5	5.5	8.0
普通水泥	42.5	17.0	42.5	3.5	6.5
	42.5R	22.0	42.5	4.0	6.5
	52.5	23.0	52.5	4.0	7.0
	52.5R	27.0	52.5	5.0	7.0
矿渣水泥、粉煤灰水泥、火山灰水泥、复合水泥	32.5	10.0	32.5	2.5	5.5
	32.5R	15.0	32.5	3.5	5.5
	42.5	15.0	42.5	3.5	6.5
	42.5R	19.0	42.5	4.0	6.5
	52.5	21.0	52.5	4.0	7.0
	52.5R	23.0	52.5	4.5	7.0

国家标准规定:化学指标、安定性、凝结时间、强度均符合规定的为合格品;反之,不符合上述任一技术要求者为不合格品。

(四)通用硅酸盐水泥的特性

通用硅酸盐水泥的特性见表 1-2。

(五)通用硅酸盐水泥的适用范围

通用硅酸盐水泥的选用见表 1-3。

表 1-2　通用硅酸盐水泥的特性

品种	硅酸盐水泥	普通水泥	矿渣水泥	火山灰水泥	粉煤灰水泥	复合水泥
主要特性	①凝结硬化快 ②早期强度高 ③水化热大 ④抗冻性好 ⑤干缩性小 ⑥耐腐蚀性差 ⑦耐热性差	①凝结硬化较快 ②早期强度较高 ③水化热较大 ④抗冻性较好 ⑤干缩性较小 ⑥耐腐蚀性较差 ⑦耐热性较差	①凝结硬化慢 ②早期强度低,后期强度增长较快 ③水化热较低 ④抗冻性差 ⑤干缩性大 ⑥耐腐蚀性较好 ⑦耐热性好 ⑧泌水性大	①凝结硬化慢 ②早期强度低,后期强度增长较快 ③水化热较低 ④抗冻性差 ⑤干缩性大 ⑥耐腐蚀性较好 ⑦耐热性好 ⑧抗渗性较好	①凝结硬化慢 ②早期强度低,后期强度增长较快 ③水化热较低 ④抗冻性差 ⑤干缩性较小,抗裂性较好 ⑥耐腐蚀性较好 ⑦耐热性好	与所掺两种或两种以上混合材料的种类、掺量有关,其特性基本上与矿渣水泥、火山灰水泥、粉煤灰水泥的特性相似

表 1-3　通用硅酸盐水泥的选用

混凝土工程特点或所处的环境条件		优先选用	可以使用	不宜使用
普通混凝土	在普通气候环境中的混凝土	普通水泥	矿渣水泥 火山灰水泥 粉煤灰水泥 普通水泥	
	在干燥环境中的混凝土	普通水泥	矿渣水泥	粉煤灰水泥 火山灰水泥
	在高湿环境中或长期处在水下的混凝土	矿渣水泥	普通水泥 火山灰水泥 粉煤灰水泥 复合水泥	
	厚大体积的混凝土	粉煤灰水泥 矿渣水泥 火山灰水泥 复合硅酸盐水泥	普通水泥	硅酸盐水泥
有特殊要求的混凝土	快硬高强（≥C40）的混凝土	硅酸盐水泥	普通水泥	矿渣水泥 火山灰水泥 粉煤灰水泥 复合水泥
	严寒地区的露天混凝土和处在水位升降范围内的混凝土	普通水泥	矿渣水泥	火山灰水泥 粉煤灰水泥
	严寒地区处在水位升降范围内的混凝土	普通水泥		火山灰水泥 矿渣水泥 粉煤灰水泥 复合水泥
	有抗渗性要求的混凝土	普通水泥 火山灰水泥		矿渣水泥
	有耐磨性要求的混凝土	硅酸盐水泥 普通水泥	矿渣水泥	火山灰水泥 粉煤灰水泥

（六）通用硅酸盐水泥的储存和运输

水泥在储存和运输时不得受潮、混入杂质，通用硅酸盐水泥的有效储存期为 90 d。过期水泥和受潮结块的水泥，均应重新检测其强度后才能决定如何使用。

第二节　混凝土

一、混凝土概述

混凝土是由胶凝材料，粗、细骨料，水和外加剂以及矿物掺合料，按适当比例配合，拌制、浇筑成型后，经一定时间养护、硬化而成的具有所需形状、一定强度的人造石材。

（一）混凝土的分类

1. 按所用胶结材料分类

按所用胶结材料可分为结构混凝土、聚合物浸渍混凝土、聚合物胶结混凝土、沥青混凝土、硅酸盐混凝土、石膏混凝土及水玻璃混凝土等。

2. 按表观密度分类

(1)重混凝土。表观密度大于2 800 kg/m^3,主要用作核能工程的屏蔽结构材料。

(2)普通混凝土。表观密度为2 000 ~2 800 kg/m^3,是用普通的天然砂石为骨料配制而成的,主要用作各种建筑的承重结构材料。

(3)轻混凝土。表观密度小于2 000 kg/m^3,主要用作轻质结构材料和隔热保温材料。

3. 按用途分类

按用途可分为结构混凝土、装饰混凝土、防水混凝土、道路混凝土、防辐射混凝土、耐热混凝土、耐酸混凝土、大体积混凝土、膨胀混凝土等。

4. 按强度等级分类

(1)普通混凝土。强度等级一般在C60以下。其中抗压强度小于30 MPa的混凝土为低强度混凝土,抗压强度为30 ~60 MPa(C30 ~C60)为中强度混凝土。

(2)高强混凝土。抗压强度等于或大于60 MPa。

(3)超高强混凝土。抗压强度在100 MPa以上。

5. 按生产和施工方法分类

按生产和施工方法可分为泵送混凝土、喷射混凝土、碾压混凝土、真空脱水混凝土、离心混凝土、压力灌浆混凝土、预拌混凝土(商品混凝土)等。

(二)混凝土的特点

混凝土是当代最大宗的、最重要的建筑材料,它具备下列优点:

(1)组成材料中砂、石等地方材料占80%以上,符合就地取材和经济原则。

(2)易于加工成型。新拌混凝土有良好的可塑性和浇筑性,可满足设计要求的形状和尺寸。

(3)匹配性好。各组成材料之间有良好的匹配性,如混凝土与钢筋、钢纤维或其他增强材料,可组成共同的具有互补性的受力整体。

(4)可调整性强。因混凝土的性能取决于其组成材料的质量和组合情况,因此可通过调整其组成材料的品种、质量和组合比例,达到所要求的性能,即可根据使用性能的要求与设计来配制相应的混凝土。

(5)钢筋混凝土结构可代替钢、木结构,而节省大量的钢材和木材。

(6)耐久性好,维修费少。

但混凝土的自重大、比强度小、抗拉强度低、变形能力差和易开裂等缺点,也是有待研究改进的。由于混凝土有上述重要优点,所以广泛应用于工业与民用建筑工程、水利工程、地下工程、公路、铁路、桥涵及国防军事各类工程中。

二、普通混凝土

普通混凝土的基本组成材料是天然砂、石子、水泥和水,为改善混凝土的某些性能还常加入适量的外加剂或外掺料。

(一)普通混凝土的组成材料

在混凝土中,砂、石起骨架作用,因此称为骨料。水泥和水形成的水泥浆,包裹在砂粒表面并填充砂粒间的空隙而形成水泥砂浆,水泥砂浆又包裹在石子表面并填充石子间的空隙。

在混凝土硬化前,水泥浆起润滑作用,赋予混凝土拌和物一定的流动性,便于施工。硬化后,则将骨料胶结成一个坚实的整体,并产生一定的力学强度。

1. 水泥

水泥在混凝土中起胶结作用,是最重要的材料,正确、合理地选择水泥的品种和强度等级,是影响混凝土强度、耐久性及经济性的重要因素。配制混凝土用的水泥应符合现行国家标准的有关规定。采用何种水泥,应根据工程特点和所处的环境条件选用。

水泥强度等级的选择应与混凝土的设计强度等级相适应。原则上配制高强度等级的混凝土,选用高强度等级的水泥;配制低强度等级的混凝土,选用低强度等级的水泥。若水泥强度等级过低,会使水泥用量过大而不经济;若水泥强度等级过高,则水泥用量会偏少,给混凝土的和易性及耐久性带来不利影响。对于一般强度等级的混凝土,水泥强度等级宜为混凝土强度等级的1.5~2.0倍;对于较高强度等级的混凝土,水泥强度等级宜为混凝土强度等级的0.9~1.5倍。

2. 细骨料(砂)

细骨料是指粒径为0.15~4.75 mm的岩石颗粒,有天然砂和人工砂两大类。

天然砂按其产源不同可分为河砂、湖砂、山砂和海砂。河砂表面比较圆滑、洁净,建筑工程中一般多采用河砂做细骨料。

机制砂由机械破碎各种硬质岩石、筛分制成,俗称人工砂。随着天然资源的减少和节能环保的要求,使用机制砂将成为发展方向。

根据我国GB/T 14684—2001《建筑用砂》的规定,砂按细度模数(Mx)大小分为粗、中、细三种规格;按技术要求分为Ⅰ类、Ⅱ类、Ⅲ类三种类别。

1)砂的颗粒级配及粗细程度

砂的颗粒级配是指不同粒径的砂子相互间的搭配情况。良好的颗粒级配是在粗颗粒砂的空隙中由中颗粒砂填充,中颗粒砂的空隙再由细颗粒砂填充,这样逐级填充,使空隙率达到最小程度。

砂的粗细程度,是指不同粒径的砂粒混合在一起的平均粗细程度,在砂用量一定的条件下,细砂的总表面积较大,而粗砂的总表面积较小。砂子的总表面积越大,则需要包裹砂粒表面的水泥浆就越多。一般用粗砂拌制的混凝土比用细砂拌制的混凝土所需的水泥浆省。

在拌制混凝土时,砂的颗粒级配和粗细程度应同时考虑。当砂中含有较多的粗颗粒,并以适量的中颗粒及少量的细颗粒填充其空隙,则可达到空隙率及总表积均较小,这是比较理想的,不仅水泥用量少,而且可以提高混凝土的密度与强度。

砂的颗粒级配和粗细程度常用筛分析的方法进行测定。用级配区表示砂的颗粒级配,用细度模数表示砂的粗细程度。

细度模数越大,表示砂越粗,普通混凝土用砂的细度模数范围一般在3.7~1.6,其中M_X在3.7~3.1为粗砂,M_X在3.0~2.3为中砂,M_X在2.2~1.6为细砂。

根据0.6 mm筛孔的累计筛余百分率,将细度模数为3.7~1.6的普通混凝土用砂,分成1区、2区、3区三个级配区。1区为粗砂区,2区为中砂区,3区为细砂区。

一般认为,处于2区的砂,属于中砂,粗细适中,级配较好,宜优先选用。1区的砂偏粗,应适当提高砂率,并保证足够的水泥用量,以满足混凝土的工作性;3区的砂偏细,宜适当降低砂率,以保证混凝土的强度。

在实际工程中，若砂的级配不符合级配区的要求，可采用人工掺配的方法来改善，即将粗、细砂按适当比例进行试配，掺合使用；或将砂过筛，筛除过粗或过细的颗粒，使之达到级配要求。

2）含泥量

混凝土中用砂要求洁净、有害杂质少。砂中所含有的泥、泥块、有害物质（云母、轻物质、有机物、硫化物及硫酸盐、氯盐等）会对混凝土的性能有不利的影响，其含量应不超过有关规范的规定。

3）砂的坚固性

砂的坚固性是指砂在自然风化和其他外界物理化学因素作用下抵抗破裂的能力。按《建筑用砂》（GB/T 14684—2001）规定，用硫酸钠溶液检验，砂样经5次循环后其质量损失应符合规定。

人工砂采用压碎指标法进行检验，压碎指标是测定粗骨料抵抗压碎能力的强弱指标。压碎指标越小，粗骨料抵抗受压破坏的能力越强。

3. 粗骨料

粒径大于4.75 mm的称为粗骨料。普通混凝土常用的粗骨料有碎石和卵石（砾石）。卵石、碎石按技术要求分为Ⅰ类、Ⅱ类、Ⅲ类。Ⅰ类宜用于强度等级大于C60的混凝土；Ⅱ类宜用于强度等级为C30～C60及抗冻、抗渗或有其他要求的混凝土；Ⅲ类宜用于强度等级小于C30的混凝土。

粗骨料的技术要求如下。

1）含泥量、泥块含量和有害杂质含量

粗骨料中含泥量及泥块含量对混凝土的作用与砂子相同，粗骨料中也常含有一些有害杂质，如硫化物、硫酸盐、氯化物和有机质。它们的含量均应符合规定。

2）针片状颗粒

粗骨料中针、片状颗粒不仅本身受力时容易折断，影响混凝土的强度，而且会增大骨料的空隙率，使混凝土拌合物的和易性变差，所以针、片状颗粒含量不能太多，应符合GB/T 14685—2011规定。

3）最大粒径及颗粒级配

粗骨料公称粒级的上限称为该粒级的最大粒径。为了节约水泥，粗骨料的最大粒径在条件许可的情况下，尽量选大值。根据《混凝土质量控制标准》（GB 50164—2011）规定，对于混凝土结构，粗骨料最大公称粒径不得超过构件截面最小尺寸的1/4，且不得超过钢筋间最小净间距的3/4；对于混凝土实心板，骨料的最大公称粒径不得超过板厚的1/3，且不得超过40 mm；对泵送混凝土，当泵送高度在50 m以下时，粗骨料最大粒径与输送管内径之比对碎石不宜大于1∶3，卵石不宜大于1∶2.5；泵送高度在50～100 m时，碎石不宜大于1∶5，卵石不宜大于1∶4。

粗骨料的级配也是通过筛分析试验来确定的。普通混凝土用碎石和卵石根据累计筛余百分率划分颗粒级配，分为连续粒级和单粒级两种。连续粒级是指颗粒的尺寸由大到小连续分布，每一粒级颗粒都占一定的比例。连续粒级配置的混凝土和易性好，不易发生离析现象且较密实，目前使用较多。

单粒级是有小颗粒的粒级直接和大颗粒的粒级相配，中间为不连续的粒级。这种粒级能降低空隙率，节约水泥，但混凝土拌合物易离析，施工困难，工程应用较少。可组合成连续粒级，也可与连续粒级配合使用。

4）骨料的强度和坚固性

为保证混凝土强度的要求，粗骨料都必须质地坚实、具有足够的强度。碎石和卵石的强度可采用岩石立方体强度和压碎指标两种方法来检验。

当混凝土强度等级为 C60 及以上时，应进行岩石抗压强度检验。压碎指标值表示粗骨料抵抗受压破坏的能力，其值越小，表示抵抗压碎的能力越强。一般用于经常性生产质量的控制。

粗骨料的坚固性是指在自然风化和其他外界物理化学因素作用下抵抗破裂的能力。骨料越密实，强度越高，吸水率越小，其坚固性越好。坚固性采用硫酸钠溶液法检验。

5）表观密度、连续级配松散堆积空隙率、吸水率和碱骨料反应、含水状态

粗骨料的表观密度不小于 2 600 kg/m^3；连续级配松散堆积空隙率：Ⅰ类≤43%、Ⅱ类≤45%、Ⅲ类≤47%；吸水率：Ⅰ类≤1.0%，Ⅱ类、Ⅲ类≤2.0%。

经碱集料反应试验后，试件无裂缝、酥裂、胶体外溢等现象，在规定的试验龄期膨胀率应小于 0.10% 。含水状态同砂。

4. 混凝土拌合用水及养护用水

混凝土用水，按水源可分为饮用水、地表水、地下水、海水以及工业废水和生活污水。拌制及养护混凝土宜采用饮用水；地表水和地下水经检验合格后方可使用。海水中含有较多的硫酸盐和氯盐，因此，海水可用于拌制素混凝土，但不宜用于装饰混凝土。未经处理的海水严禁用于拌制钢筋混凝土和预应力钢筋混凝土。混凝土拌合用水不应有漂浮明显的油脂和泡沫，不应有明显的颜色和异味。混凝土企业设备洗刷水不宜用于预应力混凝土、装饰混凝土、加气混凝土和暴露于腐蚀环境的混凝土；也不得用于配制碱活性的混凝土。对混凝土用水的质量要求是：不影响混凝土的凝结和硬化；无损于混凝土的强度发展及耐久性；不加快钢筋锈蚀；不引起预应力钢筋脆断；不污染混凝土表面。混凝土用水中的物质含量限制值应符合 JGJ 63—2006 的规定。

（二）混凝土拌合物的和易性

混凝土的性能包括两个部分：一是混凝土硬化之前的性能，混凝土拌合物的和易性；二是混凝土硬化之后的性能，包括强度、变形性能和耐久性等。

1. 和易性的概念

和易性是指混凝土拌合物易于施工操作（搅拌、运输、浇筑、捣实），并能获得质量均匀、成型密实的混凝土性能。和易性是一项综合的技术指标，包括流动性、黏聚性和保水性等三方面的含义。

流动性是指混凝土拌合物在自重或机械振捣作用下能产生流动，并均匀密实地填满模板的性能。流动性反映混凝土拌合物的稀稠程度。若拌合物太干稠，流动性差，施工困难；若拌合物过稀，流动性好，但容易出现分层离析，混凝土强度低，耐久性差。

黏聚性是指混凝土各组成材料间具有一定的黏聚力，不致产生分层和离析的现象，使混凝土保持整体均匀的性能。若混凝土拌合物黏聚性差，骨料与水泥浆容易分离，造成混凝土不均匀，振捣密实后会出现蜂窝、麻面等现象。

保水性是指混凝土拌合物在施工中具有一定的保水能力，不产生严重的泌水现象。保

水性差的混凝土拌合物,在施工过程中,一部分水易从内部析出至表面,在混凝土内部形成泌水通道,使混凝土的密实性变差,降低混凝土的强度和耐久性。

混凝土拌合物的流动性、黏聚性、保水性,三者之间既互相关联又互相矛盾。当流动性增大时,黏聚性和保水性变差;反之,黏聚性、保水性变大,则会导致流动性变差。实际工程中,在保证混凝土技术性能的前提下,要综合考虑。

2. 和易性的测定

根据《普通混凝土拌合物性能试验方法标准》(GB/T 50080—2002)规定,用坍落度和维勃稠度来测定混凝土拌合物的流动性,并辅以直观经验来评定黏聚性和保水性。

1)坍落度法

坍落度试验适用于骨料最大粒径不大于40 mm,坍落度值不小于10 mm的塑性混凝土拌合物。

混凝土拌合物根据坍落度值大小分为五级:S1为10~40 mm,S2为50~90 mm,S3为100~150 mm,S4为160~210 mm,S5为≥220 mm。混凝土根据扩展直径分为六级:F1≤340 mm,F2为350~410 mm,F3为420~480 mm,F4为490~550 mm,F5为560~620 mm,F6为≥630 mm。

选择混凝土拌和物的坍落度,要根据结构类型、构件截面大小、配筋疏密、输送方式和施工捣实方法等因素来确定。在满足施工要求的前提下,一般尽可能采用较小的坍落度。混凝土浇注地点的坍落度可参考水工混凝土施工规范的规定选择。

2)维勃稠度法

坍落度值小于10 mm的干硬性混凝土拌合物应采用维勃稠度法测定。具体见《普通混凝土拌合物性能试验方法》(GB/T 50080—2016)。所测维勃稠度越小,表明拌合物越稀,流动性越好,反之,维勃稠度越大,表明拌合物越稠,越不易振实。混凝土拌合物维勃稠度等级划分和稠度允许偏差见GB50 164—2011。

(三)混凝土的强度

强度是混凝土最重要的力学性质,因为混凝土主要用于承受荷载或抵抗各种作用力。混凝土的强度包括抗压强度、抗拉强度、抗弯强度、抗剪强度及与钢筋的黏结强度等。其中混凝土的抗压强度最大,抗拉强度最小。因此,在结构工程中混凝土主要承受压力。

1. 混凝土的抗压强度与强度等级

混凝土立方体抗压强度是指按照国家标准《普通混凝土力学性能试验方法标准》(GB/T 50081—2016),制作150 mm×150 mm×150 mm的标准立方体试件,在标准条件(温度20 ℃±2 ℃,相对湿度≥95%)下,养护到28 d龄期,用标准试验方法测得的抗压强度值,以f_{cu}表示。

混凝土立方体抗压强度标准值是指按标准方法制作和养护的边长为150 mm的立方体试件,在28 d龄期,用标准试验方法测其抗压强度,在抗压强度总体分布中,具有95%强度保证率的立方体试件抗压强度。根据混凝土立方体抗压强度标准值(以$f_{cu,k}$表示),将混凝土划分为19个强度等级。混凝土强度等级采用符号C与立方体抗压强度标准值(以MPa计)表示,共分为C10、C15、C20、C25、C30、C35、C40、C45、C50、C55、C60、C65、C70、C75、C80、C85、C90、C95、C100。如C25,表示混凝土立方体抗压强度标准值$f_{cu,k}$≥25 MPa,即大于等于25 MPa的概率为95%以上。

测定混凝土立方体抗压强度，也可以采用非标准尺寸的试件，可按照换算系数进行换算。

2. 混凝土的轴心抗压强度

在实际工程中，混凝土结构构件大部分是棱柱体或圆柱体。为了使测得的混凝土强度接近构件的实际情况，在计算钢筋混凝土轴心受压时，常用轴心抗压强度f_{cp}作为设计依据。

根据国家标准 GB/T 50081—2016 的规定，采用150 mm×150 mm×300 mm 的棱柱体作为标准试件，在标准养护条件下养护 28 d 龄期，按照标准试验方法测得的抗压强度，即为轴心抗压强度。轴心抗压强度f_{cp}一般为立方体抗压强度f_{cu}的 0.70～0.80 倍。

3. 混凝土的抗拉强度

混凝土的抗拉强度只有抗压强度的 1/10～1/20，且随着混凝土强度等级的提高，这个比值有所降低。因此，在钢筋混凝土结构设计中一般不考虑抗拉强度。但混凝土的抗拉强度对抵抗裂缝的产生有着重要意义，是结构计算中确定混凝土抗裂度的重要指标，有时也用来间接衡量混凝土与钢筋间的黏结强度，并预测由于干湿变化和温度变化而产生的裂缝。我国采用劈裂法间接测定抗拉强度。

4. 混凝土与钢筋的黏结强度

在钢筋混凝土结构中，混凝土用钢筋增强，为使钢筋混凝土这类复合材料能有效工作，混凝土与钢筋之间必须有适当的黏结强度。这种黏结强度主要来源于混凝土与钢筋之间的摩擦力、钢筋与水泥之间的黏结力及钢筋表面的机械啮合力。黏结强度与混凝土质量有关，与混凝土抗压强度成正比。此外，黏结强度还受其他许多因素影响，如钢筋尺寸及钢筋种类，钢筋在混凝土中的位置（水平钢筋或垂直钢筋），加载类型（受拉钢筋或受压钢筋），以及环境的干湿变化、温度变化等。

5. 影响混凝土强度的因素

硬化后的混凝土受压破坏可能有三种形式：骨料与水泥石界面的黏结处破坏、水泥石本身受压破坏和骨料受压破坏。常见的普通混凝土受力破坏一般出现在骨料和水泥石的界面上。

1）水泥实际强度与水灰（胶）比

水泥强度等级和水灰（胶）比是决定混凝土强度的最主要因素，也是决定性因素。在配合比相同的条件下，水泥强度等级越高，配制的混凝土强度也越高。在水泥强度等级相同的条件下，混凝土强度主要取决于水灰（胶）比。若水灰（胶）比过大，混凝土硬化后，多余的水分蒸发后在混凝土内部形成过多的空隙，将降低混凝土的强度。但若水灰（胶）比过小，拌合物过于干稠，施工困难大，会出现蜂窝、孔洞，导致混凝土强度严重下降。因此，在满足施工要求并保证混凝土均匀密实的条件下，水灰（胶）比越小，水泥石强度越高，混凝土强度越高。

2）骨料

当骨料级配良好、砂率适当时，由于组成了坚强密实的骨架，有利于混凝土强度的提高。当混凝土骨料中有害杂质较多、品质低、级配不好时，会降低混凝土的强度。

由于碎石表面粗糙有棱角，在坍落度相同的条件下，用碎石拌制的混凝土比用卵石的强度要高。

骨料的强度影响混凝土的强度，一般骨料强度越高，所配制的混凝土强度越高，这在低水灰比和配制高强度混凝土时特别明显。骨料粒形以三维长度相等或相近的球形或立方体为好，若含有较多扁平颗粒或细长的颗粒，将导致混凝土强度下降。

3）养护温度及湿度

混凝土浇捣成型后，必须在一定时间内保持适当的温度和湿度以使水泥充分水化，这就是混凝土的养护。养护温度高，水泥水化速度加快，混凝土强度的发展也快；反之，在低温下混凝土强度发展迟缓。所以，冬季施工时，要特别注意保温养护，以免混凝土早期受冻破坏。

周围环境的湿度对水泥的水化作用能否正常进行有显著影响。湿度适当，水泥水化反应顺利进行，使混凝土强度得到充分发展。因为水是水泥水化反应的必要成分，如果湿度不够，水泥水化反应不能正常进行，甚至停止水化，严重降低混凝土强度，而且使混凝土结构疏松，形成干缩裂缝，增大了渗水性，从而影响混凝土的耐久性。

GB 50204—2015 规定，在混凝土浇筑完毕后的 12 h 内应对混凝土加以覆盖和浇水。其浇水养护时间，硅酸盐水泥、普通硅酸盐水泥和矿渣水泥拌制的混凝土不得少于 7 d；对掺用缓凝型外加剂或有抗渗要求的混凝土的强度不得少于 14 d，浇水次数应能保持混凝土处于潮湿状态。

4）龄期

龄期是指混凝土在正常养护条件下所经历的时间。在正常养护的条件下，混凝土的强度将随龄期的增长而不断发展，最初 7 ~ 14 d 内强度发展较快，以后逐渐缓慢，28 d 达到设计强度。以后若能长期保持适当的温度和湿度，强度的发展可延续数十年之久。

5）试验条件对混凝土强度测定值的影响

试验条件是指试件的尺寸、形状、表面状态及加荷速度等。试验条件不同，会影响混凝土强度的试验值。

（1）试件尺寸。相同配合比的混凝土，试件的尺寸越小，测得的强度越高，试件尺寸影响强度的主要原因是试件尺寸大时，内部空隙、缺陷等出现的概率也大，导致有效受力面积的减小及应力集中，从而引起强度的降低。

（2）试件的形状。当试件受压面积（$a \times a$）相同，而高度（h）不同时，高宽比（h/a）越大，抗压强度越小。

（3）表面状态。混凝土试件承压面的状态也是影响混凝土强度的重要因素。当试件受压面上有油脂类润滑剂时，试件受压时的环箍效应大大减小，试件将出现直裂破坏（见图 1-1），测出的强度值也较低。

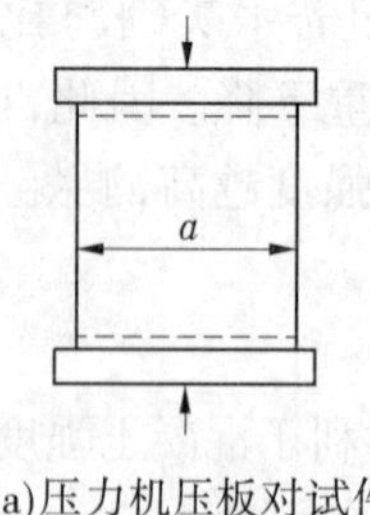

(a)压力机压板对试件的约束作用

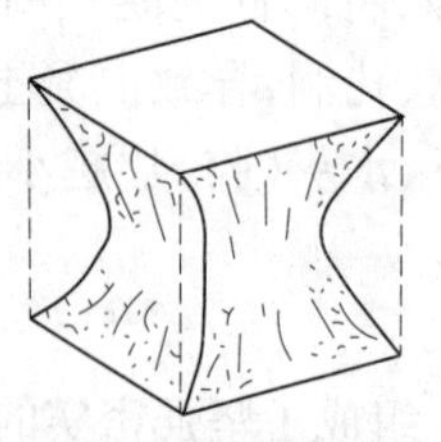
(b)试件破坏后残存的棱锥试体

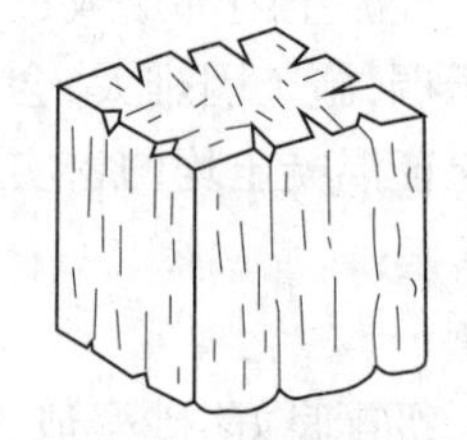
(c)不受压板约束时试件的破坏情况

图 1-1　混凝土受压试验

（4）加荷速度。加荷速度越快，测得的混凝土强度值也越大，当加荷速度超过 1.0

MPa/s时,这种趋势更加显著。因此,我国标准规定混凝土抗压强度的加荷速度为0.3~0.8 MPa/s,且应连续均匀地进行加荷。

(四)混凝土的变形性能

混凝土的变形主要分为两大类:非荷载变形和荷载变形。非荷载变形指物理化学因素引起的变形,包括化学收缩、干湿变形、温度变形等。荷载变形可分为短期荷载作用下的变形,长期荷载作用下的变形-徐变。

(五)混凝土的耐久性

混凝土的耐久性是指混凝土在使用环境中保持长期性能稳定的能力。混凝土除应具有设计要求的强度,以保证其能安全地承受设计的荷载外,还应具有与自然环境及使用条件相适应的经久耐用的性能。

混凝土耐久性主要包括抗渗、抗冻、抗侵蚀、抗碳化、抗碱-集料反应及抗风化等性能。

1. 混凝土的抗渗性

混凝土的抗渗性是指混凝土抵抗有压介质(水、油、溶液等)渗透作用的能力。混凝土的抗渗性用抗渗等级表示。抗渗等级有P4、P6、P8、P10、P12等五个等级,分别表示能抵抗0.4、0.6、0.8、1.0、1.2 MPa的静水压力而不渗透。

混凝土渗水主要与空隙率的大小、空隙的构造有关。

提高混凝土抗渗性的主要措施是提高混凝土的密实度和改善混凝土中的空隙结构;减少连通空隙,这些可通过采用低的水灰比、选择好的骨料级配、充分振捣和养护、掺入引气剂等方法来实现。

2. 混凝土的抗冻性

混凝土的抗冻性是指混凝土在饱和水状态下,能经受多次冻融循环而不破坏,同时不严重降低其所具有的性能的能力。混凝土的抗冻性用抗冻等级来表示。混凝土的抗冻等级有F10、F15、F25、F50、F100、F150、F200、F250和F300等9个,分别表示混凝土能承受冻融循环的最大次数不小于10、15、25、50、100、150、200、250和300次。

混凝土的密实度、空隙率、空隙构造和空隙的充水程度是影响其抗冻性的主要因素。低水灰比、密实的混凝土和具有封闭空隙的混凝土(如引气混凝土)抗冻性较高。

3. 混凝土的抗侵蚀性

当混凝土所处环境中含有侵蚀性介质时,混凝土便会遭受侵蚀。通常有软水侵蚀、硫酸盐侵蚀、镁盐侵蚀、碳酸侵蚀、一般酸侵蚀与强碱侵蚀等,其侵蚀机制同水泥的腐蚀。随着混凝土在地下工程、海岸与海洋工程等恶劣环境中的应用,对混凝土的抗侵蚀性提出了更高的要求。

混凝土的抗侵蚀性与所用水泥品种、混凝土的密实程度和空隙特征等有关,密实和空隙封闭的混凝土,环境水不易侵入,抗侵蚀性较强。

4. 混凝土的碳化

混凝土的碳化是指混凝土内水泥石中的$Ca(OH)_2$与空气中的CO_2,在湿度适宜时发生化学反应,生成$CaCO_3$和水。

混凝土的碳化是CO_2由表及里逐渐向混凝土内部扩散的过程。碳化消耗了混凝土中的$Ca(OH)_2$,碱度降低减弱了对钢筋的保护作用。这是因为混凝土中水泥水化生成大量$Ca(OH)_2$,减弱了对钢筋的保护作用,易引起钢筋锈蚀;碳化作用还会增加混凝土的收缩,引起混凝土表面出现微细裂缝,从而降低混凝土的抗拉、抗折强度及抗渗能力。碳化产生的碳酸钙填充了水泥石的空隙,提高了混凝土碳化层的密实度,对提高抗压强度有利。

影响碳化速度的主要因素有环境中 CO_2 的浓度、水泥品种、水灰比、环境湿度等。当环境中的相对湿度在50% ~75%时,碳化速度最快;当相对湿度小于25%或大于100%时,碳化将停止。

提高混凝土抗碳化的措施:合理选择水泥品种,降低水灰比,掺入减水剂或引气剂,保证混凝土保护层的质量与厚度,加强振捣与养护。

5. 混凝土的碱-骨料反应

碱-骨料反应是指水泥、外加剂等混凝土构成物及环境中的碱与骨料中碱活性矿物在潮湿环境下缓慢发生并导致混凝土开裂破坏的膨胀反应。

碱-骨料反应必须具备以下三个条件:一是水泥中碱的含量大于0.6%;二是骨料中含有一定的活性成分;三是有水存在。

6. 提高混凝土耐久性的措施

混凝土所处的环境和使用条件不同,对其耐久性的要求也不相同,混凝土的密实程度是影响耐久性的主要因素,其次是原材料的性质、施工质量等。提高混凝土耐久性的主要措施如下:

(1)合理选择水泥品种。根据混凝土工程的特点和所处的环境条件,合理选用水泥品种。

(2)选用质量良好、技术条件合格的砂石骨料。

(3)控制水胶比及保证足够的水泥用量是保证混凝土密实度、提高混凝土耐久性的关键。混凝土的最大水灰比和最小水泥用量的限值,应满足《普通混凝土配合比设计规程》(JGJ 55—2011)以及《混凝土结构设计规范》(GB 50010—2010)等的规定。

(4)掺入减水剂或引气剂,改善混凝土的空隙率和空隙结构,对提高混凝土的抗渗性和抗冻性具有良好作用。

(5)改善施工操作,保证施工质量。

第三节 建筑砂浆

建筑砂浆是由胶凝材料、掺合料、细骨料和水按照一定比例配制而成的材料。与普通混凝土相比,砂浆又称无粗骨料混凝土。建筑砂浆在建筑工程中是一项用量大、用途广泛的建筑材料。

根据用途,建筑砂浆分为砌筑砂浆、抹面砂浆、装饰砂浆及特种砂浆。根据胶结材料的不同,建筑砂浆可分为水泥砂浆、石灰砂浆、混合砂浆和聚合物水泥砂浆等。

一、砌筑砂浆

将砖、石、砌块等黏结成为砌体的砂浆称为砌筑砂浆。它起着黏结砌块、传递荷载的作用,是砌体的重要组成部分。

（一）砂浆的组成材料

1. 水泥

普通水泥、矿渣水泥、火山灰水泥、粉煤灰水泥以及砌筑水泥等都可以用来配制砂浆。水泥的技术指标应符合《通用硅酸盐水泥》（GB 175—2007）和《砌筑水泥》（GB/T 3183—2003）的规定。水泥是砌筑砂浆的主要胶凝材料，应根据使用部位的耐久性要求来选择水泥品种。M15 及以下强度等级的砂浆宜选用 32.5 级的通用硅酸盐水泥或砌筑水泥；M15 以上强度等级的砂浆宜选用 42.5 级的通用硅酸盐水泥。

2. 掺合料

为了改善砂浆的和易性和节约水泥，可在砂浆中掺入适量掺合料配制成混合砂浆。常用的材料有石灰膏、电石膏、粉煤灰、粒化高炉矿渣粉、硅灰、沸石粉等无机塑化剂，或松香皂、微沫剂等有机塑化剂。

生石灰熟化成石灰膏时，应用孔径不大于 3 mm×3 mm 的网过滤，熟化时间不得少于 7 d；磨细生石灰粉的熟化时间不得小于 2 d，消石灰粉不得直接用于砂浆中。石灰膏、黏土膏和电石膏试配时的稠度，应为 120 mm±5 mm。粉煤灰、粒化高炉矿渣粉、硅灰、沸石粉应分别符合国家的有关规定。

3. 砂

砂浆用砂应符合普通混凝土用砂的技术要求。由于砌筑砂浆层较薄，对砂子的最大粒径应有所限制。毛石砌体宜用粗砂。最大粒径应小于砂浆层厚度的 1/4～1/5，一般为 5 mm。砖砌体以使用中砂为宜，粒径不得大于 2.5 mm。光滑抹面及勾缝用的砂浆则应使用细砂，最大粒径一般为 1.2 mm。

4. 水

砂浆拌和用水的技术要求与混凝土拌和用水相同。

5. 外加剂

外加剂应符合国家现行有关标准的规定，引气型外加剂还应有完整的型式检验报告。

（二）砂浆的基本性质

1. 新拌砂浆的和易性

新拌砂浆的和易性是指新拌砂浆能在基面上铺成均匀的薄层，并与基面紧密黏结的性能。和易性良好的砂浆便于施工操作，灰缝填筑饱满密实，与砖石黏结牢固，砌体的强度和整体性较好，既能提高劳动生产率，又能保证工程质量。新拌砂浆的和易性包括流动性和保水性两个方面。

（1）流动性（稠度）。指砂浆在自重或外力作用下流动的性能。砂浆的流动性用沉入度表示。稠度越大，则流动性越大，但稠度过大会使硬化后的砂浆强度降低；如果稠度过小，则不利于施工操作。

（2）保水性。新拌砂浆能够保持水分的能力称为保水性。保水性好的砂浆在施工过程中不易离析，能够形成均匀密实的砂浆胶结层，保证砌体具有良好的质量。

2. 硬化砂浆的技术性质

1）砂浆强度等级

《建筑砂浆基本性能试验方法标准》（JGJ/T 70—2009）规定，砂浆的强度等级是以边长为 70.7 mm×70.7 mm×70.7 mm 的立方体试块，按规定方法成型并标准养护至 28 d 的抗压强度平均值来表示。水泥砂浆强度等级分为 M30、M25、M20、M15、M10、M7.5、M5 七个等级;水泥混合砂浆强度等级分为 M15、M10、M7.5、M5。

砌筑砂浆的实际强度主要取决于所砌筑的基层材料的吸水性,可分为下述两种情况:

(1)基层为不吸水材料(如致密的石材)时,影响强度的因素主要取决于水泥强度和水灰比。

(2)基层为吸水材料(如砖)时,由于基层吸水性强,即使砂浆用水量不同,经基层吸水后,保留在砂浆中的水分几乎是相同的,因此砂浆的强度主要取决于水泥强度和水泥用量,而与用水量无关。

此外,砂的质量、混合材料的品种及用量、养护条件(温度和湿度)都会影响砂浆的强度和强度增长。

2)砌筑砂浆的黏结力

砌筑砂浆的黏结力越大,则整个砌体的强度、耐久性、稳定性及抗震性越好。一般砂浆抗压强度越大,则其与基材的黏结力越强。此外,砂浆的黏结力也与基层材料的表面状态、清洁程度、润湿状况及施工养护条件有关。因此,在砌筑前应做好有关的准备工作。

3)砂浆的抗冻性

砂浆的抗冻性是指砂浆抵抗冻融循环作用的能力,砂浆受冻遭损是由于其内部空隙中水的冻结膨胀引起空隙破坏而致的,密实的砂浆和具有封闭性空隙的砂浆都具有较好的抗冻性。有抗冻性要求的砌体工程,砌筑砂浆应进行冻融试验。抗冻性应符合 JGJ/T 98—2010 的规定,且当设计对抗冻性有明确要求时,尚应符合设计规定。

4)砂浆的变形性

砂浆在承受荷载、温度变化或湿度变化时,均会产生变形,如果变形过大或不均匀,都会引起沉陷或裂缝,降低砌体质量。掺太多轻骨料或混合材料配制的砂浆,其收缩变形会比普通砂浆大。

对于重要结构工程,其砂浆质量要求高或者工程量大的砌筑砂浆,可根据《砌筑砂浆配合比设计规程》(JGJ/T 98—2010)计算。

二、普通抹面砂浆

抹面砂浆是涂抹于建筑物或构筑物表面的砂浆的总称。砂浆在建筑物表面起着平整、保护、美观的作用。抹面砂浆一般用于粗糙和多孔的底面,且与底面和空气的接触面大,所以失去水分的速度更快,因此要有更好的保水性。与砌筑砂浆不同,抹面砂浆对强度要求不高,而和易性以及与基底材料的黏结力要好,故胶凝材料比砌筑砂浆多。

为了保证抹灰层表面平整,避免开裂脱落,抹面砂浆常分为底层、中层和面层,分层涂抹,各层的成分和稠度要求各不相同。底层砂浆主要起与基层牢固黏结的作用,要求稠度较稀,其组成材料常随基底而异,如一般砖墙、混凝土墙、柱面常用混合砂浆砌筑。对混凝土基底,宜采用混合砂浆或水泥砂浆。中层砂浆主要起找平作用,较底层砂浆稍稠。面层砂浆主要起装饰作用,一般要求采用细砂拌制的混合砂浆、麻刀石灰砂浆或纸筋砂浆。在容易碰撞或潮湿的地方应采用水泥砂浆。

第四节　石材、砖和砌块

一、石材

石材可分为天然石材和人造石材两大类，砌筑用石材一般使用天然石材。

（一）天然石材的分类

天然石材按地质分类法可分为岩浆岩、沉积岩和变质岩三大类。

（二）天然石材的技术性质

1. 表观密度

表观密度与石材的矿物组成及空隙率有关，根据表观密度可划分为轻质石材与重质石材两大类。

2. 抗压强度

天然石材是非均质各向异性脆性材料。按标准规定的试验方法测定石材标准试样的抗压强度平均值，将石材强度划分为九个等级。

3. 耐水性

天然石材的耐水性按其软化系数值的大小分为三等：

高耐水性石材：软化系数大于0.9；

中耐水性石材：软化系数介于0.7～0.9；

低耐水性石材：软化系数介于0.6～0.7。

4. 吸水性

石材吸水后强度降低，抗冻性变差，导热性增加，耐水性和耐久性下降。表观密度大的石材，空隙率小，吸水率也小。

5. 抗冻性

石材的抗冻性与吸水率大小有密切关系。一般吸水率大的石材，抗冻性能较差。另外，抗冻性还与石材吸水饱和程度、冻结程度和冻融次数有关。石材在水饱和状态下，经规定次数的冻融循环后，若无贯穿缝且质量损失不超过5%、强度损失不超过25%，则为抗冻性合格。

（三）天然石材的种类及应用

1. 毛石

毛石是指以开采所得、未经加工的形状不规则的石块。毛石主要用于砌筑建筑物的基础、勒角、墙身、挡土墙、堤岸及护坡，还可以用来浇筑片石混凝土。

2. 料石

料石是指以人工斩凿或机械加工而成，形状比较规则的六面体块石。按表面加工平整程度分为毛料石、粗料石、半细料石、细料石四种。若按外形划分为条石、方石、拱石（楔形）。料石主要用于建筑物的基础、勒脚、墙体等部位，半细料石和细料石主要用作镶面材料。

二、砌墙砖

凡是以黏土、工业废料或其他地方资源为主要原料，用不同工艺制成的，在建筑中用于砌筑墙体的砖称为砌墙砖。按生产方法分为烧结砖和非烧结砖，按孔洞率分为普通砖（孔洞率≤15%）、多孔砖（孔洞率≥25%）和空心砖（孔洞率≥35%）。

（一）烧结砖

1. 烧结普通砖

烧结普通砖是以黏土、页岩、粉煤灰、煤矸石为主要原料，经焙烧制成的普通砖。按主要原料分为黏土砖（N）、页岩砖（Y）、粉煤灰砖（F）、煤矸石砖（M）。

以黏土为主要原料，经配料、制坯、干燥、焙烧而成的为烧结黏土砖，有红砖和青砖两种。在焙烧时火候要适当、均匀，否则将出现不合格品：欠火砖色浅，敲击声哑，吸水率大，强度低，耐久性差；过火砖色深，敲击时声音轻脆，吸水率小，强度高，耐久性好，易出现弯曲变形。

1）烧结普通砖的技术性能指标

烧结普通砖的各项技术指标应满足《烧结普通砖》（GB 5101—2003）的规定：

（1）尺寸规格：烧结普通砖为直角六面体，标准尺寸为240 mm×115 mm×53 mm。通常将240 mm×115 mm面称为大面，240 mm×53 mm面称为条面，115 mm×53 mm面称为顶面。考虑砌筑灰缝厚度10 mm，则4块砖长、8块砖宽、16块砖厚均为1 m，在理论上1 m^3砖砌体需用砖512块。烧结普通砖的尺寸允许偏差应符合有关规定。

（2）强度等级：烧结普通砖按抗压强度分为MU30、MU25、MU20、MU15、MU10五个强度等级。在评定砖的强度等级时，若强度变异系数≤0.21，采用平均值、标准值方法；若强度变异系数>0.21，则采用平均值、最小值方法。各个强度等级应满足标准的规定。

（3）泛霜和石灰爆裂：

泛霜（盐析）是指可溶性的盐在砖或砌块表面析出的现象，呈白色粉状、絮团或絮片状，影响外观且结晶膨胀也会引起砖表面的酥松，甚至剥落，严重的还可能降低墙体的承载力。

石灰爆裂是指烧结砖的原料中夹杂着石灰石，焙烧时被烧成生石灰，在使用过程中吸水熟化成熟石灰，体积膨胀而发生爆裂现象，影响砖的质量，使砖砌体强度降低，直至破坏。

（4）抗风化性能：抗风化性能是指在干湿变化、温度变化、冻融变化等物理因素作用下，材料不破坏并长期保持原有性质的能力。通常以其抗冻性、吸水率及饱和系数等指标判定。

强度和抗风化性能合格的砖，按尺寸偏差、外观质量、泛霜和石灰爆裂划分为优等品（A）、一等品（B）和合格品（C）。

优等品用于墙体装饰和清水墙，一等品和合格品可用于混水墙，中等泛霜的砖不得用于潮湿部位。

2）烧结普通砖的应用

烧结普通砖具有一定的强度，耐久性好，保温隔热、隔声性能较好，价格低，原料丰富，生产工艺简单，因此是历史悠久且应用范围非常广泛的墙体材料。也常用于砌筑墙体、基础、柱、拱、烟囱，铺砌地面，也可与轻混凝土、保温隔热材料等配合使用。

由于黏土砖大量毁坏良田，且尺寸较小，施工效率低，自重大，能耗高等，目前我国大力推广墙体材料改革，用多孔砖、空心砖、砌块、轻质板材等来取代实心黏土砖。

2. 烧结多孔砖和空心砖

由于多孔砖和空心砖的尺寸及孔洞率等于或大于普通砖，所以可节约燃料10%～20%，节约黏土25%以上，减轻墙体自重，提高工效40%，降低工程造价20%，较大程度地改善墙体的保温隔热、隔声性能，目前我国大力推广使用。

1)烧结多孔砖

烧结多孔砖指以黏土、页岩、粉煤灰、煤矸石等为主要原料,经焙烧制成的孔洞率大于15%的砖。多孔砖孔洞数量多、尺寸小,孔洞垂直于受压面,主要用于承重墙体。

《烧结多孔砖》(GB 13544—2011)规定:烧结多孔砖为直角六面体。长度 290、240 mm;宽度 190、180、175、140、115 mm,高度 90 mm;按抗压强度划分为 MU30、MU25、MU20、MU15、MU10 五个强度等级,各强度等级的抗压强度应符合标准的要求;强度和抗风化性能合格的砖,按尺寸偏差、外观质量、孔形及孔洞排列、泛霜和石灰爆裂分为优等品(A)、一等品(B)、合格品(C)三个质量等级。

烧结多孔砖可以代替烧结黏土砖,用于砖混结构中的承重墙。

2)烧结空心砖

烧结空心砖指以黏土、页岩、粉煤灰、煤矸石等为主要原料,经焙烧制成的孔洞率≥35%的砖。空心砖孔洞数量少、尺寸大,强度低,孔洞方向平行于条面和大面。

烧结空心砖按大面及条面抗压强度平均值和单块最小值分为 MU10.0、MU7.5、MU5.0、MU3.5、MU2.5 五个强度等级;按表观密度不同划分为 800、900、1 000、1 100 四个密度级别。

烧结空心砖主要用于非承重墙和填充墙体。

(二)非烧结砖

不经焙烧的砖为非烧结砖,如碳化砖、免烧免蒸砖、蒸压蒸养砖等。目前常用的是蒸压蒸养砖。

1. 蒸压灰砂砖

蒸压灰砂砖是以石灰、砂子(也可以掺入着色剂或外加剂)为原料,经制坯、压制成型、蒸压养护而成的实心砖。根据颜色可分为彩色(C_0)和本色(N)两种。

蒸压灰砂砖的外形、公称尺寸与烧结普通砖相同;按抗压强度和抗折强度划分为 MU25、MU20、MU15、MU10 四个强度等级,根据外观质量和尺寸偏差、强度和抗冻性分为优等品(A)、一等品(B)、合格品(C)三个质量等级。

灰砂砖中强度等级为 MU25、MU20、MU15 的砖用于工业与民用建筑的墙体和基础,强度等级 MU10 的砖可用于防潮层以上的建筑。不得用于长期受急冷、急热和有酸性腐蚀的建筑部位,也不适用于受流水冲刷的部位。

2. 蒸压(养)粉煤灰砖

蒸压(养)粉煤灰砖是指以粉煤灰、石灰和水泥为主要原料,掺加适量石膏、外加剂、颜料和骨料,经高压或常压蒸汽养护而成的实心粉煤灰砖。

粉煤灰砖的外形、公称尺寸与烧结普通砖相同。按抗压强度和抗折强度划分为 MU30、MU25、MU20、MU15、MU10 五个强度等级;根据外观质量、尺寸偏差、强度和干燥收缩值分为优等品(A)、一等品(B)、合格品(C),优等品强度等级应不低于 MU15,一等品强度等级应不低于 MU10。

粉煤灰砖可用于工业与民用建筑的墙体和基础,但用于基础或用于易受冻融和干湿交替作用的建筑部位的砖,强度等级必须为 MU15 及以上。该砖不得用于长期受热(200 ℃)、受急冷急热和有酸性腐蚀的建筑部位。

三、砌块

砌块是指砌筑用的,形体大于砌墙砖的人造石材。一般为直角六面体,也有各种异型的。砌块主规格尺寸中的长度、宽度和高度,至少有一项应大于365、240、115 mm,但高度不大于长度或宽度的6倍,长度不超过高度的3倍。

砌块按用途可分为承重砌块和非承重砌块,按生产工艺可分为烧结砌块和蒸压蒸养砌块;按有无空洞可分为实心砌块和空心砌块,按产品规格可分为大型砌块(主规格高度 > 980 mm)、中型砌块(主规格高度为 380 ~ 980 mm)、小型砌块(主规格高度为 115 ~ 380 mm)。

(一)蒸压加气混凝土砌块

蒸压加气混凝土砌块是以钙质材料(水泥、石灰)和硅质材料(矿渣和粉煤灰)以及加气剂(铝粉),经配料、搅拌、浇筑、发气、切割和蒸压养护而成的多孔轻质块体材料。

按抗压强度可分为 A1.0、A2.0、A2.5、A3.5、A5.0、A7.5、A10.0 七个等级,见表 1-4;按干表观密度可分为 B03、B04、B05、B06、B07、B08 六个等级;按尺寸偏差、外观质量、体积密度及抗压强度分为优等品(A)、一等品(B)、合格品(C)三个等级。

蒸压加气混凝土砌块具有表观密度小,保温隔热及耐火性好,易加工,抗震性好,施工方便的特点,适用于低层建筑的承重墙,多层建筑和高层建筑的隔离墙、填充墙及工业的围护墙体和绝热材料。在无可靠的防护措施时,该类砌块不得用于处于水中或高湿度和有侵蚀介质的环境中,也不得用于建筑物的基础和温度长期高于 80 ℃的建筑部位。

表 1-4 加气混凝土砌块的抗压强度

强度等级		A1.0	A2.0	A2.5	A3.5	A5.0	A7.5	A10.0
立方体抗压强度(MPa)	平均值≥	1.0	2.0	2.5	3.5	5.0	7.5	10.0
	最小值≥	0.8	1.6	2.0	2.8	4.0	6.0	8.0

(二)粉煤灰砌块

粉煤灰砌块是以粉煤灰、石灰、石膏和骨料为原料,经配料、加水搅拌、振动成型、蒸汽养护而制成的一种密实砌块。主规格尺寸为 880 mm × 380 mm × 240 mm 和 880 mm × 430 mm × 240 mm;按立方体抗压强度分为 MU10、MU13 两个等级;按外观质量、尺寸偏差分为一等品(B)、合格品(C);粉煤灰砌块主要用于工业与民用建筑的墙体和基础,但不适用于有酸性侵蚀介质、密封性要求高、易受较大振动的建筑物以及受高温和受潮湿的承重墙。

(三)混凝土小型空心砌块

混凝土小型空心砌块是以水泥为胶结材料,砂、碎石或卵石、煤矸石、炉渣为集料,经加水搅拌、振动加压或冲压成型、养护而成的小型砌块。

普通混凝土小型空心砌块的主规格尺寸为 390 mm × 190 mm × 190 mm,空心率应不小于25%。按抗压强度分为 MU3.5、MU5.0、MU7.5、MU10、MU15、MU20 六个强度等级,按尺寸偏差、外观质量划分为优等品(A)、一等品(B)、合格品(C)。

该类小型砌块可用于多层建筑的内墙和外墙。这种砌块在砌筑时一般不宜浇水,但在气候特别干燥炎热时,可在砌筑前稍喷水湿润。

第五节 钢 材

钢材是应用最广泛的一种金属材料。建筑工程中使用的各种钢材,包括钢结构用各种型材(如圆钢、角钢、工字钢、管钢)、板材,混凝土结构用钢筋、钢丝、钢绞线。钢材的优点是材质均匀、性能可靠、强度高,具有一定的塑性、韧性,能承受较大的冲击和振动荷载,可以焊接、铆接、螺栓连接,便于装配。由各种型材组成的钢结构,安全性大,自重较轻,适用于重型工业厂房、大跨结构、可移动的结构及高层建筑。钢材的缺点是易锈蚀,维护费用大,耐火性差。

一、钢材的种类及主要技术性能

在理论上凡含碳量在2.06%以下,含有害杂质较少的铁碳合金称为钢材(即碳钢)。

(一)钢的分类

1.按化学成分分类

(1)碳素钢:低碳钢(含碳量小于0.25%)、中碳钢(含碳量0.25%~0.6%)、高碳钢(含碳量大于0.6%)。

(2)合金钢:低合金钢(合金元素总含量小于5%)、中合金钢(合金元素总含量5%~10%)、高合金钢(合金元素总含量大于10%)。

2.按脱氧程度分类

(1)沸腾钢:仅用弱脱氧剂锰铁进行脱氧,是脱氧不完全的钢。沸腾钢组织不够致密,气泡含量较多,化学偏析较大,成分不均匀,质量较差,但成本较低。沸腾钢用F表示。

(2)镇静钢:用一定数量的硅、锰和铝等脱氧剂进行彻底脱氧的钢。镇静钢质量好,组织致密,化学成分均匀,机械性能好,但成本高。主要用于承受冲击荷载或其他重要结构。镇静钢用Z表示。

(3)半镇静钢:其脱氧程度及钢的质量介于上述两者之间,用b表示。

3.按质量分类

(1)普通钢:含硫量0.055%~0.065%;含磷量0.045%~0.085%。

(2)优质钢:含硫量0.03%~0.045%;含磷量0.035%~0.040%。

(3)高级优质钢:含硫量0.02%~0.03%;含磷量0.027%~0.035%。

(二)钢的化学成分对钢性能的影响

钢材中除基本元素铁和碳外,还含有少量的硅、锰、硫、磷、氧、氮及一些合金元素等,这些元素来自炼钢原料、炉气及脱氧剂,在熔炼中无法除净。它们的含量决定了钢材的性能和质量。

(1)碳:是碳素钢的重要元素,当含碳量小于0.8%时,随着含碳量的增加,钢的抗拉强度和硬度提高,而塑性和韧性降低,同时,钢的冷弯、焊接及抗腐蚀等性能降低,并增加钢的冷脆性和时效敏感性。

(2)硅:是炼钢时用脱氧剂硅铁脱氧而残留在钢中的。硅是钢的主要合金元素,当硅的含量在1.0%以内时,可提高钢的强度,且对钢的塑性和冲击韧性无明显影响。

(3)锰:是炼钢时为了脱氧而加入的元素,也是钢的主要合金元素。在炼钢过程中,锰和钢中的硫、氧化合成MnS和MnO,入渣排除,起到脱氧去硫的作用。当锰的含量在0.8%~1%时,可显著提高强度和硬度,消除热脆性,并略微降低塑性和韧性。

(4)磷:是钢中的有害元素,由炼钢原料带入,以夹杂物的形式存在于钢中。磷在低温下可引起钢材的冷脆性。磷还能使钢的冷弯性能降低,可焊性变坏。但磷可使钢材的强度、硬度、耐磨性、耐腐蚀性提高。

(5)硫:是钢中极为有害的元素,以夹杂物的形式存在于钢中,易引起钢材的热脆性。硫的存在还会导致钢材的冲击韧性、疲劳强度、可焊性及耐腐蚀性降低,即使微量存在也对钢有害,故钢材中应严格控制硫的含量。

(6)氧、氮:也是钢中有害元素,它们显著降低钢材的塑性、韧性、冷弯性能和可焊性。

(7)铝、钛、钒、铌:都是炼钢时的强脱氧剂,也是最常用的合金元素。适量加入钢内能改善钢的组织,细化晶粒,显著提高钢材强度和改善钢材韧性。

(三)建筑钢材的主要技术性能

钢材的性能主要包括力学性能、工艺性能和化学性能等。只有了解、掌握钢材的各种性能,才能正确、经济、合理地选择和使用钢材。

1.力学性能

钢材的主要力学性能有拉伸性能、冲击韧性、耐疲劳性等。

1)拉伸性能

拉伸性能是建筑钢材的主要受力方式,也是最重要的性能。反映钢材拉伸性能的指标包括屈服强度、抗拉强度和伸长率。由于下屈服点较稳定易测,故一般结构设计中以下屈服强度作为钢材强度取值的依据。

抗拉强度是钢材受拉时所能承受的最大应力,是钢材抵抗破坏能力的重要指标。屈服强度与抗拉强度之比(R_{eL}/R_m)称为屈强比,反映钢材的利用率和结构安全可靠程度。屈强比越小,表明结构的可靠性越高,不易因局部超载而造成破坏;屈强比过小,表明钢材强度利用率偏低,造成浪费,不经济。建筑结构用钢合理的屈强比一般在0.60~0.75。

伸长率是表明钢材塑性变形能力的重要指标,伸长率越大,说明钢材的塑性越好。伸长率是指断后标距的残余伸长与原始标距之比的百分率。

中碳钢与高碳钢(硬钢)通常以发生残余变形为原标距长度的0.2%时的应力作为屈服强度,用$R_{p0.2}$表示。

2)冲击韧性

冲击韧性是指钢材抵抗冲击荷载而不破坏的能力,是通过冲击试验来确定的。以试件冲断缺口处单位面积上所消耗的功(J/cm^2)来表示,其符号为α_K。α_K值越大,钢材的冲击韧性越好。

影响钢材冲击韧性的因素很多,如化学成分、组织状态、冶炼、轧制质量、环境温度、时效等。发生冷脆时的温度称为脆性临界温度。脆性临界温度越低,钢材的低温冲击性能越好。所以,在负温下使用的结构,应当选用脆性临界温度比环境最低温度低的钢材。

2.工艺性能

建筑钢材在使用前,大多需要进行一定形式的加工。冷弯、冷拉、冷拔及焊接性能均是建筑钢材的重要工艺性能。

1)冷弯性能

冷弯性能指钢材在常温下承受弯曲变形的能力。一般用弯曲角度α以及弯心直径d与试件厚度a(或直径)的比值d/a来表示。试验时采用的弯曲角度越大,弯心直径与试件厚度(或直径)的比值越小,表示对冷弯性能的要求越高。

冷弯试验是将钢材按规定的弯曲角度和弯心直径进行弯曲,若弯曲后试件弯曲处无裂纹、起层及断裂现象，即认为冷弯性能合格；否则为不合格。

冷弯试验对焊接质量也是一种严格的检验，能反映焊件在受弯表面存在未熔合、微裂纹及夹杂物等缺陷。

2）钢材的可焊性

可焊性是指钢材在通常的焊接方法和工艺条件下获得良好焊接接头的性能。

建筑工程中的钢结构有90%以上是焊接结构。可焊性好的钢材焊接后不易形成裂纹、气孔、夹渣等缺陷，焊头牢固可靠，焊缝及附近过热区的性能不低于母材的力学性能，尤其是强度不低于母材，硬脆倾向小。

钢的可焊性主要受化学成分及其含量影响。碳、硅、锰、钒、钛的含量越多，将加大焊接硬脆性，降低可焊性，特别是硫的含量较多时，会使焊缝产生热裂纹，严重降低焊接质量。

（四）钢材的冷加工与时效

在建筑工地或钢筋混凝土预制构件厂，常将钢材进行冷加工来提高钢筋屈服点，节约钢材。

1. 冷加工强化

将钢材在常温下进行冷拉、冷拔、冷轧，使钢材产生塑性变形，从而使强度和硬度提高，塑性、韧性和弹性模量明显下降，这种过程称为冷加工强化。通常冷加工变形越大，则强化越明显，即屈服强度提高越多，而塑性和韧性下降也越大。

（1）冷拉：将热轧钢筋用冷拉设备加力进行张拉，使之伸长。钢材经冷拉后，屈服强度提高20% ~30%，节约钢材10% ~20%。但屈服阶段缩短，伸长率降低，材质变硬。

（2）冷拔：将光面圆钢筋通过硬质钨合金拔丝模孔强行拉拔，经过一次或多次冷拔后的钢筋，表面光洁度高，屈服强度提高40% ~60%，但塑性大大降低，具有硬钢的性质。

2. 时效强化

冷加工后的钢材随时间的延长，强度、硬度提高，塑性、韧性下降，弹性模量得以恢复的现象称为时效强化。钢材经冷加工后，在常温下存放15 ~20 d或加热至100 ~200 ℃，保持2 h左右，其屈服强度、抗拉强度及硬度都进一步提高，而塑性、韧性继续降低。前者称为自然时效，后者称为人工时效。冷拉时效后，屈服强度和抗拉强度均得到提高，但塑性和韧性则相应降低。

因时效导致钢材性能改变的程度称为时效敏感性。时效敏感性大的钢材，经时效后，其冲击韧性值降低显著。因此，对于受到振动冲击荷载作用的重要结构（如吊车梁、桥梁等），应选用时效敏感性小的钢材。

（五）建筑钢材的标准与选用

目前，我国建筑钢材主要采用碳素结构钢和低合金结构钢。

1. 碳素结构钢

根据《碳素结构钢》（GB/T 700—2006）的规定，牌号由代表屈服强度的字母、屈服强度数值、质量等级符号、脱氧方法符号等四部分按顺序组成。其中以“Q”代表屈服强度；屈服强度数值分别为195、215、235、275 MPa四种；质量等级以硫、磷等杂质含量由多到少，分别由A、B、C、D符号表示；脱氧方法以F表示沸腾钢，b表示半镇静钢，Z和TZ分别表示镇静钢和特种镇静钢，Z和TZ在钢的牌号中予以省略。如Q235 - A. F，表示屈服强度为235 MPa的A级沸腾钢。

在建筑工程中应用最广泛的是碳素钢 Q235。它有较高的强度，良好的塑性、韧性和可焊性，综合性能好，能满足一般钢结构和钢筋混凝土用钢要求，成本较低。用 Q235 可轧制成各种型材、钢板、管材和钢筋。

Q195、Q215 号钢，强度低，塑性和韧性较好，易于冷加工，常用作钢钉、铆钉、螺栓、铁丝等。Q215 号钢经冷加工后可代替 Q235 号钢使用。

Q275 号钢，强度较高，但韧性、塑性较差，可焊性也较差，不易焊接和冷弯加工，可用于轧制带肋钢筋做螺栓配件等，但更多用于机械零件和工具等。

2. 优质碳素钢

优质碳素钢按照质量分为优质钢、高级优质钢和特级优质钢。钢材中硫、磷等有害杂质控制较严，质量较稳定，综合性能好，但成本较高，建筑上使用不多。优质碳素钢一般用于生产预应力混凝土用钢丝和钢绞线以及重要结构的钢铸件与高强度螺栓等。

3. 低合金高强度结构钢

低合金高强度结构钢是在碳素结构钢的基础上，添加少量的一种或几种合金元素（总含量小于 5%）的一种结构钢。所加元素主要有锰、硅、钒、钛、铌、铬、镍及稀土元素，其目的是提高钢的屈服强度、抗拉强度、耐磨性、耐腐蚀性及耐低温性能等。因此，它是综合性能较为理想的建筑钢材，尤其在大跨度、承受动荷载和冲击荷载的结构中更适用。另外，比碳素钢节约钢材 20% ~30%，而成本增加不多。

《低合金高强度结构钢》（GB 1591—2008）规定，牌号的表示由代表屈服强度的字母 Q、屈服强度数值、质量等级（分 A、B、C、D、E 五级）三个部分组成。根据屈服强度数值共分有八个牌号，即 Q345、Q390、Q420、Q460、Q500、Q550、Q620、Q690。

在钢结构中常采用低合金高强度结构钢轧制型钢、钢板，采用低合金高强度结构钢，可减轻结构质量，延长使用寿命，特别是大跨度、大柱网结构采用这种钢材，技术经济效果更显著。在重要的钢筋混凝土结构或预应力钢筋混凝土结构中，主要应用低合金钢加工成的热轧带肋钢筋。

二、钢结构用钢材

钢结构构件一般应直接选用各种型钢。构件之间可直接或通过连接钢板进行连接。连接方式有铆接、螺栓连接或焊接。所用母材主要是碳素结构钢及低合金高强度结构钢。型钢按加工方法有热轧和冷轧两种。

（一）热轧型钢

热轧型钢有角钢、工字钢、槽钢、T 型钢、H 型钢、Z 型钢等。

我国建筑用热轧型钢主要采用碳素结构钢 Q235－A，强度适中，塑性和可焊性较好，而且冶炼容易，成本低廉，适合建筑工程使用。在钢结构设计规范中推荐使用的低合金钢主要有 Q345 及 Q390 两种，可用于大跨度、承受动荷载的钢结构。

（二）冷弯薄壁型钢

通常是用 2 ~6 mm 薄钢板冷弯或模压而成，有角钢、槽钢等开口薄壁型钢及方形、矩形等空心薄壁型钢。主要用于轻型钢结构。其标记方式与热轧型钢相同。

（三）钢板、压型钢板

钢板是用轧制方法生产的，宽厚比很大的矩形板状钢材。用光面轧制而成的扁平钢材，以平板状态供货的称钢板，以卷状供货的称钢带。所使用的钢种有碳素结构钢、低合金结构钢和优质碳素结构钢三类。

按轧制温度不同，分为热轧和冷轧两大类。热轧钢板按厚度分为厚板（厚度大于 4 mm）和薄板（厚度为 0.35 ~ 4 mm）两种，冷轧只有薄板（厚度为 0.2 ~ 4 mm）一种。厚板可用于焊接结构，薄板可用作屋面或墙面等围护结构，或作为涂层钢板的原材料，如制作压型钢板等。钢板还可用来弯曲型钢。钢带主要用作弯曲型钢，焊接钢管和建筑五金的原料或直接用作各种结构件及容器等。

三、钢筋混凝土结构用钢材

钢筋混凝土结构用钢筋和钢丝，主要由碳素结构钢和低合金结构钢轧制而成。主要品种有热轧钢筋、冷轧带肋钢筋、热处理钢筋、预应力混凝土用钢丝及钢绞线。按直条或盘条供货。

（一）热轧钢筋

热轧钢筋是指用加热钢坯轧制的条形成品钢筋，主要用于钢筋混凝土和预应力混凝土结构的配筋。按其外形分为热轧光圆钢筋、热轧带肋钢筋。

1. 热轧光圆钢筋

热轧光圆钢筋有 HPB235、HPB300 两个牌号，是用 Q235 碳素结构钢轧制而成的，钢筋的公称直径范围为 6 ~ 22 mm。HPB235、HPB300 级钢筋，属于低强度钢筋，具有塑性好、伸长率高、便于弯折成型、容易焊接等特点。它的使用范围很广，可用作中、小型钢筋混凝土结构的主要受力钢筋，构件的箍筋和构造筋，钢、木结构的拉杆等。其力学性能及工艺性能见表 1-5。

表 1-5　热轧光圆钢筋的力学性能和工艺性能（GB 1499.1—2008）

牌号	R_{eL}（MPa）	R_m（MPa）	A（%）	A_{gt}（%）	冷弯试验 180°（d—弯心直径；a—钢筋公称直径）
	≥				
HPB235	235	370	25.0	10.0	$d=a$
HPB300	300	420			

注：根据供需双方协议，伸长率可从 A 或 A_{gt} 中选定。如未经协议确定，则伸长率采用 A，仲裁检验时采用 A_{gt}。

2. 热轧带肋钢筋

热轧带肋钢筋通常为圆形横截面，表面带有两条纵肋和沿长度方向均匀分布的横肋。

热轧钢筋按屈服强度特征值分为 335、400、500 级，根据钢筋的质量（晶粒）不同，又分为普通热轧钢筋和细晶粒热轧钢筋两种类型。《钢筋混凝土用热轧带肋钢筋》（GB 1499.2—2007）的力学性能与工艺性能见表 1-6。

HRB335 用低合金镇静钢或半镇静钢轧制，以硅、锰作为固溶强化元素，其强度较高，塑性较好，焊接性能比较理想。可作为钢筋混凝土结构的受力钢筋，比使用 HPB235、HPB300 级钢筋可节省钢材 40% ~50%。因此，广泛用于大、中型钢筋混凝土结构，如桥梁、水坝、港口工程和房屋建筑结构的主筋。将其冷拉后，也可用作结构的预应力钢筋。

HRB400 级钢筋主要性能与 HRB335 级钢筋大致相同。

HRB500 级钢筋用中碳低合金镇静钢轧制，其中除以硅、锰为主要合金元素外，还加入钒或钛作为固溶和析出强化元素,使之在提高强度的同时保证其塑性和韧性。它是房屋建筑工程的主要预应力钢筋,广泛用于预应力混凝土板类构件以及成束配置用于大型预应力建筑构件(如屋架、吊车梁等)。

表 1-6　热轧带肋钢筋的力学性能(GB 1499.2—2007)

牌号	R_{eL}(MPa)	R_m(MPa)	A(%)	A_{gt}(%)
	≥			
HRB335 HRBF335	335	455	17	7.5
HRB400 HRBF400	400	540	16	
HRB500 HRBF500	500	630	15	

(二)冷轧带肋钢筋

冷轧带肋钢筋是指用低碳钢热轧圆盘条经冷轧后,在其表面带有沿长度方向均匀分布的二面或三面横肋的钢筋。《冷轧带肋钢筋》(GB 13788—2000)规定,冷轧带肋钢筋代号用 C、R、B 表示,分别为冷轧、带肋、钢筋。按抗拉强度划分为 CRB550、CRB650、CRB800、CRB970 四个牌号。CRB550 钢筋的公称直径范围为 4 ~ 12 mm,CRB650 及以上牌号的公称直径为 4、5、6 mm。

CRB550 钢筋宜用于普通钢筋混凝土结构,其他牌号宜用在预应力混凝土结构中。

(三)热处理钢筋

热处理钢筋用热轧带肋钢筋经淬火和回火调质处理而成的钢筋。通常直径为 6、8.2、10 mm 三种规格,其条件屈服强度为≥1 325 MPa,抗拉强度≥1 470 MPa,伸长率≥6%、1 000 h 应力松弛率≤3.5%。按外形分为有纵肋和无纵肋两种,但都有横肋。

钢筋热处理后卷成盘,使用时开盘钢筋自行伸直,按要求的长度切断。不能使用电焊切断,也不能焊接,以免引起强度下降或脆断。

热处理钢筋适用于预应力混凝土结构中,不适用于焊接。

(四)钢铰线

钢铰线是按严格的技术条件,将数根钢丝经绞捻和消除内应力热处理后制成的。

预应力钢丝和钢铰线具有强度高、柔韧性好、无接头、质量稳定、施工简便等优点,使用时可根据长度切割。其主要适用于大荷载、大跨度、曲线配筋的预应力钢筋混凝土结构。

(五)钢材的防火和防腐蚀

1. 钢材的防火

钢材属于不燃性材料,在高温时,钢材的性能会发生很大的变化。温度达到一定范围后,屈服强度和抗拉强度开始急剧下降,应变急剧增大;到达 600 ℃时钢材开始失去承载能力。

常用的防火方法以包覆法为主,如在钢材表面涂覆防火材料,或用不燃性板材、混凝土等包裹钢构件。

2. 钢材的防腐蚀

钢材的锈蚀是指钢的表面与周围介质发生化学作用而遭到侵蚀而破坏的过程。当周围环境有侵蚀性介质或湿度较大时,钢材就会发生锈蚀。锈蚀不仅使钢材有效截面面积减小,浪费钢材,形成程度不等的锈坑、锈斑,造成应力集中,加速结构破坏,还会显著降低钢材的强度、塑性、韧性等力学性能。

根据钢材表面与周围介质的作用原理,锈蚀可分为化学锈蚀和电化学锈蚀。

钢材在大气中的锈蚀,是化学锈蚀和电化学锈蚀共同作用所致,但以电化学锈蚀为主。

钢材防锈的方法有保护层法、制成耐候钢。

第六节　建筑节能材料

建筑耗能一般包括建筑采暖、降温、电气、照明、炊事、热水供应等所使用的能源,其中以采暖和降温能耗数量最多,所以建筑节能主要还是建筑物维护结构、门窗等的保温隔热。其中建筑物维护结构、门窗的节能潜力在所有建筑节能途径中最大,达50% ~80%。

一、常用建筑节能材料的品种及应用

(一)建筑节能主墙体材料

1. 加气混凝土砌块

加气混凝土砌块是以水泥、石灰等钙质材料,石英砂、粉煤灰等硅质材料和铝粉、锌粉等发气剂为原料,经磨细、配料、搅拌、浇筑、发气、切割、压蒸等工序生产而成的轻质混凝土材料。该类产品材料强度较高、质轻、易加工、施工方便、造价较低,而且保温、隔热、隔声、耐火性能好,是能够同时满足墙材革新和节能50%要求的墙体材料。

2. EPS 砌块

EPS 砌块是用阻燃型聚苯乙烯泡沫塑料模块做模板和保温隔热层,而中心浇筑混凝土的一种新型复合墙体。该类砌块具有构造灵活、结构牢固、施工快捷方便、综合造价低、节能效果好等优点。常用于3 ~4 层以下民用建筑、游泳池、高速公路隔离墙、旅馆建筑等。

3. 混凝土空心砌块

混凝土空心砌块是由水泥做胶结料,砂、石做骨料,经搅拌、振动成形、养护等工艺过程制成的空心砌块,可用于多层建筑的内墙和外墙。对用于承重墙和外墙的砌块,要求其干缩率小于0.5 mm/m;非承重墙或内墙用的砌块,其干缩率应小于0.6 mm/m。这种砌块在砌筑时一般不宜浇水,但在气候特别干燥时,可在砌筑前稍喷水湿润。

4. 模网混凝土

模网混凝土是由蛇皮网、加劲肋、折钩拉筋构成开敞式空间网架结构,网架内浇混凝土制成。可广泛用于工业及民用建筑、水工建筑物、市政工程以及基础工程等。常用的建筑模网主要有钢筋网、钢丝网、钢板网和纤维网等,由高强钢丝焊接的三维空间钢丝网架中填充阻燃型聚苯乙烯泡沫塑料芯板制成的网架板,既有木结构的灵活性,又有混凝土结构的高强和耐久性。具有轻质、节能、保温、隔热、隔声等多种优良性能,便于运输、组装方便、施工速度快,并能有效地减轻建筑物负荷,增大使用面积,是理想的轻质节能承重墙体材料网。

5. 纳土塔(RASTRA)空心墙板承重墙体

纳土塔板是由聚苯乙烯、水泥、添加剂和水制成的隔热吸声水泥聚苯乙烯空心板构件经黏合组装成墙体。整个墙体的内部构成纵横上下左右相互贯通的孔槽,孔槽浇灌混凝土或穿插钢筋后再浇筑混凝土,在墙内形成刚性骨架。纳土塔板只是同体积混凝土质量的1/6~1/7,可减少对基础的荷载,节约投资,在同样的地基承载能力下,可增加建筑物的层数;而且纳土塔板导热系数小,保温隔热性能好;耐火性较好,满足防火规范对防火墙耐火极限的要求。

(二)建筑节能外墙保温材料

1. 岩棉

岩棉纤维细长柔软,纤维直径4~7 m,绝热、绝冷性能优良且具有良好的隔声性能,不燃、耐腐、不蛀,经憎水剂处理后其制品几乎不吸水。它的缺点是密度低、性脆、抗压强度不高、耐长期潮湿性比较差、手感不好、施工时有刺痒感。目前,通过提高生产技术,产品性能已有很大改进,虽可直接应用,但更多仍用于制造复合制品。

2. 玻璃棉

玻璃棉是建筑业中应用较早且常见的绝热、吸声材料,它是采用石灰石、石英砂、白云石、蜡石等天然矿石为主要原料,配合一些纯碱、硼砂等化工原料经加工制成极细的絮状纤维材料。按化学成分可分为无碱、中碱和高碱玻璃棉。其与岩棉在性能上有很多相似之处,但其手感好于岩棉,渣球含量低,不刺激皮肤,在潮湿条件下吸湿率小,线性膨胀系数小,但它的价格较岩棉高。

3. 聚苯乙烯泡沫塑料

聚苯乙烯泡沫塑料是以聚苯乙烯树脂为主要原料,经发泡剂发泡制成的内部具有无数封闭微孔的材料。其表观密度小,导热系数小,吸水率低,保温、隔热、吸声、防震性能好,耐酸碱,机械强度高,而且尺寸精度高,结构均匀,因此在外墙保温中其占有率很高。但是聚苯乙烯在高温下易软化变形,防火性能差,不能应用于防火要求较高部位外墙内保温,并且吸水率较高。现已开发出新的聚苯乙烯复合保温材料,如水泥聚苯乙烯板及聚苯乙烯保温砂浆等。

4. 硬质聚氨酯泡沫塑料

硬质聚氨酯泡沫塑料是以聚合物多元醇(聚醚或聚酯)和异氰酸酯为主体材料,在催化剂、稳定剂、发泡剂等助剂的作用下,经混合后发泡反应而制成各类软质、半软半硬、硬质的塑料,具有非常优越的绝热性能,它的导热系数很低(0.025 W/(m·K)),是其他材料所无法比拟的。同时,其特有的闭孔结构使其具有更优越的耐水汽性能,由于不需要额外的绝缘防潮,简化了施工程序,降低了工程造价。但其价格较高,而且易燃。

5. 水泥聚苯板(块)

水泥聚苯板是近年开发的轻质高强保温材料,是采用聚苯乙烯泡沫颗粒、水泥、发泡剂等搅拌浇筑成型的一种新型保温板材,这种材料质量轻、强度高、破损少,施工方便,有韧性、抗冲击,还具有耐水、抗冻性能,保温性能优良。该类防火、阻燃材料的防火阻燃效果好,能达到国家相关规定标准。但这种材料的容量、强度和导热系数之间存在着相互制约的关系,配比中各成分量的变化对板材的性能都有显著的影响。由于板材的收缩变形,易出现板裂缝问题。

二、门窗材料

（一）门窗框扇材料

1. 塑钢型材框扇

塑钢型材框扇是以聚氯乙烯（PVC）树脂为主要原料，加上一定比例的高分子改性剂、发泡剂、热稳定剂、紫外线吸收剂和增塑剂等挤出成型，然后通过切割、焊接或螺接的方式制成，再配装上密封胶条、毛条、五金件等。超过一定长度的型材空腔内需要用钢衬（加强筋或细钢条）增强。该类框扇比重轻、导热系数低、保温性能好，耐腐蚀、隔声、防震、阻燃性能优良。PVC 塑料线膨胀系数高，窗体尺寸不稳定影响气密性；PVC 塑料冷脆性高，不耐高温，使得该类门窗材料在严寒和高温地区使用受到限制；而且 PVC 塑料刚性差，弯曲模量低，不适于大尺寸窗及高风压场合。

2. 塑铝型材门窗框扇

塑铝型材框扇是在铝合金型材内注入一条聚酰胺塑料隔板，以此将铝合金型材分离形成断桥，来阻止热量的传递。此种节能框扇由于聚酰胺塑料隔板将铝合金型材隔断，形成冷桥，从而在一定程度上降低了窗体的导热系数，因而具有较好的保温性能；而且铝合金型材弯曲模量高，刚性好，适宜大尺寸窗及高风压场合使用；铝合金型材耐寒热性能好，使得塑铝框扇可用在严寒和高温地区，而且在冬季温差 50 ℃时门窗也不会产生结露现象，并且隔声性能较好。但铝合金型材线膨胀系数较高，窗体尺寸不稳定，对窗户的气密性能有一定影响；铝合金型材耐腐蚀性能差，适用环境范围受到限制。目前该类型材价格较高。

3. 玻璃钢型材框扇

玻璃钢是将玻璃纤维浸渍了树脂的液态原料后，经过模压法预成型，然后将树脂固化而成。玻璃钢型材同时具有铝合金型材的刚度和 PVC 型材较低的热传导性，具有低的线膨胀系数，且和玻璃及建筑主体的线膨胀系数相近，窗体尺寸稳定，门窗的气密性能好；玻璃钢型材导热系数低，玻璃钢窗体保温性能好；玻璃钢型材对热辐射和太阳辐射具有隔断性，隔热性能好；玻璃钢型材耐腐蚀，适用环境范围广泛；弯曲模量较高，刚性较好，适宜较大尺寸窗或较高风压场合使用；玻璃钢型材耐寒热，使得玻璃钢门窗可以广泛应用在严寒和高温地区；而且玻璃钢型材质量轻，比强度高，隔声性能好，可随意着色，使用寿命长，普通 PVC 寿命为 15 年，而玻璃钢寿命为 50 年，是国家重点鼓励发展的节能产品。

（二）玻璃

1. 热反射膜玻璃

热反射膜玻璃主要指阳光控制玻璃和透明反热膜玻璃等，该类玻璃具有较高的热反射性、较好的光学控制性，对近红外光有良好的反射和吸收能力，所以能够明显减少太阳的光辐射能向室内的传递，保持室内温度稳定。一般情况下，热反射膜玻璃已能满足一般节能窗的需要。

2. 中空玻璃

中空玻璃是由两片或多片玻璃通过填充干燥剂的铝框或塑胶条隔开，周边密封而成。在玻璃之间充入干燥空气或惰性气体以降低导热系数。中空玻璃不仅具有单层玻璃的采光性能，同时具有隔热、保温、隔声、防结露等优点。中空玻璃具有优良的隔热性能，在某些条件下其隔热性能可优于一般混凝土墙。

3. 低辐射镀膜玻璃

低辐射镀膜玻璃又称 Low－E 玻璃。其主要特点是对可见光具有良好的透过性,同时能阻挠红外线辐射。严寒及寒冷地区,选用高透光低辐射膜玻璃阻止室内中红外波辐射,可见光透过率高且无反射光污染,对太阳辐射中的近红外波具有高透过性,降低传热系数和提高阳光得热系数,从而降低取暖能源消耗。在炎热时能阻挡太阳光中的大部分近红外波辐射和室外中红外波辐射,选择性透过可见光,降低遮阳系数和阳光得热系数,从而降低空调能耗。

本章小结

1. 气硬性胶凝材料的种类、特性和应用。
2. 常用水泥的种类、特性及应用。
3. 混凝土的种类、技术性质及外加剂的品种和应用。
4. 砌筑砂浆、抹面砂浆的特性及应用。
5. 砌墙砖、砌块的种类及应用。
6. 钢筋混凝土和钢结构用钢的种类及特性。
7. 建筑节能材料的特性及应用。

第二章　施工图识读的基本知识

【学习目标】

1. 掌握民用建筑的基本组成；
2. 掌握建筑工程施工图的基本组成；
3. 掌握建筑工程施工图的图示特点；
4. 掌握建筑工程施工图的常用符号；
5. 掌握建筑平面图的用途、形成和内容及识图要点；
6. 掌握建筑立面图的用途、形成和内容及识图要点；
7. 掌握建筑剖面图的用途、形成和内容及识图要点；
8. 掌握建筑详图的用途、形成和内容及识图要点；
9. 了解结构施工图的作用，掌握结构施工图的组成，掌握常用构件的代号；
10. 会识读基础施工图；
11. 会识读楼层结构平面布置图；
12. 掌握安装施工图的图例，会识读安装施工图。

第一节　施工图的基本知识

一、房屋建筑工程施工图的组成及表达的内容

（一）建筑的组成

建筑物按其使用功能和使用对象的不同，其空间组合、外形处理、结构形式和规模大小等各不相同。但一般可分为民用和工业用两大类。一般民用建筑的组成分为主要部分和附属部分；一般工业建筑包括厂房和生产设备。

建筑的主要部分包括基础、柱、墙、梁、楼板和屋面板及楼梯，附属部分包括门、窗、楼梯、地面、走道、台阶、花池、散水、勒脚、屋檐、雨篷、天沟、踢脚板等细部构造。这些组成部分在房屋中起着不同的作用。

（1）基础：基础位于墙或柱的下部，作用是承受上部荷载（重量），并将荷载传递给地基（地球）。

（2）柱、墙：柱、墙的作用是承受梁或板传来的荷载，并将荷载传递给基础，它是房屋的竖向传力构件。墙还起围成房屋空间和内部水平分隔的作用。墙按受力情况分为承重墙和非承重墙（也称隔墙），按位置分为内墙和外墙，按方向分为纵墙和横墙。

（3）梁：梁的作用是承受板传来的荷载，并将荷载传递给柱或墙，它是房屋的水平传力构件。

（4）楼板和屋面板：楼板和屋面板是划分房屋内部空间的水平构件，同时承受板上荷载作用，并把荷载传递给梁。

(5)门、窗:门的主要功能是交通和分隔房间,窗的主要功能是通风和采光,同时还具有分隔和围护的作用。

(6)楼梯:楼梯是各楼层之间垂直交通设施,为上下楼层用。

(7)建筑设备:包括与房屋建筑配套使用的给水排水、采暖、电气、通风空调等。

(8)其他建筑配件:其他建筑配件包括地面、走道、台阶、花池、散水、勒脚、屋檐、雨篷。

(二)房屋建筑工程施工图的组成

将一幢拟建房屋的内外形状和大小,以及各部分的结构、构造、装修设备等内容,按照"国标"的规定,用正投影法,详细准确地画出的图样,称为"房屋建筑图"。它是用以指导施工的一套图纸,所以又称为"施工图"。

房屋的建造一般需经设计和施工两个过程。设计工作又可分为初步设计和施工图设计两个阶段。初步设计图包括总平面布置图,建筑平、立、剖面图。一套施工图,是由建筑、结构、水、暖、电及预算等工种共同配合,经过正常的设计程序编制而成的,是进行施工的依据;正确地识读施工图是正确反映和实施设计意图的第一步,也是进行施工及工程管理的前提和必要条件。

建筑工程施工图由于专业分工不同,根据其内容和作用,一套完整的房屋建筑工程图应该包括总说明、总平面图、建筑施工图、结构施工图、给水排水施工图、采暖施工图、通风空调施工图、电气施工图、设备工艺施工图等。

(三)房屋建筑工程施工图表达的内容

1. 建筑施工图

建筑施工图简称建施图,主要反映建筑物的规划位置、形状与内外装修,构造及施工要求等。建筑施工图包括首页(图纸目录、设计总说明等)、总平面图、建筑平面图、建筑立面图、建筑剖面图和建筑详图。

2. 结构施工图

结构施工图简称结施图,主要反映建筑物承重结构的布置、构件类型、材料、尺寸和构造做法等。结构施工图包括结构设计说明、基础图、结构平面布置图和各种结构构件详图。

3. 给水排水施工图

室内给水排水施工图表示一幢建筑物的给水、排水系统,由文字部分和图示部分组成,其中文字部分包括设计施工说明、图纸目录、设备和材料明细表及图例;图示部分包括平面图、系统图和详图。

1)施工图文字部分

(1)设计施工说明:设计图纸上用图或符号表达不清的问题或有些内容用文字能更简单明了说明白的问题,可以用文字加以说明。主要有设计依据、设计范围、技术指标、采用管材及接口方式、管道防腐和防冻防结露的方法、施工注意事项、施工验收标准等内容。

(2)图纸目录:包括设计人员绘制的图纸部分和选用的标准图部分。图纸目录显示设计人员绘制图纸的装订顺序,便于查阅图纸。

(3)设备及材料明细表:包括编号、名称、型号规格、单位、数量、备注等项目。施工图中涉及的管材、阀门、仪表、设备等均应列入表中,不影响工程进度和质量的零星材料,允许施工单位自行决定时可不列入表中。

(4)图例:施工图中的管道及附件、管道连接、卫生器具、设备及仪表灯,一般采用统一的图例表示,见表 2-1。

表 2-1　给排水常用图例

名称	图形	名称	图形
闸阀		化验盆、洗涤盆	
截止阀		污水池	
延时自闭冲洗阀		带沥水板洗涤盆	
减压阀		盥洗盆	
球阀		妇女卫生盆	
止回阀		立式小便器	
消音止回阀		挂式小便器	
蝶阀		蹲式大便器	
柔性防水套管		坐式大便器	
检查口		小便槽	
清扫口		引水器	
通气帽		淋浴喷头	
圆形地漏		雨水口	

续表 2-1

名称	图形	名称	图形
方形地漏		水泵	
水锤消除器		水表	
可曲挠橡胶接头		防回流污染止回阀	
水表井		水龙头	

2）施工图图示部分

（1）平面图：是给排水施工图纸中最基本和最重要的图纸，常用比例有 1∶100 和 1∶50 两种。主要内容有建筑平面的形式、各用水设备及卫生器具的平面位置和类型，排水系统出、入位置和编号，地沟位置及尺寸、干管走向、立管编号、横支管走向等。

（2）系统图：也称轴测图，系统图中应表达管道的管径、坡向、坡度，标出支管和立管的连接处、管道的安装标高。在系统图中，卫生器具不画出来，只表示龙头、冲洗水箱、排水系统卫生器具的存水弯等符号。

（3）详图：当某些设备的构造和管道之间的连接情况在平面图或系统图上表示不清楚又无法用文字说明时，将这些部位进行放大的图称为详图。有些详图由设计人员在图纸上绘出，有的详图也可引自相关安装图集。

4. 采暖施工图

室内采暖施工图由文字部分和图示部分组成，其中文字部分包括设计施工说明、图纸目录、图例和设备及材料明细表等；图示部分包括系统图、平面图和详图。

1）施工图文字部分

（1）设计施工说明：主要内容有热媒及参数、建筑物总负荷、热媒流量、系统形式、进出口压力差、各房间设计温度、管材和散热器类型、管材连接方式、管道防腐保温的做法、施工注意事项、施工验收标准、系统试压压力等不易用图示表述清楚的问题。

（2）图纸目录：包括设计人员绘制部分和所选用的标准图部分。

（3）设备及材料明细表：为了使施工准备的材料和设备符合图纸要求，并且便于备料，设计人员应编制主要设备材料明细表，包括序号、名称、型号规格、单位、数量、备注等项目。

（4）图例：建筑采暖施工图中的管道及附件、管道连接、阀门、采暖设备及仪表等，采用《暖通空调制图标准》（GB/T 50114—2001）中统一的图例表示，未列者，在图纸上应专门画出图例并加以说明，常用图例见表 2-2。

2）施工图图示部分

（1）平面图：平面图是施工图的主要部分，常用比例有 1∶100、1∶200。平面图中主要内容包括与采暖系统有关的建筑物轮廓，采暖系统主要设备的平面位置，干管、立管、支管的位置和立管编号，散热器的位置和片数，地沟的位置，热力入口及编号等。

表 2-2　建筑采暖施工图图例

名称	图例	名称	图例
闸阀		供水(汽)管	
散热器		回水(凝水)管	
固定支架		丝堵	
截止阀		手动放风阀	
闸阀		自动排气阀	

(2)系统图：系统图主要表达采暖系统中管道、附件和散热器的空间位置及走向、管道之间的连接方式、立管编号、管道管径和坡度坡向、散热器片数、供回水干管标高、附件位置等。系统图中管道编号与平面图一一对应，所用比例也与平面图一致。为了将空间关系表达清楚，避免管道和设备的重叠，可将系统图在适当位置断开，断开处标注相同的小写字母或数字，以便互相查找。

(3)详图：采暖平面图和系统图难以表达清楚而又无法用文字加以说明的问题，可以用详图表示。详图包括有关标准图和节点详图。

5. 通风空调工程施工图

通风空调工程施工图由文字部分和图示部分组成。其中，文字部分包括设计施工说明、图纸目录、设备及材料明细表和图例；图示部分由平面图、系统图、详图、原理图、剖面图等组成。

1)施工图文字部分

(1)设计施工说明：主要内容有建筑物概况、通风空调系统设计参数、空调系统设计条件、空调系统的划分与组成，风系统相关内容、水系统相关内容，施工注意事项、验收标准等。

(2)图纸目录：包括设计人员绘制部分和所选用的标准图部分。

(3)设备及材料明细表：包括序号、名称、型号规格、单位、数量、备注等项目。

(4)图例：通风空调系统主要图例如表 2-3 所示。

2)施工图图示部分

(1)平面图：包括建筑物各层通风空调系统平面图、空调机房平面图、制冷机房平面图等。图中表述的主要内容有风管、部件及设备在建筑物内的平面坐标位置。

(2)系统图：通风空调系统管路纵横交错，采用系统图可以完整表达风系统和水系统的空间位置关系。系统图需注明风管、部件及设备的标高、断面尺寸、风口形式和数量等。

表 2-3　通风空调系统图例

名称	图形	名称	图形
带导流叶片弯头	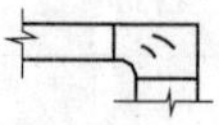	消声弯头	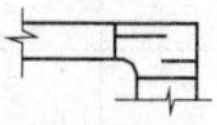
伞形风帽	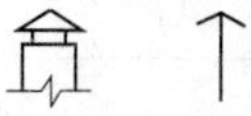	送风口	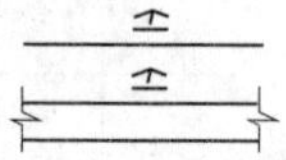
回风口	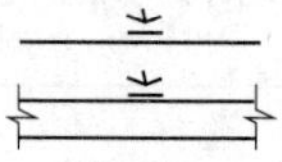	圆形散流器	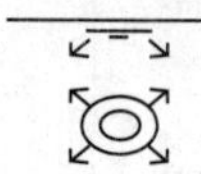
方形散流器	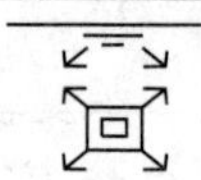	插板阀	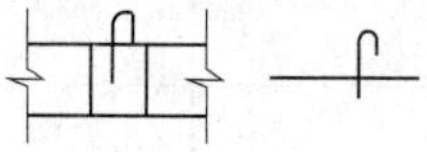
蝶阀	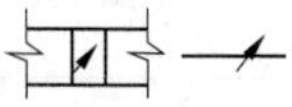	对开式多叶调节阀	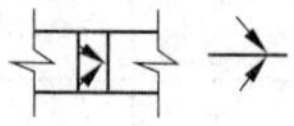
光圈式启动调节阀	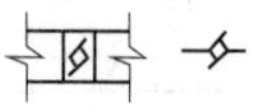	风管止回阀	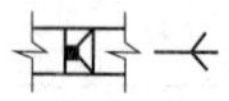
防火阀	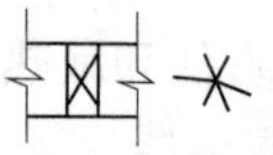	三通调节阀	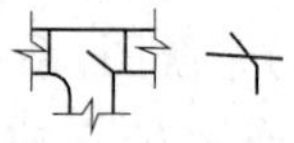

(3)详图:包括制作加工详图和安装详图。如是国家通用标准图,则只标明图号,需要时可直接查标准图集。如果没有标准图,则须设计人员画出大样图。详图中标明风管、部件和设备制作安装的具体尺寸、方法等。

(4)原理图:主要包括系统的原理和流程,空调房间的设计参数,冷热源,空气处理和输送方法,控制系统的相互关系,系统中管道、部件、设备和仪表,系统控制点与测点间的联系,控制方案及控制点参数等。

(5)剖面图:剖面图与平面图相对应,主要有通风空调系统剖面图、通风空调机房剖面图、冷冻机房剖面图。剖面和位置,在平面图中都有说明,剖面图还应标注管道、部件和设备的高度。

6. 电气工程施工图

电气工程施工图由文字部分和图示部分组成。其中,文字部分包括图纸目录、设计说明、主要设备材料表及预算;图示部分有平面图、立面图、剖面图、系统图、安装详图等。

1)施工图文字部分

(1)图纸目录:内容有序号、图纸名称、编号、张数等。

(2)设计说明:主要阐述电气工程设计依据、工程的要求和施工原则、建筑特点、电气安装标准、电源概况,导线、照明器、开关及插座选型,电气保安措施,自编图形符号,施工安装要求和注意事项等。电气施工图设计以图样为主,设计说明为辅。设计说明主要说明那些在图样上不易表达的与电气施工有关的其他部分。

(3)主要设备材料表及预算:电气材料表是把某一电气工程所需主要设备、元件、材料和有关数据列成表格,表示其名称、符号、型号、规格、数量、备注(生产厂家)等内容。它一般置于图中某一位置,应与图联系起来阅读。根据电气施工图编制的主要设备材料表和预算,作为施工图设计文件提供给建设单位。

2)施工图图示部分

(1)平面图:电气照明平面图可表明进户点、配电箱、配电线路、灯具、开关及插座等的平面位置及安装要求。每层都应有平面图,但有标准层时,可以用一张标准的平面图来表示相同各层的平面布置。常用的电气平面图有变配电所平面图、动力平面图、照明平面图、防雷平面图、接地平面图、弱电平面图等。

(2)系统图:电气照明系统图又称配电系统图,是表示电气工程的供电方式、电能输送、分配控制关系和设备运行情况的图纸。

电气系统图有变配电系统图、动力系统图、照明系统图、弱电系统图等。电气系统图只表示电气回路中各元器件的连接关系,不表示元器件的具体情况、具体安装位置和具体接线方法。

大型工程的每个配电盘、配电箱应单独绘制其系统图。一般工程设计,可将几个系统图绘制到同一张图上,以便查阅。小型工程或较简单的设计,可将系统图和平面图绘制在同一张图上。

(3)安装详图(接线图):安装详图又称大样图,多以国家标准图集或各设计单位自编的图集作为选用的依据。仅对个别非标准工程项目,才进行安装详图设计。详图的比例一般较大,且一定要结合现场情况,结合设备、构件尺寸详细绘制,一般也就是安装接线图。

(四)建筑工程施工图的编排顺序

一套建筑工程施工图按图纸目录、总说明、总平面、建筑图、结构图、给水排水图、暖通空调图、电气图等施工图顺序编排。各工种图纸的编排,一般按照图纸的主次关系、逻辑关系进行分类排序。全局性图纸在前,表明局部的图纸在后;先施工的在前,后施工的在后;重要图纸在前,次要图纸在后。为了图纸的保存和查阅,必须对每张图纸进行编号。房屋施工图按照建筑施工图、结构施工图、设备施工图分别分类进行编号。如在建筑施工图中分别编出“建施1”、“建施2”。

二、房屋建筑工程施工图的作用

房屋建筑工程施工图是表示工程项目总体布局、建筑物的外部形状、内部布置、结构构造、内外装修、材料、做法以及设备、施工等要求的图样。

要求它具有图纸齐全、表达准确、要求具体等特点。

建筑工程施工图是进行工程施工、编制施工图预算和施工组织设计、竣工验收的依据,也是进行施工技术管理的重要技术文件。

第二节　施工图的图示方法

一、施工图的图示特点

施工图中的各图样是采用正投影法绘制的。

建筑物的体形较大，房屋施工图一般采用缩小的比例绘制。如按 1∶100、1∶200 的比例绘制。

由于建筑物的构配件、建筑材料等种类较多，为作图简便起见，在施工图中常用图例（国家标准规定了一系列的图例）表示建筑构配件、卫生设备、建筑材料等，以简化作图。所以，施工图上会出现大量图例和符号，必须熟记才能正确阅读和绘制建筑工程施工图。

二、施工图中常用的符号

（一）尺寸和标高

施工图中一律不注尺寸单位，施工图中的尺寸除标高和总平面图以 m（米）为单位外，其余均以 mm（毫米）为单位。

建筑工程中，用标高表示建筑物各细致装饰部位的上下表面高度。如室内地面、楼面、顶棚、窗台、门窗上沿、窗帘盒的下皮、台阶上表面、墙裙上皮、门廊下皮、檐口下皮、女儿墙顶面等部位的高度。

标高分为相对标高和绝对标高两种，以建筑物底层室内主要地面为零点的标高称为相对标高；以青岛黄海平均海平面的高度为零点的标高称为绝对标高。建筑图上的标高，多数采用相对标高。高于建筑首层地面的高度均为正数，低于首层地面的高度均为负数，并在数字前面注写“－”，正数字前面不加“＋”，0 之前要加“±”，如 ±0.000、3.000、－0.600。

相对标高又可分为建筑标高和结构标高。装饰完工后的表面高度，称为建筑标高；结构梁、板上下表面的高度，称为结构标高。装饰工程虽然都是表面工程，但是它也占据一定的厚度，分清装饰表面与结构表面位置，是非常必要的，以防把数据读错。

建筑设计说明中要说明相对标高与绝对标高的关系，例如“相对标高 ±0.000 相当于绝对标高 67.75 m”，这就说明该建筑物底层室内地面设计在比海平面高 67.75 m 的水平面上。

标高符号及其注写如图 2-1 所示。

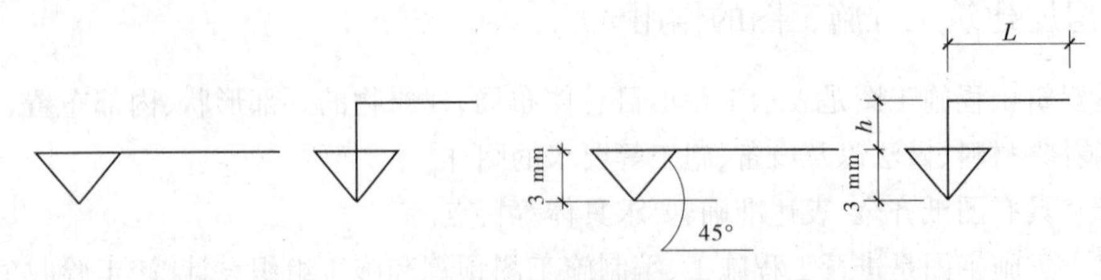

图 2-1　标高符号（一）

总平面图室外地坪标高符号，宜用涂黑的三角形表示，如图 2-2 所示。

标高符号的尖端应指至被注高度的位置。尖端一般应向下，也可向上。标高数字应注写在标高符号的左侧或右侧,如图 2-3 所示。

图 2-2　标高符号(二)　　　　图 2-3　标高符号(三)

标高应当注写到小数点后第三位。在总平面图中,可以只注写到小数点后第二位。

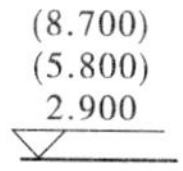

在同样的同一个位置表示不同几个标高时,标高数字可以按照如图 2-4所示的形式注写。

(8.700)
(5.800)
2.900

图 2-4　标高数字的标注

(二)定位轴线

在施工图中,房屋的主要承重构件(墙、柱、梁等),均用定位轴线确定基准位置。定位轴线应用细单点长画线绘制,并进行编号,以备设计或施工放线使用。

1. 定位轴线的编号顺序

制图标准规定,平面图定位轴线的编号,宜标注在下方与左方。横向编号应用阿拉伯数字从左至右顺序编写,竖向编号应用大写拉丁字母,从下至上编写。编号应注写在轴线端部的圆内,圆应用细实线绘制,直径为 8 ~ 10 mm(一般平面图中,定位轴线端部圆的直径为 8 mm,当绘制较复杂的平面图和建筑详图时,定位轴线端部圆的直径为 10 mm),定位轴线的圆心应当定位在轴线的延长线上或者延长线的折线上。如图 2-5 所示。

拉丁字母的 I、O、Z 不得用作轴线编号。如字母数量不够使用,可增加双字母或单字母加数字注脚,如 AA,BA,…,YA 或 A1,B1,…,Y1。

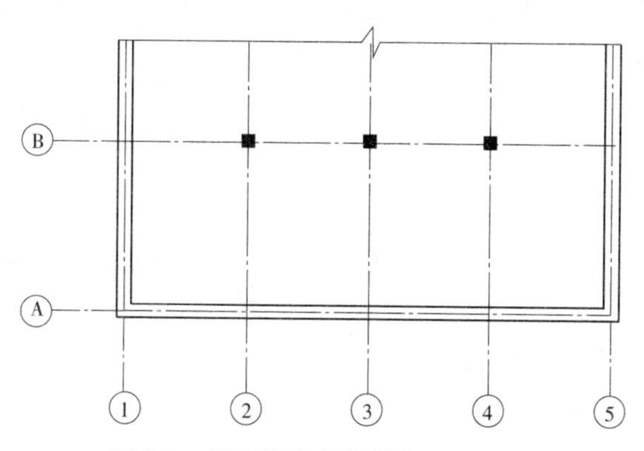

图 2-5　平面图定位轴线的编号顺序

2. 附加定位轴线的编号

建筑物次要承重结构应以附加轴线标出,附加定位轴线的编号是在两条轴线之间应以分数形式表示,并按下列规定编写。

(1)两根轴线间的附加轴线,应以分母表示前一轴线的编号,分子表示附加轴线的编号,编号宜用阿拉伯数字顺序书写,例如:

(1/2)表示横向 2 号轴线后的第一条附加定位轴线。

(3/C)表示纵向 C 号轴线后的第三条附加定位轴线。

(2)若在 1 号轴线或 A 号轴线之前的附加轴线时,分母应以 01 或 0A 表示,例如:

$\frac{1}{01}$表示横向 1 号轴线前的第一条附加定位轴线。

$\frac{3}{0A}$表示纵向 A 号轴线前的第三条附加定位轴线。

3. 一个详图适用于几根定位轴线的表示方法

一个详图适用于几根定位轴线时,应同时注明各有关轴线的编号,如图 2-6(a)、(b)、(c)所示。通用详图中的定位轴线,应只画圆,不注写轴线编号,如图 2-6(d)所示。

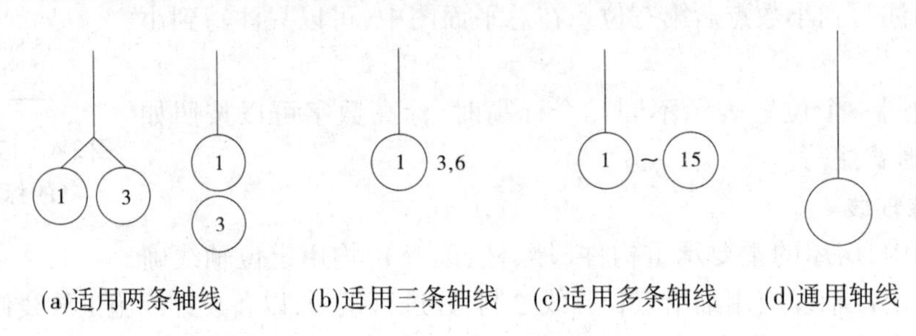

图 2-6　详图定位轴线

(三)索引符号与详图符号

为了方便施工时查阅图样,且在图样中的某一局部或构件间的构造需要另画详图,应在图中的相应位置以索引符号标出,表明详图的位置、详图的编号以及详图所在的图纸编号,并在所在详图附近编上详图符号,以便看图时对应查找。

1. 索引符号

索引符号是由直径为 8 ~ 10 mm 的圆和水平直径组成,圆及水平直径均应以细实线绘制。当索引的详图与被索引的图在同一张图纸内时,在上半圆中用阿拉伯数字注出该详图的编号,在下半圆中间画一段水平细实线,如图 2-7(a)所示;当索引的详图与被索引的图不在同一张图纸内时,在下半圆中用阿拉伯数字注出该详图所在图纸的编号,如图 2-7(b)所示;当索引的详图采用标准图集时,在圆的水平直径的延长线上加注标准图册的编号,如图 2-7(c)所示。

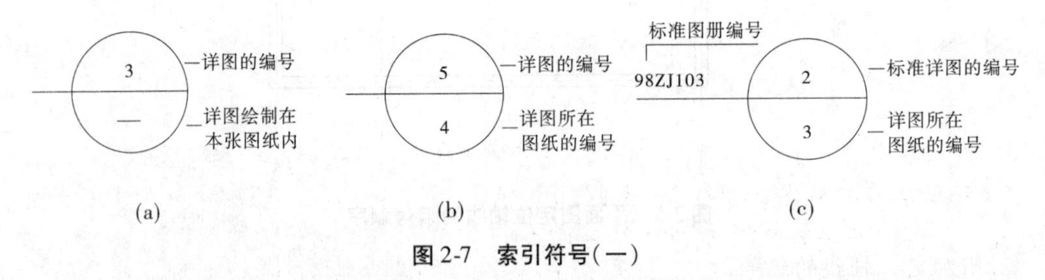

图 2-7　索引符号(一)

索引的详图是局部剖视详图时,索引符号在引出线的一侧加画一剖切位置线,引出线在剖切位置的哪一侧,表示该剖面向哪个方向作的剖视,如图 2-8 所示。

2. 详图符号

详图位置或剖面详图位置和编号应以详图符号表示。详图与被索引的图样在同一张图纸内时,应在详图符号内用阿拉伯数字注明详图的编号(见图 2-9(a))。

详图与被索引的图样不在同一张图纸内时,应用细实线在详图符号内画一水平直径,在

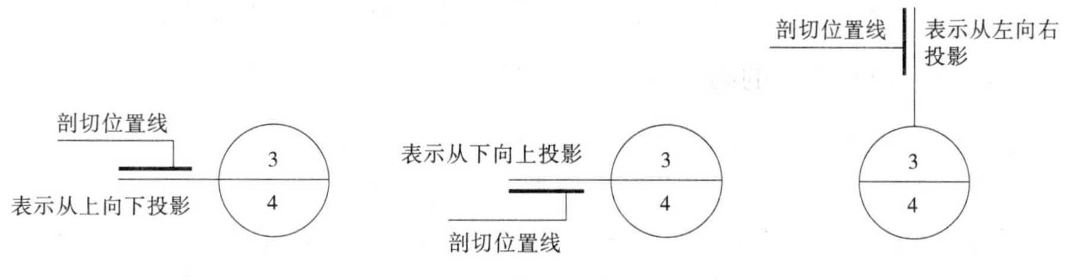

图 2-8　索引符号(二)

上半圆注明详图编号,在下半圆中注明被索引的图纸编号(见图 2-9(b))。

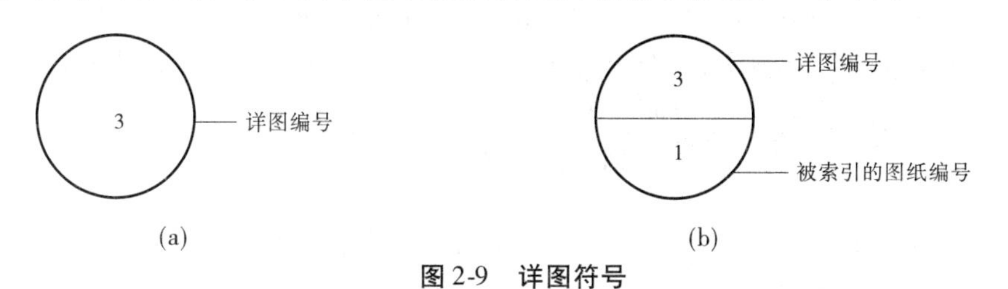

图 2-9　详图符号

索引符号和详图符号是成对出现的,并且两者之间必须对应一致。

3. 引出线

引出线应以细实线绘制,宜采用水平方向的直线或与水平方向成 30°、45°、60°、90°的直线,或经上述角度再折为水平线。文字说明宜写在水平线的上方,也可注写在水平线的端部,如图 2-10 所示。

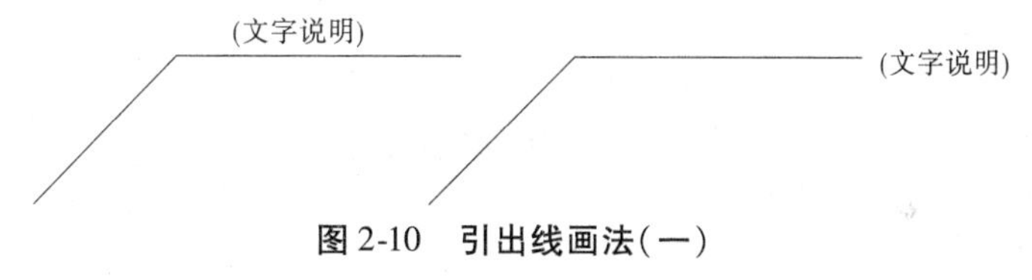

图 2-10　引出线画法(一)

同时引出几个相同部分的引出线,宜互相平行,也可画成集中于一点的放射线,如图 2-11所示。

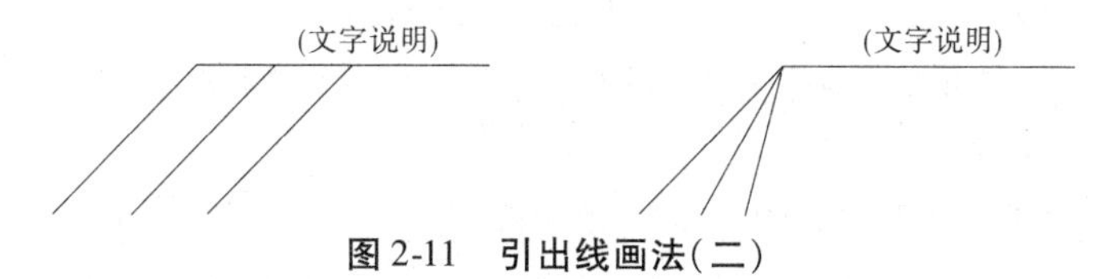

图 2-11　引出线画法(二)

多层构造或多层管道共用引出线,应通过被引出的各层。文字说明注写在水平线的上方,或注写在水平线的端部,说明的顺序应由上至下,并应与被说明的层次相互一致,如图 2-12 所示。如层次为横向排序,则由上至下的说明应与由左至右的层次相互一致。

4. 指北针和风玫瑰

总平面图不但表示朝向,还应表现各向风力对该地区的影响。首层建筑装饰平面图旁边也画出指北针,用来表示朝向。图 2-13 是指北针和风玫瑰。

指北针用 24 mm 直径画圆,内部过圆心并对称画一瘦长形箭头,箭头尾宽取直径 1/8,即 3 mm,圆用细实线绘制,箭头涂黑。通常只画在首层平面图旁边适当位置。

风玫瑰是简称,全名是风向频率玫瑰图。表明各风向的频率,频率最高,表示该风向的

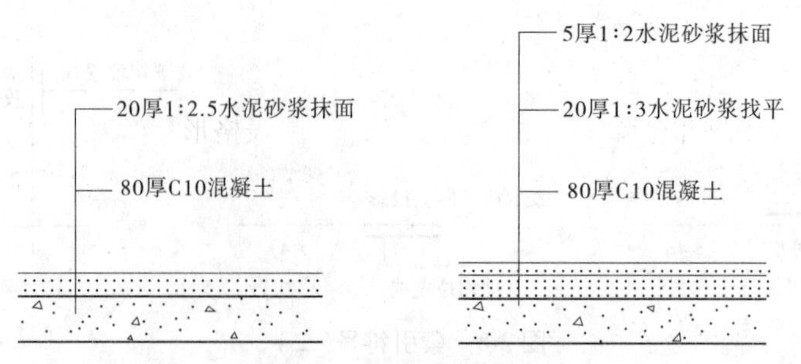

图 2-12　引出线画法(三)

吹风次数最多。它根据某地区多年平均统计的各个方向(一般为 16 个或 32 个方位)吹风次数的百分率值按一定比例绘制,图中长短不同的实线表示该地区常年的风向频率,连接 16 个端点,形成封闭折线图形。玫瑰图上所表示的风的吹向,是吹向中心的。中心圈内的数值为全年的静风频率。玫瑰图中每圆圈的间隔频率为 5%。

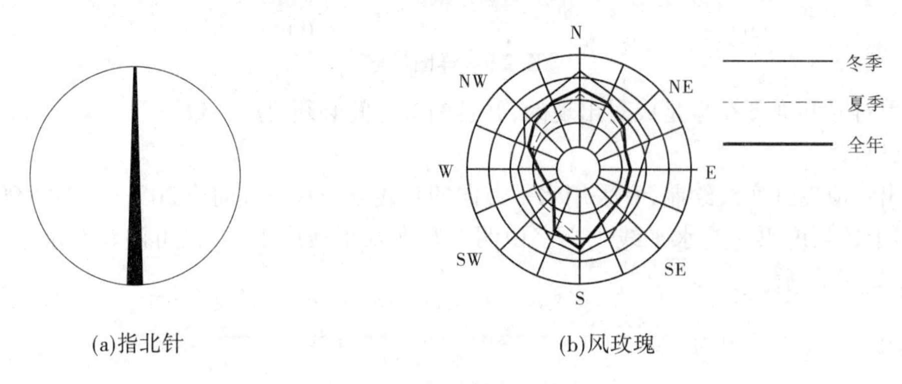

(a)指北针　　(b)风玫瑰

图 2-13　指北针和风玫瑰

三、施工图的图示内容

(一)建筑施工图的图示内容

建筑施工图一般包括设计总说明、总平面图、平面图、立面图、剖面图、各种详图(一般包括墙身节点、坡道、楼梯间、卫生间、设备间、门窗立面等)、标准图集。

1. 建筑设计总说明

建筑设计总说明主要用来对图上未能详细标注的地方注写具体的作业文字说明。设计说明主要介绍设计依据、项目概况、设计标高、装修做法及施工图未用图形表达的内容等。

(1)设计依据。施工图设计的依据性文件、批文和相关规范。

(2)项目概况。内容一般应包括建筑名称、建设地点、建设单位、建筑面积、建筑基底面积、建筑工程等级、设计使用年限、建筑层数和建筑高度、防火设计建筑分类和耐火等级、人防工程防护等级、屋面防水等级、地下室防水等级、抗震设防烈度等,以及能反映建筑规模的主要技术经济指标。

(3)设计标高。在房屋建筑中,规范规定用标高表示建筑物的高度。建筑设计说明中要说明相对标高与绝对标高的关系,例如"相对标高 ±0.000 相当于绝对标高 75~57 m",这就说明该建筑物底层室内地面设计在比海平面高 75~57 m 的水平面上。

(4)用料说明和室内外装修。墙体、墙身防潮层、地下室防水、屋面、外墙面、勒脚、散水、台阶、坡道、油漆、涂料等材料和做法,可用文字说明或部分文字说明,部分直接在图上引注或注索引号;室内装修部分除用文字说明以外也可用表格形式表达,在表上填写相应的做法或代号;对采用新技术、新材料的做法说明及对特殊建筑造型和必要的建筑构造的说明。

2. 建筑总平面图

建筑总平面图主要表示新建、拟建建筑物的实体位置、标高、道路系统、构筑物及附属建筑的位置、管线、电缆走向以及绿化、原始地形、地貌等情况。

建筑总平面图的图示特点:

(1)总平面图中的内容,多数是用符号表示的,看图之前要先熟悉图例符号的意义。

(2)总平面图表现的工程性质,不但要看图,还要看文字说明。

(3)总平面图表达的范围比较大,以了解工程规模,因此用的比例比较小。一般常用比例是1:500、1:1 000、1:2 000。

(4)表达范围内新建、原有、拟建、拆除建筑物或构筑物的位置。新、旧道路布局,周围环境和建设地段内的地形、地貌情况。

(5)表明新建建筑物的室内、外地面高差和道路标高,地面坡度及排水走向。

(6)总平面图用风向频率玫瑰图表明建筑朝向。

(7)图中用尺寸的表现形式(坐标网或一般表现形式),表明建筑物或构筑物自身占地尺寸及相对距离。

(8)总平面图中标明管线上的窨井、检查井的管径、中心距离、坡度。

(9)总平面图表明绿化布置,哪是草坪、树丛、乔木、灌木、松墙等,是何树种,花坛、小品、桌、凳、长椅、林荫小路、矮墙、栏杆等各种物体的具体尺寸、做法及建造要求和选材说明。

3. 建筑平面图

1)建筑平面图的形成

用一个假想的水平剖切面沿房屋窗台以上位置通过门窗洞口处将房屋切开,移开剖切平面以上的部分,将剩留的部分做水平剖面图,叫建筑平面图。

2)建筑平面图的图示特点

建筑平面图中应标明:承重墙、柱的尺寸及定位轴线,房间的布局及其名称,室内外不同地标高,门窗图例及编号,图的名称和比例等。最后应详尽地标出该建筑物各部分长和宽的尺寸。建筑平面图的表达有以下特点:

(1)比例:常用比例有1:50、1:100、1:200;必要时也可用1:150、1:300,一般用1:100。

(2)图线:剖到的墙身用粗实线,看到的墙轮廓线、构配件轮廓线、窗洞、窗台及门扇图为中粗线,窗扇及其他细部为细实线。

(3)定位轴线与编号:承重的柱或墙体均应画出它们的轴线,称定位轴线。定位轴线采用细点画线表示。

(4)门窗图例及编号:建筑平面图均以图例表示,并在图例旁注上相应的代号及编号。门的代号为“M”,窗的代号为“C”。同一类型的门或窗,编号应相同,如M-1、M-2、C-1、C-2等。最后再将所有的门、窗列成“门窗表”,门窗表内容有门窗规格、材料、代号、统计数量等。

(5)尺寸的标注与标高:建筑平面图中一般应在图形的四周沿横向—竖向分别标注互

相平行的三道尺寸：

第一道尺寸，门窗定位尺寸及门窗洞口尺寸，与建筑物外形距离较近的一道尺寸，以定位轴为基准标注出墙垛的分段尺寸；

第二道尺寸，轴线尺寸，标注轴线之间的距离（开间或进深尺寸）；

第三道尺寸，外包尺寸，即总长和宽度。

除三道尺寸外还有台阶、花池、散水等尺寸，房间的净长和净宽、地面标高、内墙上门窗洞口的大小及其定位尺寸等。

(6)文字与索引：凡在平面图中无法用图表示的内容，都要注写文字说明，如施工质量要求，砖和砂浆强度等级；需要在其他专业图中表示详尽情况的内容，如构造柱、卫生间内的情况。选用的标准图集，平面图内只有一个简单的示意也应写文字说明。

4. 建筑立面图

1) 建筑立面图的形成

把房屋的立面用水平投影方法画出的图形称为建筑立面图，简称立面图。有定位轴线的建筑物，其立面图应根据定位轴线编排立面图名称。从房屋的正面由前向后投射的正投影图称为正立面图。如果房屋4个方向立面的形状不同，则要画出左、右侧立面图和背立面图。立面图的名称也可按房屋的朝向分别称为东立面图、南立面图、西立面图和北立面图，还可按房屋两端轴线的编号来命名，如①~③立面图、Ⓐ~Ⓒ立面图。

2) 建筑立面图的图示特点

建筑立面图是用来表示房屋外形外貌的，图样应表明它的形状大小、门窗类型、表面的建筑材料与装饰做法等。有关规定及图示特点如下：

(1)比例。立面图的比例一般和平面图采用同样的比例，常用1:100、1:200、1:50。

(2)图线。建筑立面图的要求有整体效果，富有立体感，图线要求有层次。一般表现为：外包轮廓线用粗实线，主要轮廓线用中粗线，细部图形轮廓线用细实线，房屋下方的室外地面线用1~4b的特粗实线。

(3)标高。建筑立面图的标高是相对标高。应在室外地面、入口处地面、勒脚、窗台、门窗洞顶、檐口等注标高。标高符号应大小一致、排列整齐、数字清晰。而长度方向由于平面图已标注过详细尺寸，这里不再注，但长度方向首层两端的轴线要用数字符号标明。

(4)建筑材料与做法。图形上除用材料图例表示外，还可以采用文字进行较详细的说明或索引通用图的做法。

5. 建筑剖面图

1) 建筑剖面图的形成

用剖切平面在建筑平面图的横向或纵向沿房屋的主要入口、窗洞口、楼梯等位置上将房屋假想垂直地剖开，然后移去不需要的部分，将剩余的部分按某一水平方向进行投影绘制成的图样称为建筑剖面图。

建筑剖面图的剖切位置来源于建筑平面图，一般选在平面或组合中不易表示清楚并较为复杂的部位，画出剖切位置和朝向，并给予名称，然后用一个假想的垂直剖切面，将房屋剖开得到的剖面形式投影图，并显示出被剖切到的部位的结构形式与材料做法。剖面图多剖于能显露房屋内部结构和构造比较复杂、有变化、有代表性的主要入口和楼梯间处。

2) 建筑剖面图的图示特点

(1) 建筑底层平面图中,需要剖切的位置上应标注出剖切符号及编号;绘出的剖面图下方写上相应的剖面编号名称及比例。

(2) 标高:凡是剖面图上不同的高度(如各层楼面、顶棚、层面、楼梯休息平台、地下室地面等)都应标注相对标高。尺寸标注主要标注高度尺寸,分内部尺寸与外部尺寸。

(3) 外部高度尺寸一般注三道:

第一道尺寸,接近图形的一道尺寸,以层高为基准标注窗台、窗洞顶(或门)以及门窗洞口的高度尺寸;

第二道尺寸,标注两楼层间的高度尺寸(即层高);

第三道尺寸,标注总高度尺寸。

6. 建筑详图

建筑详图是将房屋构造的局部用较大的比例画出大样图。详图常用的比例有1:5、1:10、1:20、1:50,详图的内容有构造做法、尺寸、构配件的相互位置及建筑材料等。它是补充建筑平、立、剖面图的辅助图样,是建筑施工中的重要依据之一。

为了表明详图绘制的部分所在平立面的图号和位置,常用索引符号、详图符号把它们联系起来。

1) 外墙详图

外墙详图配合建筑平面图可以为砌墙、室内外装修、立门窗口、放预制构件或配件等提供具体做法,并为编制工程预算和准备材料提供依据。

2) 外墙详图的图示特点

(1) 外墙详图要和平面图中的剖切位置或立面图上的详图索引标志、朝向、轴线编号完全一致,并用放大比例画图。常用比例为1:20。

(2) 表明外墙厚度与轴线的关系。轴线在墙中央还是偏向一侧,墙上哪儿有突出变化,均应分别标注清楚。

(3) 表明室内、外地面处的节点构造。这部分包括基础墙厚度、室外地面高程、散水或明沟做法、台阶或坡道做法、墙身防潮层做法、首层地面与暖气沟和暖气槽以及暖气管件的做法、室外勒脚以及室内踢脚板或墙裙做法、首层室内外窗台做法等。

(4) 表明楼层处节点详细做法。此处包括下层窗过梁到本层窗台范围内的全部内容。有门过梁、雨篷或遮阳板、楼板、圈梁、阳台板及阳台栏杆或栏板、楼地面、踢脚板或墙裙、楼层内外窗台、窗帘盒或窗帘杆、顶棚和内外墙面做法等。当楼层为若干层而节点又完全相同时,可用一个图样表示,但需标注若干层的楼面标高。

(5) 表明屋顶檐口处节点细部做法。此部位从顶层窗过梁到檐口(或到女儿墙上皮)之间全部属此范围,包括门、窗过梁,雨篷或遮阳板,顶层屋顶板或屋架、圈梁、屋面,以及室内顶棚或吊顶、檐口或女儿墙,屋面排水的天沟、下水口、雨水斗和雨水管,窗帘盒或窗帘杆等。

(6) 各个部位的尺寸与标高的标注,原则上与立面图和剖面图注法一致,此外还应加注挑出构件的挑出长度的细部尺寸和挑出构件结构下皮标高尺寸。标高的标注总原则是:除层高线的标高为建筑表面外(平屋顶顶层层高线,常以顶板上皮为准),都宜标注结构表面的尺寸标高。

(7) 此外,还应表达清楚室内、外装修各个构造部位的详细做法。如果某些部位图面比例较小,不易表达更为详细的细部做法时,应标注文字说明或详图索引标志。

3)楼梯详图

表明楼梯形式、结构类型、楼梯和楼梯间的平面与剖面尺寸,细部装修做法。

4)楼梯详图的图示特点

楼梯建筑详图需要画平面图、剖面图和详图。除首层和顶层平面图外,中间无论有多少层,只要各层楼梯做法完全相同,可只画一个平面图,称为标准层平面图。剖面图也类似,若中间各层做法完全相同,也可用一标准层剖面代替,但该剖面图上下要加画水平折断线。详图包括踏步详图、栏板或栏杆详图和扶手详图等。

(1)楼梯平面图:楼梯平面图的剖切位置,一般选在本层地面到休息平台之间,或者说是第一梯段中间,水平剖切以后向下做的全部投影,称为本层的楼梯平面图。如果是3层楼房,每层是两跑楼梯中间有一块休息板,楼梯间首层平面图应表示出第一跑楼梯剖切以后剩下的部分梯段;第一梯段下若设置成小储藏室,还要显示出该跑下面的隔墙、门;还有外门和室内、外台阶等。二层平面图则应表示出第一跑楼梯的上半部、第一块休息平台,第二跑楼梯和第三跑楼梯被剖切以后的下半部。三层平面图应表示第三跑楼梯的下半部、第二块休息板、第四跑完整楼梯和二层楼面。

各层平面图除应注明楼梯间的轴线和编号外,必须注明楼梯段的宽度,上下两段之间的水平距离,休息板和楼层平台板的宽度,楼梯段的水平投影长度,如 $280 \times 11 = 3\ 080$,意思为踏步宽×(楼梯段的踏步数 - 1) = 楼梯段的水平投影长度。另外,还应注出楼梯间墙厚、门和窗的具体位置尺寸等。

在楼梯平面图中,沿楼梯段的中部,标有“上或下”字的箭头。表示以本层地面和上层楼面为起点上、下楼梯的走向。图中要标明地面、各层楼面和休息平台面的标高。在首层楼梯间平面图中,还应标注楼梯剖面图的剖切符号。

(2)楼梯剖面图:楼梯剖面图重点表明楼梯间的竖向关系,如各个楼层和各层休息平台的标高,楼梯段数和每个楼梯段的踏步数,有关各构件的构造做法,楼梯栏杆(栏板)及扶手的高度与式样,楼梯间门窗洞口的位置和尺寸等。

(3)楼梯踏步、栏杆及扶手详图:楼梯踏步由水平踏面和垂直踢面组成。踏步详图即表明踏步截面形状及大小、材料与面层做法。踏面边沿磨损较大,易滑跌,常在踏步平面靠沿部位设置一条或两条防滑条。

栏杆与扶手是为上下行人安全而设的,靠梯段和平台悬空一侧设置栏杆或栏板,上面做扶手,扶手形式与大小及所用材料要满足一般手握适度弯曲情况。由于踏步与栏杆、扶手是详图中的详图,所以,要用详图索引标志画出详图。

若楼梯间地面标高低于首层地面标高,应注意楼梯间墙身防潮层具体做法。

楼梯详图若分别画有建筑、结构专业图纸时,注意核对好楼梯梁、板交接处的尺寸与标高,结构与建筑装修关系是否互相吻合。若有矛盾,要以结构尺寸为主,再定表面装修建筑尺寸。

(二)结构施工图的图示内容

1.结构施工图概述

1)房屋结构与结构构件

房屋建筑无论是何种类型,都是由各种不同用途的建筑配件和结构构件组成的。结构构件起着“骨架”的作用,在整个房屋建筑中起着保证房屋安全可靠的作用。这个“骨架”就称之为“房屋的结构”。

2)建筑上常用结构形式

(1)按结构受力形式划分,常见的有墙柱与梁板承重结构、框架结构、桁架结构等结构形式。

(2)按材料不同,建筑结构可分为砖混结构、钢筋混凝土结构、钢结构和木结构等,其中最主要和应用最普遍的是钢筋混凝土结构、砖混结构。钢筋混凝土结构,除能承受拉力外,与钢木结构相比,其防腐、防蚀、防火的性能好,且经济耐久,便于养护。

3)房屋结构施工图的作用

建筑结构施工图是根据建筑要求,经过结构选型、内力计算、建筑材料选用,确定每个承重构件(基础、承重墙、柱、梁、板、屋架、屋面板等)的布置、形状、大小、数量、类型、材料以及内部构造等,把这些承重构件的位置、大小、形状、连接方式绘制成的图样,简称“结施”。

建筑结构施工图是用来指导施工用的,如放灰线、开挖基槽、模板放样、钢筋骨架绑扎、浇灌混凝土等,同时也是编制建筑预算、编制施工组织进度计划的主要依据,是不可缺少的施工图纸。

4)结构施工图的组成

结构施工图主要包括结构设计说明、结构平面布置图、结构构件详图。

(1)结构设计说明。结构设计说明是带有全局性的说明,一般以文字辅以图标来说明结构,内容有设计的主要依据(如功能要求、荷载情况、水文地质资料、地震烈度、防火要求、地基状况等)、结构的类型、建筑材料的规格形式、局部做法、标准图和地区通用图的选用情况、对施工的要求等。它包括新建建筑的结构类型,耐久年限,地震设防烈度,防火要求,地基状况,钢筋混凝土各种构件、砖砌体、施工缝等部分选用材料类型、规格、强度等级,施工注意事项,选用的标准图集,新结构与新工艺及特殊部位的施工顺序、方法及质量验收标准等。

(2)结构平面布置图。通常包含:基础平面布置图(含基础断面详图),主要表示基础位置、轴线的距离、基础类型;楼层结构构件平面布置图,主要是楼板的布置、楼板的厚度、梁的位置、梁的跨度等;屋面结构构件平面布置图,主要表示屋面楼板的位置、屋面楼板的厚度等。

(3)结构构件详图。包括:基础详图,主要表示基础的具体做法,条形基础一般取平面处的剖面来说明,独立基础则给一个基础大样图;梁类、板类、柱类等构件详图,包括预制构件、现浇结构构件等。

2.结构施工图的图示特点

1)国家《建筑结构制图标准》对结构施工图的绘制规定

结构施工图常需注明结构的名称,一般采用代号表示。构件的代号,一般用该构件名称的汉语拼音第一个字母的大写表示。预应力混凝土构件代号,应在前面加 Y,如 YKB 表示预应力空心板。见表 2-4。

2)结构施工图图线的选用

《建筑结构制图标准》规定,建筑结构制图图线的按表 2-5 选用。

表 2-4　常用结构构件的代号

序号	名称	代号	序号	名称	代号	序号	名称	代号
1	板	B	15	吊车梁	DL	29	基础	J
2	屋面板	WB	16	圈梁	QL	30	设备基础	SJ
3	空心板	KB	17	过梁	GL	31	桩	ZH
4	槽形板	CB	18	连系梁	LL	32	柱间支撑	ZC
5	折板	ZB	19	基础梁	JL	33	垂直支撑	CC
6	密肋板	MB	20	楼梯梁	TL	34	水平支撑	SC
7	楼梯板	TB	21	檩条	LT	35	梯	T
8	盖板或沟盖板	GB	22	托架	TJ	36	雨篷	YP
9	挡雨板或檐口板	YB	23	天窗架	CJ	37	阳台	YT
10	吊车安全走道板	DB	24	框架	KJ	38	梁垫	LD
11	墙板	QB	25	钢架	GJ	39	预埋件	M
12	天沟板	TGB	26	支架	ZJ	40	天窗端壁	TD
13	梁	L	27	屋架	WJ	41	钢筋网	W
14	屋面梁	WL	28	柱	Z	42	钢筋骨架	G

表 2-5　结构施工图图线的选用

名称		线型	线宽	一般用途
实线	粗		*b*	螺栓、主钢筋线、结构平面图中的单线结构构件线、钢木支撑及系杆线，图名下横线、剖切线
	中		0.5*b*	结构平面图及详图中剖到或可见的墙身轮廓线、基础轮廓线、钢木结构轮廓线、箍筋线、板钢筋线
	细		0.25*b*	可见的钢筋混凝土的构件的轮廓线、尺寸线、标注引出线，标高符号，索引符号
虚线	粗		*b*	不可见的钢筋、螺栓线，结构平面图中的不可见的单线结构构件线及钢木支撑线
	中		0.5*b*	结构平面图中的不可见构件、墙身轮廓线及钢木构件轮廓线
	细		0.25*b*	基础平面图中的管沟轮廓线、不可见的钢筋混凝土构件轮廓线
单点长画线	粗		*b*	柱间支撑、垂直支撑、设备基础轴线图中的中心线
	细		0~25*b*	定位轴线、对称线、中心线
双点长画线	粗		*b*	预应力钢筋线
	细		0.25*b*	原有结构轮廓线
折断线			0.25*b*	断开界线
波浪线			0.25*b*	断开界线

3)结构施工图比例

结构施工图比例的选用如表 2-6 所示。

表 2-6　结构施工图比例的选用

图名	常用比例	可用比例
结构平面图 基础平面图	1:50、1:100 1:150、1:200	1:60
圈梁平面图、总图中 管沟、地下设施等	1:200、1:500	1:300
详图	1:10、1:20	1:5、1:25、1:4

4)钢筋的图示方法

在结构施工图中,为了标注钢筋的位置、形状、数量,《建筑结构制图标准》中规定了钢筋的一般表示方法,如表 2-7 所示。

表 2-7　钢筋的表示方法

序号	名称	图例	说明
1	钢筋横断面	●	
2	无弯钩的钢筋端部		表示长、短钢筋投影重叠时，短钢筋的端部用45°斜线表示
3	带半圆形弯钩的钢筋端部		
4	带直钩的钢筋端部		
5	带丝扣的钢筋端部		
6	无弯钩的钢筋搭接		
7	带半圆弯钩的钢筋搭接		
8	带直钩的钢筋搭接		
9	花篮螺纹钢筋接头		
10	机械连接的钢筋		用文字说明机械连接的方式(冷挤压或锥螺纹等)

5)钢筋的画法

《建筑结构制图标准》中规定了钢筋的画法,如表 2-8 所示。

6)常用钢筋的符号和分类

热轧钢筋是建筑工程中用量最大的钢筋,主要用于钢筋混凝土和预应力混凝土配筋。钢筋有光圆钢筋和带肋钢筋之分,热轧光圆钢筋的牌号为 HPB235,常用带肋钢筋的牌号有 HRB335、HRB400 和 RRB400 几种。

7)钢筋混凝土构件的生产方法

生产方法有两种:

(1)预制构件:在工厂或现场先预制好,在现场吊装。

(2)现浇构件:现场支模板,放入钢筋骨架,浇灌混凝土并把它振捣密实,养护拆卸模板。

8)钢筋

配置在钢筋混凝土构件中的钢筋,按其所起的作用可分为以下几类:

表 2-8 钢筋的画法

序号	说明	图例
1	在结构平面图中配置双层钢筋时，底层钢筋的弯钩应向上或向左，顶层钢筋的弯钩则向下或向右	(底层) (顶层)
2	钢筋混凝土墙体配双层钢筋时，在配筋立面图中，远面钢筋的弯钩应向上或向左，而近面钢筋的弯钩向下或向右(JM近面、YM远面)	JM JM YM JM YM JM YM YM
3	若在断面图中不能表达清楚钢筋的布置，应在断面图外增加钢筋大样图(如钢筋混凝土墙、楼梯等)	
4	图中所表示的箍筋、环筋等若布置复杂，可加画钢筋大样及说明	或
5	每组相同的钢筋、箍筋或环筋，可用一根粗实线表示，同时用一两端带斜短画线的横穿细线，表示其余钢筋及起止范围	

(1)受力筋。主要在构件中承受拉力或压力的钢筋，在梁、板、柱等各种钢筋混凝土构件中都有配置，钢筋的直径和根数根据构件受力大小而计算。受力筋按形状分为直筋和弯筋，按所承受的力分为正筋(拉力)和负筋(压力)。

(2)架立筋。一般只在梁中使用，与受力筋、箍筋一起形成钢筋骨架，用以固定箍筋位置，使钢筋骨架更加牢固。

(3)箍筋。一般多用于梁和柱内，用以固定受力筋位置，并承受剪力，一般沿构件的横向和纵向每隔一定的距离均匀布置。

(4)分布筋。一般用于板内，与受力筋垂直，用以固定受力筋的位置，与受力筋一起构成钢筋网，使力均匀传递给受力筋，并抵抗热胀冷缩所引起的温度变形。

(5)构造筋。是因构件在构造上的要求或施工安装需要而配置的钢筋。在支座处板的顶部所加的构造筋，属于前者；两端的吊环则属于后者。

9)基础图的图示特点

(1)基础图的形成和作用：

基础平面图是假想用一水平剖切平面，沿房屋底层室内地面把整栋房屋剖开，移去剖切平面以上的房屋和基础回填土后，向下做正投影所得到的水平投影图。

基础平面图主要表示基础的平面布置以及墙、柱与轴线的关系，为施工放线、开挖基槽或基坑和砌筑基础提供依据。

(2)基础平面图的图示特点：

①基础平面图中的比例、定位轴线的编号、轴线尺寸与建筑平面图要保持一致。

②在基础平面图中,用粗实线画出剖切到的基础墙、柱等的轮廓线,用细实线画出投影可见的基础底边线,其他细部如大放脚、垫层的轮廓线均省略不画。

③基础平面图中,凡基础的宽度、墙的厚度、大放脚的形式、基础底面标高、基础底尺寸不同时,要在不同处标出断面符号,表示详图的剖切位置和编号。

④基础平面图的外部尺寸一般只注两道,即开间、进深等轴线间的尺寸和首尾轴线间的总尺寸。

⑤在基础平面图中用虚线表示地沟或孔洞的位置,并注明大小及洞底标高。

10)结构平面布置图的图示特点

结构平面布置图是假想沿楼板面将房屋水平剖切后所做的水平投影图。

结构平面图主要表示该楼层的梁、板、柱的位置,预埋件、预留洞的位置。除能选用标准图外,都要增加必要的剖面来表示节点和配筋以及具体的尺寸。

11)结构详图的图示方法

在构件详图中,应详细表达构件的标高、截面尺寸、材料规格、数量和形状、构件的连接方式、材料用量等。

在混凝土构件详图中包括配筋图,在配筋图中,应有构件的立面图、断面图和钢筋详图,着重表示构件内钢筋的配置形状、数量和规格,必要时还要画构件的平面图。

第三节　施工图的识读

一、建筑施工图的识图步骤

建筑施工图的图纸一般较多,读图时要按照一定的步骤来读:首先要了解建筑施工的制图方法及有关的标准,看图时应按一定的顺序进行。应该先看整体,再看局部;先宏观看图,再微观看。先看目录,了解总体情况,图纸总共有多少张,然后按图纸目录对照各类图纸是否齐全,再细读图纸内容。

(一)初步识读建筑整体概况

1. 看工程的名称、设计总说明

看工程的名称、设计总说明了解建筑物的大小、工程造价、建筑物的类型。

2. 看总平面图

看总平面图可以知道拟建建筑物的具体位置,以及与四周的关系。具体的有周围的地形、道路、绿地率、建筑密度、日照间距或退缩间距等。

3. 看立面图

看立面图初步了解建筑物的高度、层数及外装饰等。

4. 看平面图

看平面图初步了解各层的平面图布置、房间布置等。

5. 看剖面图

看剖面图初步了解建筑物各层的层高、室内外高差等。

（二）进一步识读建筑图详细情况

1. 识读各层平面图

要从轴线开始，从所注尺寸看房间的开间和进深；看墙的厚度或柱子的尺寸，还要看清楚轴线是处于墙厚的中央位置还是偏心位置；看门、窗的位置和尺寸，在平面图中可以表明门、窗是在轴线上还是靠墙的内皮或外皮设置的，并可以表明门的开启方向；沿轴线两边如果遇有墙而凹进或凸出、墙垛或壁柱等，均应尽可能记住。轴线就是控制线，它对整个建筑起控制作用。要读出底层平面图、标准层平面图、顶层平面图之间从房间的用途、楼梯间、电梯间、走道、门厅入口等有哪些变化和相似之处。

2. 识读屋顶平面图

读出分水线、排水方向和突出屋顶的通风孔、屋顶爬梯具体位置和檐部排水与落水管具体位置。根据索引符号和详图符号读出外楼梯、人孔、烟道、通风道、檐口等部位的做法以及屋面材料防水、保温材料、防火等做法。

3. 识读立面图

从立面图上，了解建筑的外形、外墙装饰（如所用材料、色彩）、门窗、阳台、台阶、檐口等形状，了解建筑物的总高度和各部位的标高。

4. 识读剖面图

识读剖面图，首先要知道剖切位置。剖面图的剖切位置一般都是房间布局比较复杂的地方，如门厅、楼梯等，可以看出各层的层高、总高、室内外高差以及了解空间关系。

5. 识读建筑详图

识读外墙详图和平面图中的剖切位置或立面图上的详图索引标志、朝向、轴线编号是否完全一致。看外墙厚度与轴线的关系。轴线在墙中央还是偏向一侧，墙上哪儿有突出变化，均应分别标注清楚。查看室内、外地面处的节点构造。这部分包括基础墙厚度、室外地面高程、散水或明沟做法、台阶或坡道做法、墙身防潮层做法、首层地面与暖气沟和暖气槽以及暖气管件的做法、室外勒脚以及室内踢脚板或墙裙做法、首层室内外窗台做法等。查看楼层处节点详细做法。此处包括下层窗过梁到本层窗台范围内的全部内容。有门过梁、雨篷或遮阳板、楼板、圈梁、阳台板及阳台栏杆或栏板、楼地面、踢脚板或墙裙、楼层内外窗台、窗帘盒或窗帘杆、顶棚和内外墙面做法等。当楼层为若干层而节点又完全相同时，可用一个图样表示，但需标注若干层的楼面标高。查看屋顶檐口处节点细部做法。此部位从顶层窗过梁到檐口（或到女儿墙上皮）之间全部属此范围，包括门、窗过梁，雨篷或遮阳板，顶层屋顶板或屋架、圈梁、屋面，以及室内顶棚或吊顶、檐口或女儿墙，屋面排水的天沟、下水口、雨水斗和雨水管，窗帘盒或窗帘杆等。查看各个部位的尺寸与标高的标注，是否与立面图和剖面图注法一致。查看室内、外装修各个构造部位的详细做法。

6. 识读楼梯详图

楼梯详图包括楼梯平面图、楼梯剖面图和详图等。

1）楼梯平面图

查看楼梯各层平面图楼梯间的轴线和编号是否与建筑平面图一致，查看楼梯段的宽度，上下两段之间的水平距离，休息板和楼层平台板的宽度，楼梯段的水平投影长度，如 270 × 11 = 2 970，意思为踏步宽 ×（楼梯段的踏步数 - 1）= 楼梯段的水平投影长度。另外，还应查看楼梯间墙厚、门和窗的具体位置尺寸等。根据楼梯段的中部的“上”或“下”字的箭头查看以本层地面和上层楼面为起点上、下楼梯的走向,查看地面、各层楼面和休息平台面的标高是否与建筑平面图一致。查看首层楼梯间平面图的楼梯剖面图的剖切符号是否与楼梯剖面图一致。

2)楼梯剖面图

查看各楼层和各层休息平台的标高是否与楼梯平面图一致。查看楼梯段数和每个楼梯段的踏步数,查看楼梯间门窗洞口的位置和尺寸等。

3)楼梯踏步、栏杆及扶手详图

查看踏步截面形状及大小、材料与面层做法。楼梯详图若分别画有建筑、结构专业图纸,注意核对好楼梯梁、板交接处的尺寸与标高,结构与建筑装修关系是否互相吻合。若有矛盾,要以结构尺寸为主,再定表面装修建筑尺寸。

(三)深入掌握具体做法

经过对施工图的识读以后,还需对建筑图上的具体做法进行深入掌握。如卫生间详细分隔做法、装修做法、门厅的详细装修、细部构造等。

二、施工图的识读方法

识读施工图时,总体上要把握从总体了解—顺序识读—前后对照—重点细读的过程。看图的方法一般是:从外向里看,从大到小看,从粗到细看,图样与说明对照看,建筑与结构对照看。先粗看一遍,了解工程的概貌,而后再细读。以下是针对不同的图纸采用的具体方法。

(一)建筑施工图的识读方法

1.总平面图的识读方法

(1)总平面图中的内容,多数是用符号表示的,看图之前要先熟悉图例符号的意义。

(2)从总平面图查看工程性质,不但要看图,还要看文字说明。

(3)查看总平面图的比例,以了解工程规模。一般常用比例是1∶300、1∶500、1∶1 000、1∶2 000。

(4)看清用地范围内新建、原有、拟建、拆除建筑物或构筑物的位置及相互之间的关系。新、旧道路布局,周围环境和建设地段内的地形、地貌情况。

(5)查看新建建筑物的室内、外地面高差和道路标高,地面坡度及排水走向。

(6)根据风向频率玫瑰图看清楚朝向。

(7)查看图中尺寸的表现形式(坐标网或一般表现形式),以便查看清楚建筑物或构筑物自身占地尺寸及相对距离。

(8)总平面图中的各种管线要细致阅读,管线上的窨井、检查井要看清编号和数目,要看清管径、中心距离、坡度、从何处引进到建筑物或构筑物,要看准具体位置。

(9)绿化布置要看清楚哪是草坪、树丛、乔木、灌木、松墙等,是何树种,花坛、小品、桌、凳、长椅、林荫小路、矮墙、栏杆等各种物体的具体尺寸、做法及建造要求和选材说明。

(10)以上全部内容还要查清定位依据。由于总平面图内容多样、庞杂,需要仔细、认真阅读。

2.建筑平面图识读方法

(1)看图名、比例、指北针,了解是哪一层平面图,房屋的朝向如何。

(2)房屋平面外形和内部的分割情况,了解房屋总长度、总宽度,房间的开间、进深尺寸,房间分布、用途、数量及相互间的联系,入口、楼梯的位置,室外台阶、花池、散水的位置。

(3)细看图中定位轴线编号及间距尺寸,墙柱与轴线的关系,内外墙上开动位置及尺寸,门的开启方向、各房间开间进深尺寸,楼里面标高。

(4)查看框架柱、墙体与轴线的关系。

(5)查看平面图上各剖面的剖面符号、部位及编号,以便于剖面图对照着读;查看平面图中的索引符号,详图的位置以及选用的图集。

(6)查看标高,每个标高平面均是一个封闭的区域,注意室内地面标高、室外地面标高、卫生间地面标高、楼梯平台标高,尤其是屋顶标高编号较多,要与立面、剖面图对照着读。

(7)注意门窗类型及编号,查看是否与门窗表内容相一致。

(8)注意屋面排水方向和坡度,查看建筑物是平屋顶还是坡屋顶。

(9)看图纸说明。

3. 建筑立面图的识读方法

(1)先看图名、比例、立面外形、外墙表面装修做法与分割形式、粉刷材料的类型和颜色。

(2)要根据建筑平面图上的指北针和定位轴线编号,查看立面图的朝向。要查看各立面图轴线编号与平面图是否严格一致,注意立面图的凹凸变化。

(3)再看立面图中各标高和尺寸,与建筑平、剖面图对照,核对各部分的标高数值和高度尺寸,如室内外高差、出入口地面、大门、勒脚、窗台、女儿墙顶标高、门窗的高度以及总高尺寸等。

(4)查看门窗的位置与数量,与建筑平面图及门窗表相核对。

(5)注意建筑立面所选用的材料、颜色和施工要求,与材料做法表相核对。查看各立面图彼此之间在材料做法上有无不符、不协调一致之处,以及检查房屋整体外观、外装修有无不交圈之处。

4. 建筑剖面图的识读方法

(1)看图名、轴线编号、绘图比例。校核该图所在轴线位置、剖切到的内容和部位是否和平面图中相应内容完全一致。房屋各部位高度应与平面、立面图对照着读,注意各标高的位置。要由建筑平面图到建筑剖面图,由外到内、由上到下反复查阅,形成对房屋的整体概念。

(2)识读剖面图的重点应该放在了解高度尺寸、标高、构造关系及做法上,应仔细校核这些具体细部尺寸是否和平面图、立面图中的尺寸完全一致,内外装修做法与材料做法是否也同平面图与立面图一致。这些校核都要从整体考虑,而不要单纯只是阅读剖面图。要熟悉图例,要结合详图阅读,看楼屋面构造做法,看一个层做法的上下顺序、厚度和所用材料。查看索引剖面图中不能标示清楚的地方,如檐口、泛水、栏杆等处都注有详图索引,应该查明出处。

(3)要依照建筑平面图上剖切位置线核对剖面图的内容,以及与剖切位置是否一致。

(4)查看室外部分内容。从 ±0.000 开始,先沿外墙查阅防潮层、勒脚、散水的位置、尺寸和材料、做法;然后沿外墙向上看窗台、过梁、楼板与外墙的关系以及其形状、位置、材料及做法等。

(5)查看室内部分内容。从 ±0.000 开始,沿内墙向下查看防潮层、管沟,向上查看门洞地面、楼面、墙面、踢脚线、顶棚各部分的尺寸、材料及做法等。

(6)查看图中有关部分的坡度的标注,如屋面、散水、坡道等。

(7)查看剖面图中的详图索引符号,与施工详图对照。

5. 建筑详图的识图方法

(1)看详图名称、比例、各部位尺寸。

(2)阅读外墙详图时,由于外墙详图比较明确、清楚地表现出每项工程中绝大部分的主体与装修做法,所以除读懂图面上表达的全部内容外,还应认真、仔细与其他图纸联系阅读,如勒脚下的基础墙做法要与结构施工图的基础平面图和剖面图联系阅读,楼层与檐口、阳台、雨篷等也应与结构施工图的各层顶板结构平面图和剖面节点详图联系阅读,这样才能加深理解和从中发现图纸相互之间联系及出现的问题。除认真阅读详图中被剖切到的部分做法外,图面中没被剖切到的部分也必须表达清楚的地方,要画可见轮廓线,而且线条粗度与剖面部位轮廓线粗度有差别,阅读时不可忽视,因为一条可见轮廓线可能代表一种材料做法,如相邻两阳台中间的隔墙、晒衣架、铁栏杆、门窗洞口处的墙厚度、门窗套口、落水管、台阶、花池等有时外墙剖面详图切不到它,但又在较近位置及有直接关系,因此不能忽视任何一条可见轮廓线。

(3)阅读楼梯详图时,各层平面图上所画的每一分格表示楼段的一级。但因为楼段最高一级的台面与平台面或楼面重合,所以平面图中每一楼段画出的踏面数就比踏面数少一个。

(4)看构造做法所用材料、规格,由外向内各层做法。

(二)结构施工图的识读方法

在阅读结构施工图前,必须先阅读建筑施工图,由此建立起建筑物的轮廓,并且在识读结构施工图期间,还应反复核对结构与建筑对同一部位的表示,这样才能准确地理解结构图中所表示的内容。

识读结构施工图也是一个由浅入深、由粗到细的渐进过程。结构施工图用粗线条表示要突出的重点内容,为了使图面清晰,常常利用代号代表所表示的构件和做法。因此结构施工图的识读应了解结构施工图的基本画法、内容、构造做法、相关图集和规范。识图时一般按照图纸编号相互对照地识读。

1. 看图纸说明

从图纸说明上可以看出结构类型、结构构件使用的材料和细部做法等。如基础垫层为 C10 混凝土,现浇梁、板、柱为 C20 混凝土等。了解对结构的特殊要求,了解说明中强调的内容,掌握材料、质量以及要采取的技术措施的内容,了解所采用的技术标准和构造,了解所采用的标准图。

2. 看基础平面图

识读基础平面图时要注意基础的标高和定位轴线的数值,了解基础的形式和区别,注意其他工种在基础上的预埋件和留洞。

(1)查阅建筑图,核对所有的轴线是否和基础一一对应,了解是否有的墙下无基础而用基础梁替代,基础的形式有无变化,有无设备基础。

(2)基础施工图上可以看出基础类型。如砖带形基础、混凝土基础、混凝土板式基础等。

(3)从基础平面图上查阅轴线的编号、位置、间距是否与建筑平面图一致。

(4)从基础详图上可以看出基础的具体做法。如砖带形基础底部标高、垫层的宽度和厚度、砖基础的放脚步数等。

(5)对照基础的平面和剖面,了解基底标高和基础顶面标高有无变化,有变化时是如何处理的。

(6)了解基础中预留洞和预埋件的平面位置、标高、数量。

(7)了解基础的形式和做法。

(8)了解各个部位的尺寸和配筋。

(9)反复以上的过程,解决没有看清楚的问题。对遗留问题整理好记录。

3.看结构图

结构图由结构平面图和剖面图或标准图组成。看结构平面图可以了解墙、柱、梁之间的距离和轴线编号;了解现浇板厚度、钢筋布置等。看结构图时应和建筑图对照着看,承重墙壁在结构图上面,非承重墙则在建筑图上面。建筑与结构图尺寸不同时,应以结构图为准。

(1)了解结构的类型,了解主要构件的平面位置与标高,并与建筑图结合了解各构件的位置和标高的对应情况。

(2)结合剖面图、标准图和详图对主要构件进行分类,了解它们的相同之处和不同点。

(3)了解各构件节点构造与预埋件的相同之处和不同点。

(4)了解整个平面内,洞口、预埋件的做法与相关专业的连接要求。

(5)了解各主要构件的细部要求和做法,反复以上步骤,逐步深入了解,遇到不清楚的地方在记录中标出,进一步详细查找相关的图纸,并结合结构设计说明认定核实。

(6)了解其他构件的细部要求和做法,反复以上步骤,消除记录中的疑问,确定存在的问题,整理、汇总、提出图纸中存在的遗漏和施工中存在的困难,为技术交底或图纸会审提供资料。

4.看结构详图

结构详图,有的在施工图上画出,有的则在标准图集上或规范上,都要详细看,按照设计和施工规范要求进行施工。

如双向板的底筋,短向筋放在底层,长向筋应在短向筋之上。结构平面图中板负筋长度是指梁(板)边至钢筋端部的长度,钢筋下料时应加上梁(墙)的宽度。

(1)首先应将构件对号入座,即核对结构平面上构件的位置、标高、数量是否与详图相吻合,有无标高、位置和尺寸的矛盾。

(2)了解构件与主要构件的连接方法,看能否保证其位置或标高,是否存在与其他构件相抵触的情况。

(3)了解构件中配件或钢筋的细部情况,掌握其主要内容。

(4)结合材料表核实以上内容。

(三)给水排水工程施工图的识读方法

阅读施工图之前,应当先仔细阅读设计施工说明、图例和设备材料明细表,然后将系统图、平面图和详图结合在一起,相互对照着看。

先看系统图，对整个系统有所了解。系统图主要体现给水排水管道的立体走向和空间位置关系。看给水系统图时，由建筑物的积水引入管开始，沿水流方向经干管、立管、支管到用水设备；看排水系统图时，由排水设备开始，沿排水方向经支管、横管、立管、干管到排出管。再看平面图，它主要体现建筑物内给水排水管道及卫生器具和用水设备的平面布置。同时，对应着识读详图，注意图纸比例。

（四）采暖工程施工图的识读方法

建筑采暖系统图的识读，首先了解建筑物的基本情况，然后阅读采暖施工图中的设计施工说明，熟悉有关设计的资料、规范、采暖方式等。平面图和系统图是采暖施工图中的主要图纸，看图时相互对照，一般按照热水流动的方向阅读，即供水干管→供水立管→供水支管→散热器→回水支管→回水立管→回水干管。

（五）通风及空调工程施工图的识读方法

阅读通风及空调工程施工图，要从平面图开始，将平面图、系统图和剖面图结合起来对照阅读。一般情况下，可顺着气流流动方向逐段阅读。对于排风系统，从吸风口看起，沿着管路直到室外排风口。

（六）电气工程施工图的识读方法

1. 阅读建筑电气工程图的一般程序

阅读建筑电气工程图必须熟悉电气图基本知识（表达形式、通用画法、图形符号、文字符号）和建筑电气工程图的特点，同时掌握一定的阅读方法，才能比较迅速全面地读懂图纸，以完全实现读图的意图和目的。

阅读建筑电气工程图的方法没有统一规定。但当我们拿到一套建筑电气工程图时，面对一大摞图纸，究竟如何下手？根据工程技术专家总结的经验，通常可按下面方法去做，即了解情况先浏览，重点内容反复看，安装方法找大样，技术要求查规范。

具体针对一套图纸，一般可按以下顺序阅读（浏览），而后再重点阅读。

（1）看标题栏及图纸目录。了解工程名称、项目内容、设计日期及图纸数量和内容等。

（2）看总说明。了解工程总体概况及设计依据，了解图纸中未能表达清楚的各有关事项，如供电电源的来源、电压等级、线路敷设方法、设备安装高度及安装方式、补充使用的非国标图形符号、施工时应注意的事项等。有些分项的局部问题是在分项工程图纸上说明的，看分项工程图纸时，也要先看设计说明。

（3）看系统图。各分项工程的图纸中都包含有系统图，如变配电工程的供电系统图、电力工程的电力系统图、照明工程的照明系统图以及电缆电视系统图等。看系统图的目的是了解系统的基本组成，主要电气设备、元件等连接关系及它们的规格、型号、参数等，掌握该系统的组成概况。

（4）看平面布置图。平面布置图是建筑电气工程图纸中的重要图纸之一，如变配电所的电气设备安装平面图（还应有剖面图）、电力平面图、照明平面图、防雷和接地平面图等，都是用来表示设备安装位置、线路敷设部位、敷设方法及所用导线型号、规格、数量、电线管的管径大小等。在通过阅读系统图了解系统组成概况之后，就可依据平面图编制工程预算和施工方案，具体组织施工了，所以对平面图必须熟读。阅读平面图时，一般可按进线→总配电电箱→干线→支干线→分配电箱→支线→用电设备的顺序。

(5)看电路图。了解各系统中用电设备的电气自动控制原理,用来指导设备的安装和控制系统的调试工作。因电路图多是采用功能布局法绘制的,看图时应依据功能关系从上至下或识图从左至右一个回路、一个回路地阅读。熟悉电路中各电器的性能和特点,对读懂图纸将是一个极大的帮助。

(6)看安装接线图。了解设备或电器的布置与接线,与电路图对应阅读,进行控制系统的配识线和调校工作。

(7)看安装大样图。安装大样图是用来详细表示设备安装方法的图纸,是依据施工平面图,进行安装施工和编制工程材料计划时的重要参考图纸。特别是对于初学安装的同志更显重要,甚至可以说是不可缺少的。安装大样图多采用全国通用电气装置标准图集。

(8)看设备材料表。设备材料表给我们提供了该工程所使用的设备、材料的型号、规格和数量,是我们编制购置设备、材料计划的重要依据之一。

阅读图纸的顺序没有统一的规定,可以根据需要自己灵活掌握,并应有所侧重。为更好地利用图纸指导施工,使安装施工质量符合要求,还应阅读有关施工及验收规范、质量检验评定标准,以详细了解安装技术要求,保证施工质量。

2. 电气照明识图

电气照明施工图是设计方案的集中表现,是工程施工的主要依据。图中采用了规定的图例符号、文字标注等,用于表示实际线路和实物。因此,对电气照明图应首先熟悉有关图例符号和文字标注,其次还应了解有关的设计规范、施工规范及产品样本等。

1)常用电气照明图例符号和文字标注

在电气照明系统图和平面图中都以单线形式来表示电气线路,即每一回路仅画一根线,并在单线上打斜短线表示实际导线的根数,4 根以下一般以斜短线的数目表示;超过 4 根导线的回路仅打一根斜短线,并在旁边用阿拉伯数字注明导线的根数即可。常用电气照明图例和文字标注见表 2-9 和表 2-10。表 2-11 为民用建筑照明负荷的需要系数,以供进行照明负荷计算时参考。

表 2-9　常用电气照明图例符号

圆形符号	名称	图形符号	名称
	多种电源配电箱(屏)		灯或信号灯一般符号
	动力或动力—照明配电箱		防水防尘灯
	信号板信号箱(屏)		壁灯
	照明配电箱(屏)		球形灯
	单相插座(明装)		花灯

续表 2-9

圆形符号	名称	图形符号	名称
	单相插座(暗装)		局部照明灯
	单相插座(密闭、防水)		天棚灯
	单相插座(防爆)		荧光灯一般符号
	带接地插孔的三相插座(明装)		三管荧光灯
	带接地插孔的三相插座(暗装)		避雷器
	带接地插孔的三相插座(密闭、防水)		避雷针
	带接地插孔的三相插座(防焊)		风扇一般符号
	单极开关(明装)		接地一般符号
	单极开关(暗装)		多极开关一般符号(单线表示)
	单极开关(密闭、防水)		多极开关一般符号(多线表示)
	单极开关(防爆)		分线盒一般符号
	开关一般符号		室内分线盒
	单极拉线开关		电铃
	动合(常开)触点 注：本符号也可用作开关一般符号	Wh	电度表

表 2-10　常用电气照明文字标注

表达线路			表达灯具		
相序		交流系统：	常用灯具	J	水晶底罩灯
	L_1	电源第一相		S	搪瓷伞形罩灯
	L_2	电源第二相		T	圆筒形罩灯
	L_3	电源第三相		W	碗形置灯
	U	设备端第一相		P	玻璃平盘罩灯
	V	设备端第二相	灯具安装方式	X	吊线式
	W	设备端第三相		L	吊链式
	N	中性线		G	管吊式(吊杆式)
线路敷设方式	M	明敷设		B	壁式
	A	暗敷设		D	吸顶式
	CP	瓷瓶瓷柱敷设		R	嵌入式
	CJ	瓷夹板敷设		Z	柱上安装
	S	钢索敷设	灯具标注		$a-b\frac{c\times b\times L}{e}f$
	QD	铝皮卡钉敷设		a	灯具数
	CB	槽板敷设		b	灯具型号
	GG	穿钢管敷设		c	每盏灯灯泡(灯管)数
	DG	穿电线管敷设		d	灯泡(灯管)容量(W)
	VG	穿硬塑料管敷设		e	悬挂高度(m)
线路敷设部位	L	沿梁		f	安装方式
	Z	沿柱		L	光源种类
	Q	沿墙			
	P	沿天棚			
	D	沿地板或埋地			

表 2-11　民用建筑照明负荷的需用系数

建筑类别	需用系数	备注
住宅楼	0.4～0.6	单元式住宅,每户两室,6～8 个插座,户装电表
单宿楼	0.6～0.7	标准单间,1～2 灯,2～3 个插座
办公楼	0.7～0.8	标准单间,2 灯,2～3 个插座
科研楼	0.8～0.9	标准单间,2 灯,2～3 个插座
教学楼	0.8～0.9	标准教室,6～8 灯,1～2 个插座
商店	0.85～0.95	有举办展销会可能时
餐厅	0.8～0.9	
社会旅馆	0.7～0.8	标准客房,1 灯,2～3 个插座
	0.8～0.9	附有对外餐厅时

续表 2-11

建筑类别	需用系数	备注
旅游旅馆	0.35～0.45	标准客房,4～5灯,4～6个插座
门诊楼	0.6～0.7	
病房楼	0.5～0.6	
影院	0.7～0.8	
剧院	0.6～0.7	
体育馆	0.65～0.75	

2)电气照明施工图

电气照明施工图主要有系统图和平面图,另外,还有设计说明、材料表等。现举一例(一栋三层三单元居民住宅楼)进行分析、介绍。图2-14为该楼的电气照明系统图。图2-15为该楼一单元二层的电气照明平面图。

(1)电气照明系统图。

电气照明系统图用来表明照明工程的供电系统、配电线路的规格、采用管径、敷设方式及部位,线路的分布情况,计算负荷和计算电流,配电箱的型号及其主要设备的规格等。通过系统图具体可表明以下几点:

a.供电电源的种类及表示方法。

应表明本照明工程是由单相供电还是由三相供电、电源的电压及频率。表示方法除在进户线上用打撇表示外,在图上还用文字按下述格式标注:

$$m \sim fV$$

式中 m——相数;

f——电源频率;

V——电源电压。

例如,在图2-14中进户线旁的标注

3N～50Hz 380/220V

则表示三相四线(N表示零线)制供电,电源频率为50 Hz,电压为380/220 V(注:在介绍三相电源原理时,分别用A、B、C表示三相。在应用中采用新国标,分别用L_1、L_2、L_3表示三相)。

b.干线的接线方式。

从图面上可以直接表示出从总配电箱到各分配电箱的接线方式是放射式、树干式还是混合式。一般多层建筑中,多采用混合式。

c.进户线、干线及支线的标注方式。

在系统图中要标注进户线、干线、支线的型号、规格、敷设方式和部位等,而支线一般均用1.5 mm^2的单心铜线或2.5 mm^2的单心铝线,故可在设计说明中作统一说明。但干线、支线采用三相电源的相线应在导线旁用L_1、L_2、L_3明确标注。本例因支线与干线采用同一相线,故支线标注省略。

配电线路的表示方式为

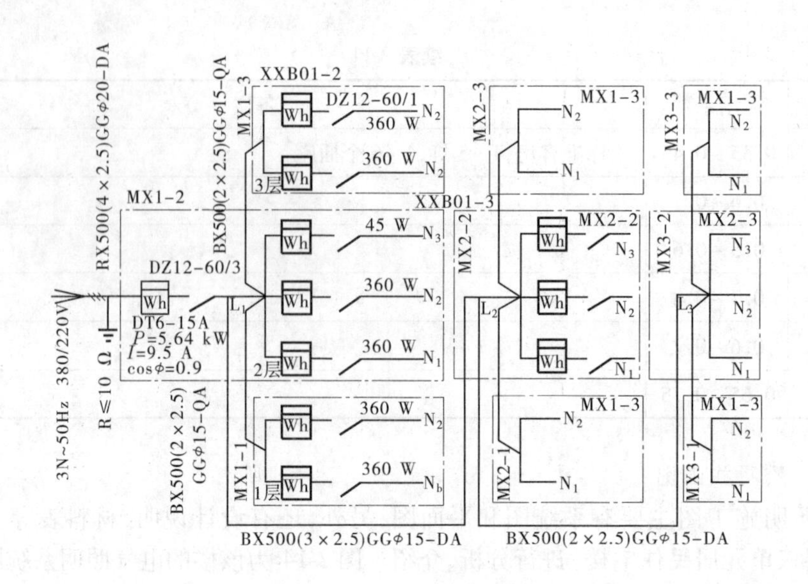

图 2-14　电气照明系统图

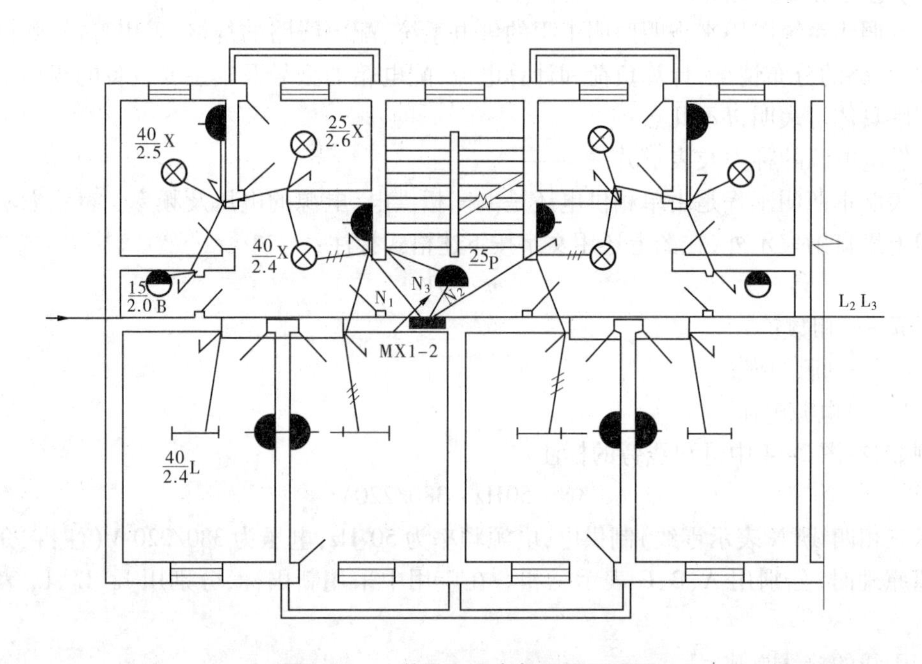

图 2-15　一单元二层电气照明平面图

$$a-b(c\times d)e-f$$

或

$$a-b(c\times d+c\times d)e-f$$

式中　a——回路编号（回路少时可省略）；

b——导线型号；

c——导线根数；

d——导线规格（截面）；

e——导线保护管型号（包括管材、管径）；

f——敷设方式和部位。

例如,系统图中的进户线标注为:

$$B \times 500(4 \times 2.5)GG15 - DA$$

表示采用电压等级为500 V的铜心橡皮绝缘线4根(三相线、一零线),每根导线截面为2.5 mm^2,穿管径为15 mm的钢管沿地板暗敷。

d. 配电箱中的控制、保护设备及计量仪表。

在平面图上只能表示配电箱的位置和安装方式,但配电箱中有哪些设备表示不出来,这些必须在系统图中表明。系统图用单线绘制,图中虚线所框的范围为一个配电盘或配电箱。

对于用电量较小的建筑物可只安装一个配电箱,对于多层建筑可在某层(二层)设总配电箱,再由此引至各楼层设置的层间配电箱。配电箱较多时应编号,如MX1-1、MX1-2等。选用定型产品时,应在旁边标明型号,自制配电箱应画出箱内电气元件布置图。

一般住宅和小型公共建筑,配电箱内的总开关、支路开关可选用胶盖开关,它可以带负荷操作,开关内的熔丝还可作短路保护。对于规模较大的公共建筑多采用自动开关,对照明线路作过负荷保护和短路保护。

为了计量负荷消耗的电能,各配电箱内要装设电度表,电度表有单相、三相。考虑到三相照明负荷的不平衡,故在计量三相电能时应采用三相四线制电度表。对于民用住宅,应采用一户一表,以便控制和管理。

在系统图中应注明配电箱内开关、保护和计量装置的型号、规格。本例中总配电箱内装设DZ12-60/3三极自动开关、DT6-15A三相四线制电度表,分配电箱(即用户配电箱,向每单元每层的两个用户供电,中间单元还有一回路楼梯间照明的供电)内装有DZ12-60/1单极自动开关、DD28-2A单相电度表(图中未标)。XXB01-2和XXB01-3为配电箱的型号。

民用建筑中的插座,在无具体设备连接时,每个插座可按100 W计算;住宅建筑中的插座,每个可按50 W计算。在每一单相支路中,灯和插座的总数一般不宜超过25个。但花灯、彩灯、大面积照明等回路除外。

(2)电气照明平面图。

电气照明平面图用来表示进户点、配电箱、灯具、开关、插座等电气设备平面位置和安装要求,同时还表明配电线路的走向和导线根数。当建筑为多层时,应逐层画出照明平面图。当各层或各单元均相同时,可只画出标准层的照明平面图。在平面图中应表明以下位置。

a. 进户线、配电箱位置。

由图2-15可知进户线沿二层地板从建筑物侧面引至一单元二层的总配电箱,且配电箱为暗装。

b. 干线、支线的走向。

从电气照明平面图中可以看出,L_1相干线向一单元供电,不仅供给二层,还要垂直穿管引至一层和三层。前已述及,支线常采用相同规格的导线和相同的敷设方式,一般不在平面图中标注,而是在平面图下方或设计总说明中统一说明。

c. 灯具、开关、插座的位置。

各种电气元件、设备的平面安装位置可在平面图中得到很好的体现,但要反映安装要求,还需以文字标注的形式作进一步说明。灯具的表示方式为:

$$a - b\frac{c \times d \times L}{e}f$$

式中　a——灯具数；

b——灯具型号或编号；

c——每盏灯的灯泡个数；

d——每个灯泡的额定功率，W；

e——安装高度；

f——安装方式；

L——光源种类。

若选用普通型灯具，且灯数较少时，可简化标注，如图 2-15 中标注为$\frac{40}{2.4}$L。

根据图形符号和标注可知为单管 40 W 荧光灯，悬挂高度 2.4 m，链吊式安装。

各灯具的开关，一般情况下不必在图上标注哪个开关控制哪个灯具。安装时，只要根据图中导线走向、导线根数，结合一般电气常识和规律，就能正确判断出来。图 2-16 为分支线路的单线表示及展开成实际的接线图。

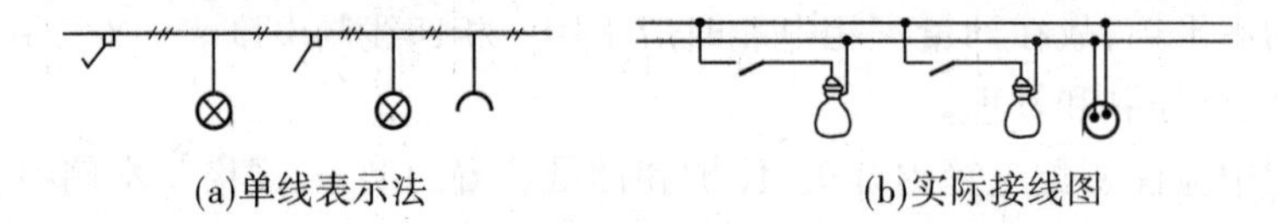

图 2-16　分支线路的单线表示及展开成实际的接线图

在一项工程的系统图和平面图中，各个电气产品的编号标注必须一致。例如，前述的建筑物内有数个配电箱，MX1－2 不同于 MX1－1，也不同于 MX2－2，而 MX1－1 与 MX1－3 的型号虽然相同，但安装位置不同，前者在一层，后者在三层。配电箱的外形尺寸一般写在设计说明中，以便与土建工程配合，做好配电箱的预留洞工作。

3. 设计说明

在系统图和平面图中未能表明而又与施工有关的问题，可在设计说明中予以补充。如进户线的距地高度、配电箱尺寸及安装高度、灯具开关及插座的安装高度均须说明。又如进户线重复接地的具体做法以及其他需要说明的问题均须在设计说明中表达清楚。

本例说明如下：

(1)本工程采用交流 50 Hz，380/220V 三相四线制电源供电，架空引入。进户线沿一单元二层地板穿钢管暗敷引至总配电箱。进户线距室外地面高度≥3.6 m（在设计中是根据工程立面图的层高确定的）。进户线重复接地电阻 $R \leqslant 10\ \Omega$。

(2)配电箱外型尺寸为：宽(mm)×高(mm)×厚(mm)

MX1－1：350×400×125

MX2－2：500×400×125

均为定型产品。箱内元件见系统图。箱底边距地 1.4 m，应在土建施工时预留孔洞。

(3)开关距地 1.3 m，距门框 0.3 m。

(4)插座距地 1.8 m。

(5)支线均采用 BX－500V－2.5 mm^2 的导线穿直径为 15 mm 的钢管暗敷。

(6)施工做法参见《电气装置安装工程施工及验收规范》。

4. 材料表

材料表应将电气照明施工图中各电气设备、元件的图例、名称、型号及规格、数量、生产厂家等表示清楚。它是保证电气照明施工质量的基本措施之一，也是电气工程预算的主要依据。本例的设备部分材料表见表2-12。

表2-12　图2-14、图2-15 住宅楼部分材料表

序号	图例	名称	型号及规格	数量	单位	生产厂家	备注
1		白织灯(螺灯头)	220V40W	36	个		当地购买
2		盏灯(螺口灯座)	220V15W	18	个		当地购买
3		防水防尘白织灯	220V25W	18	个		当地购买
4		天棚白织灯	220V40W	9	个		当地购买
5		带罩日光灯	220V40W	36	根		当地购买
6		单相插座	220V10A	72	个		当地购买
7		单板开关	220V6A	117	个		当地购买
8		总配电槽		1	根		定时
9		分配电槽	XXB01-2	6	根	北京光明电器开关厂	J03-50
10		分配电槽	XXB01-3	2	根	北京光明电器开关厂	J03-50
11	Wh	三相电度表		1	块		装于配电箱内
12	Wh	单相电度表		21	块		装于配电箱内
13		三相自动开关		1	个		装于配电箱内
14		单相自动开关		21	个		装于配电箱内

续表 2-12

序号	图例	名称	型号及规格	数量	单位	生产厂家	备注
15	———	帽心橡皮地缘钱	BX500V-2.5mm		m		
16	———	铝心橡皮地缘钱	BLX500V-2.5mm		m		
17	———	水、煤气钢管	Φ20Φ15		m		

本章小结

本章主要阐述施工图识读的基本知识。

1. 房屋一般由基础、墙、柱、楼地面、楼梯、门窗和屋顶六大部分组成。

2. 建筑工程施工图一般包括图纸目录和设计总说明、建筑施工图、结构施工图、设备施工图等内容。

3. 一套建筑工程施工图按图纸目录、总说明、总平面、建筑、结构、水、暖、电等施工图顺序编排。各工种图纸的编排,一般是全局性图纸在前,表明局部的图纸在后;先施工的在前,后施工的在后;重要图纸在前,次要图纸在后。为了图纸的保存和查阅,必须对每张图纸进行编号。

4. 房屋中的承重墙或柱都有定位轴线,不同位置的墙有不同的编号,定位轴线是施工时定位放线和查阅图纸的依据。

5. 标高是尺寸注写的一种形式。读图时要弄清是绝对标高还是相对标高,它的零点基准设在何处。

6. 索引符号和详图符号,要熟悉它的编号规定,弄清圆圈中上下数字所代表的内容,以便读图时能很快将图样联系起来。

7. 总平面图主要用来确定新建房屋的位置及朝向,以及新建房屋与原有房屋周围、地物的关系等内容。

8. 根据平面图,可看出每一层房屋的平面形状、大小和房间布置,楼梯走廊位置,墙柱的位置、厚度和材料,门窗的类型和位置等情况。

9. 根据立面图和剖面图,可了解房屋立面上建筑装饰的材料和颜色、屋顶的构造形式(有时把楼面、屋顶的构造用引出线表示在剖面图上,还在剖面图上画上屋面的排水坡度)、房屋的分层及高度、屋檐的形式以及室内外地面的高差等。

10. 无论在建筑基本图上还是建筑详图上,都会遇到剖切符号、索引符号和详图符号,熟记这些符号的内容及查对方法对顺利而正确地识读建筑施工图样是十分重要的。

11. 结构施工图是表达建筑物的结构形式及构件布置等的图样,是建筑结构施工的依据。

12. 结构施工图一般包括基础平面图、楼层结构平面图、构件详图等。基础平面图、结构平面图都是从整体上反映承重构件的平面布置情况，是结构施工图的基本图样。构件详图表达了构件的形状、尺寸、配筋及与其他构件的关系。

13. 基础施工图用来反映建筑物的基础形式、基础构件布置及构件详图的图样。在识读基础施工图时，应重点了解基础的形式、布置位置、基础地面宽度、基础埋置深度等。

14. 楼层结构平面图中，主要反映了墙、柱、梁、板等构件的型号、布置位置、现浇及预制板装配情况。

15. 构件详图主要反映构件的形状、尺寸、配筋、预埋件设置等情况。

16. 在识读结构施工图时，要与建筑施工图对照阅读，因为结构施工图是在建筑施工图的基础上设计的，与建筑施工图存在内在的联系。识读结构施工图时，应注意将有关图纸对照阅读。

17. 安装工程施工图识读时应根据图例符号、平面图、系统图对照阅读。

第三章　工程施工工艺和方法

【学习目标】

1. 熟悉土的工程性质、分类。
2. 了解土方工程施工的主要内容、土方施工准备工作的内容。
3. 掌握土方工程量、井点降水的计算方法。
4. 熟悉常见的基坑支护的方法。
5. 熟悉常用土方施工机械的特点、性能、适用范围及提高生产率的方法。
6. 掌握基坑(槽)开挖、回填的工艺流程和施工要点及质量检验标准。
7. 了解地基的加固处理方法、适用范围、施工要点。
8. 掌握浅基础的施工工艺、施工技术要求。
9. 掌握钢筋混凝土预制桩和混凝土灌注桩的常用施工方法。
10. 掌握大体积混凝土浇筑技术、养护方法及要求。
11. 了解脚手架的种类、作用。
12. 掌握脚手架的搭设要求,安全防护措施。
13. 掌握砌筑前准备工作的内容和要求。
14. 掌握砖墙的构造和砌筑工艺。
15. 掌握中型砌块的砌筑方法和砌筑工艺。
16. 掌握砌筑工程的质量标准和安全防护措施。
17. 了解模板工程、钢筋工程及混凝土工程的基本概念。
18. 了解模板配板设计,掌握模板安装及拆除。
19. 掌握钢筋加工及配料计算、钢筋代换方法。
20. 掌握施工配合比的概念,掌握混凝土的搅拌、浇筑、养护。
21. 掌握施工缝留设及处理方法。
22. 掌握钢筋混凝土结构构件的施工工艺和质量标准。
23. 了解钢结构的连接方法。
24. 掌握高强螺栓的施工要点。
25. 了解建筑防水的分类和等级,熟悉防水材料的种类、基本性能及适用范围。
26. 掌握屋面防水工程施工的技术。
27. 掌握地下防水工程施工的技术。

第一节　地基与基础工程

一、岩土的工程分类

土是地壳表层的岩石长期受自然界的风化作用,使大块岩体不断破碎与发生成分变化,再经搬运、沉积而成为大小、形状和成分都不相同的松散颗粒集合体。

（一）土的组成

在天然状态下，土是由固相、液相和气相所组成的三相体系。固相即为矿物颗粒，是构成土的骨架部分。液相即为水。气相即为空气，也叫孔隙。骨架间有许多孔隙可被水和空气所填充。

（二）土的结构

土的结构是指土颗粒之间的相互排列和联结形式。土的结构分为单粒结构、蜂窝结构和絮状结构三种。

在工程上，以密实的单粒结构的土质最好，蜂窝结构与絮状结构如被扰动（如开挖土方），破坏了天然结构时，则强度低，压缩性高，不可作为天然地基。

（三）土的工程分类

在建筑工程施工中，常根据土石方施工时土（石）的开挖难易程度，将土分为 8 类，称为土的工程分类。前 4 类属一般土，后 4 类属岩石，土的分类方法及其现场鉴别方法见表 3-1。

土的开挖难易程度不同，影响着土方开挖的方法、劳动量的消耗、工期的长短、工程的费用。

表 3-1 土的工程分类

土的分类	土的名称	开挖方法	可松性系数	
			K_s	K'_s
一类土（松软土）	砂、亚砂土，冲积砂土，种植土、泥炭（淤泥）	能用锹、锄头挖掘	1.08～1.17	1.01～1.04
二类土（普通土）	亚黏土，潮湿的黄土，夹有碎石、卵石的砂，种植土、填筑土及亚砂土	用锹、锄头挖掘少许，用镐翻松	1.14～1.28	1.02～1.05
三类土（坚土）	软及中等密实黏土，重亚黏土，粗砾石，干黄土及含碎石、卵石的黄土、亚黏土，压实的填筑土	主要用镐，少许用锹、锄头，部分用撬棍	1.24～1.30	1.04～1.07
四类土（砂砾坚土）	重黏土及含碎石、卵石的黏土，粗卵石，密实的黄土、天然级配砂石，软的泥灰岩及蛋白石	用镐、撬棍，然后用锹挖掘，部分用楔子及大锤	1.26～1.37	1.06～1.09
五类土（软石）	硬石炭纪黏土，中等密实的页岩、泥灰岩，白垩土，胶结不紧的砾岩，软的石灰岩	用镐或撬棍、大锤，部分使用爆破	1.30～1.45	1.10～1.20
六类土（次坚石）	泥岩，砂岩，砾岩，坚实的页岩、泥灰岩，密实的石灰岩，风化花岗岩、片麻岩	用爆破方法，部分用风镐	1.30～1.45	1.10～1.20
七类土（坚石）	大理岩，辉绿岩，粗、中粒花岗岩，坚实的白云岩、砂岩、砾岩、片麻岩、石灰岩	用爆破方法	1.30～1.45	1.10～1.20
八类土（特坚石）	玄武岩，花岗片麻岩，坚实的细粒花岗岩、闪长岩、石英岩、辉绿岩	用爆破方法	1.45～1.50	1.20～1.30

(四)土的工程性质

为了阐述和标记方便,通常把自然界中土的三相混合分布的情况分别集中起来,固相集中于下部,液相集中于中部,气相集中于上部,并按一定的比例画出草图,图的左边标出各相的体积 V(单位 m^3),图的右边标出各相的质量 m(单位 kg)或重量 W(单位 kN),这种表示方法称为土的三相图。如图 3-1 所示。

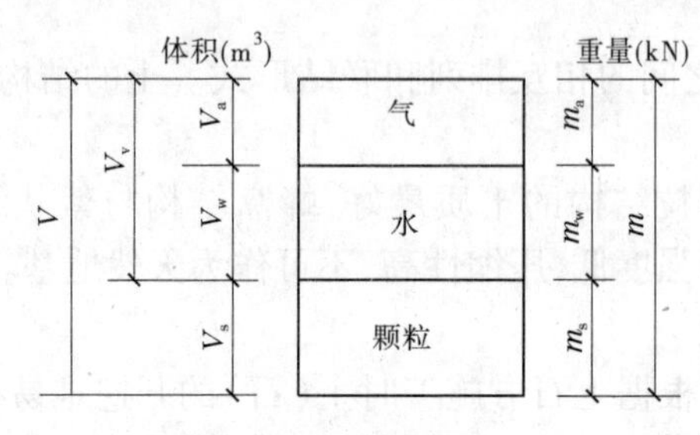

图 3-1 土的三相图

土的工程性质对土方工程的施工有直接影响,其中基本的工程性质有密度、密实度、可松性、压缩性、含水量、渗透性等。

1. 土的密度

土的密度分天然密度和干密度。土的天然密度,指土在天然状态下单位体积的质量,它影响土的承载力、土压力及边坡的稳定性。

$$\rho = m/V \tag{3-1}$$

式中 ρ——土的天然密度;

m——土的总质量;

V——土的天然体积。

土的干密度,指单位体积土中固体颗粒的质量。土的干密度愈大,表示土越密实。工程上常把干密度作为检验填土压实质量的控制指标。

$$\rho_d = m_s/V \tag{3-2}$$

式中 ρ_d——土的干密度;

m_s——土中固体颗粒的质量;

V——土的天然体积。

2. 土的密实度

土的密实度即土的密实程度,通常用干密度表示,即

$$D_y = \rho_d/\rho_{dmax} \tag{3-3}$$

式中 D_y——密实度(即压实系数);

ρ_d——土的实际干密度;

ρ_{dmax}——土的最大干密度。

土的密实度对填土的施工质量有很大影响,它是衡量回填土施工质量的重要指标.

3. 土的可松性

土的可松性是指在自然状态下的土经开挖后,其体积因松散而增大,以后虽经回填压实,也不能恢复其原来的体积。由于土方工程量是以自然状态的体积来计算的,所以在土方调配、计算土方机械生产率及运输工具数量等的时候,必须考虑土的可松性。土的可松性程

度用可松性系数表示，即

$$K_s = \frac{V_2}{V_1} \qquad K'_s = \frac{V_3}{V_1} \tag{3-4}$$

式中 K_s——最初可松性系数；

K'_s——最后可松性系数；

V_1——土在天然状态下的体积，m^3；

V_2——土经开挖后的松散体积，m^3；

V_3——土经回填压实后的体积，m^3。

在土方工程中，K_s 是计算土方施工机械及运土车辆等的重要参数，K'_s 是计算场地平整标高及填方时所需挖土量等的重要参数。不同类型土的可松性系数可参照表 3-1。

4. 土的压缩性

移挖作填或取土回填，松土经填压后会压缩。在松土回填时应考虑土的压缩率，一般可按填方断面增加 10% ~20% 计算松土方数量。

5. 土的含水量

土的含水量 W 是土中所含水的质量与土的固体颗粒的质量之比，以百分数表示：

$$W = \frac{G_1 - G_2}{G_2} \times 100\% \tag{3-5}$$

式中 G_1——含水状态时土的质量；

G_2——土烘干后的质量。

土的含水量影响土方施工方法的选择、边坡的稳定和回填土的夯实质量，如土的含水量超过 25% ~30%，则机械化施工就困难，容易打滑、陷车；回填土则需有最佳含水量，方能夯压密实，获得最大干密度。土的最佳含水量和最大干密度参考值见表 3-2。

表 3-2 土的最佳含水量和最大干密度

土的种类	最佳含水量（质量比，%）	最大干密度（g/cm^3）	土的种类	最佳含水量（质量比，%）	最大干密度（g/cm^3）
砂土	8 ~ 12	1.80 ~ 1.88	重亚黏土	16 ~ 20	1.67 ~ 1.79
粉土	16 ~ 22	1.61 ~ 1.80	粉质亚黏土	18 ~ 21	1.65 ~ 1.74
亚砂土	9 ~ 15	1.85 ~ 2.08	黏土	19 ~ 23	1.58 ~ 1.70
亚黏土	12 ~ 15	1.85 ~ 1.95			

6. 土的渗透性

土的渗透性是指水在土体中渗流的性能，一般以渗透系数 K 表示。渗透系数 K 值将直接影响降水方案的选择和涌水量计算的准确性，一般应通过扬水试验确定，表 3-3 所列数据可供参考。

表3-3　土的渗透系数 K 参考值

土的种类	K(m/d)	土的种类	K(m/d)
亚黏土、黏土	<0.1	含黏土的中砂及纯细砂	20~25
亚黏土	0.1~0.5	含黏土的细砂及纯中砂	35~50
含亚黏土的粉砂	0.5~1.0	纯粗砂	50~75
纯粉砂	1.5~5.0	粗砂夹砾石	50~100
含黏土的细砂	10~15	砾石	100~200

二、常用地基处理方法

当地基强度与稳定性不足或压缩变形很大，不能满足设计要求时，常采取各种地基加固、补强等技术措施，改善地基土的工程性状，增加地基的强度和稳定性，减少地基变形，以满足工程要求。这些措施统称为地基处理。经过处理后的地基称为人工地基。

随着我国基本建设的发展，大规模的工业及民用建筑、高速公路、水利工程、港口工程、环境工程正在兴建，且常常建造在软弱地基或不良的地基上，因而对地基的要求越来越高，对沉降和变形的要求也越来越严格，几乎每一项工程都要考虑地基处理问题，只是简单或复杂的程度不同而已。地基处理已成为设计与施工及研究的一个必须重视的问题，也是工程技术人员必须掌握的一门工程基础理论知识。

（一）软弱地基与不良地基

通常将不能满足建筑物要求的地基（包括承载力、稳定变形和渗流三方面的要求）统称为软弱地基或不良地基。软弱地基主要是由淤泥、淤泥质土、冲填土、杂填土或其他高压缩性土层构成的地基。在建筑地基的局部范围内有高压缩性土层时，应按局部软弱土层考虑。

工程上常需要处理的土类主要包括淤泥及淤泥质土（软土）、杂填土、冲填土、粉质黏土、饱和细粉砂土、泥炭土、沙砾石类土、膨胀土、湿陷性黄土、多年冻土以及岩溶等。下面将与地基处理有关的几种土类特性简要阐述如下。

（二）地基处理的目的

地基处理的目的主要是改善地基的工程性质，达到满足建筑物对地基稳定和变形的要求，包括改善地基上的变形特性和渗透性，提高其抗剪强度，消除其不利影响。地基处理主要目的与内容应包括：①提高地基土的抗剪强度，以满足设计对地基承载力和稳定性的要求；②改善地基的变形性质，防止建筑物产生过大的沉降和不均匀沉降以及侧向变形等；③改善地基的渗透性和渗透稳定，防止渗流过大和渗透破坏等；④提高地基土的抗振（震）性能，防止液化，隔振和减小振动波的振幅等；⑤消除黄土的湿陷性、膨胀土的胀缩性等。

（三）常用的地基处理方法

《建筑地基处理技术规范》（JGJ 79—2002，J 220—2002）将常用的地基处理方法按其原理和做法主要分为13类，见表3-4。

表 3-4　软弱土地基处理方法分类

编号	分类	处理方法	原理及作用	适用范围
1	换填垫层法	砂石垫层，素土垫层，灰土垫层，工业废渣垫层，加筋土垫层	以砂石、素土、灰土和矿渣等强度较高的材料，置换地基表层软弱土，提高持力层的承载力，扩散应力，减少沉降量	适用于处理淤泥、淤泥质土、湿陷性黄土、素填土、杂填土地基及暗沟、暗塘等的浅层处理
2	预压法	天然地基预压，砂井预压，塑料排水带预压，真空预压，降水预压	在地基中增设竖向排水体，加速地基的固结和强度增长，提高地基的稳定性；加速沉降发展，使基础沉降提前完成	适用于处理淤泥、淤泥质土和冲填土等饱和黏性土地基
3	强夯法和强夯置换法	强力夯实	利用强夯的夯击能在地基中产生强烈的冲击能和动应力，迫使土动力固结密实。强夯置换墩兼具挤密、置换和加快土层固结的作用	适用于碎石土、砂土、低饱和度的粉土、黏性土、湿陷性黄土、杂填土等地基。强夯置换墩可应用于淤泥等黏性软弱土层，但墩底应穿透软土层到达较硬土层
4	振冲法	加填料振冲法、不加填料振冲法	采用专门的技术措施，以砂、碎石等置换软弱土地基中部分软弱土，对桩间土进行挤密，与未处理部分土组成复合地基，从而提高地基承载力，减少沉降量	适用于处理砂土、粉土、粉质黏土、素填土和杂填土等地基。不加填料振冲加密适用于处理粉粒含量不大于 10% 的中砂、粗砂地基
5	砂石桩法	振动成桩法、锤击成桩法	通过振动成桩或锤击成桩，减少松散砂土的孔隙比，或在黏性土中形成桩土复合地基，从而提高地基承载力，减少沉降量，或部分消除土的液化性	适用于挤密松散砂土、素填土和杂填土等地基
6	水泥粉煤灰碎石桩法	长螺旋钻孔灌注成桩，长螺旋钻孔、管内泵压混合料成桩，振动沉管灌注成桩	水泥、粉煤灰及碎石拌和形成混合料，成孔后灌入形成桩体，与桩间土形成复合地基。采用振动沉管成孔时对桩间土具有挤密作用。桩体强度高，相当于刚性桩	适用于黏性土、粉土、黄土、砂土、素填土等地基。对淤泥质土应通过现场试验确定其适用性
7	夯实水泥土桩法	人工洛阳铲成孔、螺旋钻机成孔、沉管成孔、冲击成孔	采用各种成孔机械成孔，向孔中填入水泥与土混合料夯实形成桩体，构成桩土复合地基。采用沉管和冲击成孔时对桩间土有挤密作用	适用于处理地下水位以上的粉土、素填土、杂填土、黏性土等地基。处理深度不超过 10 m

续表 3-4

编号	分类	处理方法	原理及作用	适用范围
8	水泥土搅拌法	用水泥或其他固化剂、外掺剂进行深层搅拌形成桩体。分干法和湿法	深层搅拌法是利用深层搅拌机,将水泥浆或水泥粉与土在原位拌和,搅拌后形成柱状水泥土体,可提高地基承载力,减少沉降,增加稳定性和防止渗漏,建成防渗帷幕	适用于处理淤泥、淤泥质土、粉土、饱和黄土、素填土、黏性土以及无流动地下水的饱和松散砂土等地基
9	柱锤冲扩法	冲击成孔、填料冲击成孔、复打成孔	采用柱状锤冲击成孔,分层灌入填料、分层夯实成桩,并对桩间土进行挤密,通过挤密和置换提高地基承载力,形成复合地基	适用于处理杂填土、素填土、粉土、黏性土、黄土等地基。对地下水位以下饱和松软土层应通过现场试验确定其适用性
10	高压喷射注浆法	单管法、二重管法、三重管法	将带有特殊喷嘴的注浆管,通过钻孔置入到处理土层的预定深度,然后将浆液(常用水泥浆)以高压冲切土体。在喷射浆液的同时,以一定速度旋转、提升,即形成水泥土圆柱体;若喷嘴提升而不旋转,则形成墙状固结体加固后可用以提高地基承载力,减少沉降,防止砂土液化、管涌和基坑隆起,形成防渗帷幕	适用于处理淤泥、淤泥质黏土、黏性土、粉土、黄土、砂土、人工填土等地基。当土中含有较多的大粒径块石、坚硬黏性土、大量植物根茎或有过多的有机质时,应根据现场试验结果确定其适用程度,对既有建筑物可进行托换工程
11	石灰桩法	人工洛阳铲成孔、螺旋钻机成孔、沉管成孔	人工或机械在土体中成孔,然后灌入生石灰块,经夯压形成的一根桩体。通过挤密、吸水、反应热、离子交换、胶凝及置换作用,并形成复合地基,提高承载力,减少沉降量	适用于处理饱和黏性土、淤泥、淤泥质土、素填土、杂填土等地基
12	土或灰土挤密桩法	沉管(振动、锤击)成孔、冲击成孔	采用沉管、冲击或爆扩等方法挤土成孔,分层夯填素土或灰土成桩。对桩间土挤密,与地基土组成复合地基,从而提高地基承载力,减少沉降量。部分或全部消除地基土湿陷性	适用于处理地下水位以上的湿陷性黄土、素填土和杂填土等地基
13	单液硅化法和碱液法	主要用于既有建筑物下地基加固	在沉降不均匀、地基受水浸湿引起湿陷的建(构)筑物下地基中通过压力灌注或溶液自渗方式灌入硅酸钠溶液或氢氧化钠溶液,使土颗粒之间胶结,提高水稳性,消除湿陷性,提高承载力	适用于地下水位以上渗透系数为 0.1 ~ 2.0 m/d 的湿陷性黄土等地基。在自重湿陷性黄土场地,对Ⅱ级湿陷性地基,当采用碱液法时,应通过试验确定其适用性

三、基坑(槽)开挖、支护及回填方法

(一)基坑(槽)开挖

土方开挖分人工开挖和机械开挖两种,目前一般使用机械开挖方式。

土方开挖应根据基础形式、工程规模、开挖深度、地质条件、地下水情况、土方量、运距、现场和机具设备条件、工期要求以及土方机械的特点等合理选择挖土机械,以充分发挥机械效率,节省机械费用,加速工程进度。

1. 一般规定

(1)土方工程施工前应进行挖、填方的平衡计算,综合考虑土方运距最短、运程合理和各个工程项目的合理施工程序等,做好土方平衡调配,减少重复挖运。

土方平衡调配应尽可能与城市规划和农田水利相结合,将余土一次性运到指定弃土场,做到文明施工。

(2)当土方工程挖方较深时,施工单位应采取措施,防止基坑底部土的隆起并避免危害周边环境。

(3)在挖方前,应做好地面排水和降低地下水位工作。

(4)平整场地的表面坡度应符合设计要求,当无设计要求时,排水沟方向的坡度不应小于2‰。平整后的场地表面应逐点检查。检查点为每100~400 m^2 取1点,但不应少于10点;长度、宽度和边坡均为每20 m取1点,每边不应少于1点。

(5)土方工程施工时,应经常测量和校核其平面位置、水平标高和边坡坡度。平面控制桩和水准控制点应采取可靠的保护措施,定期复测和检查。土方不应堆在基坑边缘。

(6)对雨季和冬季施工还应遵守国家现行有关标准。

2. 土方开挖

为了土方施工时的稳定,防止坍塌,保证施工安全,当挖土深度超过一定的数值时,需进行放坡。

土方边坡坡度 i 用土方边坡深度 H 与底面宽度 B 之比来表示,即

$$i = \frac{H}{B} \tag{3-6}$$

反映土方边坡坡度的指标称为土方边坡系数,记为 m。公式为:

$$m = \frac{B}{H} = \frac{1}{i} \tag{3-7}$$

土的边坡可做成直线形、折线形和阶梯形,如图3-2所示。

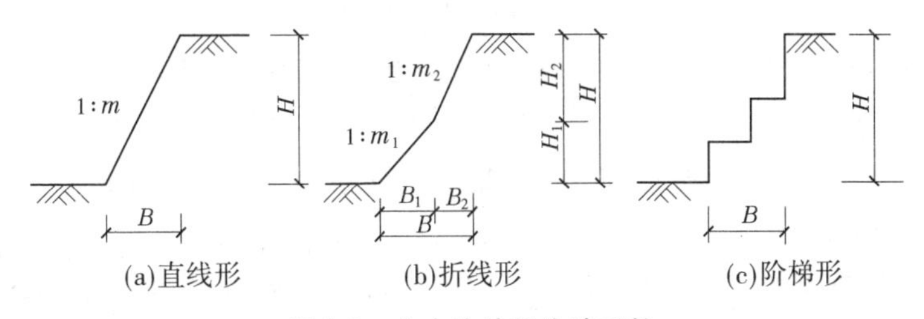

图3-2 土方边坡及边坡系数

基坑、基槽和管沟土方开挖可采用人工或机械施工。一般大中型工程基坑土方量大，宜使用土方机械施工，配合少量人工清槽；小型工程基槽窄，土方量小，宜采用人工或人工配合小型挖土机施工。土方工程可分为场地平整，开挖管沟基槽和独立基坑，以及在地面上建设防护堤、路堑等一类的构筑物。

（二）人工降水

在地下水位较高地区开挖基坑，会遇到地下水问题。如涌入基坑内的地下水不能及时排除，不但土方开挖困难，边坡易于塌方，而且会使地基被水浸泡，扰动地基土，造成竣工后的建筑物产生不均匀沉降。为此，在基坑开挖时要及时排除涌入的地下水，使基坑底部保持干燥，以确保工程质量和施工安全。

降低地下水位的常用方法有集水明排法和井点降水法。

1. 集水明排法

当基坑开挖深度不很大，基坑涌水量不大时，集水明排法是应用最广泛，亦是最简单、经济的方法。在基坑的两侧或四周设置排水明沟，在基坑四角或每隔 30 ~ 40 m 设置集水井，使基坑渗出的地下水通过排水明沟汇集于集水井内，然后用水泵将其排出基坑外。

2. 井点降水法

井点降水即在基坑土方开挖之前，在基坑四周预先埋设一定数量的滤水管（井），在基坑开挖前和开挖过程中，利用抽水设备不断抽出地下水，使地下水位降到坑底以下，直至土方和基础工程施工结束为止，如图 3-3 所示。

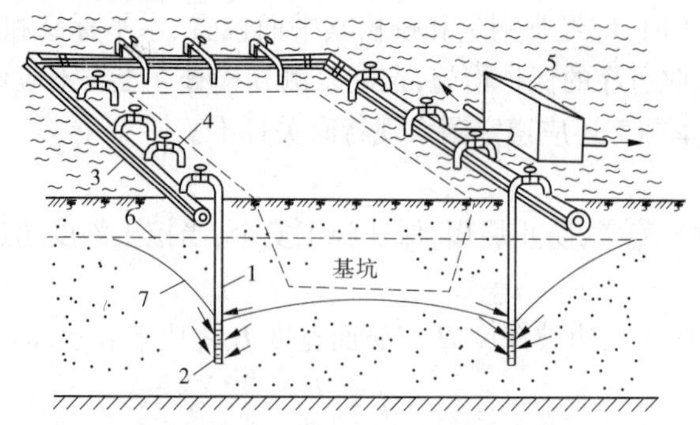

1—井点管；2—滤管；3—集水总管；4—弯联管；
5—水泵房；6—原地下水位线；7—降低后水位线

图 3-3　轻型井点法

井点降水可使基坑始终保持干燥状态，从根本上消除了流砂现象；降低地下水位后，由于土体固结，密实度提高，增加了地基土的承载能力，同时基坑边坡也可陡些，减少土方量的开挖。

对不同的土质应采用不同的降水形式。其中轻型井点应用最为广泛。

1）轻型井点的设备

真空井点系统由滤管、井点管、连接管、集水总管和抽水设备等组成。

2）轻型井点的布置

井点布置应根据基坑平面形状与大小、地质和水文情况、工程性质、降水深度等确定。

（1）平面布置：当基坑（槽）宽度小于 6 m，且降水深度不超过 6 m 时，可采用单排井点，布置在地下水上游一侧；两侧的延伸长度不小于坑槽宽度，如图 3-4 所示。

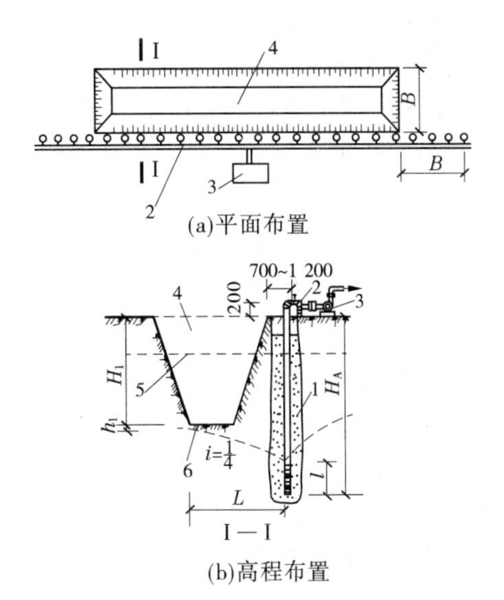

(a)平面布置

(b)高程布置

1—井点管;2—集水总管;3—抽水设备;

4—基坑;B—开挖基坑上口宽度

图 3-4　单排线井点布置

当基坑(槽)宽度大于6 m,或土质不良、渗透系数较大时,宜采用双排井点,布置在基坑(槽)的两侧。

当基坑面积较大时,宜采用环形井点,如图 3-5 所示。挖土运输设备出入道可不封闭,间距可达4 m,一般留在地下水下游方向。

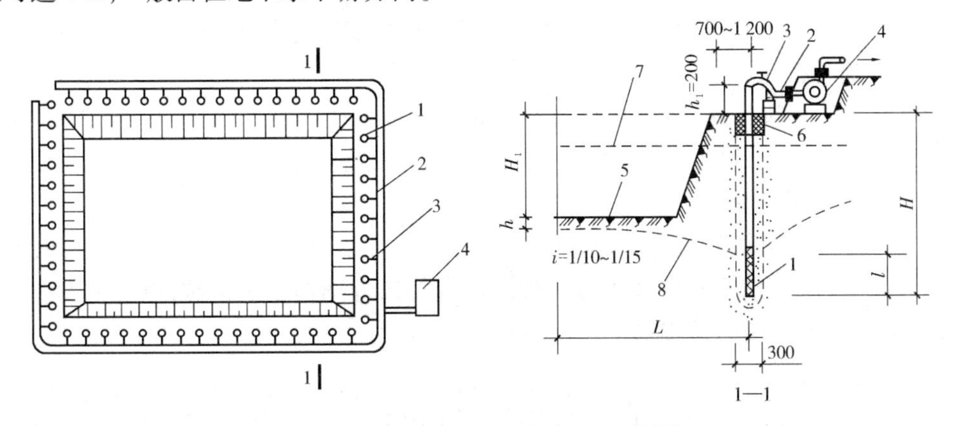

1—井点管;2—集水总管;3—弯联管;4—抽水设备;

5—基坑;6—填黏土;7—原地下水位线;8—降低后地下水位线

图 3-5　环形井点布置

井点管距坑壁不应小于1.0 ~1.5 m,距离太小,易漏气。井点间距一般为0.8 ~2.0 m。集水总管标高宜尽量接近地下水位线并沿抽水水流方向有0.25% ~0.5%的上仰坡度。

(2)高程布置:井点管露出地面高度,一般取0.2 ~0.3 m。井点管的入土深度应根据降水深度及储水层所在位置决定,但必须将滤水管埋入含水层内,井点管的埋置深度亦可按下式计算:

$$H \geqslant H_1 + h + iL \tag{3-8}$$

式中 H——井点管的埋置深度,m;

H_1——井点管埋设面至基坑底面的距离,m;

h——基坑中央最深挖掘面至降水曲线最高点的安全距离,m,一般为0.5~1.0 m,人工开挖取下限,机械开挖取上限;

i——降水曲线坡度,与土层渗透系数、地下水流量等因素有关,根据扬水试验和工程实测确定,对单排线状井点可取1/4、双排井点可取1/7、环形井点取1/10;

L——井点管中心至基坑中心的短边距离,m。

一般轻型井点的降水深度只有5.5~6 m。当一级轻型井点不能满足降水深度要求时,可采用明沟排水与井点相结合的方法,将总管安装在原有地下水位线以下,或采用二级井点(降水深度可达7~10 m)。即先挖去第一级井点排干的土,然后再在坑内布置埋设第二级井点,以增加降水深度。抽水设备宜布置在地下水的上游,并设在总管的中部。

真空泵主要有W5、W6型,按总管长度选用。当总管长度不大于100 m时,可选用W5型,总管长度大于100 m时,可选用W6型。

水泵按涌水量的大小选用,要求水泵的抽水能力必须大于井点系统的涌水量(增大10%~20%)。通常一套抽水设备配两台离心泵,既可轮换备用,又可在地下水较大时同时使用。

3)轻型井点的施工

轻型井点的施工主要包括施工准备,井点系统的安装、使用及拆除。

4)井点管的使用

井点管使用时,应保持连续不断抽水,并配以双电源以防漏电。正常出水规律是“先大后小,先浑后清”。抽水时要经常观测真空度以判断井点系统是否正常。

5)井点管的拆除

地下结构工程竣工并进行回填后,方可拆除井点系统。可用倒链、起重机等拔出井点管,所留孔洞用砂或土填实,当地基有防渗要求时,地面下2 m范围内用黏土填塞压实。

(三)土方机械化施工

土方开挖应根据基础形式、工程规模、开挖深度、地质、地下水情况、土方量、运距、现场和机具设备条件、工期要求以及土方机械的特点等合理选择挖土机械,以充分发挥机械效率,节省机械费用,加速工程进度。

1. 开挖机械的选择

(1)深度1.5 m以内的大面积基坑开挖,宜采用推土机。为提高推土机的生产效率,常采用下坡推土、槽形推土、并列推土、多刀松土等。

(2)对于面积大、深,且基坑土干燥的基础,多采用正铲挖掘机,自卸汽车配合使用。

根据开挖路线与运输汽车相对位置的不同,正铲挖掘机的开挖方式一般有两种:一种是正向挖土,侧向卸土,即挖掘机沿前进方向挖土,运土汽车停在挖掘机的侧面装土,另一种是正向挖土,后方卸土,即挖掘机沿前进方向挖土,运土汽车停在挖掘机的后方装土。

2. 开挖方式

挖土应遵循“开槽支撑,先撑后挖,分层开挖,严禁超挖”的原则,由上至下,逐层开挖。将基坑按深度分为多层,进行逐层开挖,可以从一边到另一边,也可从两头对称开挖。

1）分段开挖

由一边至另一边，逐块开挖。将基坑分成几段或几块分别进行开挖，开挖一块浇筑一块混凝土垫层或基础。

2）盆式开挖

先中心后四周。适合于基坑面积大、支撑或拉锚作业困难且无法放坡的基坑，先分层开挖基坑中间部分的土方，基坑周边的土暂不开挖，待中间部分的混凝土垫层、基础或地下室结构施工完成之后，再用水平支撑或斜撑对四周结构进行支撑，边支撑边开挖，直至坑底，最后浇筑该部分结构混凝土。但这种施工方法对地下结构需设置后浇带或施工中留设施工缝，将地下结构分两阶段施工，对结构整体性及防水性有一定的影响。

3）岛式开挖

先四周后中心。当基坑面积较大，而且地下室底板设计有后浇带或可以留设施工缝时，还可采用岛式开挖的方法。先开挖基坑周边土方，在中间留土墩作为支点搭设栈桥，挖土机可利用栈桥下到基坑挖土，运土的汽车也可以用栈桥进入基坑运土，可有效加快挖土和运土的速度。

（四）基坑（槽）支护

基坑（槽）支护是一种采用比较广泛的施工方法。当基坑开挖深度过大，基础埋深过深时，用简单的放坡方法来控制土体的滑坡和稳定性，是远远不能满足的，均要进行较深的开挖。为了在基坑开挖和地下室施工过程中，保证基坑相邻建筑物、构筑物和地下管线的安全与正常使用，对边坡采取适当措施，保证土体不向坑内坍塌，保持边坡稳定，限制基坑四周土体的变形，使其不会对相邻建筑物、构筑物和地下管线以及主体结构产生损害，常常使用简便易行、经济快捷的基坑支护类型。

基坑支护结构的类型有以下几种。

1. 横撑式支撑

开挖较窄的沟槽，多用横撑式土壁支撑。横撑式土壁支撑根据挡土板的不同，分为水平挡土板式和垂直挡土板式两类，前者挡土板的布置又分间断式和连续式两种，如图 3-6 所示。湿度小的黏性土挖土深度小于 3 m 时，可用间断式水平挡土板支撑；对松散、湿度大的土壤可用连续式水平挡土板支撑，挖土深度可达 5 m。对松散和湿度很高的土可用垂直挡土板式支撑，挖土深度不限。

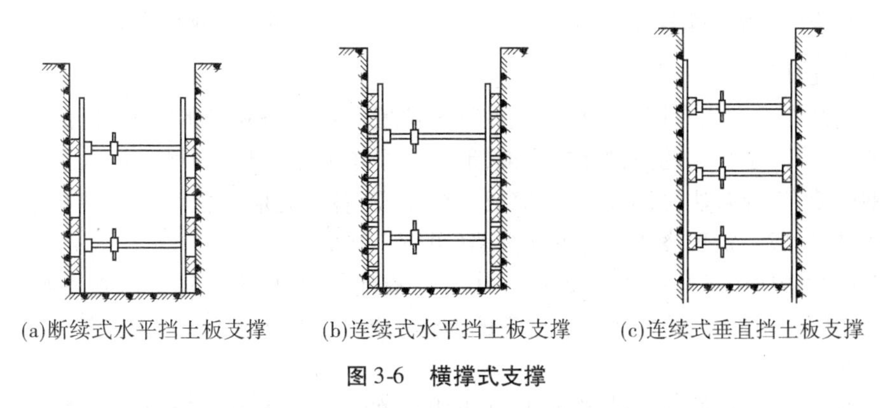

(a)断续式水平挡土板支撑　(b)连续式水平挡土板支撑　(c)连续式垂直挡土板支撑

图 3-6　横撑式支撑

挡土板、立柱及横撑的强度、变形及稳定等可根据实际布置情况进行结构计算。

2. 排桩墙支护工程

排桩墙根据混凝土的浇筑方式可以分为灌注和预制以及板桩，适用于基坑开挖深度在10 m以内的黏性土、粉土和砂土类。根据土质不同可分三排桩和四排桩，如图3-7所示。

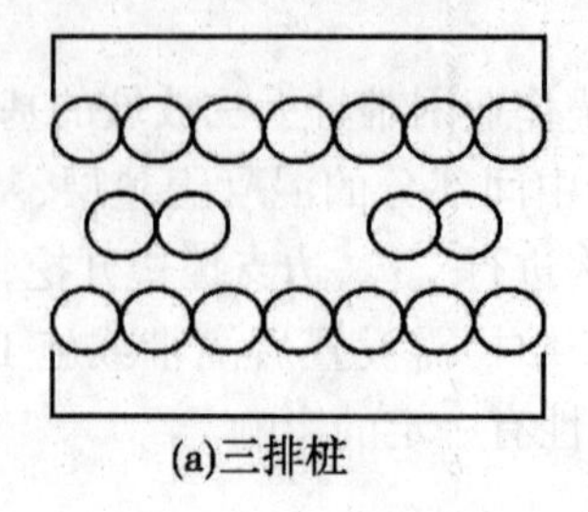

(a)三排桩

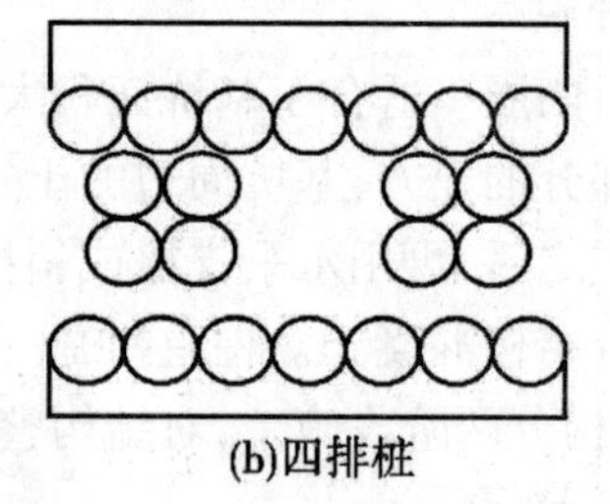

(b)四排桩

图3-7　排桩墙

3. 水泥土桩墙支护工程

水泥重力式支护结构目前在工程中用得较多。一般采用水泥搅拌桩组成，有时也采用高压喷射注浆法形成。此类型适用于黏性土、砂土和地下水位以上的基坑支护。

4. 锚杆及土钉墙支护工程

沿开挖基坑、边坡每2～4 m设置一层水平土层锚杆，直到挖土至要求深度（见图3-8）。

此类型适用于较硬土层或破碎岩石中开挖较大较深基坑，邻近有建筑物，必须保证边坡稳定时。

5. 钢或混凝土支撑系统

通常在开挖基坑的周围打钢板桩或混凝土板桩。板桩入土深度及悬臂长度，应经计算确定。如基坑宽度很大，可加水平支撑（见图3-9）。

此类型适用于一般地下水、深度和宽度不很大的黏性砂土层中。

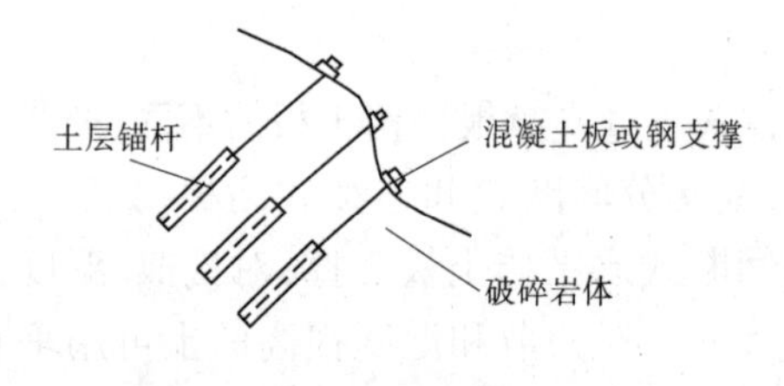

图3-8　锚杆及土钉墙支护工程

水平支撑
钢板桩

图3-9　钢板桩或混凝土

6. 地下连续墙

地下连续墙是利用专用的成槽机械在指定位置开挖一条狭长的深槽，再使用膨润土泥浆进行护壁；当一定长度的深槽开挖结束，形成一个单元槽段后，在槽内插入预先在地面上制作的钢筋笼，以导管法浇筑混凝土，完成一个墙段，各单元墙段之间以各种特定的接头方式相互联结，形成一道现浇壁式地下连续墙（见图3-10）。

地下连续墙适用于开挖较大较深（>10 m）、有地下水、周围有建筑物或公路的基坑，作为地下结构的外墙部分，或用于高层建筑的逆作法施工，作为地下室结构的部分。

7. 沉井

井一般是一个由混凝土或钢筋混凝土做成的井筒，井筒分筒身和刃脚两部分（如图3-11所示）。按其横断面形状分，有圆形、方形或椭圆形等规则形状。根据井孔的布置方

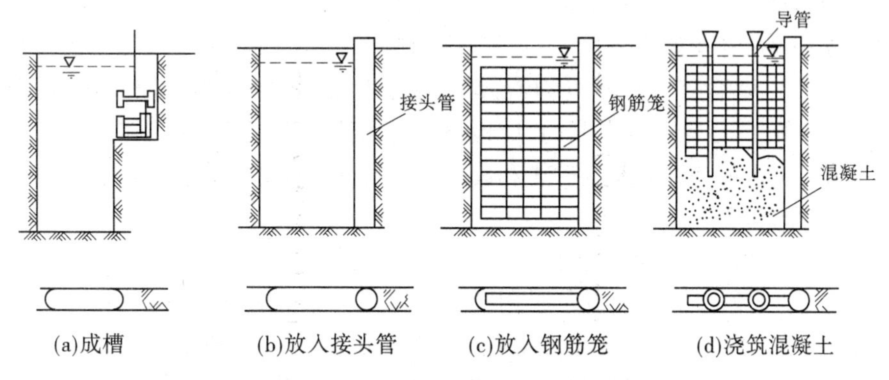

图 3-10　地下连续墙施工程序示意图

式又可分为单孔、双孔和多孔(见图 3-12)。沉井适用于地基深层土的承载力不大,而上部土层比较松软,易于开挖的土层;或由于建筑物使用上的要求,需要把基础埋入地面下深处的情况。有时由于施工上的原因,如要在已有的浅基础邻近修建深埋的设备基础时,为了避免开挖基坑对已有基础的影响,也可采用沉井方法施工。

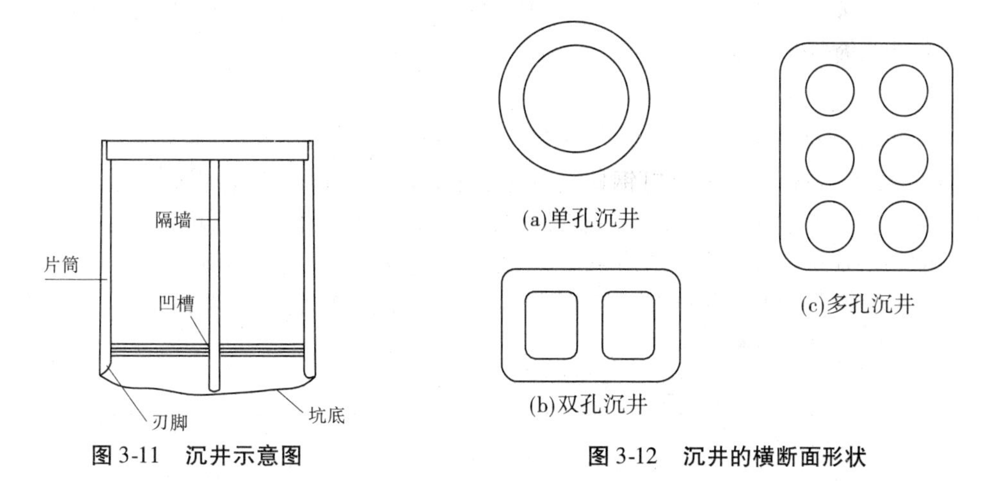

图 3-11　沉井示意图

图 3-12　沉井的横断面形状

(五)土方回填

土在天然状态下的密实程度不同,为了能够准确地表达土的密实程度,通常用土的密实度来表示,土的实际干密度 ρ_d 与土的最大干密度 ρ_{dmax} 的比值称为土的压实系数,记为 λ,公式表达为:

$$\lambda = \frac{\rho_d}{\rho_{dmax}} \tag{3-9}$$

式中　λ——土的压实系数;

ρ_d——土的实际干密度;

ρ_{dmax}——土的最大干密度,即土在最密实状态下的干密度。

土的实际干密度可用“环刀法”测定。先用环刀取样,测出土的天然密度 ρ,并烘干后测得含水量 ω,用下式计算出土的实际干密度:

$$\rho_d = \frac{\rho}{1 + 0.01\omega} \tag{3-10}$$

为了保证填方工程的强度和稳定性的要求,必须正确选择土料和填筑方法。

1. 填土的土料应符合设计要求

具体要求如下:①含有大量有机物、石膏和水溶性硫酸盐(含量大于5%)的土以及淤泥、冻土、膨胀土等;②以黏土为土料时,应检查其含水量是否在控制范围内,含水量大的黏土不宜作为填土用;③一般碎石土、砂土和爆破石渣可作表层以下填料,其最大粒径不得超过每层铺垫厚度的2/3。

填土应按整个宽度水平分层进行,当填方位于倾斜的山坡时,应将斜坡修筑成1:2阶梯形的边坡后施工,以免横向移动,并尽量用同类土填筑。如采用不同类土填筑,应将透水性较大的土料填筑在下层,透水性较小的土料填筑在上层,不能将各种土混合使用。这样有利于水分的排出和基土稳定,并可避免在填方内形成水囊和发生滑移现象。

土方的压实方法有碾压、夯实、振动压实等几种。碾压法是靠沿填筑面滚动的鼓筒或轮子的压力压实填土的,适用于大面积填土工程。碾压机械有平碾(压路机)、羊足碾、振动碾和汽胎碾。平碾(8 ~12 t)对砂类土和黏性土均可压实;羊足碾只宜压实黏性土;振动碾是一种振动和碾压同时作用的高效能压实机械,适用于爆破石渣、碎石类土、杂填土及轻亚黏土的大型填方工程;汽胎碾在工作时是弹性体,其压力均匀,填方质量好。碾压机械中应用最普遍的是刚性平碾。

2. 对土方回填施工的要求

具体要求如下:①土方回填前应清除基底的垃圾、树根等杂物,抽除坑穴积水、淤泥,验收基底标高。如在耕植土或松土上填方,应在基底压实后再进行。②对填方土料应按设计要求验收后方可填入。③填方施工过程中应检查排水措施,每层填筑厚度、含水量控制、压实程度。填筑厚度及压实遍数应根据土质、压实系数及所用机具确定。如无试验依据,应符合表3-5的规定。④填方施工结束后,应检查标高、边坡坡度、压实程度等,检验标准应符合表3-6的规定。

表3-5　填土施工时的分层厚度及每层压实遍数

压实机械	分层厚度(mm)	每层压实遍数
平碾	250 ~300	6 ~8
振动压实机	250 ~350	3 ~4
柴油打夯机	200 ~250	3 ~4
人工打夯	<200	3 ~4

(六)土方工程量的计算

1. 基坑土方量计算

基坑土方量可按几何中的拟柱体(由两个平行的平面做底的一种多面体)体积公式计算,如图3-13(a)所示。即

$$V = \frac{H}{6}(A_1 + 4A_0 + A_2) \tag{3-11}$$

式中　H——基坑深度,m;

A_1、A_2——基坑上、下底的面积,m^2;

A_0——基坑的中截面面积，m^2。

表 3-6　填土工程质量检验标准　　（单位：mm）

<table>
<tr><th rowspan="3">项目</th><th rowspan="3">序号</th><th rowspan="3">检查项目</th><th colspan="5">允许偏差或允许值</th><th rowspan="3">检验方法</th></tr>
<tr><th rowspan="2">柱基、基坑、基槽</th><th colspan="2">场地平整</th><th rowspan="2">管沟</th><th rowspan="2">地（路）面基础层</th></tr>
<tr><th>人工</th><th>机械</th></tr>
<tr><td rowspan="2">主控项目</td><td>1</td><td>标高</td><td>-50</td><td>±30</td><td>±50</td><td>-50</td><td>-50</td><td>水准仪</td></tr>
<tr><td>2</td><td>分层压实系数</td><td colspan="5">设计要求</td><td>按规定方法</td></tr>
<tr><td rowspan="3">一般项目</td><td>1</td><td>回填土料</td><td colspan="5">设计要求</td><td>取样检查或直接鉴别</td></tr>
<tr><td>2</td><td>分层厚度及含水量</td><td colspan="5">设计要求</td><td>水准仪及抽样检查</td></tr>
<tr><td>3</td><td>表面平整度</td><td>20</td><td>20</td><td>30</td><td>20</td><td>20</td><td>用靠尺或水准仪</td></tr>
</table>

2. 基槽土方工程量计算

基槽和路堤的土方工程量可以沿长度方向分段后，再用同样的方法计算，如图 3-13(b)所示，即

$$V_1 = \frac{L_1}{6}(A_1 + 4A_0 + A_2) \tag{3-12}$$

式中　V_1——第一段的土方量，m^3；

L_1——第一段的长度，m。

将各段土方量相加，即得总土方量：

$$V = V_1 + V_2 + \cdots + V_n$$

式中　V_1、V_2、…、V_n——各分段的土方量，m^3。

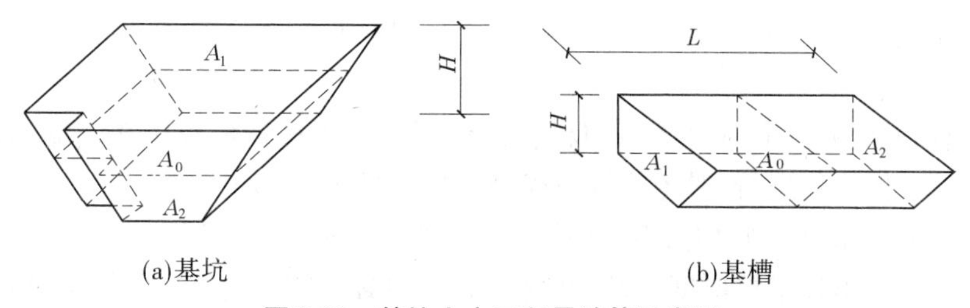

(a)基坑　　(b)基槽

图 3-13　基坑土方工程量计算示意图

四、混凝土基础施工工艺流程及施工要点

（一）钢筋混凝土基础分类

钢筋混凝土基础是指采用钢筋、混凝土等材料建造的柱下独立基础或条形基础、墙下条形基础以及筏板基础和箱形基础。钢筋混凝土基础与无筋扩展基础相比，具有良好的抗弯和抗剪能力，基础尺寸不受限制。在荷载较大，且存在弯矩和水平力等荷载组合作用下，地基承载力又较低时，应选用钢筋混凝土基础，由此可扩大基础底面积而不必增加基础埋深，

以满足地基承载力要求。

(二)柱下独立基础施工要点

1. 现浇柱下独立基础施工要点

(1)在混凝土浇灌前应先进行验槽,轴线、基坑尺寸和土质应符合设计规定。坑内浮土、水、淤泥、杂物应清除干净。局部软弱土层应挖去,用灰土或沙砾回填并夯实基底设计标高。

(2)在基坑验槽后应立即浇灌垫层混凝土,以保护地基,混凝土宜用表面振动器进行振捣,要求表面平整。当垫层达到一定强度后,在其上弹线、支模、铺放钢筋网片,底部用与混凝土保护层同厚度的水泥砂浆块垫塞,以保证钢筋位置正确。

(3)基础上有插筋时,要按轴线位置校核后,将插筋加以固定以保证其位置的正确,以防浇捣混凝土时产生位移。

(4)在基础混凝土浇筑前,应将模板和钢筋上的垃圾、泥土及油污等杂物清除干净;堵塞模板的缝隙和孔洞;木模板表面要浇水湿润,但不得积水。

(5)基础混凝土宜分层连续浇筑完成。对于阶梯形基础,每个台阶高度的混凝土一次浇筑完毕,每浇完一台阶应稍停0.5~1.0 h,以便使混凝土获得初步沉实,然后浇筑上一层,以防止下台阶混凝土溢出。每一台阶浇完,表面应基本抹平。

(6)对于锥形基础,应注意锥体斜面坡度的正确,斜面部分的模板应随混凝土浇捣分段支设并顶压实压紧,以防模板上浮变形,边角处的混凝土必须注意捣实。严禁斜面部分不支模,用铁锹拍实。

(7)基础混凝土浇灌完,应用草帘等覆盖并浇水加以养护。

2. 预制柱杯口基础施工要点

预制柱杯口基础的施工,除按上述施工要求外,还应注意以下几点:

(1)杯口模板可采用木模板或钢制定型模板,可做成整体的,也可做成两半形式,中间各加楔形板一块,拆模时,先取出楔形板,然后分别将两半杯口模取出。为拆模方便,杯口模板外侧可包一层薄铁皮。支模时杯口模板要固定牢固并加压重,防止杯口模板上浮。

(2)杯口基础混凝土宜按台阶分层连续浇筑。对高杯口基础的高台阶部分,按整段分层浇灌混凝土。

(3)浇捣杯口混凝土时,应注意杯口模板的位置。由于杯口模板仅在上端固定,浇捣混凝土时,应四周对称均匀进行,避免将杯口模板挤向一侧变形移位。

(4)杯口基础一般在杯底均留有50 mm厚的细石混凝土找平层,在浇灌基础混凝土时要仔细控制标高,留出找平层厚度。基础浇捣完,在混凝土初凝后终凝前用倒链将杯口模板取出,并将杯口内侧表面混凝土凿毛。

(5)在浇灌高杯口基础混凝土时,由于其最上一台阶较高,施工不方便,可采用后安装杯口模板的方法施工。也就是说,当混凝土浇捣接近杯口底时,再安装杯口模板,然后浇灌杯口混凝土。

(三)条形基础施工要点

(1)先进行验槽,清除基槽(坑)内松散软弱土层及杂物,基坑尺寸应符合设计要求。对局部软弱土层应挖去,用灰土或沙砾回填夯实。

(2)验槽后应立即浇灌混凝土垫层,以保护地基。当垫层素混凝土达到一定强度后,在其上弹线、支模、铺放钢筋，底层钢筋下设水泥砂浆垫块。

(3)清除钢筋和模板上的泥土、油污、杂物。木模板应浇水湿润，缝隙应堵严，基坑积水应排除干净。

(4)混凝土浇筑高度在 2 m 以内，混凝土可直接卸入基槽(坑)；浇筑高度在 2 m 以上时，应通过漏斗、串筒或溜槽下料，以防止混凝土产生分层离析。浇筑时注意先使混凝土充满模板边角，然后浇灌中间部分。

(5)混凝土宜分段分层灌筑，每层厚度 200 ~ 250 mm，每段长 2 ~ 3 m，各段各层间应互相衔接，使逐段逐层呈阶梯形推进。

(6)混凝土应连续浇灌，以保证结构良好的整体性，如必须间歇，间歇时间不应超过规范规定。如时间超过规定，应设置施工缝，并应待混凝土的抗压强度达到 1.2 N/mm^2 以上时，才允许继续灌筑。继续浇筑混凝土前，应清除施工缝处松动石子，并用水冲洗干净，充分湿润，且不得积水，然后铺一层 15 ~ 25 mm 厚的水泥砂浆，再继续浇筑混凝土，并仔细捣实，使其紧密结合。

(7)混凝土浇筑完，覆盖洒水养护；养护达到设计要求的强度后及时分层回填土方并夯实。

(四)筏板基础施工要点

筏板基础的施工准备、材料要求、质量标准、环保安全措施等与钢筋混凝土独立基础基本相似，可参考前面的内容。下面主要介绍筏板基础的施工要点。

(1)基坑开挖时，若地下水位较高，应采取明沟排水、人工降水等措施，使地下水位降至基坑底下不少于 500 mm，保证基坑在无水情况下进行开挖和基础结构施工。

(2)开挖基坑应注意保持基坑底土的原状结构，尽可能不要扰动。当采用机械开挖基坑时，在基坑底面设计标高以上保留 200 ~ 400 mm 厚的土层，采用人工挖除并清理平整，如不能立即进行下道工序施工，应预留 100 ~ 200 mm 厚土层，在下道工序进行前挖除，以防止地基土被扰动。在基坑验槽后，应立即浇筑垫层。

(3)当垫层达到一定强度后，在其上弹线、支模、铺放钢筋，连接柱的插筋。

(4)在浇筑混凝土前，清除模板和钢筋上的垃圾、泥土和油污等杂物，木模板浇水加以润湿。

(5)混凝土浇筑方向应平行于次梁长度方向，对于平板式片筏基础则应平行于基础长边方向。

混凝土应一次浇灌完成，若不能整体浇灌完成，则应留设垂直施工缝，并用木板挡住。施工缝留设位置：当平行于次梁长度方向浇筑时，应留在次梁中部 1/3 跨度范围内；对平板式可留设在任何位置，但施工缝应平行于底板短边且不应在柱脚范围内，如图 3-14 所示。

在施工缝处继续浇灌混凝土时，应将施工缝表面清扫干净，清除水泥薄层和松动石子等，并浇水湿润，铺上一层水泥浆或与混凝土成分相同的水泥砂浆，再继续浇筑混凝土。

对于梁板式片筏基础，梁高出底板部分应分层浇筑，每层浇灌厚度不宜超过 200 mm。

当底板上或梁上有立柱时，混凝土应浇筑到柱脚顶面，留设水平施工缝，并预埋连接立柱的插筋。水平施工缝处理与垂直施工缝相同。

(6)混凝土浇灌完毕，在基础表面应覆盖草帘和洒水养护，并不少于 7 d。待混凝土强度达到设计强度的 25% 以上时，即可拆除梁的侧模。

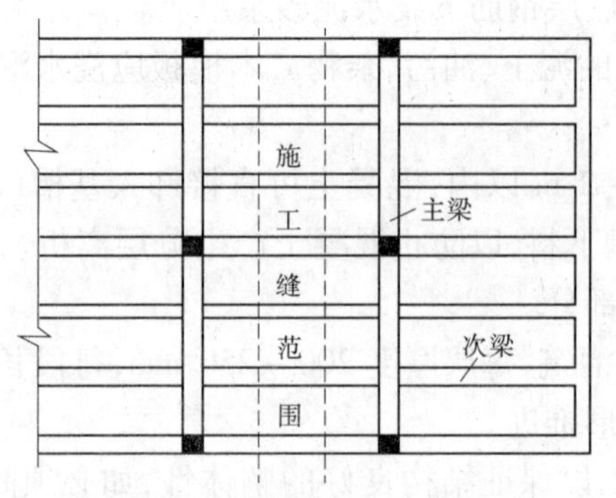

图 3-14　筏板基础施工缝位置

(7)当混凝土基础达到设计强度的30%时,应进行基坑回填。基坑回填应在四周同时进行,并按基底排水方向由高到低分层进行。

(8)在基础底板上埋设好沉降观测点,定期进行观测、分析,作好记录。

(五)箱形基础施工要点

箱形基础的施工准备、材料要求、质量标准、环保安全措施等参见钢筋混凝土独立基础,可参考前面章节。下面主要介绍箱形基础的施工要点。

箱形基础工程施工前应认真调查研究建筑场地工程地质和水文地质资料,在此基础上编制施工组织设计,包括土方开挖、地基处理、深基坑降水和支护以及对邻近建筑物的保护等方面的具体施工方案。施工操作必须遵照有关规范执行。

(1)箱形基础施工中,首先是基坑开挖。基坑开挖应验算边坡稳定性,并注意对基坑邻近建筑物的影响。验算时,应考虑坡顶堆载、地表积水和邻近建筑物影响等不利因素,必要时要采取支护。如设钢板桩、灌注桩、深层搅拌桩、地下连续墙等挡土支护结构。

(2)基坑开挖如有地下水,应采用明沟排水或井点降水等方法,保持作业现场的干燥。当地下水量很丰富、地下水位很高,且基坑土质为粉土、粉砂或细砂时,采用明沟排水易造成流砂或涌土,甚至使边坡坍塌,基坑周围地面下沉等严重后果,此时宜采用井点降水措施。

井点类型的选择、井点系统的布置及深度、间距、滤层质量和机械配套等关键问题应符合规定,并宜设置水位降低观测孔。在箱形基础基坑开挖前地下水位应降至设计坑底标高以下至少500 mm。停止降水时应验算箱形基础的抗浮稳定性。

地下水对箱形基础的浮力,不考虑折减,抗浮安全系数宜取1.2。停止降水阶段的抗浮力包括已建成的箱形基础自重、当时的上层结构自重以及箱形基础上的施工材料堆重。水浮力应考虑相应施工阶段期间的最高地下水位,当不能满足时,必须采取有效措施。

(3)箱形基础的基底是直接承受全部建筑物的荷载,必须是土质良好的持力层。因此,要保护好地基土的原状结构,尽可能不要扰动它。在采用机械挖土时,应根据土的软硬程度,在基坑底面设计标高以上,保留200~400 mm厚的土层,采用人工挖除。基坑不得长期暴露,更不得积水。在基坑验槽后,应立即进行基础施工。

(4)基础底板及顶板钢筋接头优先采用焊接接头;钢筋绑扎、安装应注意形状、位置和数量准确;埋设件位置应准确固定,当有管道穿过箱形基础外墙时,应加焊止水片防渗漏。模板宜采用大块模板,用穿墙对接螺栓固定。混凝土浇筑前须进行隐蔽工程验收。

(5)箱形基础的底板、顶板及内外墙的支模和浇筑一般分块进行,其施工缝的留设位置按有关规定执行。外墙水平施工缝应留在底板面上部 300 ~ 500 mm 范围内和无梁顶板下部 30 ~ 50 mm 处，并应做成企口形式，防水要求高时，应在企口中部设镀锌钢板或塑料止水带，外墙的垂直施工缝宜用凹缝，内墙的水平缝和垂直施工缝多采用平缝，内墙与外墙之间可留垂直缝。如图 3-15 所示。

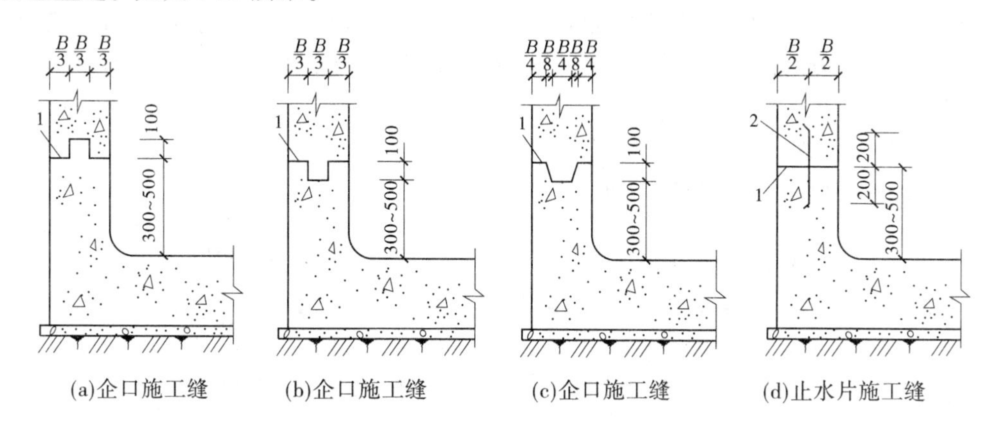

1—施工缝；2—厚 3 ~ 4 mm 镀锌钢板或塑料止水片

图 3-15　外墙水平施工缝形式　（单位：mm）

（6）箱基的底板、顶板及内外墙宜连续浇灌完毕。对于大型箱基工程，当基础长度较大时，宜设置一道不小于 700 mm 的后浇带，以防产生温度收缩裂缝。后浇带处顶板、底板和墙体的钢筋断开不贯通。施工 40 d 后（以设计要求为准）可浇筑后浇带混凝土。采用比设计强度等级提高一级的无收缩混凝土浇筑密实。在混凝土继续浇筑前，应将混凝土表面凿毛，清除杂物，表面冲洗干净，然后浇筑混凝土，并加强养护。

当采用刚性防水方案时，同一建筑的箱形基础应避免设置变形缝。可沿基础长度每隔 20 ~ 40 m 留一道贯通顶板、底板及墙体的沉降施工后浇带。后浇带处顶板、底板和墙体的钢筋可以贯通不断。

（7）箱基底板的厚度，一般都超过 1.0 m，其整个箱形基础的混凝土体积常达数千立方米。因此，箱形基础的混凝土浇筑属于大体积钢筋混凝土的浇灌问题。由于混凝土体积大，浇筑时积聚在内部的水泥水化热不易散发，混凝土内部的温度将显著上升，产生较大的温度变化和收缩作用，导致混凝土产生表面裂缝和贯穿性或深进裂缝，影响结构的整体性、耐久性和防水性，影响正常使用。对大体积混凝土，在施工前要经过一定的理论计算，采取有效的技术措施，以防止温差对结构的破坏。

一般采取的措施有：①对混凝土结构进行温度应力计算，用以决定是否可以分块浇捣，以减少混凝土的收缩徐变内应力。②采用水化热较低的矿渣硅酸盐水泥和掺磨细粉煤灰掺合料，以减少水泥水化热、增加和易性及减少泌水性。③加强混凝土表面的保温养护，延缓降温速度，控制混凝土内外温差。④降低混凝土的入仓温度。⑤在应力集中部位设置变形缝。⑥在适当部位设置后浇带。

（8）箱形基础施工完毕，应抓紧做好基坑土方回填工作，尽量缩短基坑暴露时间。回填前要做好排水工作，使基坑内始终保持干燥状态。回填土方，应用经脱水的干土，并对称均匀进行，通常采取相对的两侧或四周同时进行，填土厚度也要同步，并分层夯实。拆除支护结构时，应采取有效措施，尽量减少对地基土的破坏。

(9)高层建筑进行沉降观测,水准点及观测点应根据设计要求及时埋设,并注意保护。

(六)后浇带施工

1. 后浇带的定义

后浇带,顾名思义,就是后来浇筑的混凝土板带,通常是由于筏板基础、箱形基础等大体积混凝土结构的尺寸过大,整体一次浇筑会产生较大的温度应力,有可能产生温度裂缝时,可采用合理分段、分时浇筑,即设置混凝土后浇带的方法进行处理。后浇带的留设位置以设计图纸为准。

2. 后浇带的构造形式

后浇带的构造形式如图 3-16 所示。

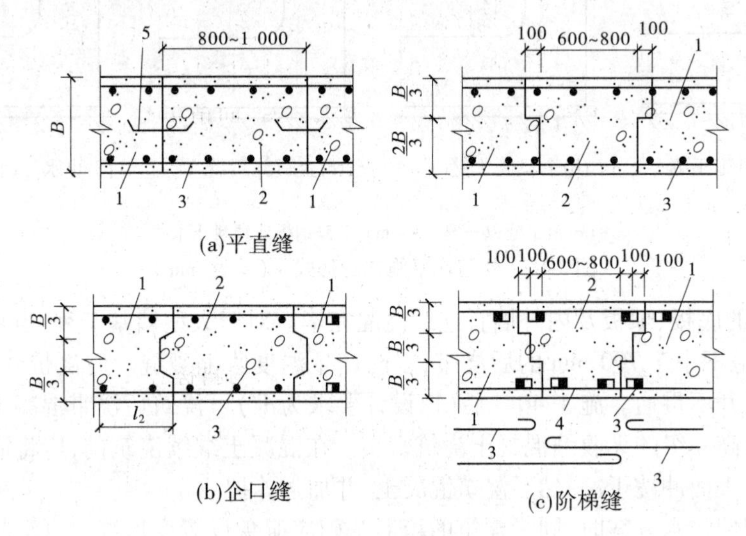

1—先浇混凝土;2—后浇混凝土;3—主筋;4—附加钢筋;5—金属止水带

图 3-16 后浇带构造形式

3. 后浇带施工要点

后浇带的间距,在正常情况下为 20 ~ 30 m,一般设在柱距三等分中间范围内,宜贯通整个底板。后浇带带宽以 700 ~ 1 000 mm 为宜,以设计要求为准。后浇带处的钢筋原则上不断开,如设计要求断开,则应按照设计进行处理,以保证后浇带质量。

施工至少 40 d 后(以设计要求为准),才可浇筑后浇带混凝土。使用比原设计强度等级提高一级的无收缩混凝土浇筑密实。在混凝土继续浇筑前,应将后浇带的混凝土表面凿毛,清除杂物,表面冲洗干净,注意接浆质量,然后浇筑混凝土,并加强养护,一般湿养护不得少于 15 昼夜。

五、砖基础施工工艺流程及施工要点

(一)砖基础施工工艺流程

拌制砂浆→确定组砌方式→摆砖撂底→砖基础砌筑→抹防潮层→基础回填土。

(二)砖基础施工

砖基础是由垫层、大放脚和基础墙身三部分组成。一般使用于土质较好、地下水位较低(在基础底面以下)的地基上。

基础大放脚有两皮一收的等高式和一皮一收与两皮一收相间的不等高式两种砌法。

施工时先在垫层上找出墙的轴线和基础大放脚的外边线,然后在转角处、丁字交接处、十字交接处及高低踏步处立基础皮数杆(皮数杆上画出砖的皮数、大放脚退台情况及防潮层位置等)。基础皮数杆应立在规定的标高处,因此立基础皮数杆时要利用水准仪进行抄平。砌筑前,应先用干砖试摆,以确定排砖方法和错缝的位置。砖砌体的水平灰缝厚度和竖向灰缝宽度一般控制在 8 ~ 12 mm。

砌筑时,砖基础的砌筑高度是用皮数杆来控制的。如发现垫层表面水平标高有高低偏差时,可用砂浆或 C10 细石混凝土找平后再开始砌筑。如果偏差不大,也可在砌筑过程中逐步调整。砌大放脚时,先砌好转角端头,然后以两端为标准拉好线绳进行砌筑。砌筑不同深度的基础时,应先砌深处,后砌浅处,在基础高低处要砌成踏步式。踏步长度不小于 1 m,高度不大于 0.5 m。基础中若有洞口、管道等,砌筑时应及时正确按设计要求留出或预埋,并留出一定的沉降空间。砌完砖基础,应立即进行回填,回填土要在基础两侧同时进行,并分层夯实。

(三)砖基础施工的质量要求

(1)砌体砂浆必须密实饱满,水平灰缝的砂浆饱满度不得低于 80%。

(2)砂浆试块的平均强度不得低于设计的强度等级,任意一组试块的最低值不得低于设计强度等级的 75%。

(3)组砌方法应正确,不应有通缝,转角处和交接处的斜槎和直槎应通顺密实。直槎应按规定加拉结条。

(4)预埋件、预留洞应按设计要求留置。

(5)砖基础的容许偏差见表 3-7。

表 3-7　砖基础的容许偏差

序号	项目	容许偏差(mm)
1	基础顶面标高	±15
2	轴线位移	10
3	表面平整(2 m)	8
4	水平灰缝平直(10 m)	10

六、桩基础施工工艺流程及施工要点

桩基础是深基础的一种,由沉入土中的桩和连接支承于桩顶的承台共同组成,以承受上部结构传来荷载的一种基础型式(图 3-17)。其具有承载能力高、稳定性好、沉降量小、便于机械化施工、适应性强等突出优点。与其他深基础相比,桩基础的适用范围较为广泛。

桩按材料分为木桩、素混凝土桩、钢筋混凝土桩、钢桩、组合材料桩(指用两种材料组合的桩,如钢管桩内填充混凝土等)。

按承载方式分为端承桩(这种桩穿过浅层软弱土层,打入深层坚实土层或岩层中,主要或完全依靠桩端阻力来承担荷载)、摩擦桩(这种桩打入较好土层中,依靠桩侧摩阻力和桩端阻力共同来承担荷载)、纯摩擦桩(这种桩打入较厚的软弱土层中,主要或完全依靠桩侧摩阻力来承担荷载)。

桩按施工方法分为预制桩和灌注桩。

(一)钢筋混凝土预制桩施工

1.概述

钢筋混凝土预制桩是目前应用最广泛的一种桩基施工方式。预制钢筋混凝土桩分实心桩和空心管桩两种。为了便于施工,实心桩大多做成方形断面,截面边长以200~550 mm较为常见。现场预制桩的单根桩的最大长度主要取决于运输条件和打桩架的高度,一般不超过30 m,如桩长超过30 m,可将桩分成几段预制,在打桩过程中进行接桩处理。管桩系在工厂内采用离心法制成,有ϕ400、ϕ500(外径)等数种。

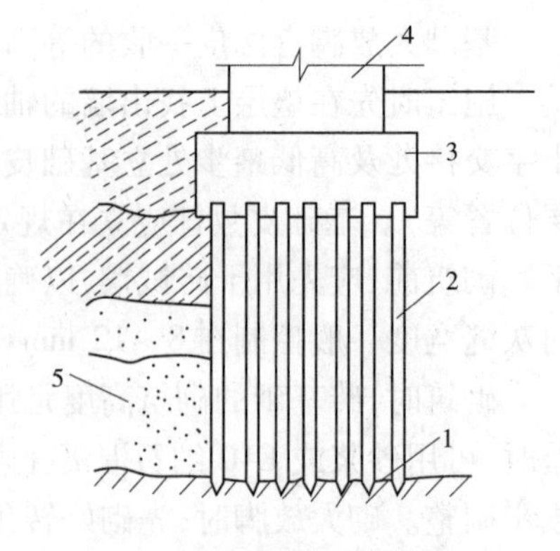

1—持力层;2—桩;3—桩基承台;
4—上部建筑物;5—软弱层

图3-17 桩基础示意图

1)桩的预制

短桩(10 m以内)多在预制厂生产。长桩一般在打桩现场附近或现场预制。

制桩时,桩与桩之间应刷隔离剂,使接触面不黏结,桩的混凝土应由桩顶向桩尖连续浇筑,严禁中断,及时养护。

制造完的每根桩上应标明编号、制作日期,如不预埋吊环,则应标明绑扎位置。预制桩制作的允许偏差如下:横截面边长±5 mm;保护层厚度±5 mm,桩顶对角线之差10 mm;桩尖对中心线的位移10 mm;桩身弯曲矢高不大于1‰桩长,且不大于20 mm;桩顶平面对桩中心线的倾斜≤3 mm。

此外,桩的制作质量还应符合下列规定:

①桩的表面应平整、密实,掉角的深度不应超过10 mm,且局部蜂窝和掉角的缺损总面积不得超过该桩表面全部面积的0.5%,并不得过分集中;

②由于混凝土收缩产生的裂缝,深度不得大于20 mm,宽度不得大于0.25 mm,横向裂缝长度不得超过边长的一半(管桩、多角形桩不得超过直径或对角线的1/2);

③桩顶和桩尖处不得有蜂窝、麻面、裂缝和掉角。

2)桩的起吊、运输和堆放

混凝土预制桩达到设计强度75%方可起吊,达到100%后方可运输。桩堆放时,地面必须平整、坚实,垫木位置应与吊点位置相一致,各层垫木应位于同一垂直线上,堆放层数不宜超过4层。不同规格的桩,应分垛堆放。

3)试桩

目前常见的试桩方法有单桩竖向静荷载试验、高应变动力试桩两种。试桩数量不少于总桩数的1%,且不应少于3根,当总桩数少于50根时,不应少于2根。

2.锤击沉桩(打入法)施工

1)概述

锤击沉桩也称打入桩,是利用桩锤下落产生的冲击能量将桩沉入土中。锤击沉桩是混凝土预制桩最常用的沉桩方法,该法施工速度快、机械化程度高、适应范围广,但施工时噪声污染和振动较大。

2)施工准备

(1)技术准备。

①核对工程地质勘察资料与现场情况。

②桩基工程施工图纸及图纸会审记录。

③编制施工方案经审批后进行技术交底。

④建筑场地和邻近区域内的地下管线(管道、电缆)、地下构筑物等的调查资料。

⑤主要施工机械及其配套设备的技术性能资料。

⑥施工现场场地平整、定位放线、供水、供电、道路、排水、集水坑的定位及开挖等。

(2)材料准备。

包括钢筋混凝土预制桩、焊条、钢板以及其他辅助机具的准备。

(3)施工机具准备。

①桩锤选择。

桩锤有落锤、单动汽锤、双动汽锤、柴油锤和振动桩锤等。

②桩架的选择。

桩架种类较多,有多功能柴油锤桩架、履带式桩架等。

3)材料要求

①钢筋混凝土预制桩:规格、质量必须符合设计要求和施工规范的规定,并有出厂合格证明,强度要求达到100%,且无断裂等情况。② 焊条(接桩用):牌号、性能必须符合设计要求和有关标准的规定,一般宜用E43牌号。③钢板(焊接接桩用):材质、规格符合设计要求,宜用Q235钢。④其他辅助机具有电焊机、氧割工具、索具、扳手、撬棍和钢丝刷等。

4)施工流程图

确定打桩顺序→测量桩位→桩机就位→起吊预制桩、插桩→桩身对中调直→打桩。

5)施工工艺

(1)打桩顺序的确定。

打桩顺序是否合理直接影响打桩进度和施工质量。在确定打桩顺序时,应考虑桩对土体的挤压位移对施工本身和附近建筑物的影响。打桩时,由于桩对土体的挤密作用,先打入的桩水平推挤而造成偏移和变位,或被垂直挤拔造成浮桩;而后打入的桩难以达到设计标高或入土深度,造成土体隆起和挤压,截桩过大。所以,群桩施打时,为了保证质量和进度,防止周围建筑物破坏,打桩前应根据桩的密集程度、桩的规格和长短、桩架移动方便来正确选择打桩顺序。

一般情况下,桩的中心距小于桩径或边长的4倍时就要拟定打桩顺序,桩距大于4倍桩径或边长时,打桩顺序与土壤挤压情况关系不大。打桩顺序一般分为逐排打、由中央向边缘打、由边缘向中间打和分段打等,如图3-18所示;当桩规格、埋深、长度不同时,宜先大后小,先深后浅,先长后短施打;当一侧毗邻建筑物时,由毗邻建筑物处向另一方向施打;当桩头高出地面时,桩机宜采用往后退打,否则可采用往前顶打。

(2)打桩。

打桩过程包括桩架移动和就位、吊桩和定桩、打桩、截桩和接桩等。桩机就位时桩架应垂直,导桩中心线与打桩方向一致,校核无误后将其固定,然后将桩锤和桩帽吊升起来,其高

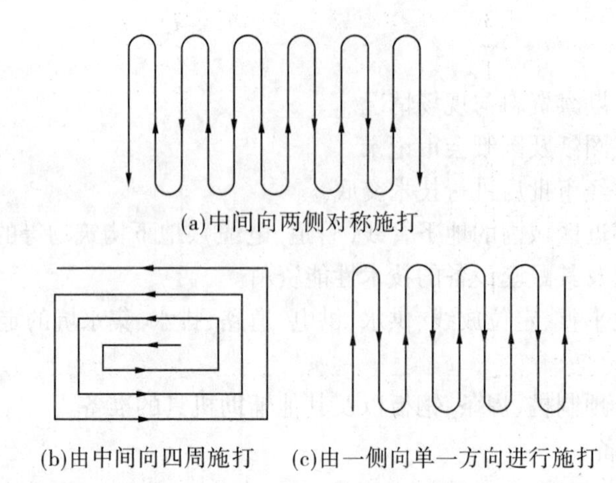

图 3-18　打桩顺序

度超过桩顶再吊起桩身，送至导杆内，对准桩位，调整垂直偏差，合格后，将桩帽或桩箍在桩顶固定，并将锤缓落到桩顶上，在桩锤的作用下，桩沉入土中一定深度，达到稳定，再校正桩位及垂直度，此谓定桩。然后，打桩开始，用短落距轻击数锤至桩入土一定深度，观察桩身与桩架、桩锤是否在同一垂直线上，再以全落距施打。

桩的施打原则是："重锤低击"，这样可以使桩锤对桩头的冲击小、回弹小，桩头不易损坏，大部分能量用于沉桩。

桩开始打入时，桩锤落距宜小，一般为 0.5 ~ 0.8 m，以便使桩能正常沉入土中，待桩入土到一定深度后，桩尖不易发生偏移时，可适当增加落距，逐渐提高到规定数值，继续锤击。打混凝土管桩，最大落距不得大于 1.5 m，打混凝土实心桩不得大于 1.8 m。桩尖遇到孤石或穿过硬夹层时，为了把孤石挤开和防止桩顶开裂，桩锤落距不得大于 0.8 m。

桩的入土深度的控制，对于承受轴向荷载的摩擦桩，以标高为主，以贯入度作为参考；端承桩则以贯入度为主，以标高作为参考。

(3)打桩测量和记录。

打桩系隐蔽工程施工，应作好打桩记录，作为分析和处理打桩过程中出现的质量事故及工程验收时鉴定桩的质量的重要依据。

开始打桩时需统计桩身每沉入 1 m 所需的锤击数。当桩下沉接近设计标高时，则应实测其贯入度，贯入度值指的是每 10 击(一阵)或者一分钟桩入土深度的平均值(mm)。合格的桩除了满足贯入度和标高的要求，没有断裂，还应保证桩的垂直偏差不大于 1%，水平位移偏差不大于 100 ~ 150 mm。

打桩时要用水准仪测量控制桩顶水平标高，水准仪位置应以能观测较多的桩位为宜。各种预制桩打桩完毕后，为使桩顶符合设计高程，应将桩头或无法打入的桩身截去。

6)质量标准

打桩质量包括两个方面的内容：一是能否满足贯入度或标高的设计要求，二是打入后的偏差是否在施工及验收规范允许范围以内(见表 3-8)。

表 3-8　预制桩(钢桩)桩位的允许偏差

序号	项目	允许偏差
1	盖有基础梁的桩: (1)垂直基础梁的中心线 (2)沿基础梁的中心线	100 + 0.01H 150 + 0.01H
2	桩数为 1 ~ 3 根桩基中的桩	100
3	桩数为 4 ~ 16 根桩基中的桩	1/2 桩径或边长
4	桩数大于 16 根桩基中的桩: (1)最外边的桩 (2)中间桩	1/3 桩径或边长 1/2 桩径或边长

注:H 为施工现场地面标高与桩顶设计标高的距离。

3. 静力压桩施工

静力压桩特别适合于软弱土地基,是在均匀软弱土中利用压桩架的自重和配重通过卷扬机的牵引传至桩顶,将桩逐节压入土中的一种施工方法。其优点为无噪声、无振动、对邻近建筑及周围环境影响小,适合于在城市,尤其是居民密集区施工。

静力压桩施工流程为:测量放线→桩机就位→起吊预制桩(提前进行预制桩检验)→桩身对中调直→压桩→接桩→送桩→检查验收→转移桩机。

(二)混凝土灌注桩施工

混凝土灌注桩是直接在施工现场桩位上成孔,然后在孔内灌注混凝土或钢筋混凝土的一种成桩方法。

混凝土灌注桩与预制桩相比,避免了锤击应力,桩的混凝土强度和配筋只要满足使用要求即可,因而具有节约材料、成本低廉、施工不受地层变化的限制、无需接桩与截桩等优点。但也存在着技术间歇时间长,不能立即承受荷载,操作要求严,在软弱土层中易产生断桩、缩径,冬季施工困难等不足。

灌注桩按成孔方法分为泥浆护壁成孔灌注桩、沉管成孔灌注桩、螺旋钻成孔灌注桩、人工挖孔灌注桩、爆扩成孔灌注桩等。

灌注桩适用范围如表 3-9 所示。

表 3-9　灌注桩适用范围

序号	项目		适用范围
1	泥浆护壁成孔	冲击、冲抓、回转钻	碎石土、砂土、黏性土及风化岩
		潜水钻	黏性土、淤泥、淤泥质土及砂土
2	螺旋钻成孔	螺旋钻	地下水位以上的黏性土、砂土及人工填土
		钻孔扩底	地下水位以上的坚硬、硬塑的黏性土及中密以上的砂土
		机动洛阳铲(人工)	地下水位以上的黏性土、黄土及人工填土
3	套管成孔	锤击 振动	可塑、软塑、流塑的黏性土,稍密及松散的砂土
4	人工挖孔		黏土、粉质黏土及含少量砂、石黏土层,且地下水位低
5	爆扩成孔		地下水位以上的黏性土、黄土、碎石土及风化岩

注:d 为桩的直径,H 为桩长。

下面主要介绍泥浆护壁成孔灌注桩的施工。

泥浆护壁成孔灌注桩是在成孔过程中采用泥浆护壁的方法,防止孔壁坍塌,机械成孔,在孔内灌注混凝土或钢筋混凝土的一种成桩方法。

1. 施工流程图

施工工艺流程为:测量放线定好桩位→埋设护筒→钻孔机就位、调平、拌制泥浆→成孔→第一次清孔→质量检测→吊放钢筋笼→放导管→第二次清孔→灌注水下混凝土→成桩。

施工工艺流程如图 3-9 所示。

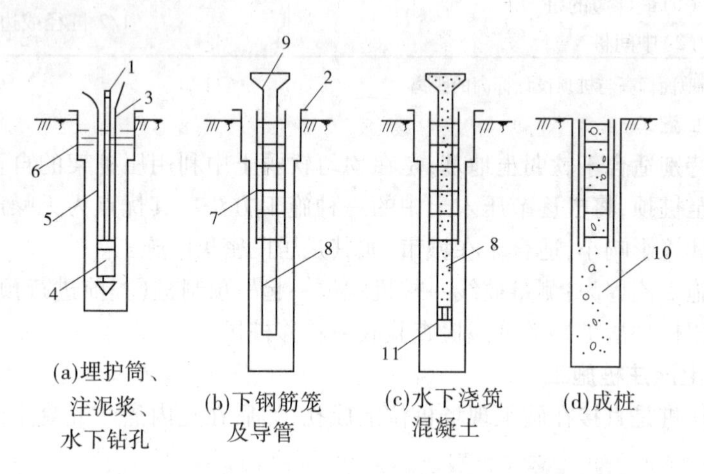

1—钻杆;2—护筒;3—电缆;4—潜水电钻;5—输水胶管;6—泥浆;7—钢筋骨架;8—导管;9—料斗;10—混凝土;11—隔水栓

图 3-9 泥浆护壁成孔灌注桩施工程序

2. 施工工艺

(1)一般要求。

①埋设护筒:护筒钢板厚度视孔径大小采用 4 ~ 8 mm,内径比设计桩径大 100 mm,上部开设两个溢流孔。埋置深度黏土中不小于 1 m,砂土中不少于 1.5 m,软弱土层宜进一步增加埋深。护筒顶面宜高出地面 300 mm。护筒中心与桩定位中心重合,误差不大于 50 mm。②护壁泥浆的调制及使用:泥浆一般用水、黏土或膨润土、添加剂按一定比例配制而成,通过机械在泥浆池、钻孔中搅拌均匀。黏性土塑性指数应大于 25,如采用膨润土,宜为用水量的 8% ~12%(视钻孔土质情况)。外加剂有很多种类,作用及用量另见有关规程。泥浆调制各种材料的配比及掺量要经过计算确定,并达到性能指标的要求。泥浆池一般分循环池、沉淀池、废浆池三种,从钻孔中排出的泥浆先流入沉淀池沉淀,再通过循环池重新流入钻孔,沉淀池中的泥浆超标时,由泥浆泵排至废浆池集中排放。泥浆池的容量不宜小于桩体积的 3 倍。混凝土浇注过程中,孔内泥浆应直接排入废浆池,防止沉淀池和循环池中的泥浆受到污染。③钻孔施工:钻机就位,钻具中心与钻孔定位中心偏差不应超过 20 mm,钻机应平整、稳固,保证在钻孔过程中不发生位移和晃动。钻孔时认真做好有关记录,经常对钻孔泥浆进行检测和试验。注意土层变化情况,变化时均应捞取土样,鉴定后做好记录并与地质勘察报告中的地质剖面图进行对比分析。在钻孔、停钻与排渣时应始终保持孔内规定的水位和泥浆质量。

(2)钻机成孔。

潜水钻机是一种旋转式钻孔机，防水电机和钻头密封在一起，由桩架和钻杆定位后可潜入水、泥浆中钻孔。机架轻便灵活，钻进速度快，深度可达 50 m。适用于小直径桩、软弱土层。

此外还有回转钻机成孔、冲击钻成孔、冲抓锥成孔等方法。

(3)清孔。

清孔分两次进行，钻孔深度达到要求后，对孔深、孔径、孔的垂直度进行检查，符合要求后进行第一次清孔；钢筋骨架、导管安放完毕，浇注混凝土之前，进行第二次清孔。第一次清孔时利用施工机械，采用换浆、抽浆、掏渣等方法进行；第二次清孔采用正循环、泵吸反循环、气举反循环等方法进行。清孔完成后沉渣厚度：纯摩擦桩≤300 mm，端承桩≤50 mm，摩擦桩≤100 m；泥浆性能指标在浇注混凝土前，孔底 500 mm 以内的相对密度≤1.25，黏度≤28 s，含砂率≤8%。不管采用何种方式进行清孔排渣，清孔时必须保证孔内水头高度，防止塌孔。不许采取加深钻孔的方式代替清孔。

(4)钢筋骨架制作安装。

钢筋骨架制作应符合设计要求。确保钢筋骨架在移动、起吊时不发生大的变形。钢筋笼四周沿长度方向每 2 m 设置不少于 4 个控制保护层厚度的垫块。骨架顶端设置吊环。钢筋骨架的制作允许偏差为：主筋间距 ±10 mm，箍筋间距 ±20 mm，骨架外径 ±10 mm，骨架长度 ±50 mm。钢筋骨架吊装允许偏差：倾斜度 ±0.5%，水下灌注混凝土保护层厚度 ±20 mm，非水下灌注混凝土保护层厚度 ±10 mm，骨架中心 ±20 mm，骨架顶端高程 ±20 mm，骨架底端高程 ±50 mm。钢筋龙较长时宜采用分段制作，接头时宜采用焊接。主筋静距必须大于混凝土粗骨料粒径的 3 倍以上。钢筋龙的内径比导管接头处外径大 100 mm 以上。吊放时应防止碰撞孔壁，吊放后应采取措施进行固定，并保证在安放导管、清孔及灌注混凝土的过程中不会发生位移。

(5)水下混凝土的配制。

水下混凝土应有良好的和易性，在运输、浇注过程中无明显离析、泌水现象。配合比通过试验确定，在选择施工配合比时，混凝土的试配强度应比设计强度提高 10% ~15%，坍落度宜为 180 ~220 mm。混凝土配合比的含砂率宜采用 0.4 ~0.5，水灰比宜采用 0.5 ~0.6。水泥用量不少于 360 kg/m^3，当掺有适量缓凝剂或粉煤灰时可不小于 300 kg/m^3。

(6)灌注水下混凝土。

灌注水下混凝土时，混凝土必须保证连续灌注，且灌注时间不得长于首批混凝土初凝时间。灌注方法一般采用钢制导管回顶法施工，导管内径一般为 200 ~250 mm，壁厚不小于 3 mm，直径制作偏差不超过 2 mm。导管使用前应进行水密承压和接头抗拉试验，首次灌注混凝土插入导管时，导管底部应用预制混凝土塞、木塞或充气气球封堵管底。开始灌注时，应先搅拌 0.5 ~1.0 m^3 同混凝土强度的水泥砂浆，放于料斗的底部。导管底端应始终埋入混凝土 0.8 ~1.3 m，导管的第一节底管长度应不小于 4 m。

灌注过程中随时探测孔内混凝土的高度，调整导管埋入深度，绝对禁止导管拔出混凝土面。注意观察孔内泥浆返出和混凝土下落情况，发现问题及时处理。导管应在一定范围内上下反插，以捣固混凝土并防止混凝土的凝固和加快灌注速度。为防止钢筋骨架上浮，在灌注至钢筋骨架下方 1 m 左右时，应降低灌注速度；当灌注至钢筋骨架底口以上超过 4 m 时，提升导管，使其底口高于骨架底部 2 m 以上，此时可以恢复正常灌注。灌注桩的桩顶标高应比设计标高高出0.5～1.0 m，以保证桩头混凝土强度，多余部分在进行上部承台施工时凿除，并保证桩头无松散层。灌注结束，应核对混凝土灌注数量是否正确。同一配比的试块，每班不得少于1组，每根桩不得少于1组。

3. 质量标准

（1）灌注桩的原材料、强度、桩定位标高、成桩深度必须符合设计及施工要求。

（2）钢筋笼质量检验标准见表3-10。

（3）泥浆护壁成孔灌注桩质量检验标准，见表3-11。

表3-10　钢筋笼质量检验标准

项目	序号	检查项目	允许偏差（mm）	检验方法
主控项目	1	主筋间距	±10	尺量检查
	2	钢筋骨架长度	±100	尺量检查
一般项目	1	钢筋材质	设计要求	抽样送检
	2	箍筋间距	±20	尺量检查
	3	直径	±10	尺量检查

表3-11　泥浆护壁成孔灌注桩质量检验标准

<table>
<tr><th rowspan="2">项目</th><th rowspan="2">序号</th><th rowspan="2" colspan="3">检查项目</th><th colspan="2">允许偏差或允许值</th><th rowspan="2">检查方法</th></tr>
<tr><th>单位</th><th>数量</th></tr>
<tr><td rowspan="8">主控项目</td><td rowspan="4">1</td><td rowspan="4">桩位</td><td rowspan="2">1～3根、单排桩基垂直于中心线方向和群桩基础的边桩</td><td>设计桩径 $d\leq 1\ 000$</td><td>mm</td><td>$d/6$且不大于100</td><td rowspan="4">基坑开挖前量护筒，开挖后量桩中心</td></tr>
<tr><td>设计桩径 $d>1\ 000$</td><td>mm</td><td>$100+0.01H$
（H为施工现场地面标高与桩设计标高的距离）</td></tr>
<tr><td rowspan="2">条形桩基沿中心线方向和群桩基础的中心桩</td><td>设计桩径 $d\leq 1\ 000$</td><td>mm</td><td>$d/4$且不大于150</td></tr>
<tr><td>设计桩径 $d>1\ 000$</td><td>mm</td><td>$150+0.01H$
（H为施工现场地面标高与桩设计标高的距离）</td></tr>
<tr><td>2</td><td colspan="3">孔深</td><td>mm</td><td>+300</td><td>只深不浅，用重锤测或测钻杆、套管长度，嵌岩桩应确保进入设计要求的嵌岩深度</td></tr>
<tr><td>3</td><td colspan="3">桩体质量检验</td><td colspan="2"></td><td>按桩基检测技术规范</td></tr>
<tr><td>4</td><td colspan="3">混凝土强度</td><td colspan="2">设计要求</td><td>试件报告或钻芯取样送检</td></tr>
<tr><td>5</td><td colspan="3">承载力</td><td colspan="2">按《建筑基桩检测技术规范》（JGJ 106—2003）</td><td>按《建筑基桩检测技术规范》（JGJ 106—2003）</td></tr>
</table>

续表 3-11

项目	序号	检查项目	允许偏差或允许值		检查方法
			单位	数量	
一般项目	1	垂直度	≤1%		测套管或钻杆，或用超声波探测
	2	桩径	mm	±50	井径仪或超声波检测
	3	泥浆相对密度（黏土或砂性土中）	1.15～1.2		比重计（清孔后于距孔底50 cm处取样）
	4	泥浆面标高	m	0.5～1.0	目测

第二节　砌体工程

一、常见脚手架的搭设施工要点

（一）脚手架工程基本知识

脚手架是建筑施工中堆放材料、工人进行操作及进行材料短距离水平运送的一种临时设施。

当砌筑到一定高度后，不搭设脚手架就无法进行正常的施工操作。为此，考虑到工作效率和施工组织等因素，每次脚手架的搭设高度以1.2 m为宜，称为“一步架高”，又叫砌体的可砌高度。

（二）外脚手架

1. 多立杆钢管式外脚手架的搭设与拆除

1）搭设前准备

（1）在搭设脚手架前应做好准备工作，单位工程各级负责人应按施工组织设计中有关脚手架的要求，逐级向架设和使用人员进行技术交底。

（2）搭设前应对搭设材料（钢管、扣件、脚手板等）进行检查和验收，不合格的构配件不得使用，合格的构配件按品种、规格堆放整齐。

（3）清理搭设现场、平整场地、做好排水。

2）放线、定位及铺垫板、放底座

根据脚手架的搭设高度、搭设场地土质情况进行地基处理。脚手架的柱距、排距要求进行放线、定位，垫板应准确地放在定位线上，垫板必须铺放平稳，不得悬空，双管立杆应采用双管底座或点焊在一根槽钢上。

3）杆件搭设

（1）脚手架搭设顺序：放置纵向扫地杆→竖立柱→横向扫地杆→第一步纵向水平杆→第一步横向水平杆→连墙杆（或跑撑）→第二部纵向水平杆→第二部横向水平杆……

在搭双排脚手架时，搭设扫地杆和第一步架杆件一般应多人相互配合操作。竖立杆时，一人拿起立杆并插入底座中，另一人用左脚将底座的低端踩住，并用双手将立杆竖起准确插入底座内，要求内外排的立杆同时竖起，及时拿起纵、横向杆用直角扣件与立杆连接扣件固定，然后按规定的间距绑上临时抛撑。在竖立第一步架时，必须注意立杆的垂直度和横杆的水平度，第一步安装完成后再按上述步骤安装上层纵、横向杆件。

(2)搭设立杆的注意事项：外径48 mm与51 mm的钢管严禁混合使用；相邻立杆的对接扣件不得在同一高度内，应错开500 mm；开始搭设立杆时，应每隔6跨设置一根抛撑，直至连墙杆件稳定后，方可根据情况拆除；当搭设至有连墙杆的构造层时，搭设完该处的立杆、纵向水平杆、横向水平杆后，应立即设置连墙杆。

(3)搭设纵、横向水平杆的注意事项：封闭型脚手架的同一步纵向水平杆必须四周交圈，用直角扣件与内外角柱固定；双排脚手架的横向水平杆靠墙一端至墙装饰面的距离不应大于100 mm。

(4)安装扣件的注意事项。扣件规格必须与钢管外径相同，扣件螺栓拧紧力矩不应小于40 N·m，并不大于65 N·m。主节点处，固定横向水平杆(或纵向水平杆)、剪刀撑、横向斜撑等扣件中心线距主节点的距离不应大于150 mm，对接扣件的开口应朝上或朝内，各杆件端头伸出盖板边缘的长度不应小于100 mm。

4)铺脚手板

脚手板一般设置在三根横向水平杆上，当脚手板长度小于2 m时，可采用两根横向水平杆，并应将脚手板两端与其他结构可靠固定，以防倾翻。

自顶层操作层的脚手板往下计，宜每隔12 m满铺一层脚手板。

铺设脚手板的注意事项：应铺满、铺稳，靠墙一侧离墙面距离不应小于150 mm。采用对接或搭接，脚手板的探头应用直径为3.2 mm的镀锌钢丝固定在支承杆上。在拐角、斜道平台口处的脚手板，应与横向水平杆可靠连接，以防滑动。

5)安置横向斜撑和剪刀撑

双排脚手架应设置剪刀撑与横向斜撑，单排脚手架应设置剪刀撑。剪刀撑和横向斜撑设置要求如下：

(1)每道剪刀撑跨越立柱的根数宜在5~7根，每道剪刀撑的宽度不应小于4跨，且不小于6 m，斜杆与地面的倾角宜在45°~60°。

(2)24 m以下的单排、双排脚手架，均必须在外侧立面的两端各设置一道剪刀撑，由底至顶连续设置，中间每道剪刀撑的净距不应大于15 m。

(3)24 m以上的双排脚手架应在外侧立面整个长度和高度上连续设置剪刀撑。剪刀撑斜杆的接头除顶层可以采用搭接外，其余各接头必须采用对接扣件连接。

(4)剪刀撑斜杆应用旋转扣件固定在与之相交的横向水平杆的伸出端或立柱上，旋转扣件中心线距主节点不应大于150 mm。

(5)横向斜撑的斜杆应在1~2步内，由底至顶层呈之字形连续布置，斜杆应采用旋转扣件固定在与之相交的立柱或横向水平杆的伸出端上。

(6)横向斜撑的间距不得超过6根立柱，与地面夹角为45°~60°，并在下脚处垫木板或或金属板墩。

6)绑扎封顶杆、护身栏，安装挡脚板

在每一操作层都要设护身栏杆，安装挡脚板，在脚手架顶部设置封顶杆。

7)挂安全网

多层、高层建筑用外脚手架时,均需要设置安全网,安全网应随楼层施工进度逐步上升,高层建筑除这一道逐步的安全网外,尚应在下面间隔 3 ~4 层的部位设置一道安全网,施工过程中要经常对安全网进行检查和维修。

2. 碗扣式钢管脚手架的搭设与拆除

1)组成与杆配件

碗扣式钢管脚手架或称多功能碗扣型脚手架。这种新型脚手架的核心部件是碗扣接头,由上下碗扣、横杆接头和上碗扣的限位销等组成,如图 3-20 所示。该脚手架具有结构简单,杆件全部轴向连接,力学性能好,接头构造合理,工作安全可靠,拆装方便,操作容易,零部件损耗率低等特点。

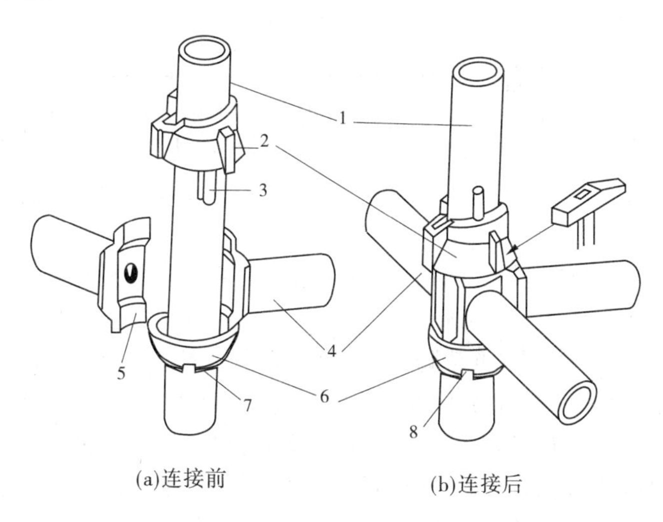

1—立柱;2—上碗扣;3—限位销;4—横杆;5—横杆接头;6—下碗扣;7—焊缝;8—流水槽

图 3-20　碗扣接头构造

上、下碗扣和限位销按 600 mm 间距设置在钢管立柱上,其中下碗扣和限位销直接焊在立柱上。将上碗扣的缺口对准限位销后,即可将上碗扣向上拉起(沿立柱向上滑动),把横杆接头插入下碗扣圆槽内,随后将上碗扣沿限位销滑下,并顺时针旋转以扣紧横杆接头(用锤敲击几下即可达到扣紧要求),碗扣式接头可同时连接 4 根横杆,横杆可相互垂直或偏转一定角度。正是由于这一点,碗扣式钢管脚手架的部件可用以搭设多种形式脚手架,特别适合于搭设扇形表面及高层建筑施工和装饰作业两用外脚手架,还可作为模板的支撑。

碗扣式钢管脚手架的设计杆配件,按其用途可分为主构件、辅助构件、专用构件三类。主构件用以构成脚手架主体的杆部件。

2)搭设要求

碗扣式脚手架用于构件双排外脚手架时,一般立杆横向间距取 1.2 m,横杆步距取 1.8 m,立杆纵向间距根据建筑物结构、脚手架搭设高度及作业荷载等具体要求确定,可选用 0.9、1.2、1.5、1.8、2.4 m 等多种尺寸,并选用相应的横杆。

斜杆设置:斜杆可增强脚手架的稳定性,斜杆与横杆同立杆的连接相同。对于不同尺寸的框架应配备相应长度斜杆。斜杆可装成节点斜杆(即斜杆接头同横杆接头装在同一碗扣接头内),或装成非节点斜杆(即斜杆接头同横杆接头不装在同一碗扣接头内)。

斜杆应尽量布置在框架节点上，对于高度在30 m以上的脚手架，可根据荷载情况，设置斜杆的面积为整架立面面积的1/5～1/2；对于高度超过30 m的高层脚手架，设置斜杆的框架面积要不小于整架面积的1/2。在拐角边缘及端部必须设置斜杆，中间可均匀间隔布置。

横向框架内设置斜杆即廊道斜杆，对于提高脚手架的稳定强度尤为重要。对于一字形及开口形脚手架，应在两端横向框架内沿全高连续设置节点斜杆；对于30 m以下的脚手架，中间可不设廊道斜杆；对于30 m以上的脚手架，中间应每隔5～6跨设置一道沿全高连续搭设的廊道斜杆；对于高层和重载脚手架，除按上述构造要求设置廊道斜杆外，当横向平面框架所承受的总荷载达到或超过25 kN时，该框架应增设廊道斜杆。

当设置高层卸荷拉结杆时，须在拉结点以上第一层加设廊道水平斜杆，以防止卸荷时水平框架变形。斜杆既可用碗扣脚手架系列斜杆，也可用钢管和扣件代替。

剪刀撑：竖向剪刀撑的设置应与碗扣式斜杆的设置相配合，一般高度在30 m以下的脚手架，可每隔4～6跨设置一组沿全高连续搭设的剪刀撑，每道剪刀撑跨越5～7根立杆，设剪刀撑的跨内不再设碗扣式斜杆；对于高度在30 m以上的高层脚手架，应沿脚手架外侧的全高方向连续设置，两组剪刀撑之间用碗扣式斜杆。纵向水平剪刀撑对于增强水平框架的整体性，均匀传递连墙撑的作用具有重要意义。对于30 m以上的高层脚手架，应每隔3～5步架设置一层连续的、闭合的纵向水平剪刀撑。

连墙撑：是脚手架与建筑物之间的连接件，对提高脚手架的横向稳定性，承受偏心荷载和水平荷载等具有重要作用。一般情况下，对于高度在30 m以下的脚手架，可四跨三步设置一个（约40 m^2）；对于高层及重载脚手架，则要适当加密，50 m以下的脚手架至少应三跨三步布置一个（约25 m^2）；50 m以上的脚手架至少应三跨二步布置一个（约20 m^2）。连墙杆设置应尽量采用梅花形布置方式。另外，当设置宽挑架、提升滑轮、安全网支架、高层卸荷拉结杆等构件时，应增设连墙撑，对于物料提升架也是相应地增设连墙撑数目。

连墙撑应尽量连接在横杆层碗扣接头内，同脚手架、墙体保持垂直，并随建筑物及架子的升高及时设置。其他搭设要求同扣件式钢管脚手架。

高层卸荷拉结杆主要是为减轻脚手架荷载而设计的一种构件。高层卸荷拉结杆的设置要根据脚手架的高度和作业荷载而定，一般每30 m高卸荷一次，但总高度在50 m以下的脚手架可不用卸荷。卸荷层应将拉结杆同每一根立杆连接卸荷，设置时，将拉结杆一端用预埋件固定在墙体上，另一端固定在脚手架横杆层下碗扣底下，中间用索具螺旋调节拉杆，以达到悬吊卸荷目的。卸荷层要设置水平廊道斜杆，以增强水平框架刚度。另外，要用横托撑同建筑物顶紧，以平衡水平力。上、下两层增设连墙撑。

对一般方形建筑物的外脚手架，在拐角处两直角交叉的排架要连在一起，以增强脚手架的整体稳定性。连接形式可以采用直接拼接法和直角撑搭接法两种，直角撑搭接可实现任意部位直角交叉。

碗扣式脚手架还可搭设为单排脚手架、满堂脚手架、支撑架、移动式脚手架、提升井架和悬挑脚手架等。

3）拆除

当脚手架使用完成后，制订拆除方案，拆除前应对脚手架作一次全面检查，清除所有多余物件，并设立拆除区，严禁人员进入。

拆除顺序为自上而下逐层拆除，不容许上、下两层同时拆除。连墙撑只能在拆到该层时才许拆除，严禁在拆架前先拆连墙撑。

拆除的构件应用吊具吊下，或人工递下，严禁抛掷。拆除的构件应及时分类堆放，以便运输、保管。

3. 门式脚手架的搭设与拆除

1）基本结构和主要构件

门式脚手架又称多功能门式脚手架，是目前国际上应用最普遍的脚手架之一，由门式框架、剪刀撑和水平梁或脚手板构成基本单元。将基本单元连接起来（或增加梯子、栏杆等部件）即构成整片脚手架。

门形脚手架部件之间的连接是采用方便可靠的自锚结构，常用形式如下：

（1）制动片式：如图 3-21（a）所示，在挂扣的固定片上，铆有主制动片和被制动片，安装前二者脱开，开口尺寸大于门架横梁直径，就位后，将被动片逆时针方向转动卡住横梁，主制动片即自行落下将被动片卡住，使脚手板（或水平梁架）自锚于门架横梁上。

（2）偏重片式：如图 3-21（b）所示，用于门架与剪刀撑的偏重片式连接。它是在门架竖管上焊一段端头开柄的ϕ 12 圆钢，槽呈坡形，上口长 23 mm，下口长 20 mm，槽内设一偏重片（用ϕ 10 圆钢制成，厚 2 mm，一端保持原直径），在其近端处开一椭圆形孔，安装时置于虚线位置，其端部斜面与槽内斜面相合，不会转动，而后装入剪刀撑，就位后将偏重片稍向外拉，自然旋转到实线位置，达到自锁。

2）搭设与拆除要求

门式脚手架一般按以下程序搭设：铺放垫木（板）→拉线、放底座→自一端起立门架并随即装剪刀撑→装水平梁架（或脚手板）→装梯子→（需要时，装设通常的纵向水平杆）→装设连墙杆→照上述步骤，逐层向上安装→装加强整体刚度的长剪刀撑→装设顶部栏杆。

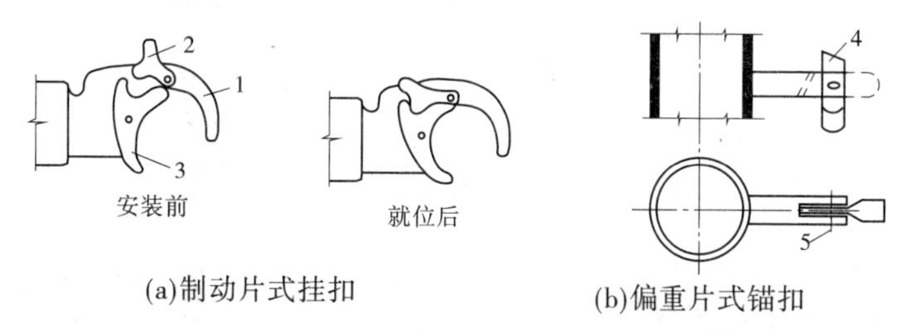

1—固定片；2—主制动片；3—被制动片；4—ϕ 10 圆钢偏重片；5—铆钉

图 3-21　门形脚手架连接形式

搭设门式脚手架时，基底必须严格夯实抄平，并铺可调底座，以免发生塌陷和不均匀沉降。首层门式脚手架垂直度（门架竖管轴线的偏移）偏差不大于 2 mm；水平度（门架平面方向和水平方向）偏差不大于 5 mm。门架的顶部和底部用纵向水平杆和扫地杆固定。门架之间必须设置剪刀撑和水平梁架（或脚手板），其间连接应可靠，以确保脚手架的整体刚度。因进行作业需要临时拆除脚手架内侧剪刀撑时，应先在该层里侧上部加设纵向水平杆，以后再拆除剪刀撑。作业完毕后立即将剪刀撑重新装上，并将纵向水平杆移到下或上一作业层上。整片脚手架必须适量放置水平加固杆（纵向水平杆），前三层要每层设置，三层以上则每隔三层设一道。在架子外侧面设置长剪刀撑（ϕ 48 脚手钢管，长 6 ~ 8 m），其高度和宽度为 3 ~ 4 个步距和柱距，与地面夹角为 45° ~ 60°，相邻长剪刀撑之间相隔 3 ~ 5 个柱距，沿全高设置。使用连墙管或连墙器将脚手架和建筑结构紧密连接，连墙点的最大间距，在垂直方向为6 m，在水平方向为8 m。高层脚手架应增加连墙点布设密度。脚手架在转角处必须作好连接和与墙拉结，并利用钢管和回转扣件把处于相交方向的门架连接起来。

拆除架子时应自上而下进行，部件拆除顺序与安装顺序相反。不允许将拆除的部件直接从高空掷下，应将拆下的部件分品种捆绑后，使用垂直吊运设备将其运至地面，集中堆放保管。

（三）里脚手架

里脚手架用于在楼层上砌墙、装饰和砌筑围墙等。

脚手架检查与验收标准见表3-12。

表3-12　脚手架检查与验收标准

序号	项目		容许偏差	检查方法
1	立杆垂直度		$\leqslant H/200$ 且 $\leqslant 100$ mm	吊线
2	间距	步距偏差	±20 mm	钢卷尺
		柱距偏差	±50 mm	
		排距偏差	±20 mm	
3	大横杆高差	一根杆两端	±20 mm	水平仪、水平尺
		同跨内、外大横杆高差	±10 mm	
4	扣件螺栓拧紧扭力矩		40～65 N·m	扭力扳手
5	剪刀撑与地面倾角		45°～60°	角尺
6	脚手板外伸长度	对接	100 mm $\leqslant a \leqslant$ 150 mm	卷尺
		搭接	$a \geqslant$ 100 mm	卷尺

二、砖、石砌体施工工艺流程及施工要点

（一）砖砌体砌筑

1. 砖砌体砌筑施工工艺流程

工艺流程为：抄平→放（弹）线→立皮数杆→摆砖样（排脚、铺底）→盘角（砌头角）→挂线→砌筑→勾缝→楼层轴线标高引测及检查等。

（1）抄平、放线。为了保证建筑物平面尺寸和各层标高的正确，砌筑前，必须准确地定出各层楼面的标高和墙柱的轴线位置，以作为砌筑时的控制依据。

砌墙前应在基础防潮层或楼层上定出各层标高，并用M7.5水泥砂浆或C10细石混凝土找平，使各段砖墙底部标高符合设计要求。找平时，需使上下两层外墙之间不致出现明显的接缝。

根据龙门板上给定的轴线及图纸上标注的墙体尺寸，在基础顶面上用墨线弹出墙的轴线和墙的宽度线，并分出门洞口位置线。二楼以上墙的轴线可以用经纬仪或垂球将轴线引上，并弹出各墙的宽度线，画出门洞口位置线。

（2）摆砖样。是指在基础墙顶面上，按墙身长度和组砌方式先用砖块试摆。摆砖的目

的是使每层砖的砖块排列和灰缝均匀，并尽可能减少砍砖，组砌得当。在砌清水墙时尤其重要。

(3)立皮数杆。皮数杆是一种方木标志杆。皮数杆是指在其上画有每皮砖和砖缝厚度，以及门窗洞口、过梁、楼板、梁底、预埋件等标高位置的一种木制标杆。它是砌筑时控制砌体竖向尺寸的标志。

(4)盘角(砌头角)、挂线。皮数杆立好后，通常是先按皮数杆砌墙角(盘角)，每次盘角不得超过五皮砖，在砌筑过程中应勤靠勤吊，一般三皮一吊线，五皮一靠尺，把砌筑误差消灭在操作过程中，以保证墙面垂直、平整。砌一砖半厚以上的砖墙必须双面挂线，然后将准线挂在墙角上，拉线砌中间墙身。一般三七厚以下的墙身砌筑单面挂线即可，更厚的墙身砌筑则应双面挂线。墙角是确定墙身的主要依据，其砌筑的好坏，对整个建筑物的砌筑质量有很大影响。

(5)墙体砌筑、勾缝。砖砌体的砌筑方法有“三一砌法”、挤浆法、刮浆法和满口灰法等。一般采用一块砖、一铲灰、一挤揉的“三一砌法”。清水墙砌完后，应进行勾缝，勾缝是砌清水墙的最后一道工序。勾缝的方法有两种，一种是原浆勾缝，即利用砌墙的砂浆随砌随勾，多用于内墙面；另一种是加浆勾缝，即待墙体砌筑完毕后，利用1∶1的水泥砂浆或加色砂浆进行勾缝。勾缝要求横平竖直，深浅一致，搭接平整并压实抹光。勾缝完毕后应清扫墙面。

2.砖砌体的技术要求

砖砌体砌筑时砖和砂浆的强度等级必须符合设计要求。

砌筑时水平灰缝的厚度一般为8~12 mm，竖缝宽一般为10 mm。为了保证砌筑质量，墙体在砌筑过程中应随时检查垂直度，一般要求做到三皮一吊线、五皮一靠尺。为减少灰缝变形引起砌体沉降，一般每日砌筑高度不超过1.5 m为宜，雨天施工时，每日砌筑高度不宜超过1.2 m。当施工过程中可能遇到大风时，应遵守规范所允许自由高度的限制。

砖砌体相邻工作段的高度差，不得超过一个楼层的高度，也不宜大于4 m。工作段的分段位置宜设在伸缩缝、沉降缝、防震缝或门窗洞口处。砌体临时间断处的高度差不得超过一步架高。

砌砖工程当采用铺浆法砌筑时，铺浆长度不得超过750 mm；施工期间气温超过30 ℃时，铺浆长度不得超过500 mm。

墙体的接槎是指先砌砌体和后砌砌体之间的接合方式。砖墙转角处和交接处应同时砌筑，严禁无可靠措施的内外墙分砌施工。对不能同时砌筑而又必须留置的临时间断处，应砌成斜槎，斜槎水平投影长度不应小于高度的2/3。若临时间断处留斜槎确有困难，除转角处外，可留直槎，但直槎必须做成阳槎。并应加设拉结钢筋，拉结钢筋的数量为每120 mm墙厚放置1 Φ 6拉结钢筋(240 mm厚墙放置2 Φ 6拉结钢筋)，间距沿墙高不应超过500 mm，埋入长度从留槎处算起每边均不应小于500 mm，对抗震设防烈度6度、7度地区，不应小于1 000 mm，末端应有90°弯钩。

隔墙与墙或柱如不同时砌筑而又不留成斜槎时，可于墙或柱中引出阳槎，并于墙的立缝处预埋拉结筋，其构造要求同上，但每道不少于2根钢筋。

施工时需在砖墙中留置的临时孔洞，其侧边离交接处的墙面不应小于500 mm；洞口净宽度不应超过1 m且顶部应设置过梁。抗震烈度为9度的建筑物，临时孔洞的留置应会同设计单位研究决定。

不得在下列墙体或部位中留设脚手眼：①空斗墙、半砖墙和砖柱；②砖过梁上与过梁成60°角的三角形范围及过梁净跨度1/2的高度范围内；③宽度小于1 m的窗间墙；④梁或梁垫下及其左右各500 mm的范围内；⑤砖砌体门窗洞口两侧200 mm和转角450 mm的范围内，石砌体门窗洞口两侧300 mm和转角600 mm的范围内；⑥设计不允许设置脚手眼的部位。不大于80 mm×140 mm的，可不受③、④、⑤规定的限制。

混凝土构造柱的施工。设混凝土构造柱的墙体，混凝土构造柱的截面一般为240 mm×240 mm，钢筋采用Ⅰ级钢筋，竖向受力钢筋一般采用4根，直径为12 mm。箍筋采用直径为6 mm，其间距为200 mm，楼层上下500 mm范围内应适当地加密箍筋，其间距为100 mm。构造柱的竖向受力钢筋应在基础梁和楼层圈梁中锚固，并应符合受拉钢筋的锚固长度要求。砖墙与构造柱应沿墙高每隔500 mm设置2根直径6 mm的水平拉结筋，拉结筋每边伸入墙内不应少于1 m。当墙上门窗洞边到构造柱边的长度小于1 m时，水平拉结筋伸到洞口边为止。

砖墙与构造柱相接处，应砌成马牙槎，每个马牙槎高度方向的尺寸不宜超过300 mm（或五皮砖高），每个马牙槎应退进60 mm。每个楼层面开始应先退槎后进槎。

（二）石砌体施工工艺流程及施工要点

砌筑用的石料分为毛石、料石两类。

毛石又分为乱毛石和平毛石。乱毛石指形状不规则的石块；平毛石指形状不规则，但有两个平面大致平行的石块。毛石的中部厚度不应小于150 mm。料石按其加工面的平整程度分为细料石、粗料石和毛料石三种。料石的宽度、厚度均不宜小于200 mm，长度不宜大于厚度的4倍。石材的强度等级分为MU100、MU80、MU60、MU50、MU40、MU30、MU20、MU15和MU10。

石砌体一般用于两层以下的居住房屋及挡土墙等，一般采用水泥砂浆或混合砂浆砌筑，砂浆稠度30～50 mm，二层以上石墙的砂浆强度等级不小于M2.5。

1.料石砌体施工

1）料石砌体砌筑要点

料石砌体应采用铺浆法砌筑，砌筑料石砌体时，料石应放置平稳，砂浆必须饱满。砂浆铺设厚度应略高于规定灰缝厚度，其高出厚度：细料石宜为3～5 mm，粗料石、毛料石宜为6～8 mm。料石砌体的灰缝厚度：细料石砌体不宜大于5 mm，粗料石和毛料石砌体不宜大于20 mm。料石砌体的水平灰缝和竖向灰缝的砂浆饱满度均应大于80%。料石砌体上下皮料石的竖向灰缝应相互错开，错开长度应不小于料石宽度的1/2。

2）料石基础

料石基础的第一皮料石应坐浆丁砌，以上各层料石可按一顺一丁进行砌筑，阶梯形料石基础，上级阶梯的料石至少压砌下级阶梯料石的1/3（见图3-22）。

3）料石墙

料石墙厚度等于一块料石宽度时，可采用全顺砌筑形式。料石墙厚度等于两块料石宽度时，可采用两顺一丁或丁顺组砌的砌筑形式。两顺一丁是两皮顺石与一皮丁石相间。丁顺组砌是同皮内侧顺石与丁石相间，可一块顺石与顶石相间或两块顺石与一块丁石相间，丁石应交错设置，其中距不应大于2.0 m（见图3-23）。

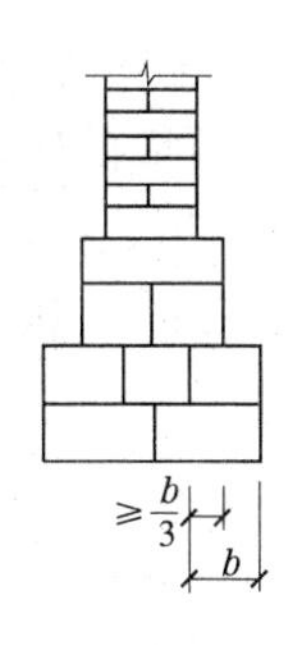

图 3-22　阶梯形料石基础

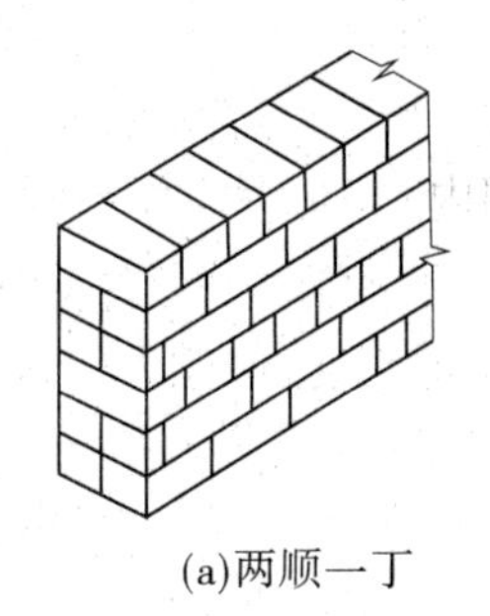

(a)两顺一丁

(b)丁顺组砌

图 3-23　料石墙组砌形式

2. 毛石砌体施工

1) 毛石砌体砌筑要点

毛石砌体应采用铺浆法砌筑。砂浆必须饱满，砂浆饱满度应大于 80%。

毛石砌体应分皮卧砌，上下错缝，内外搭砌，不得采用外面侧立毛石中间填心的砌筑方法；中间不得有铲口石（尖石倾斜向外的石块）、斧刃石（尖石向下的石块）和过桥石（仅在两端搭砌的石块）（见图 3-24）。

毛石砌体的灰缝厚度宜为 20 ~ 30 mm，石块间不得有相互接触现象。石块间较大的空隙应填塞砂浆后用碎石块嵌实，不得采用先放碎石后填塞砂浆或干填碎石块的方法。

2) 毛石基础施工

砌筑毛石基础所用的毛石应质地坚硬、无裂纹，尺寸在 200 ~ 400 mm，质量在 20 ~ 30 kg，强度等级一般为 MU20 以上，采用 M2.5 或 M5.0 水泥砂浆砌筑，灰缝厚度一般为 20 ~ 30 mm，稠度为 5 ~ 7 cm，但不宜采用混合砂浆。

砌筑毛石基础的第一皮石块应坐浆，选大石块并将大面向下，转角处、交接处用较大的平毛石砌筑，然后分皮卧砌，上下错缝，内外搭砌；每皮高度为 300 mm，搭接不小于 80 mm；毛石基础扩大部分，如做成阶梯形，上级阶梯的石块应至少压砌下级阶梯的 1/2，每阶内至少砌两皮，扩大部分每边比墙宽出 100 mm，二层以上应采用铺浆砌法；毛石每日可砌高为 1.2 m，为增加整体性和稳定性，应大、中、小毛石搭配使用，并按规定设置拉结石，拉结石应分布均匀，毛石基础同皮内每隔 2 m 左右设置一块。拉结石长度应超过基础宽度的 2/3，毛石砌到室内地坪以下 5 cm，应设置防潮层，一般用 1∶2.5 的水泥砂浆加适量防水剂铺设，厚度为 20 mm。阶梯形毛石基础如图 3-25 所示。

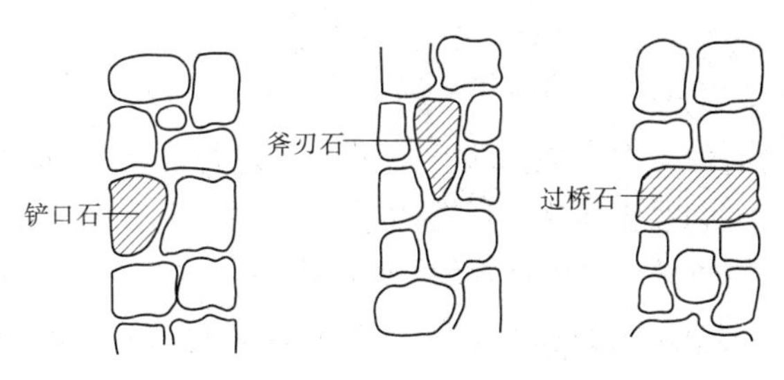

图 3-24　铲口石、斧刃石、过桥石

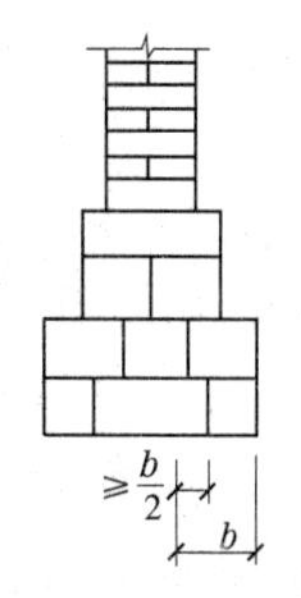

图 3-25　阶梯形毛石基础

3)毛石墙施工

毛石墙是用乱毛石或平毛石与水泥砂浆或混合砂浆砌筑而成。毛石墙的转角可用平毛石或料石砌筑。毛石墙的厚度不应小于350 mm。

施工时根据轴线放出墙身里外两边线,挂线每皮(层)卧砌,每层高度为200 ~ 300 mm。砌筑时应采用铺浆法,先铺灰后摆石。毛石墙的第一皮、每一楼层最上一皮、转角处、交接处及门窗洞口处用较大的平毛石砌筑,转角处最好应用加工过的方整石。毛石墙砌筑时应先砌筑转角处和交接处,再砌中间墙身,石砌体的转角处和交接处应同时砌筑。对不能同时砌筑而又必须留置的临时间断处,应砌成斜槎。砌筑时石料大小搭配,大面朝下,外面平齐,上下错缝,内外交错搭砌,逐块卧砌坐浆。灰缝厚度不宜大于20 mm,保证砂浆饱满,不得有干接现象。石块间较大的空隙应先堵塞砂浆,后用碎石块嵌实。为增加砌体的整体性,石墙面每0.7 m^2 内,应设置一块拉结石,同皮的水平中距不得大于2.0 m,拉结长度为墙厚。

石墙砌体每日砌筑高度不应超过1.2 m,但室外温度在20 ℃以上时停歇4 h后可继续砌筑。石墙砌至楼板底时要用水泥砂浆找平。门窗洞口可用黏土砖作砖砌平拱或放置钢筋混凝土过梁。

石墙与实心砖的组合墙中,石与砖应同时砌筑,并每隔4 ~ 6皮砖用2 ~ 3皮砖与石砌体拉结砌合,石墙与砖墙相接的转角处和交接处应同时砌筑(见图3-26)。

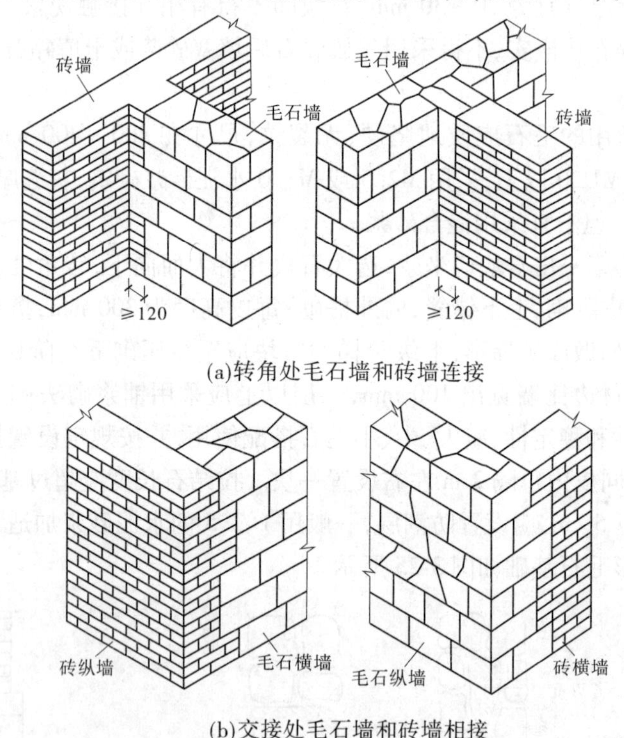

图3-26　石墙和砖墙相接的转角处和交接处同时砌筑

4)毛石挡土墙

毛石挡土墙是用平毛石或乱毛石与水泥砂浆砌成。毛石挡土墙的砌筑要点与毛石基础基本相同。石砌挡土墙除按石墙规定砌筑外还需满足下列要求:

毛石挡土墙的砌筑,要求毛石的中部厚度不宜小于20 cm;每砌3 ~ 4皮毛石为一个分层高度,每个分层高度应找平一次;外露面的灰缝宽度不得大于 40 mm,上下皮毛石的竖向灰缝应相互错开 80 mm 以上;应按照设计要求收坡或退台,并设置泄水孔。泄水孔当设计无规定时,施工中应符合下列规定:①泄水孔应均匀布置,在每米高度上间隔 2 m 左右设置一个泄水孔;②泄水孔与土体间铺设长宽各为 300 mm、厚 200 mm 的卵石或碎石作疏水层。在砌筑挡土墙时,还应按规定留设伸缩缝。料石挡土墙宜采用同皮内丁顺相间的砌筑形式。当中间部分用毛石填砌时,丁砌料石伸入毛石部分的长度不应小于 200 mm。

三、砌块砌体施工工艺流程及施工要点

(一)加气混凝土砌块砌筑

1. 加气混凝土砌块砌体施工

承重加气混凝土砌块砌体所用砌块强度等级应不低于 A.5,砂浆强度不低于 M5。

加气混凝土砌块砌筑前,应根据建筑物的平面、立面图绘制砌块排列图。在墙体转角处设置皮数杆,皮数杆上画出砌块皮数及砌块高度,并在相对砌块上边线间拉准线,依准线砌筑。

加气混凝土砌块的砌筑面上应适量洒水。

砌筑加气混凝土砌块宜采用专用工具(铺灰铲、锯、钻、镂、平直架等)。

加气混凝土砌块墙的上下皮砌块的竖向灰缝应相互错开,相互错开长度宜为 300 mm,并不小于 150 mm。不能满足,应在水平灰缝设置 2 Φ 6 的拉结钢筋或Φ 4 钢筋网片,拉结钢筋或钢筋网片的长度应不小于 700 mm。

加气混凝土砌块墙的灰缝应横平竖直,砂浆饱满,水平灰缝砂浆饱满度不应小于 90%;竖向灰缝砂浆饱满度不应小于 80%。水平灰缝厚度宜为 15 mm,竖向灰缝宽度宜为 20 mm。

加气混凝土砌块墙的转角处,应使纵横墙的砌块相互搭砌,隔皮砌块露端面。加气混凝土砌块墙的 T 字交接处,应使横墙砌块隔皮露端面,并坐中于纵墙砌块(见图 3-27)。

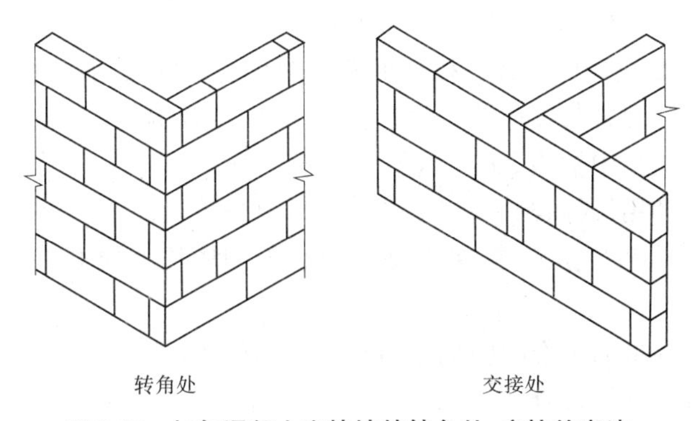

图 3-27 加气混凝土砌块墙的转角处、交接处砌法

2. 加气混凝土砌块砌体质量

加气混凝土砌块砌体质量分为合格和不合格两个等级。

加气混凝土砌块砌体质量合格应符合以下规定:

(1)主控项目应全部符合规定。

(2)一般项目应有 80% 及以上的抽检处符合规定,或偏差值在允许偏差范围以内。

1)加气混凝土砌块砌体主控项目

砌块和砌筑砂浆的强度等级应符合设计要求。

检验方法:检查砌块的产品合格证书、产品性能检测报告和砂浆试块试验报告。

2)加气混凝土砌块砌体一般项目

(1)砌体一般尺寸的允许偏差应符合表3-13的规定。

抽检数量:对3-13表中1、2项,在检验批的标准间中随机抽查10%,但不应少于3间;大面积房间和楼道按两个轴线或每10延长米按一标准间计数。每间检验不应少于3处。对表中3、4项,在检验批中抽检10%,且不应少于5处。

表3-13　加气混凝土砌体一般尺寸允许偏差

项次	项目		允许偏差(mm)	检验方法
1	轴线位移		10	用尺检查
	垂直度	小于或等于3 m	5	用2 m托线板或吊线、尺检查
		大于3 m	10	
2	表面平整度		8	用2 m靠尺和楔形塞尺检查
3	门窗洞口高、宽(后塞口)		±5	用尺检查
4	外墙上、下窗口偏移		20	用经纬仪或吊线检查

(2)加气混凝土砌块不应与其他块材混砌。

抽检数量:在检验批中抽检20%,且不应少于5处。

检验方法:外观检查。

(3)加气混凝土砌块砌体的灰缝砂浆饱满度不应小于80%。

抽检数量:每步架子不少于3处,且每处不应少于3块。

检验方法:用百格网检查砌块底面砂浆的黏结痕迹面积。

(4)加气混凝土砌块砌体留置的拉结钢筋或网片的位置与砌块皮数相符合。拉结钢筋或网片应置于灰缝中,埋置长度应符合设计要求,竖向位置偏差不应超过一皮砌块高度。

抽检数量:在检验批中抽检20%,且不应少于5处。

检验方法:观察和用尺检查。

(5)砌块砌筑时应错缝搭接,搭接长度不应小于砌块长度的1/3;竖向通缝不应大于2皮。

抽检数量:在检验批的标准间中抽查10%,且不应少于3间。

检验方法:观察和用尺检查。

(6)加气混凝土砌块砌体的水平灰缝厚度及竖向灰缝宽度宜为15 mm和20 mm。

抽检数量:在检验批的标准间中抽查10%,且不应少于3间。

检验方法:用尺量5皮砌块的高度和2 m砌体长度。

(7)加气混凝土砌块墙砌至接近梁、板底时,应留一定空隙,待墙体砌筑完并应至少间隔7 d后,再将其补砌挤紧。

抽检数量:每验收批抽10%墙片(每两柱间的填充墙为一墙片),且不应少于3片墙。

检验方法:观察检查。

（二）混凝土空心砌块施工

1. 一般构造要求

混凝土小型空心砌块砌体所用的材料，除满足强度计算要求外，尚应符合下列要求：

(1)对室内地面以下的砌体，应采用普通混凝土小砌块和不低于 M5 的水泥砂浆。

(2)5 层及 5 层以上民用建筑的底层墙体，应采用不低于 MU5 的混凝土小砌块和 M5 的砌筑砂浆。

(3)在墙体的下列部位，应用 C20 混凝土灌实砌块的孔洞：①底层室内地面以下或防潮层以下的砌体；②无圈梁的楼板支承面下的一皮砌块；③没有设置混凝土垫块的屋架、梁等构件支承面下，高度不应小于 600 mm、长度不应小于 600 mm 的砌体；④挑梁支承面下，距墙中心线每边不应小于 300 mm，高度不应小于 600 mm 的砌体。砌块墙与后砌隔墙交接处，应沿墙高每隔 400 mm 在水平灰缝内设置不少于 2 Φ 4、横筋间距不大于 200 mm 的焊接钢筋网片，钢筋网片伸入后砌隔墙内不应小于 600 mm。

2. 施工工艺要点

1)小砌块施工

普通混凝土小砌块不宜浇水；当天气干燥炎热时，可在砌块上稍加喷水润湿；轻骨料混凝土小砌块施工前可洒水，但不宜过多。龄期不足 28 d 及潮湿的小砌块不得进行砌筑。

应尽量采用主规格小砌块，小砌块的强度等级应符合设计要求，并应清除小砌块表面污物和芯柱用小砌块孔洞底部的毛边。

在房屋四角或楼梯间转角处设立皮数杆，皮数杆间距不得超过 15 m。皮数杆上应画出各皮小砌块的高度及灰缝厚度。在皮数杆上相对小砌块上边线之间拉准线，小砌块依准线砌筑。小砌块砌筑应从转角或定位处开始，内外墙同时砌筑，纵横墙交错搭接。外墙转角处应使小砌块隔皮露端面；T 字交接处应使横墙小砌块隔皮露端面，纵墙在交接处改砌两块辅助规格小砌块（尺寸为 290 mm × 190 mm × 190 mm，一头开口），所有露端面用水泥砂浆抹平（见图 3-28）。

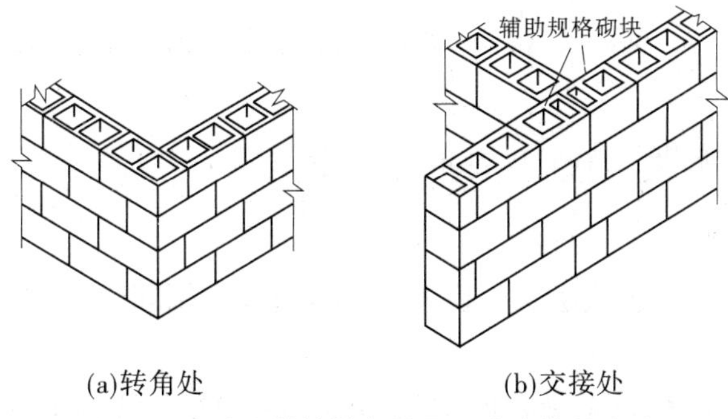

(a)转角处　　(b)交接处

图 3-28　小砌块墙转角处及 T 字交接处砌法

小砌块应对孔错缝搭砌。上下皮小砌块竖向灰缝相互错开 190 mm。个别情况当无法对孔砌筑时，普通混凝土小砌块错缝长度不应小于 90 mm，轻骨料混凝土小砌块错缝长度不应小于 120 mm；当不能保证此规定时，应在水平灰缝中设置 2 Φ 4 钢筋网片，钢筋网片每端均应超过该垂直灰缝，其长度不得小于 300 mm（见图 3-29）。

小砌块砌体的灰缝应横平竖直，全部灰缝均应铺填砂浆；水平灰缝的砂浆饱满度不得低于90%；竖向灰缝的砂浆饱满度不得低于80%；砌筑中不得出现瞎缝、透明缝。水平灰缝厚度和竖向灰缝宽度应控制在8～12 mm。当缺少辅助规格小砌块时，砌体通缝不应超过两皮砌块。

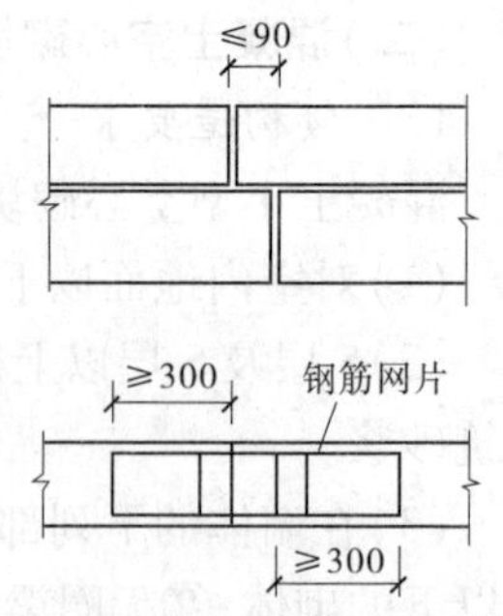

图3-29　水平灰缝中拉结筋

小砌块砌体临时间断处应砌成斜槎，斜槎长度不应小于斜槎高度的2/3（一般按一步脚手架高度控制）；如留斜槎有困难，除外墙转角处及抗震设防地区，砌体临时间断处不应留直槎外，可从砌体面伸出200 mm砌成阴阳槎，并沿砌体高每三皮砌块（600 mm）设拉结筋或钢筋网片，接槎部位宜延至门窗洞口。

承重砌体严禁使用断裂小砌块或壁肋中有竖向凹形裂缝的小砌块砌筑；也不得采用小砌块与烧结普通砖等其他块体材料混合砌筑。

小砌块砌体相邻工作段的高度差不得大于一个楼层高度或4 m。

常温条件下，普通混凝土小砌块的日砌筑高度应控制在1.8 m内；轻骨料混凝土小砌块的日砌筑高度应控制在2.4 m内。

对砌体表面的平整度和垂直度，灰缝的厚度和砂浆饱满度应随时检查，校正偏差。在砌完每一楼层后，应校核砌体的轴线尺寸和标高，允许范围内的轴线及标高的偏差，可在楼板面上予以校正。

2）芯柱施工

芯柱部位宜采用不封底的通孔小砌块，当采用半封底小砌块时，砌筑前必须打掉孔洞毛边。

在楼（地）面砌筑第一皮小砌块时，在芯柱部位，应用开口砌块（或U形砌块）砌出操作孔，在操作孔侧面宜预留连通孔，必须清除芯柱孔洞内的杂物及削掉孔内凸出的砂浆，用水冲洗干净，校正钢筋位置并绑扎或焊接固定后，方可浇灌混凝土。

芯柱钢筋应与基础或基础梁中的预埋钢筋连接，上下楼层的钢筋可在楼板面上搭接，搭接长度不应小于$40d$（d为钢筋直径）。

第三节　钢筋混凝土工程

一、常见模板的种类、特性及安拆施工要点

（一）模板作用及要求

模板作用：成型混凝土。模板又称模型板，是使新浇混凝土结构和构件按所要求的几何尺寸成型的模型板。

对于模板设计、制作和施工等方面的要求，应符合《混凝土结构工程施工质量验收规范》（GB 50204—2002）中关于模板工程的规定。对模板工程的基本要求如下：

（1）应保证工程结构和构件各部分形状、尺寸及相互位置的正确；

（2）要有足够的承载能力、刚度和稳定性，并能可靠地承受新浇筑混凝土的质量和侧压力，以及在施工中所产生的其他荷载；

（3）构造要简单，装拆要方便，并便于钢筋的绑扎与安装，有利于混凝土的浇筑及养护；

（4）模板接缝应严密，不得漏浆。

(二)模板分类

按模板所用的材料不同,分为木模板、钢模板、胶合板模板、钢木模板、钢竹模板、塑料模板、玻璃模板、铝合金模板等。

按模板的形状不同,分为平面模板和曲面模板。

按施工工艺不同,分为组合式模板(如木模板、组合钢模板)、工具模板(如大模板、滑模、爬模、飞模、模壳等)、胶合板模板和永久性模板。

按模板规格型式不同,分为定型模板(即定型组合模板,如小钢模板)和非定型模板(散装模板)。

按其结构的类型不同,分为基础模板、柱模板、楼板模板、墙模板、壳模板和烟囱模板等。

按模板使用特点,分为固定式、拆移式、移动式、滑动式模板。固定式用于现浇特殊部位,不能重复使用,后三种都能重复使用。

(三)现浇混凝土结构构件的模板构造

1. 基础模板

基础模板的特点一般来说高度不高但体积较大,当土质良好时,可以不用侧模,采用原槽灌筑,这样比较经济。但通常需要支模板。

阶梯基础模板,每一台阶模板由四块侧板拼钉而成,四块侧板用木档拼成方框。上台阶模板通过轿杠木,支撑在下台阶上,下层台阶模板的四周要设斜撑及平撑。杯口形基础模板在杯口位置要装设杯芯模板。阶梯、杯口形基础模板如图 3-30 所示。

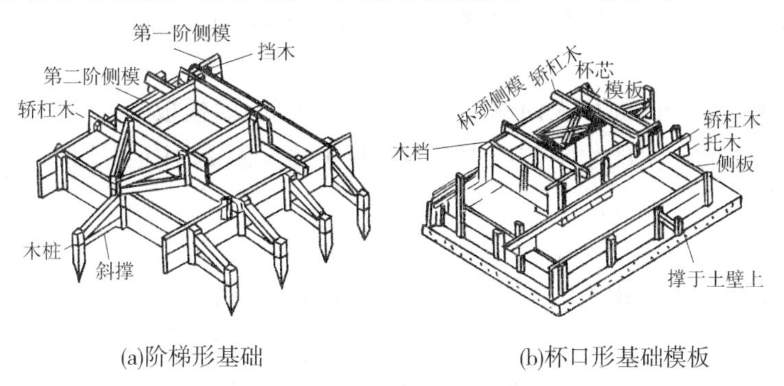

(a)阶梯形基础　　(b)杯口形基础模板

图 3-30　阶梯、杯口形基础模板

2. 柱模板

柱模板的特点是断面、尺寸不大而比较高。因此,柱模主要解决垂直度、柱模在施工时的侧向稳定及抵抗混凝土的侧压力的问题,同时应考虑方便灌筑混凝土、清理垃圾与钢筋绑扎配合等问题。

柱模板的底部开有清理孔,以便清理模板内的垃圾,沿高度每隔约 2 m 开有灌筑口(亦是振捣口),柱底一般采用一个木框用以固定柱子的水平位置。

同在一条直线上的柱,应先校正两头的柱模,再在柱模上口中心线拉一铁丝来校正中间的柱模。柱模之间,还要用水平撑及剪刀撑相互牵搭住。

3. 梁模板

梁模板的特点是跨度较大而宽度一般不大,因此混凝土对梁模板既有横向侧压力,又有垂直压力。梁模板主要由底模、夹木及支架部分组成,梁的下面一般是架空的,梁模板及其支架系统要能承受这些荷载而不致发生超过规范允许的过大变形,如图 3-31 所示。

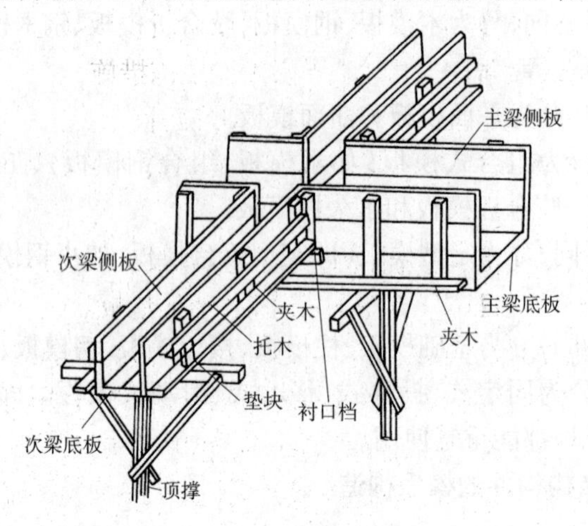

图 3-31　梁模板

单梁的侧模板一般拆除较早,因此侧板应包在底模的外面。柱的模板与梁的侧板一样,也可早拆除,梁的模板也就不应伸到柱模板的开口里面,次梁模板也不应伸到主梁侧模板开口里面。

如梁的跨度在 4 m 及以上,应使梁横中部略为起拱,防止由于浇筑混凝土后跨中梁底下垂。如设计无规定时,起拱高度宜为全跨长度的 1‰~3‰。

4. 墙模板

墙模板的特点是竖向面积大而厚度一般不大。因此,墙模板主要应能保持自身稳定,并能承受浇筑混凝土时产生的水平侧压力。墙模板主要由侧模、主肋、次肋、斜撑、对拉螺栓和撑块等组成。

5. 楼板模板

楼板模板的特点是面积大而厚度一般不大。因此,横向侧压力很小,楼板模板及其支架系统主要用于抵抗混凝土的垂直荷载和其他施工荷载,保证楼板不变形下垂。

楼板模板的安装顺序是,在主次梁模板安装完毕后,首先安托板,然后安楞木,铺定型模板。铺好后核对楼板标高、预留孔洞及预埋铁等的部位和尺寸。

6. 楼梯模板

楼梯模板的构造与楼板模板相似,不同点是倾斜和做成踏步。

楼梯段楼梯模板安装时,特别要注意每层楼梯第一级与最后一级踏步的高度,不要疏忽了装饰面层的厚度,造成高低不同的现象。

7. 圈梁模板

圈梁的特点是断面小但很长,一般除窗洞口及其他个别地方是架空外,其他均搁在墙上。故圈梁模板主要是由侧板和固定侧板用的卡具所组成的。底模仅在架空部分使用。

8. 雨篷模板

雨篷包括过梁和雨篷板两部分,它的模板构造与安装,与梁及楼板的模板基本相同。

(四)模板安装与拆除

模板工程施工工艺流程:模板的选材→选型→设计→制作→安装→拆除→周转。

1. 模板的安装

竖向模板和支撑部分当安装在地面上时，应加设垫板，且地面土层必须坚实并有排水措施。对湿陷性黄土必须有防水措施，对冻胀土必须有防冻措施。

模板及支撑在安装过程中，必须设置防倾覆的临时固定措施。

现浇多层房屋和构筑物，应采取分层分段的支模方法。安装上层模板及支撑应符合以下规定：

(1)下层模板应具有承受上层荷载的承载能力或加设支架支撑。

(2)上层支撑的立柱应对准下层支撑的立柱，并铺设垫板。

(3)当采用悬吊模板、桁架支模方法时，其支撑结构的承载能力和刚度必须符合要求。当层间高度大于5 m时，宜选用桁架支模或多层支架支模。当采用多层支架支模时，支架的横垫板应平整，支柱应垂直，上下层支柱应在同一竖向中心线上。

固定在模板上的预埋件和预留孔洞均不得遗漏，安装必须牢固，位置准确。

现浇混凝土结构模板安装的允许偏差应符合表3-14的规定。

表3-14 现浇混凝土结构模板安装的允许偏差及检验方法

项目		允许偏差(mm)	检验方法
轴线位置		5	钢尺检查
底模上表面标高		±5	水准仪或拉线、钢尺检查
截面内部尺寸	基础	+10	钢尺检查
	柱、墙、梁	+4，-5	钢尺检查
层高垂直度	不大于5 m	6	经纬仪或吊线、钢尺检查
	大于5 m	8	经纬仪或吊线、钢尺检查
相邻两板表面高低差		2	钢尺检查
表面平整度		5	2 m靠尺和塞尺检查

2. 模板的拆除

现浇结构的模板及支架拆除时的混凝土强度，应符合设计要求，当设计无要求时，侧模应在混凝土强度能保证其表面及棱角不因拆除而受损坏时拆除；底模板拆除应符合表3-15的规定。

表3-15 底模拆除时的混凝土强度要求

构件类型	构件跨度(m)	达到设计的混凝土立方体抗压强度标准值的百分比(%)
板	≤2	≥50
	>2，≤8	≥75
	>8	≥100
梁、拱、壳	≤8	≥75
	>8	≥100
悬臂构件	—	≥100

拆模顺序一般是先支后拆，后支先拆，先拆除侧模板，后拆除底模板。重大复杂模板的拆除，事先应制订拆模方案。

肋形楼板的拆模顺序为：柱模板→楼板底模板→梁侧模板→梁底模板。

多层楼板模板支架的拆除应按下列要求进行：上层楼板正在浇筑混凝土时，下一层楼板的模板支架不得拆除，再下一层楼板模板的支架仅可拆除一部分；跨度≥4 m的梁下均应保留支架，其间距不得小于3 m。

在拆除模板过程中，当发现混凝土影响结构安全质量时应暂停拆除，经过处理后方可继续拆除。

已拆除模板及支撑结构的混凝土，应在其强度达到设计强度标准值后才允许承受全部使用荷载。当承受施工荷载大于计算荷载时，必须通过核算加设临时支撑。

二、钢筋工程施工工艺流程及施工要点

（一）钢筋验收

钢筋进场时，应按现行国家标准《钢筋混凝土用钢　第2部分：热轧带肋钢筋》（GB 1499.2—2007）的规定抽取试件做力学性能检验，其质量必须符合有关标准的规定。

验收内容：查对标牌（钢筋进场时应具有出厂证明书或试验报告单，每捆/盘钢筋应有标牌），检查外观，并按有关标准的规定抽取试样进行力学性能试验。

钢筋的外观检查包括：钢筋应平直、无损伤，表面不得有裂纹、油污、颗粒状或片状锈蚀。钢筋表面凸块不允许超过螺纹的高度；钢筋的外形尺寸应符合有关规定。《混凝土结构工程施工质量验收规范》（2011年版）（GB 50204—2002）第5.2.1规定：对有抗震设防要求的结构，其纵向受力钢筋的性能应满足设计要求；当设计无具体要求时，对按一、二、三级抗震等级设计的框架和斜撑构建（含楼梯）中的纵向受力钢筋应采用HRB335E、HRB400E、HRB500E、HRBF335E、HRBF400E、HRBF500E钢筋。即钢筋进场时，三级以上抗震等级设计的框架和斜撑构件中的纵向受力钢筋表面必须加有“E”专用标志。加“E”的钢筋，除应满足特殊的要求外，其他要求与相对应的已有牌号钢筋相同。这种牌号钢筋的特殊要求就是指钢筋标准中规定的特殊技术要求，即钢筋抗拉强度实测值与屈服强度实测值之比（简称强屈比）不小于1.25；钢筋屈服强度实测值与规定的屈服强度标准值之比（简称超强比）不大于1.30；钢筋最大拉力下总伸长率不应小于9%。

《混凝土结构工程施工质量验收规范（2011年版）》（GB 50204—2002）强制性条文第5.2.1规定：钢筋进场时，应按国家现行相关标准的规定抽取试件作力学性能和重量偏差检验，检验结果必须符合有关标准的规定，钢筋进场质量检验应增加重量偏差检验（主要是防止瘦身钢筋的出现）。对于每批钢筋的检验数量，应按相关产品标准执行，《钢筋混凝土用钢　第1部分：热轧光圆钢筋》（GB 1499.1—2008）和《钢筋混凝土用钢　第2部分：热轧带肋钢筋》（GB 1499.2—2007）中规定每批抽取5个试件，先进行重量偏差检验，再取其中2个试件进行力学性能检验。钢筋内在指标（如屈服点、抗拉强度、伸长率和冷弯性能），通过力学性能试验检验。

（二）钢筋配料和代换

1. 钢筋的配料

钢筋配料是根据《混凝土结构设计规范》（GB 50010—2002）及《混凝土结构工程施工质

量验收规范(2011 版)》(GB 50204—2002)中对混凝土保护层、钢筋弯曲和弯钩等的规定,按照结构施工图计算构件各钢筋的直线下料长度、根数及质量,然后编制钢筋配料单,作为钢筋备料加工的依据。

结构施工图中注明的尺寸一般是钢筋外轮廓尺寸,即从钢筋外皮到外皮量得的尺寸,称为外包尺寸。在钢筋加工时,一般也按外包尺寸进行验收。

钢筋下料时应按轴线长度尺寸下料加工,才能使加工后的钢筋形状、尺寸符合设计要求。对弯曲的钢筋或端部有弯钩的钢筋,按外包尺寸总和下料是不准确的。这是由于钢筋弯曲时外皮伸长、内皮缩短,钢筋的外包尺寸和轴线长度之间存在一个差值,称为"量度差值"。计算下料长度时,量度差值应减去。对于端部有弯钩的钢筋,计算下料长度时应加上端部弯钩增长值。

钢筋的下料长度应为:

钢筋下料长度 = ∑(各段外包尺寸) − 弯曲处的量度差值 + 两端弯钩的增长值

1)弯曲量度差值

根据理论推理和实践经验,弯曲量度差值见表 3-16。

表 3-16 常用弯曲角度的量度差值

弯曲角度	量度差值	经验取值	弯曲角度	量度差值	经验取值
30°	0.306d	0.35d	90°	2.29d	2d
45°	0.543d	0.5d	135°	2.83d	2.5d
60°	0.90d	0.90d			

注:d 为钢筋直径。

2)钢筋末端弯钩或弯折时

受力钢筋的弯钩和弯折应符合下列要求:

(1)HPB300 钢筋末端应作 180°弯钩,其弯弧内直径不应小于钢筋直径的 2.5 倍,弯钩的弯后平直部分长度不应小于钢筋直径的 3 倍(见图 3-32)。

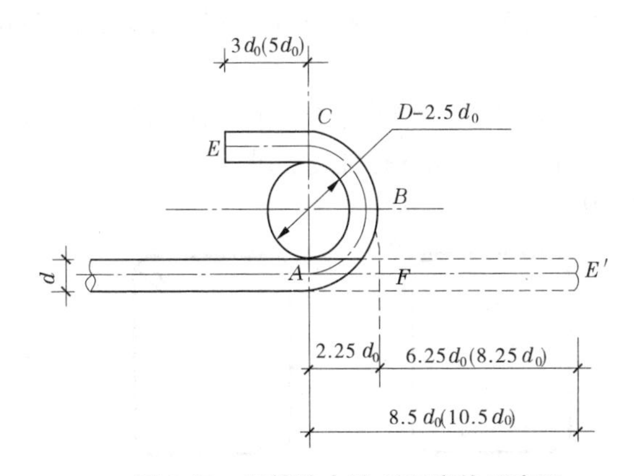

图 3-32 钢筋的末端 180°弯钩示意图

(2)当设计要求钢筋末端需作 135°弯钩时,HRB335、HRB400 钢筋的弯弧内直径不应小于钢筋直径的 4 倍,弯钩的弯后平直部分长度应符合设计要求。

(3)钢筋作不大于90°的弯折时,弯折处的弯弧内直径不应小于钢筋直径的5倍。

钢筋末端弯钩或弯折时增长值见表3-17。

表3-17　钢筋末端弯钩或弯折时增长值

钢筋级别	弯钩角度	弯曲最小直径 D	平直段长度 l_p	增加尺寸
HPB235	180°	$2.5d$	$3d$	$6.25d$
HRB335、HRB400	135°	$4d$	按设计(或规范)	$3d+l_p$
HRB335、HRB400	90°	$4d$	按设计(或规范)	$1d+l_p$

箍筋的下料长度计算分为不考虑抗震和考虑抗震两种情况。结构设计中,抗震设计越来越普遍,因此在实际施工中,箍筋下料长度计算以抗震为主。

不考虑抗震时,普通箍筋的下料长度,可按内包和外包两种形式计算。

外包尺寸:箍筋下料长度 = 箍筋外包尺寸周长 + 箍筋外包调整值。

内包尺寸:箍筋下料长度 = 箍筋内包尺寸周长 + 箍筋内包调整值。

表3-18为不考虑抗震时箍筋调整值。

表3-18　箍筋调整值

箍筋量度方法	箍筋直径(mm)			
	4~5	6	8	10~12
量外包尺寸	40	50	60	70
量内包尺寸	80	100	120	150~170

考虑抗震时:

内包尺寸:箍筋下料长度 = 箍筋内包尺寸周长 $+26d$(d 为箍筋直径)。

外包尺寸:箍筋下料长度 = 箍筋外包尺寸周长 $-3\times90°$量度差值 $+2\times11.9d$。

3)箍筋弯钩增长值

一般结构当设计无要求时可按图3-33(a)加工;有抗震要求的结构,应按图3-33(b)加工。

箍筋弯钩的弯曲直径 D 应大于受力钢筋直径,且不小于箍筋直径的2.5倍。弯钩平直部分,一般结构不宜小于箍筋直径的5倍;有抗震要求的结构,不小于箍筋直径的10倍。箍筋一个弯钩增长值见表3-19。

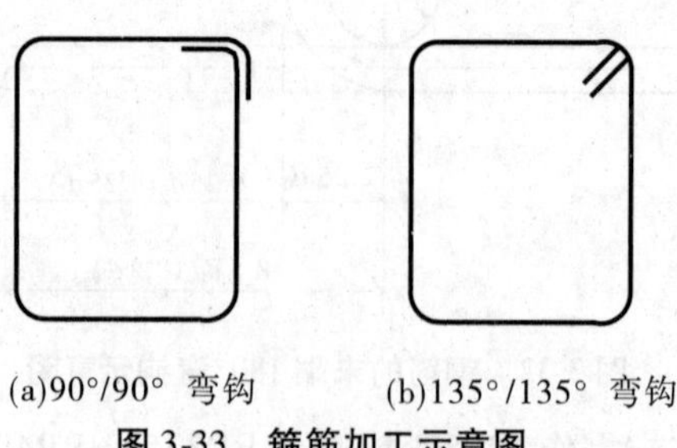

(a)90°/90° 弯钩　　(b)135°/135° 弯钩

图3-33　箍筋加工示意图

表 3-19　箍筋一个弯钩增长值

箍筋弯钩	弯曲直径	平直段长度	增长值
90°/90°弯钩	2.5d	5d	5.5d
		10d	10.5d
135°/135°弯钩	2.5d	5d	6.5d
		10d	11.9d

2. 钢筋的代换

钢筋施工时应尽量按照施工图要求的钢筋级别、种类和直径使用。但确实没有施工图中所要求的钢筋种类、级别或规格时，可以进行代换。代换时，必须充分了解设计意图和代换钢材的性能，严格依据规范的各项规定；必须满足构造要求（如钢筋的直径、根数、间距、锚固长度等）；对抗裂性要求高的构件，不宜采用光圆钢筋代换螺纹钢筋；凡属重要的结构和预应力钢筋，在代换时应征得设计单位的同意；钢筋代换后，其用量不宜大于原设计用量的5%。钢筋代换的方法有以下两种。

1）等强度代换

构件配筋受强度控制时或不同种类的钢筋代换，按代换前后强度相等的原则进行代换，称为等强度代换。代换时应满足下式要求：

$$A_{s2}f_{y2} \geqslant A_{s1}f_{y1} \quad 即 A_{s2} \geqslant A_{s1}f_{y1}/f_{y2} \tag{3-13}$$

式中　A_{s1}——原设计钢筋总面积；

A_{s2}——代换后钢筋总面积；

f_{y1}——原设计钢筋的设计强度；

f_{y2}——代换后钢筋的设计强度。

在设计图纸上钢筋都是以根数表示的，由于 $A_{s1}=n_1d_1^2\pi/4$，$A_{s2}=n_2d_2^2\pi/4$，所以：

$$n_2 \geqslant n_1d_1^2f_{y1}/(d_2^2f_{y2})$$

式中　n_1——原设计钢筋根数；

d_1——原设计钢筋直径；

n_2——代换后钢筋根数；

d_2——代换后钢筋直径。

2）等面积代换

构件按最小配筋率配筋时或相同种类和级别的钢筋代换，按代换前后面积相等的原则进行代换，称为等面积代换。即

$$\begin{aligned} A_{s2} &\geqslant A_{s1} \\ n_2 &\geqslant n_1d_1^2/d_2^2 \end{aligned} \tag{3-14}$$

3）钢筋代换应注意的问题

（1）钢筋代换后，应满足混凝土结构设计规范中所规定的钢筋间距、锚固长度、最小钢筋直径、根数的要求。

（2）对重要受力构件如吊车梁、薄腹梁、屋架下弦等，不宜用 HPB300 级光面钢筋代换变形钢筋。

(3)梁的纵向受力钢筋与弯起钢筋应分别进行代换。

(4)当构件配筋受抗裂裂缝宽度或挠度控制时,钢筋代换后应进行抗裂裂缝宽度或挠度验算。

(5)有抗震要求的框架,不宜以强度等级较高的钢筋代替原设计中的钢筋。当必须代换时,其代换的钢筋检验所得的实际强度,尚应符合下列要求:①钢筋的实际抗拉强度与实际屈服强度的比值应大于1.25;②钢筋的实际屈服强度与钢筋标准强度的比值,当按HPB300级抗震等级设计时不应大于1.25,当按HRB335级抗震等级设计时不应大于1.4。

(6)预制构件吊环,必须采用未经冷拉的HPB235级热轧钢筋制作,严禁以其他钢筋代换。

(7)不同种类钢筋的代换,应按钢筋受拉承载力设计值相等的原则进行。

(三)钢筋场内加工

1.钢筋的冷加工

为了提高钢筋的强度,节约钢材,满足预应力钢筋的需要,工程上常采用冷拉、冷拔的方法对钢筋进行冷加工,用以获得冷拉钢筋和冷拔钢丝。冷拉Ⅰ级钢筋用于结构中的受拉钢筋,冷拉Ⅱ、Ⅲ、Ⅳ级钢筋用作预应力筋。

2.钢筋的除锈

钢筋锈蚀程度可从锈迹分布状况、色泽变化以及钢筋表面平滑或粗糙程度等,凭肉眼外观确定,根据锈蚀轻重的具体情况采用除锈措施。常用除锈方法有手动钢丝刷除锈、电动机除锈等。

一般钢筋锈蚀现象有三种:

(1)浮锈。钢筋表面附着较均匀的细粉末,呈黄色或淡红色。

(2)陈锈。锈迹粉末较粗,用手捻略有微粒感,颜色转红,有的呈红褐色。

(3)老锈。锈斑明显,有麻坑,出现起层的片状分离现象,锈斑几乎遍及整根钢筋表面;颜色变暗,深褐色,严重的接近黑色。

浮锈一般可不作处理,陈锈和老锈必须清除。

3.钢筋的调直

钢筋在使用前必须经过调直,否则会影响钢筋受力,甚至会使混凝土提前产生裂缝,如未调直钢筋直接下料,会影响钢筋的下料长度,并影响后续工序的质量。

钢筋调直方法可采用钢筋调直机、弯筋机、卷扬机等机械调直方法,也可采用冷拉方法。当采用冷拉方法调直钢筋时,HPB300级钢筋的冷拉率不宜大于4%,HRB335级、HRB400级和RRB400级钢筋的冷拉率不宜大于1%。

目前,常用的钢筋调直机有GT16/4、GT3/8、GT6/12、GT10/16。此外,还有一种数控钢筋调直机,它具有自动调直、定位切断、除锈清垢等多种功能。

4.钢筋切断

钢筋切断有人工切断、机械切断、氧气切割等三种方法。钢筋切断可采用手工切断器或钢筋切断机。手工切断器只用于切断直径小于16 mm的钢筋,机械切断机可切断直径16～40 mm的钢筋,直径大于40 mm的钢筋一般用氧气切割。

钢筋切断机的主要类型有机械式、液压式和手持式等。机械式钢筋切断机有偏心轴立式、凸轮式和曲柄连杆式等形式。

5. 钢筋弯曲成型

钢筋的弯曲成型是将已切断、配好的钢筋,按图纸规定的要求,准确地加工成规定的形状尺寸。弯曲成型的顺序是:画线→试弯→弯曲成型。

弯曲钢筋有手工和机械两种弯曲方法。手工弯曲钢筋的方法设备简单,使用方便,工地上经常采用。机械弯曲方法采用钢筋弯曲机,可将钢筋弯曲成各种形状和角度,成型准确、效率高。

6. 钢筋加工的允许偏差

钢筋加工的形状、尺寸应符合设计要求,其偏差应符合表 3-20 的规定。

表 3-20　钢筋加工的允许偏差

项目	允许偏差(mm)
受力钢筋顺长度方向全长的净尺寸	±10
弯起钢筋的弯折位置	±20
箍筋内净尺寸	±5

(四)钢筋连接

施工中钢筋往往因长度不足或施工工艺上的要求等必须连接。钢筋的连接方式可分为绑扎连接、焊接和机械连接三类。纵向受力钢筋的连接方式应符合设计要求。机械连接接头和焊接连接接头的类型及质量应符合国家现行标准的规定。

1. 钢筋绑扎连接

钢筋绑扎安装前,应先熟悉施工图纸,核对钢筋配料单和料牌,研究钢筋安装和与有关工种配合的顺序,准备绑扎用的铁丝、绑扎工具、绑扎架等。

钢筋的绑扎连接就是将相互搭接的钢筋,用 18 ~22 号镀锌铁丝(其中 22 号铁丝只用于绑扎直径 12 mm 以下的钢筋)扎牢它的中心和两端,将其绑扎在一起。HPB235 级光面钢筋绑扎接头的末端应做 180°弯钩,弯钩平直段长度不应小于 3 d,但作受压钢筋时可不做弯钩。钢筋绑扎连接示意图见图 3-34。

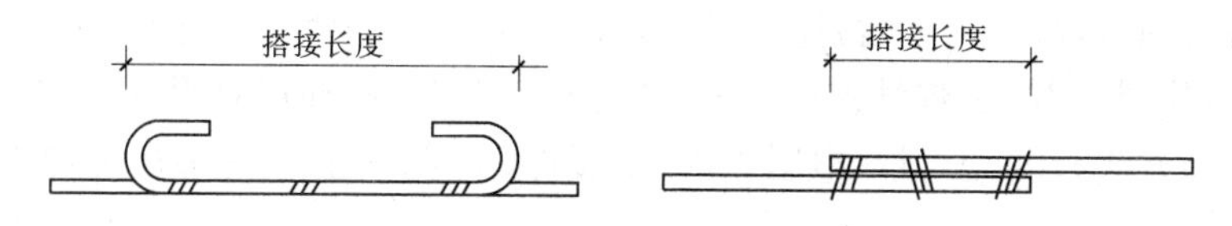

图 3-34　钢筋绑扎连接示意图

绑扎位置和搭接长度按《混凝土结构设计规范》(GB 50010—2002)的规定执行。

为确保结构的安全度,钢筋绑扎接头应符合如下规定:

(1)轴心受拉及小偏心受拉杆件(如桁架和拱的拉杆)的纵向受力钢筋不得采用绑扎搭接接头;当受拉钢筋的直径 $d>28$ mm 及受压钢筋的直径 $d>32$ mm 时,不宜采用绑扎搭接接头。

(2)绑扎接头中的钢筋的横向净距不应小于钢筋直径且不小于 25 mm。

(3)受力钢筋的接头宜设置在受力较小处。在同一根钢筋上宜少设接头。不宜设置两个或两个以上接头。接头末端至钢筋弯起点的距离不应小于钢筋直径的 10 倍。

(4)同一构件中相邻纵向受力钢筋的绑扎搭接接头宜相互错开。钢筋绑扎搭接接头连接区段的长度为1.3倍搭接长度,凡搭接接头中点位于该连接区段长度内的搭接接头均属于同一连接区段。如图3-35所示。

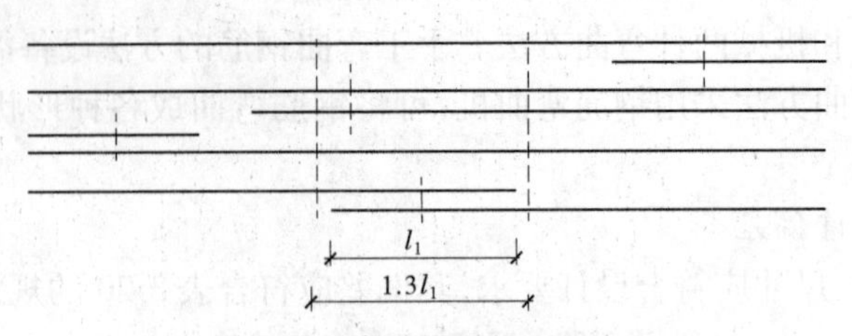

图3-35　钢筋绑扎搭接接头

(5)同一连接区段内纵向钢筋搭接接头面积百分率为该区段内有搭接接头的纵向受力钢筋截面面积与全部纵向受力钢筋截面面积的比值。位于同一连接区段内的受拉钢筋搭接接头面积百分率应符合设计要求,无设计要求时,应符合下列规定:对梁类、板类及墙类构件,不宜大于25%;对柱类构件,不宜大于50%。当工程中确有必要增大受拉钢筋搭接接头面积百分率时,对梁类构件,不应大于50%;对板类、墙类及柱类构件,可根据实际情况放宽。

(6)纵向受拉钢筋绑扎搭接接头的最小搭接长度应符合表3-21的规定。

表3-21　纵向受拉钢筋的最小搭接长度

钢筋类型		混凝土强度等级			
		C15	C20～C25	C30～C35	≥C40
光圆钢筋	HPB235级	45d	35d	30d	25d
带肋钢筋	HRB335级	55d	45d	35d	30d
	HRB400级、RRB400级	—	55d	40d	35d

2.钢筋焊接

混凝土结构设计规范规定,钢筋连接宜优先采用焊接连接。钢筋的焊接质量与钢材的可焊性、焊接工艺有关。钢材可焊性的好坏,受钢材所含化学元素种类及含量影响很大。含碳、锰数量增加,则可焊性差,而含适量的钛,可改善可焊性。焊接工艺(焊接工艺与操作水平)也影响焊接质量,即使可焊性差的钢材,若焊接工艺合宜,亦可获得良好的焊接质量。

常用的焊接方法有闪光对焊、电阻点焊、电弧焊、电渣压力焊、埋弧压力焊、气压焊等。

1)闪光对焊

闪光对焊属于焊接中的压焊(焊接过程中必须对焊件施加压力完成的焊接方法)。钢筋的闪光对焊是利用对焊机,将两段钢筋端面接触,通过施加低电压强电流在钢筋接头处,产生高温,钢筋熔化,产生强烈的金属蒸气飞溅,形成闪光,施加压力顶锻,使两根钢筋焊接在一起,形成对焊接头。闪光对焊是钢筋焊接中常用的方法。图3-36为钢筋闪光对焊原理图。

根据钢筋的品种、直径和选用的对焊机功率,闪光对焊分为连续闪光焊、预热闪光焊和闪光—预热—闪光焊三种工艺。对可焊性差的钢筋,对焊后采取通电热处理的方法,以改善对焊接头的塑性。

(1)连续闪光焊:是自闪光一开始,就徐徐移动钢筋,形成连续闪光,接头处逐步被加热,形成对焊接头。连续闪光焊的工艺简单,适用于焊接直径25 mm以下的HPB235、

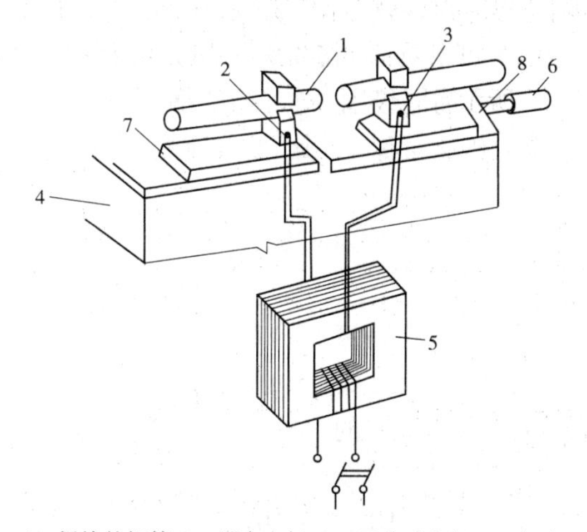

1—焊接的钢筋;2—固定电极;3—可移动电极;4—机座;
5—变压器;6—手动顶压机构;7—固定支座;8—滑动支座

图 3-36　钢筋闪光对焊原理

HRB335 和 HRB400 钢筋。

(2)预热闪光焊:是在连续闪光焊前增加一次预热过程,以使钢筋均匀加热。其工艺过程为预热—闪光—顶锻。即先闭合电源,使两根钢筋端面交替轻微接触和分开,发出断续闪光使钢筋预热,当钢筋烧化到规定的预热留量后,连续闪光,最后进行顶锻。预热闪光焊适用于直径 25 mm 以上端部平整的钢筋。

(3)闪光—预热—闪光焊:在预热闪光焊前加一次闪光过程,使钢筋端面烧化平整,预热均匀。其适用于直径 25 mm 以上端部不平整的钢筋。

(4)焊后通电热处理:对于 RRB400 级钢筋对焊接头拉伸试验结果发生脆性断裂,或弯曲试验不能达到规范要求时,为改善其焊接接头的塑性,可在焊后进行通电热处理。焊后通电热处理在对焊机上进行。钢筋对焊完毕,当焊接接头温度降低至呈暗黑色(300 ℃以下),松开夹具将电极钳口调至最大距离,重新夹紧。然后进行脉冲式通电加热,钢筋加热至表面呈橘红色(750 ~ 850 ℃)时,通电结束。松开夹具,待钢筋稍冷后取下,在空气中自然冷却。

2)电阻点焊

电阻点焊是将钢筋的交叉点放入点焊机两极之间,通电使钢筋加热到一定温度后,加压使焊点处钢筋互相压入一定的深度(压入深度为两钢筋中较细者直径的 1/4 ~ 2/5),将焊点焊牢。

点焊机主要由加压机构、焊接回路、电极组成。

混凝土结构中的钢筋骨架和钢筋网成型时优先采用电阻点焊。采用点焊代替绑扎,可以提高工效,便于运输。

3)电弧焊

电弧焊是利用电弧焊机使焊条和焊件之间产生高温电弧,熔化焊条和高温电弧范围内的焊件金属,熔化的金属凝固后形成焊接接头。

电弧焊广泛用于钢筋的接长、钢筋骨架的焊接、装配式结构钢筋接头焊接及钢筋与钢板、钢板与钢板的焊接等。

电弧焊的主要设备是弧焊机,分为交流弧焊机和直流弧焊机两类。工地常用交流弧焊机。

钢筋电弧焊接头主要有帮条焊、搭接焊和坡口焊三种形式(见图3-37)。

(1)帮条焊:用两根一定长度的帮条,将受力主筋夹在中间,用两端电焊定位,然后焊接一面或两面。帮条焊宜采用与主筋同级别、同直径的钢筋制作。它分为单面焊缝和双面焊缝,若采用双面焊,接头中应力传递对称、平衡,受力性能好;若采用单面焊,则受力情况差。因此,当不能进行双面焊时,才采用单面焊。

帮条焊适用于直径10~40 mm的HPB235、HRB400级钢筋和10~25 mm的余热处理HRB400级钢筋。

(2)搭接焊:把钢筋端部弯曲一定角度叠合起来,在钢筋接触面上焊接形成焊缝,它分为双面焊缝和单面焊缝。搭接焊宜采用双面焊缝,不能进行双面焊时,也可采用单面焊。

搭接焊适用于焊接直径10~40 mm的HPB235、HPB335级钢筋。

(3)坡口焊:可分为坡口平焊接头和坡口立焊接头两种,见图3-37。

坡口焊适用于直径16~40 mm的HPB235、HRB335、HRB400级钢筋及RRB400级钢筋。

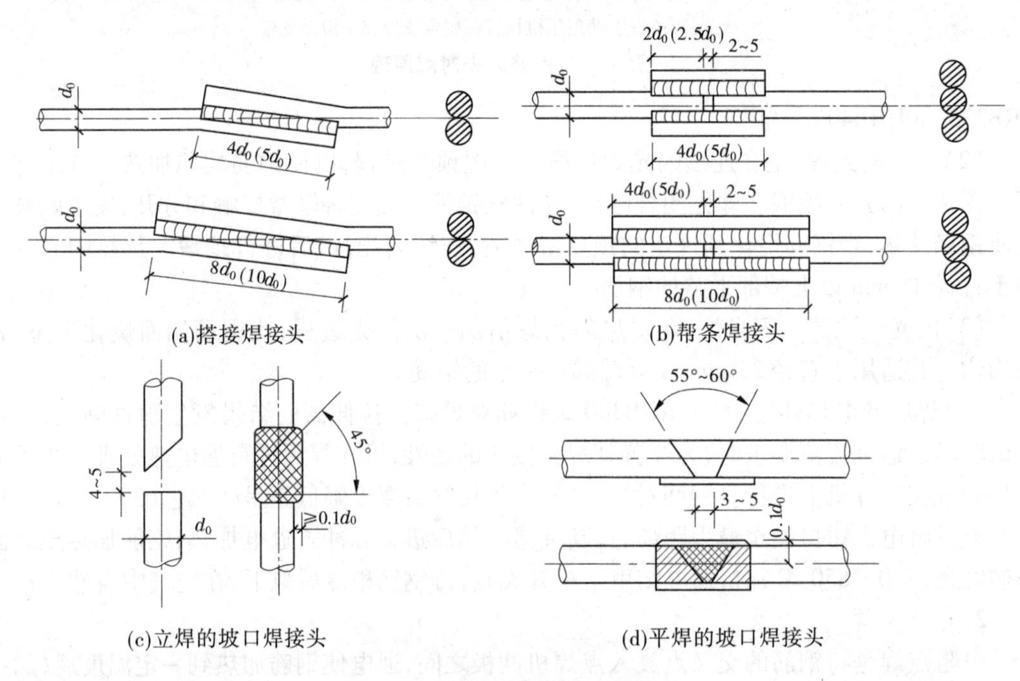

图3-37 钢筋电弧焊的接头形式

4)电渣压力焊

电渣压力焊是将钢筋安放成竖向对接形式,利用电流通过渣池所产生的热量来熔化母材,待到一定程度后施加压力,完成钢筋连接(见图3-38)。这种钢筋接头的焊接方法与电弧焊相比,焊接效率高5~6倍,且接头成本较低,质量易保证。

电渣压力焊适用于直径为14~40 mm的HPB235、HRB335级竖向或斜向钢筋的连接。

电渣压力焊可用手动电渣压力焊机或自动压力焊机。

5)埋弧压力焊

埋弧压力焊利用焊剂层下的电弧燃烧将两焊件相邻部位熔化,然后加压顶锻使两焊件焊合(见图3-39)。这种焊接方法工艺简单,比电弧焊工效高、质量好(焊后钢板变形小、抗拉强度高)、成本低(不用焊条)。

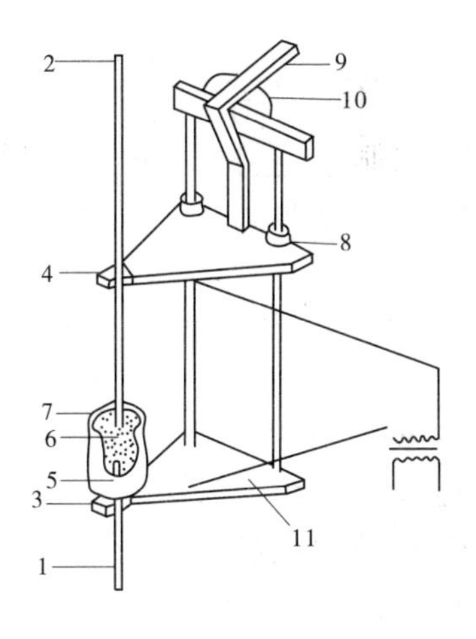

1、2—钢筋；3—固定电极；4—活动电极；
5—药盒；6—导电剂；7—焊药；8—滑动架；
9—手柄；10—支架；11—固定架

图 3-38　电渣焊构造示意图

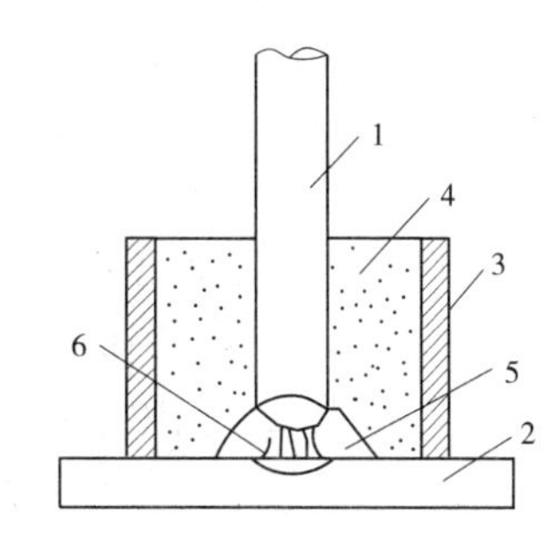

1—钢筋；2—钢板；3—焊剂盒；
4—431 自动焊剂；5—电弧柱；6—弧焰

图 3-39　埋弧压力焊示意图

埋弧压力焊适用于钢筋与钢板作丁字形接头焊接。埋弧压力焊可用手工埋弧压力焊机和自动埋弧压力焊机。

6）气压焊

钢筋气压焊是采用氧、乙炔火焰对钢筋接缝处进行加热，使钢筋端部加热达到高温状态，并施加足够的轴向压力而形成牢固的对焊接头。钢筋气压焊接方法具有设备简单、焊接质量高、效果好，且不需要大功率电源等优点。当两钢筋直径不同时，其直径之差不得大于 7 mm，钢筋气压焊设备主要有氧、乙炔供气设备，加热器、加压器及钢筋卡具等（见图 3-40）。

钢筋气压焊可用于直径 40 mm 以下的 HPB300 级、HRB335 级钢筋的纵向连接。

3. 钢筋机械连接

机械连接是指通过机械手段将两根钢筋端头连接在一起。这种连接方法的接头区变形能力与母材基本相同，工效高，连接可靠，能全天候作业。

机械连接主要有套筒挤压连接、直螺纹套筒连接。

1）套筒挤压连接

套筒挤压连接是把两根待接钢筋的端头先插入一个优质钢套管，然后用挤压机在侧向加压数道，套筒塑性变形后即与带肋钢筋紧密咬合达到连接的目的（见图 3-41）。压接顺序、压接力、压接道数为其三参数。它适用于竖向、横向及其他方向的较大直径变形钢筋的连接。由于是在常温下挤压连接，所以也称为钢筋冷挤压连接，这种连接方法具有性能可靠、操作简便、施工速度快、施工不受气候影响、省电等优点。

套筒挤压连接适用于钢筋混凝土结构中钢筋直径为 16 ~ 40 mm 的 HRB335 级、HRB400 级带肋钢筋连接。

2）直螺纹套筒连接

直螺纹套筒连接是把两根待连接的钢筋端加工制成直螺纹，然后旋入带有直螺纹的套筒中，从而将两根钢筋连接成一体的钢筋接头（见图 3-42）。它施工速度快、不受气候影响。

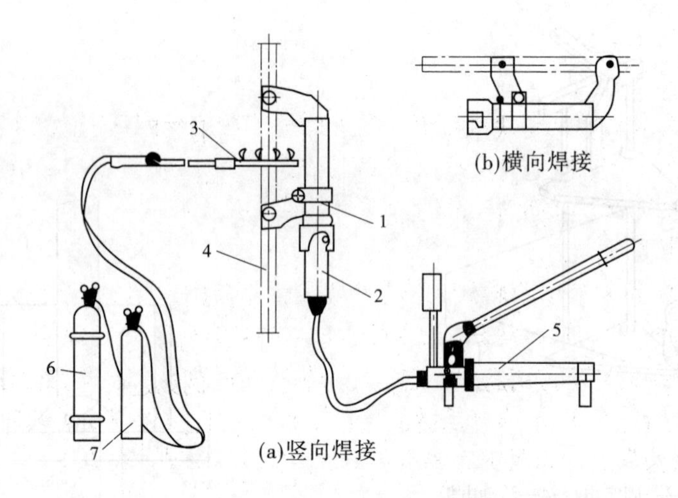

1—压接器;2—顶头注缸;3—加热器;4—钢筋;5—手动加压器;6—氧气;7—乙炔

图 3-40 气压焊装置系统图

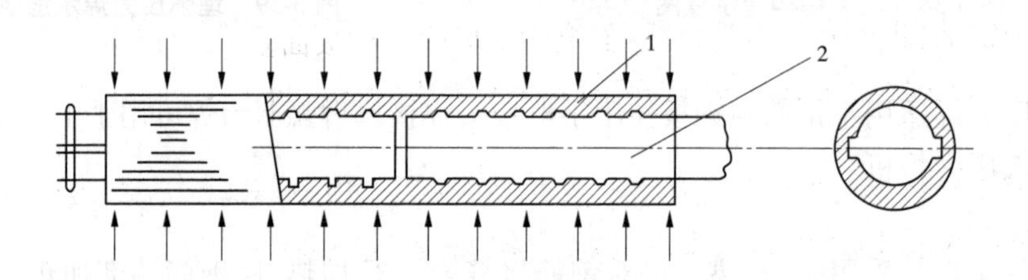

1—钢套筒;2—被连接的钢筋

图 3-41 套筒挤压连接

直螺纹套筒连接适用于 16 ~ 40 mm 的 HPB235 ~ HRB400 级同径或异径的钢筋连接。起连接作用的钢套管,内壁用专用机床加工螺纹,钢筋的连接端头亦在套螺纹机上加工有与套管匹配的螺纹。连接时,检查螺纹无油污和损伤后,先用手旋入钢筋,然后用扭矩扳手紧固至规定的数值,听到"哒哒"声,即可完成连接。

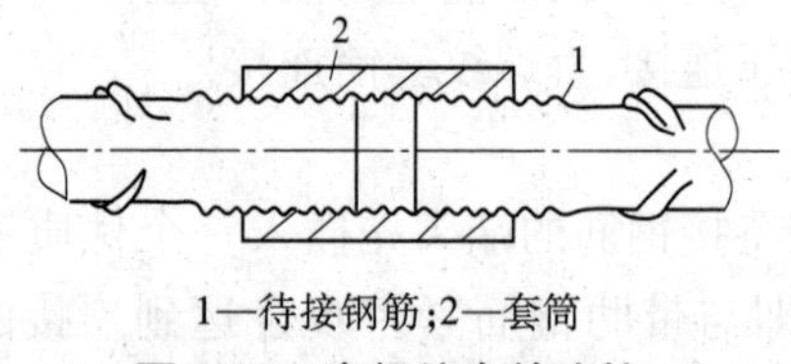

1—待接钢筋;2—套筒

图 3-42 直螺纹套筒连接

(五)钢筋绑扎与安装

单根钢筋经过调直、配料、切断、弯曲、连接等加工后,即可成型为钢筋骨架或钢筋网。钢筋成型最好采用焊接,并在车间预制好后直接运至现场安装,当条件不具备时,可在施工现场绑扎成型。

钢筋在绑扎与安装前,应首先熟悉钢筋图纸,核对钢筋配料单和料牌,根据工程特点、工作量大小、施工进度、技术水平等,研究与有关工种的配合,确定施工方法。

1. 钢筋绑扎的基本要求

1)钢筋网片的绑扎

钢筋网片的交叉点应采用铁丝扎牢。对于板和墙的钢筋网,除靠近外围两行钢筋的相交点应全部扎牢外,中间部分交叉点可间隔交替扎牢,但必须保证受力钢筋不产生位置偏移。双向受力的钢筋网片须将所有相交点全部扎牢。

2)梁和柱的箍筋

对梁和柱的箍筋,除设计有特殊要求(例如用于桁架端部节点采用斜向箍筋)外,箍筋应与受力钢筋保持垂直;箍筋弯钩叠合处应沿受力钢筋方向错开放置。其中梁的箍筋弯钩应放在受压区,即不放在受力钢筋这一面,在个别情况下,例如连续梁支座处,受压区在截面下部,要是箍筋弯钩位于下面,有可能被钢筋压"开",这时,只好将箍筋弯钩放在受拉区(截面上部,即受力钢筋那一面),但应特别绑牢,必要时用电弧焊点焊几处。

3)弯钩朝向

绑扎矩形柱的钢筋时,角部钢筋的弯钩平面应与模板面成45°角(多边形柱角部钢筋的弯钩平面应位于模板内角的平分线上;圆形柱钢筋的弯钩平面应朝向圆心);矩形柱和多边形柱的中间钢筋(即不在角部的钢筋)的弯钩平面应与模板面垂直;当采用插入式振捣器浇筑截面很小的柱时,弯钩平面与模板面的夹角不得小于15°。

4)构件交叉点钢筋处理

在构件交叉点,例如柱与梁、梁与梁以及框架和桁架节点处杆件交汇点,钢筋纵横交错,大部分在同一位置上发生碰撞,无法安装。在高层建筑中,这种情况尤为普遍,例如有的框架节点或基础底板,甚至有三四个方向的梁集聚在柱上,钢筋布置复杂,顺畅地安排几乎不可能。

遇到这种情况,必须在施工前的审图过程中就予以解决。处理办法一般是使一个方向的钢筋设置在规定的位置(按规定取保护层厚度),而另一个方向的钢筋则去避开它(常以调整保护层厚度来实现)。特别要注意对有关工人和质量检查员进行方案交底。

(1)主梁与次梁交叉:对于肋形楼板结构,在板、次梁与主梁交叉处,纵横钢筋密集,在这种情况下,钢筋的安装顺序自下至上应该为主梁钢筋、次梁钢筋、板的钢筋。

(2)杆件交叉:框架、桁架的杆件交叉点(节点)是钢筋交叠密集的部位,如果交叉件的截面高度(或宽度)一样,而按照同样的混凝土保护层厚度取用,两杆件的主筋就会碰触到一起,这种现象通常发生在桁架的交叉杆、柱的牛腿与柱身交接处、框架节点处等。

纠正方法一般是将横杆(梁)的纵向钢筋弯折,插入竖杆(柱)的钢筋骨架内;也可以征得技术人员同意,将梁钢筋的保护层厚度加大,即将相应箍筋宽度改小(比原设计箍筋小两个柱筋的直径),使纵向钢筋能够直接插入柱的钢筋骨架内。

5)钢筋位置的固定

为了使安装好的钢筋,不致因施工过程中被人踩、放置工具、混凝土浇捣等影响而位移,必要时需准备一些相应的支架、撑件或垫筋备用。

(1)支架和撑件都可用钢筋弯折制成,上部钢筋使用支架,双层钢筋网上层使用撑件,如图3-43所示。

(2)梁的纵向钢筋布置两层时,为使上层钢筋保持准确位置,可在下层钢筋上放短钢筋头,以作为上层钢筋的垫筋(垫筋直径应符合设计要求的两层钢筋间的净距),如图3-44所示。

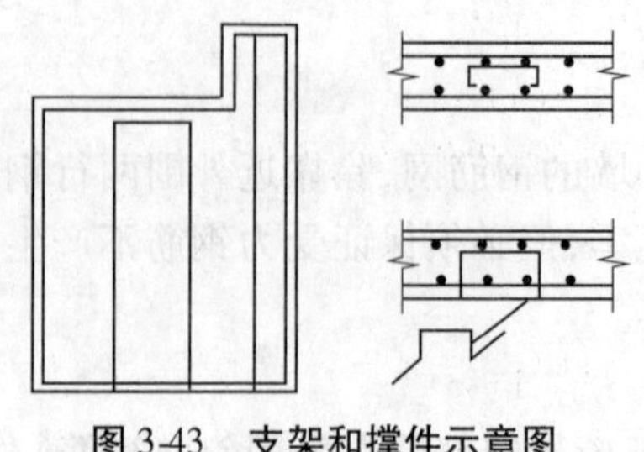

图 3-43　支架和撑件示意图

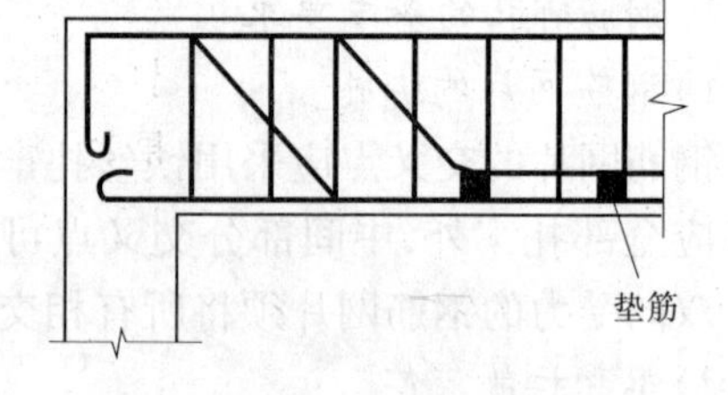

图 3-44　梁的垫筋

2. 钢筋绑扎与安装质量验收

钢筋安装完毕后，浇筑混凝土之前，应根据施工质量验收规范对钢筋分项工程进行隐蔽工程验收，验收主要内容如下：

(1) 钢筋的品种、级别、规格和数量必须符合设计要求；

(2) 钢筋的连接方式、接头位置、接头数量、接头面积百分率等必须符合规定；

(3) 钢筋连接是否牢固，有无松动、移位和变形现象，钢筋骨架里有无杂物等；

(4) 预埋件的规格、数量、位置等要符合要求。

钢筋绑扎要求位置正确、绑扎牢固，钢筋安装位置的偏差应符合表 3-22 的规定。

表 3-22　钢筋安装位置的允许偏差和检验方法

项目			允许偏差(mm)	检验方法
绑扎钢筋网	长、宽		±10	钢尺检查
	网眼尺寸		±20	钢尺量连续三挡，取最大值
绑扎钢筋骨架	长		±10	钢尺检查
	宽、高		±5	钢尺检查
受力钢筋	间距		±10	钢尺量两端、中间各一点，取最大值
	排距		±5	
受力钢筋	保护层厚度	基础	±10	钢尺检查
		柱、梁	±5	钢尺检查
		板、墙、壳	±3	钢尺检查
绑扎箍筋、横向钢筋间距			±20	钢尺量连续三挡，取最大值
钢筋弯起点位置			20	钢尺检查
预埋件	中心线位置		5	钢尺检查
	水平高差		+3.0	钢尺和塞尺检查

注：1. 检查预埋件中心线位置时，应沿纵、横两个方向量测，并取其中的较大值；

2. 表中梁类、板类构件上部纵向受力钢筋保护层厚度的合格点率应达到 90% 及以上，且不得有超过表中数值 1.5 倍的尺寸偏差。

三、混凝土工程施工工艺流程及施工要点

混凝土是以胶凝材料、水、细骨料、粗骨料，需要时掺入外加剂和矿物掺合料，按适当比

例配合，经过均匀拌制、密实成型及养护硬化而成的人工石材。

混凝土工程施工工艺包括配料、搅拌、运输、浇筑、振捣和养护等施工过程。在整个混凝土工程施工过程中，各工序之间是紧密联系和相互影响的，我们必须保证每一工序的施工质量，以确保混凝上结构的强度、刚度、密实性和整体性。

（一）混凝土的配料

配料是保证混凝土质量的重要环节之一，必须加以严格控制。为了确保混凝土的质量，在施工中随时按砂、石骨料实际含水率的变化调整施工配合比和严格控制称量。

1. 施工配合比换算

混凝土实验室配合比是根据完全干燥的砂、石骨料制定的，但实际使用的砂、石骨料一般都含有一些水分，而且含水量又会随气候条件发生变化。所以施工时应及时测定砂、石骨料的含水量，并将混凝土实验室配合比换算成骨料在实际含水量情况下的施工配合比。

设实验室配合比为：水泥∶砂子∶石子 $=1:x:y$，并测得砂子的含水率为 W_x，石子的含水量为 w_y，则施工配合比应为：$1:x(1+W_x):y(1+W_y)$。

按实验室配合比 1 m^3 混凝土水泥用量为 C(kg)，计算时确保混凝土水灰比（W/C）不变（W 为用水量），则换算后材料用量为：

水泥：$C'=C$

砂子：$C_{砂}=C_x(1+W_x)$

石子：$C_{石}=C_y(1+W_y)$

水：$W'=W-C_xW_x-C_yW_y$

2. 施工配料

求出每立方米混凝土材料用量后，还必须根据工地现有搅拌机出料容量确定每次需用几袋水泥，然后按水泥用量来计算砂石的每次拌用量。

为严格控制混凝土的配合比，搅拌混凝土时应根据计算出的各组成材料的重量准确投料。其重量偏差不得超过以下规定：水泥、外掺混合材料为 ±2%；粗、细骨料为 ±3%；水、外加剂溶液为 ±2%。各种衡量器应定期校验，经常保持准确。骨料含水量应经常测定，雨天施工时，应增加测定次数。

3. 掺合外加剂和混合料

在混凝土施工过程中，经常掺入一定量的外加剂或混合料，以改善混凝土某些方面的性能。混凝土外加剂主要有以下类型：

（1）改善新拌混凝土流动性能的外加剂，包括减水剂（如木质素类、萘类、糖蜜类、水溶性树脂类）和引气剂（如松香热聚物、松香皂）；

（2）调节混凝土凝结硬化性能的外加剂，包括早强剂（如氯盐类、硫酸盐类、三乙醇胺）、缓凝剂和促凝剂等；

（3）改善混凝土耐久性的外加剂，包括引气剂、防水剂和阻锈剂等；

（4）为混凝土提供其他特殊性能的外加剂，包括加气剂、发泡剂、膨胀剂、胶粘剂、抗冻剂和着色剂等。

常用的混凝土混合料有粉煤灰、炉渣等。

由于外加剂或混合料的形态不同，使用方法也不相同，因此在混凝土配料中，只有采用合理的掺合方法，保证掺合均匀、掺量准确，才能达到预期的效果。

(二)混凝土的搅拌

混凝土的搅拌,就是将水、水泥和粗、细骨料进行均匀拌和及混合的过程。同时,通过搅拌还可以使材料强化、塑化。

1. 搅拌方法

混凝土搅拌方法主要有人工搅拌和机械搅拌两种。人工搅拌拌和质量差,水泥耗量多,只有在工程量很小时采用。目前工程中一般采用机械搅拌。

2. 混凝土搅拌机

混凝土搅拌机按搅拌原理分为自落式搅拌机和强制式搅拌机两类。自落式搅拌机多用于搅拌塑性混凝土和低流动性混凝土,适用于施工现场。强制式搅拌机主要用于搅拌干硬性混凝土和轻骨料混凝土,一般用于预制厂或混凝土集中搅拌站。

我国规定混凝土搅拌机以其出料容量(m^3)×1 000 为标定规格,故国内混凝土搅拌机的系列为 50、150、250、350、500、700、1 000、1 500 和 3 000。

3. 搅拌制度

为拌制出均匀优质的混凝土,除正确地选择搅拌机的类型外,还必须正确地确定搅拌制度,其内容包括进料容量、搅拌时间与投料顺序等。

1)进料容量

搅拌机的容量有三种表示方式,即出料容量、进料容量和几何容量。出料容量也即公称容量,是搅拌机每次从搅拌筒内可卸出的最大混凝土体积,几何容量则是指搅拌筒内的几何容积,而进料容量是指搅拌前搅拌筒可容纳的各种原材料的累计体积。

2)搅拌时间

搅拌时间应为全部材料投入搅拌筒起,到开始卸料为止所经历的时间。它是影响混凝土质量及搅拌机生产率的一个主要因素。混凝土搅拌的最短时间可按表 3-23 确定。

表 3-23 混凝土搅拌的最短时间　(单位:s)

混凝土坍落度(mm)	搅拌机类型	搅拌机出料量(L)		
		<250	250~500	>500
≤30	强制式	60	90	120
	自落式	90	120	150
>30	强制式	60	60	90
	自落式	90	90	120

3)投料顺序

常用的方法有一次投料法、二次投料法和水泥裹砂法等。

(1)一次投料法:在料斗中先装入石子,再加入水泥和砂子,然后一次投入搅拌机。

这种投料顺序是把水泥夹在石子和砂子之间,上料时水泥不致飞扬,而且水泥也不致粘在料斗底和鼓筒上。上料时水泥和砂先进入筒内形成水泥浆,缩短了包裹石子的过程,能提高搅拌机生产率。

(2)二次投料法:分为预拌水泥砂浆法和预拌水泥净浆法。

预拌水泥砂浆法是先将水泥、砂和水加入搅拌筒内进行充分搅拌,成为均匀的水泥砂浆后，再加入石子搅拌成均匀的混凝土。

预拌水泥净浆法是将水泥和水充分搅拌成均匀的水泥净浆后，再加入砂和石子搅拌成混凝土。

国内外的试验表明，二次投料法搅拌的混凝土与一次投料法相比较，混凝土强度可提高约15%，在强度等级相同的情况下，可节约水泥15%～20%。

(3)水泥裹砂法：又称为SEC法。是先将砂子表面进行湿度处理，控制在一定范围内，然后将处理过的砂子、水泥和部分水进行搅拌，使砂子周围形成黏着性很强的水泥糊包裹层。加入第二次水和石子，经搅拌，部分水泥浆便均匀地分散在已经被造壳的砂子及石子周围，最后形成混凝土。

采用该法制备的混凝土与一次投料法相比较，强度可提高20%～30%，混凝土不易产生离析现象，泌水少，工作性好。

(三)混凝土的运输

1. 对混凝土运输的要求

混凝土自搅拌机中卸出后，应及时运至浇筑地点，为保证混凝土的质量，对混凝土运输的基本要求如下：

(1)混凝土运输过程中要能保持良好的均匀性，不离析、不漏浆；

(2)保证混凝土具有设计配合比所规定的坍落度；

(3)使混凝土在初凝前浇入模板并捣实完毕；

(4)保证混凝土浇筑能连续进行。

2. 混凝土运输工具

混凝土运输分为地面水平运输、垂直运输和楼面运输三种。

1)地面水平运输

地面水平运输的工具主要有搅拌运输车、自卸汽车、机动翻斗车和手推车，也可用自卸汽车；运距较近的场内运输宜用机动翻斗车，也可用手推车。

2)垂直运输

混凝土垂直运输工具有井架运输机、塔式起重机及混凝土提升机等。

(1)井架运输机适用于多层工业与民用建筑施工时的混凝土运输。井架装有平台或混凝土自动倾卸料斗(翻斗)。混凝土搅拌机一般设在井架附近，当用升降平台时，手推车可直接推到平台上；用料斗时，混凝土可倾卸在料斗内。

(2)塔式起重机作为混凝土垂直运输的工具，一般均配有料斗。料斗的容积一般为0.3 m^3，上部开口装料，下部安装扇形手动闸门，可直接把混凝土卸入模板中。当搅拌站设在起重机工作半径范围内时，起重机可完成地面、垂直及楼面运输而不需要二次搬运。

(3)混凝土提升机是高层建筑混凝土垂直运输的最佳提升设备。它是由钢井架、混凝土提升斗、高速卷扬机等组成的。提升速度可达50～100 m/min。一般每台容量为0.5 $m^3 \times 2$的双斗提升机，以75 m/min的速度提升120 m的高度时的输送能力可达20 m^3/h。

3)楼面运输

楼面运输工具有手推车、皮带运输机，也可用塔式起重机、混凝土泵等。楼面运输应采取措施保证模板和钢筋位置，防止混凝土离析等。

4)泵送混凝土

泵送混凝土是利用混凝土泵通过管道将混凝土输送到浇筑地点，一次完成地面水平运输、垂直运输及楼面运输。泵送混凝土具有输送能力大、速度快、效率高、节省人力、能连续作业的特点，因此它已成为施工现场运输混凝土的一种重要方法。当前，泵送混凝土的最大水平输送距离可达 800 m，最大垂直输送高度可达 300 m。

3. 运输时间

混凝土应以最少的转运次数和最短的时间，从搅拌点运至浇筑地点，并在初凝前浇筑完毕。混凝土从搅拌机中卸出后到浇筑完毕的延续时间不宜超过表 3-24 的规定。

表 3-24　混凝土从搅拌机中卸出后到浇筑完毕的延续时间　（单位：min）

混凝土强度等级	气温		混凝土强度等级	气温	
	<25 ℃	≥25 ℃		<25 ℃	≥25℃
≤C30	120	90	>C30	90	60

注：①对掺用外加剂或采用快硬水泥拌制的混凝土的延续时间应按试验确定；

②对轻骨料混凝土，其延续时间应适当缩短。

（四）混凝土的浇筑与振捣

混凝土的浇筑成型工作包括布料、摊平、捣实和抹面修整等工序。它对混凝土的密实性和耐久性、结构的整体性和外形的正确性等都有重要影响。

1. 混凝土浇筑前的准备工作

（1）检查模板的位置、标高、尺寸、强度、刚度是否符合设计要求，接缝是否严密；钢筋及预埋件应对照图纸校核其数量、直径、位置及保护层厚度，并做好隐蔽工程记录。

（2）模板内的垃圾、泥土和钢筋油污应加以清除，木模板应浇水湿润但不得有积水。

（3）准备和检查材料、机具等。

（4）做好施工组织工作和安全技术交底。

2. 混凝土浇筑

混凝土浇筑的一般规定如下：

（1）混凝土浇筑前不应发生初凝和离析现象。混凝土运至现场后，其坍落度应满足表 3-25 的要求。

表 3-25　混凝土浇筑时的坍落度　（单位：mm）

序号	结构种类	坍落度
1	基础或地面等的垫层、无配筋的大体积结构（挡土墙、基础等）或配筋稀疏的结构	10～30
2	板、梁板、梁和大型及中型截面的柱子等	30～50
3	配筋密列的结构（薄壁、斗仓、筒仓、细柱等）	50～70
4	配筋特密的结构	70～90

（2）控制混凝土自由倾落高度以防离析：混凝土倾倒高度一般不宜超过 2 m；竖向结构（如墙、柱）不宜超过 3 m，否则，应采用串筒、溜槽或振动串筒下料。

(3)浇筑竖向结构混凝土前，应先在底部填筑一层50～100 mm厚与混凝土成分相同的水泥砂浆，然后再浇筑混凝土。

(4)为了使混凝土振捣密实，必须分层浇筑，每层浇筑厚度与振捣方法、结构配筋有关，应符合表3-26的规定。

(5)混凝土应连续浇筑。当必须间歇时，间歇时间宜缩短，并应在下层混凝土初凝前，将上层混凝土浇筑完毕。混凝土从搅拌机中卸出，经运输、浇筑及间歇的全部时间不得超过有关规范的规定，否则应留置施工缝。

表3-26　混凝土浇筑层厚度　　（单位：mm）

<table>
<tr><th>项次</th><th colspan="2">捣实混凝土的方法</th><th>浇筑层的厚度</th></tr>
<tr><td>1</td><td colspan="2">插入式振捣器</td><td>振捣器作用部分长度的1.25倍</td></tr>
<tr><td>2</td><td colspan="2">表面式振捣器</td><td>200</td></tr>
<tr><td rowspan="3">3</td><td rowspan="3">人工捣固</td><td>在基础、无配筋混凝土或配筋稀疏的结构中</td><td>250</td></tr>
<tr><td>在梁、墙板、柱结构中</td><td>200</td></tr>
<tr><td>在配筋密列的结构中</td><td>150</td></tr>
<tr><td rowspan="2">4</td><td colspan="2">插入式振捣器</td><td>300</td></tr>
<tr><td colspan="2">表面振动（振动时需加压）</td><td>200</td></tr>
</table>

3. 施工缝的留设与处理

由于技术上的原因或设备、人力的限制，混凝土的浇筑不能连续进行，中间的间歇时间需超过混凝土的初凝时间，则应留置施工缝。所谓施工缝，是指先浇的混凝土与后浇的混凝土之间的薄弱接触面。施工缝宜留在结构受力（剪力）较小且便于施工的部位。

1）施工缝留设位置

根据施工缝留设的原则，一般柱应留水平缝，梁、板和墙应留垂直缝。施工缝留设具体位置如下：

(1)柱子的施工缝宜留在基础顶面、梁或吊车梁牛腿的下面、吊车梁的上面和无梁楼盖柱帽下面。

(2)与板连为一体的大截面梁，施工缝应留在板底面以下20～30 mm处。

(3)单向板留在平行于板短边的任何位置。

(4)有主次梁的楼盖，宜顺次梁方向浇筑，施工缝留在次梁跨度中间1/3范围内。

(5)楼梯的施工缝应留置在楼梯长度中间1/3范围内。

(6)墙的施工缝应留置在门洞过梁跨中的1/3范围内，也可留在纵横墙的交接处。

双向受力楼板、大体积混凝土结构、拱、薄壳、蓄水池等复杂结构工程的施工缝应按设计要求留置。

2）施工缝的处理

在施工缝处继续浇筑混凝土时，已浇筑的混凝土抗压强度应不小于1.2 MPa，以抵抗继续浇筑混凝土时扰动。

施工缝处浇筑混凝土前，应除去施工缝表面的浮浆、松动的石子和软弱的混凝土层；凿毛、洒水湿润、冲刷干净;然后浇一层10～15 mm厚的水泥浆(水泥∶水=1∶0.4)或与混凝土成分相同的水泥砂浆,以保证接缝的质量。混凝土浇筑过程中,施工缝处应细致捣实,使其紧密结合。

4.后浇带的施工

后浇带是在现浇混凝土结构施工过程中,克服由于温度、收缩而可能产生有害裂缝而设置的临时施工缝。该缝需根据设计要求保留一段时间后再浇筑混凝土,将整个结构连成整体。

后浇带的留置位置应按设计要求和施工技术方案确定。在正常的施工条件下,有关规范对此的规定是:如混凝土置于室内和土中,后浇带的设置距离为30 m,露天为20 m。

后浇带的保留时间应根据设计确定,若设计无要求,一般至少保留40 d以上。

后浇带的宽度应考虑施工简便,避免应力集中。一般其宽度为700～1 000 mm。后浇带内的钢筋应完好保存。后浇带的构造如图3-45所示。

后浇带混凝土浇筑应严格按照施工技术方案进行。在浇筑混凝土前,必须将整个混凝土表面按照施工缝的要求进行处理。填充后浇带混凝土可采用微膨胀或无收缩水泥,也可采用普通水泥加入相应的外加剂拌制,但必须要求填筑混凝土的强度等级比原来结构强度提高一级,并保持至少15 d的湿润养护。

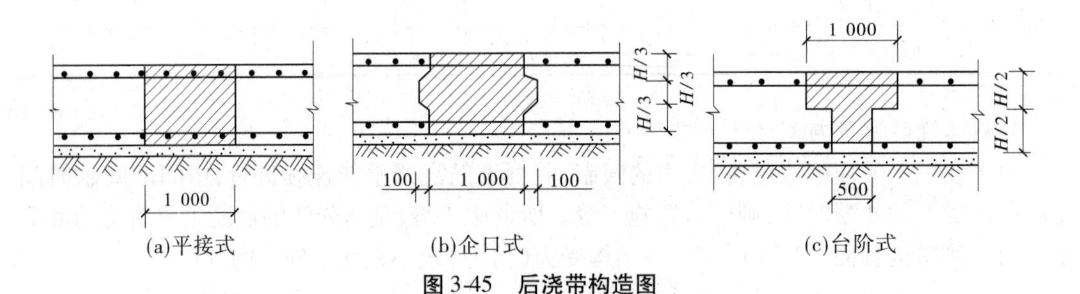

(a)平接式　(b)企口式　(c)台阶式

图3-45　后浇带构造图

5.大体积混凝土浇筑

大体积混凝土指的是最小断面尺寸大于1 m的混凝土结构,其尺寸已经大到必须采用相应的技术措施妥善处理温度差值,合理解决温度应力并控制裂缝开展的混凝土结构。

大体积混凝土结构在工业建筑中多为设备基础,在高层建筑中多为桩基承台或厚大基础底板等。其施工特点有:结构整体性要求高,一般不留施工缝,要求整体浇筑;结构体积大,水泥水化热温度应力大,要预防混凝土早期开裂;混凝土体积大,泌水多,施工中对泌水应采取有效措施。

1)整体浇筑方案

大体积混凝土的浇筑,应根据整体连续浇筑的要求,结合结构实际尺寸的大小、钢筋疏密、混凝土供应条件等具体情况,分别选用不同的浇筑方案,以保证结构的整体性。常用的混凝土浇筑方案有以下三种:

(1)全面分层(见图3-46(a))。即将整个结构浇筑层分为数层浇筑,在已浇筑的下层混凝土尚未凝结时,即开始浇筑第二层,如此逐层进行,直至浇筑完毕。这种浇筑方案一般适用于结构平面尺寸不大的工程。施工时宜从短边开始,沿长边方向进行。

(2)分段分层(见图3-46(b))。即将基础划分为几个施工段,施工时从底层一端开始浇筑混凝土,进行到一定距离后就回头浇筑该区段的第二层混凝土,如此依次向前浇筑其他各段(层)。这种浇筑方案适用于厚度较薄而面积或长度较大的结构。

(3)斜面分层(见图3-46(c))。即混凝土浇筑时,不再水平分层,由底一次浇筑到结构面。这种浇筑方案适用于长度大大超过厚度的结构,也是大体积混凝土底板浇筑时应用较多的一种方案。

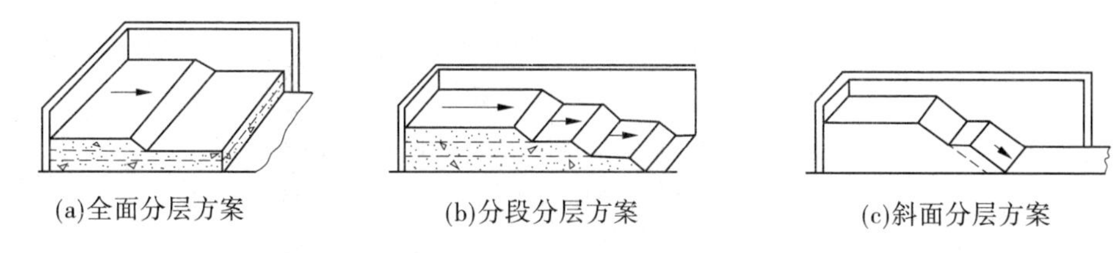

(a)全面分层方案　　(b)分段分层方案　　(c)斜面分层方案

图3-46　大体积混凝土浇筑方案

2)早期温度裂缝预防

要防止大体积混凝土产生温度裂缝就要避免水泥水化热的积聚,使混凝土内外温差不超过25 ℃。为此,要优先采用水化热低的水泥(如矿渣硅酸盐水泥),降低水泥用量,掺入适量的粉煤灰,降低浇筑速度或减小浇筑厚度。

第四节　钢结构工程

一、钢结构的连接方法

钢结构连接方法通常有焊接、铆接和螺栓连接三种。钢构件的连接接头应经检查合格后方可紧固或焊接。焊接和高强度螺栓并用的连接,当设计无特殊要求时,应按先栓后焊的顺序施工。

(一)焊接施工

1.焊接方法选择

焊接是钢结构最主要的连接方式之一,优点是任何形状的结构都可以用焊接连接,构造简单,省工省料,而且大部分工作能实现自动化操作,生产效率高。在钢结构制作和安装领域中,广泛使用的是电弧焊。在电弧焊中又以药皮焊条、手工焊条、自动埋弧焊、半自动与自动CO_2气体保护焊为主。在某些特殊场合,则必须使用电渣焊。焊接的类型、特点和适用范围见表3-27。

2.焊接工艺要点

(1)焊接工艺设计:确定焊接方式、焊接参数及焊条、焊丝、焊剂的规格型号等。

(2)焊条烘烤:焊条和粉芯焊丝使用前必须按质量要求进行烘焙,低氢型焊条经过烘焙后,应放在保温箱内随用随取。

(3)定位点焊:焊接结构在拼接、组装时要确定零件的准确位置,要先进行定位点焊。定位点焊的长度、厚度应由计算确定。电流要比正式焊接提高10%～15%,定位点焊的位置应尽量避开构件的端部、边角等应力集中的地方。

表 3-27　钢结构焊接方法选择

焊接的类型			特点	适用范围
电弧焊	手工焊	交流焊机	利用焊条与焊件之间产生的电弧热焊接，设备简单，操作灵活，可进行各种位置的焊接，是建筑工地应用最广泛的焊接方法	焊接普通钢结构
		直流焊机	焊接技术与交流焊机相同，成本比交流焊机高，但焊接时电弧稳定	焊接要求较高的钢结构
	埋弧自动焊		利用埋在焊剂层下的电弧热焊接，效率高，质量好，操作技术要求低，劳动条件好，是大型构件制作中应用最广的高效焊接方法	焊接长度较大的对接、贴角焊缝，一般是有规律的直焊缝
	半自动焊		与埋弧自动焊基本相同，操作灵活，但使用不够方便	焊接较短的或弯曲的对接、贴角焊缝
	CO_2 气体保护焊		用 CO_2 或惰性气体保护的实芯焊丝或药芯焊接，设备简单，操作简便，焊接效率高，质量好	用于构件长焊缝的自动焊
电渣焊			利用电流通过液态熔渣所产生的电阻热焊接，能焊大厚度焊缝	用于箱型梁及柱隔板与面板全焊透连接

(4)焊前预热：钢构件预热可降低热影响区冷却速度，防止焊接延迟裂纹的产生。预热区在焊缝两侧，每侧宽度均应大于焊件厚度的 1.5 倍以上，且不应小于 100 mm。在钢结构安装过程中，为防止焊接时夹渣、未焊透、咬肉，焊条应在 300 ℃下烘 2 h。

(5)焊接顺序确定：一般从焊件的中心开始向四周扩展；先焊收缩量大的焊缝，后焊收缩量小的焊缝；尽量对称施焊；焊缝相交时，先焊纵向焊缝，待冷却至常温后，再焊横向焊缝；钢板较厚时分层施焊。

常见焊缝位置见图 3-47。

(二)高强度螺栓连接施工

高强度螺栓连接是目前与焊接并举的钢结构主要连接方法之一。其特点是施工方便、可拆可换、传力均匀、接头刚性好、承载能力大、疲劳强度高、螺母不易松动、结构安全可靠。高强度螺栓从外形上可分为大六角头高强度螺栓(即扭矩形高强度螺栓)和扭剪型高强度螺栓两种。高强度螺栓和与之配套的螺母、垫圈总称为高强度螺栓连接副。在用高强度螺栓进行钢结构安装中，摩擦型连接是目前被广泛采用的基本连接形式。

1. 一般要求

高强度螺栓使用前，应按有关规定对高强度螺栓的各项性能进行检验。运输过程中应轻装轻卸，防止损坏。当包装破损，螺栓有污染等异常现象时，应用煤油清洗，并按高强度螺栓验收规程进行复验，经复验扭矩系数合格后方能使用。工地储存高强度螺栓时，应放在干燥、通风、防雨、防潮的仓库内，并不得沾染脏物。安装时，应按当天需用量领取，当天没有用完的螺栓，必须装回容器内妥善保管，不得乱扔、乱放。安装高强度螺栓时接头摩擦面上不

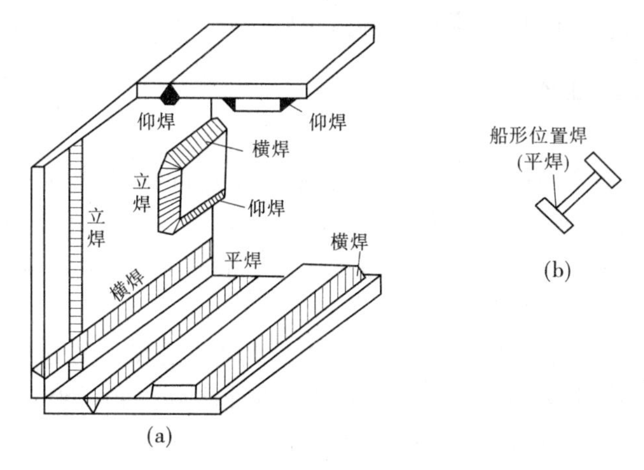

图 3-47　焊缝位置示意图

允许有毛刺、铁屑、油污、焊接飞溅物。摩擦面应干燥，没有结露、积霜、积雪，并不得在雨天进行安装。使用定扭矩扳子紧固高强度螺栓时，每天上班前应对定扭矩扳子进行校核，合格后方能使用。

2. 安装工艺

一个接头上的高强度螺栓连接，必须从螺栓群中间开始对称向两边，同时要求先松后紧向四周扩展，逐个拧紧。扭矩型高强度螺栓的初拧、复拧、终拧，每完成一次应涂上相应的颜色或标记，以防漏拧。接头如有高强度螺栓连接又有焊接连接，宜按“先栓后焊”的方式施工，先终拧完高强度螺栓再焊接焊缝。高强度螺栓应自由穿入螺栓孔内，当板层发生错孔时，允许用铰刀扩孔。扩孔时，铁屑不得掉入板层间。扩孔数量不得超过一个接头螺栓数量的1/3，扩孔后的孔径不应大于1.2 d(d 为螺栓直径)。严禁使用气割进行高强度螺栓孔的扩孔。一个接头多个高强度螺栓穿入方向应一致。垫圈有倒角的一侧应朝向螺栓头和螺母，螺母有圆台的一面应朝向垫圈，螺母和垫圈不应装反。高强度螺栓连接副在终拧以后，螺栓丝扣外露应为 2 ~ 3 扣，其中允许有 10% 的螺栓丝扣外露 1 扣或 4 扣。

3. 紧固方法

1) 大六角头高强度螺栓连接副紧固

大六角头高强度螺栓连接副一般采用扭矩法和转角法紧固。

(1) 扭矩法：使用可直接显示扭矩值的专用扳手，分初拧和终拧二次拧紧。初拧扭矩为终拧扭矩的 60% ~80%，其目的是通过初拧，使接头各层钢板达到充分密贴，终拧扭矩把螺栓拧紧。一般常用规格的大六角头高强度螺栓的初拧扭距应为 200 ~300 N · m。

(2) 转角法：根据构件紧密接触后，螺母的旋转角度与螺栓的预拉力成正比的关系确定的一种方法。操作时分初拧和终拧两次施拧。初拧可用短扳手将螺母拧至使构件靠拢，并作标记。终拧用长扳手将螺母从标记位置拧至规定的终拧位置。转动角度的大小在施工前由试验确定。

2) 扭剪型高强度螺栓紧固

扭剪型高强度螺栓有一特制尾部，采用带有两个套筒的专用电动扳手紧固。紧固时用专用扳手的两个套筒分别套住螺母和螺栓尾部的梅花头，接通电源后，两个套筒按反向旋转，拧断尾部后即达相应的扭矩值。一般用定扭矩扳手初拧，用专用电动扳手终拧。

二、钢结构安装施工工艺流程及施工要点

（一）吊装前的准备工作

1. 基础的准备

钢柱基础的顶面通常设计为一平面，通过地脚螺栓将钢柱与基础连成整体。施工时应保证基础顶面标高及地脚螺栓位置准确。其允许偏差为：基础顶面高差为 ±2 mm，倾斜度 1/1 000；地脚螺栓位置允许偏差，在支座范围内为 5 mm。施工时可用角钢做成固定架，将地脚螺栓安置在与基础模板分开的固定架上。

为保证基础顶面标高的准确，施工时可采用一次浇筑法或二次浇筑法进行。

（1）一次浇筑法：先将基础混凝土浇灌到低于设计标高的 40 ~ 60 mm 处，然后用细石混凝土精确找平至设计标高，以保证基础顶面标高的准确。这种方法要求钢柱制作尺寸十分准确，且要保证细石混凝土与下层混凝土的紧密黏结，如图 3-48 所示。

（2）二次浇筑法：钢柱基础分两次浇筑。第一次浇筑到比设计标高低 40 ~ 60 mm 处，待混凝土有一定强度后，上面放钢垫板，精确校正钢板标高，然后吊装钢柱。当钢柱校正完毕后，在柱脚钢板下浇灌细石混凝土，如图 3-49 所示。这种方法校正柱子比较容易，多用于重型钢柱吊装。

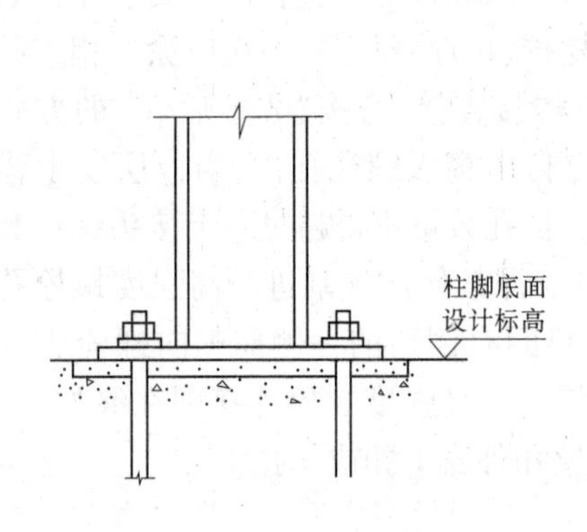

图 3-48　钢柱基础的一次浇筑法

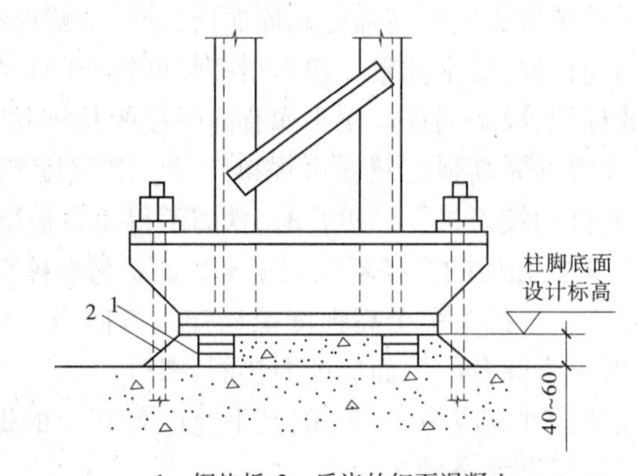

1—钢垫板；2—后浇的细石混凝土

图 3-49　钢柱基础的二次浇筑法

当基础采用二次浇筑混凝土施工时，钢柱脚应采用钢垫板或坐浆垫板作支承。垫板应设置在靠近地脚螺栓的柱脚底板加劲板或柱脚下，每根地脚螺栓侧应设 1 ~ 2 组垫板，每组垫板不得多于 5 块。垫板与基础面和柱底面的接触应平整、紧密。当采用成对斜垫板时，其叠合长度不应小于垫板长度的 2/3。采用坐浆垫板时，应采用无收缩砂浆。柱子吊装前砂浆试块强度应高于基础混凝土强度一个等级。

2. 构件的检查与弹线

在吊装钢构件之前，应检查构件的外形和几何尺寸，如有偏差应在吊装前设法消除。

在钢柱的底部和上部标出两个方向的轴线，在底部适当高度标出标高准线，以便校正钢柱的平面位置、垂直度、屋架和吊车梁的标高等。

对不易辨别上下、左右的构件，应在构件上加以标明，以免吊装时搞错。

3. 构件的运输、堆放

钢构件应根据施工组织设计要求的施工顺序,分单元成套供应。运输时,应根据构件的长度、重量选择车辆;钢构件在运输车辆上的支点、两端伸出的长度及绑扎方法均应保证构件不产生变形,不损伤涂层。

钢构件堆放的场地应平整坚实,无积水。堆放时应按构件的种类、型号、安装顺序分区存放。钢结构底层应设有垫枕,并且应有足够的支承面,以防支点下沉。相同型号的钢构件叠放时,各层钢构件的支点应在同一垂直线上,并应防止钢构件被压坏和变形。

(二)构件的吊装工艺

1. 钢柱的吊装

(1)钢柱的吊升:钢柱的吊升可采用自行式或塔式起重机,用旋转法或滑行法吊升。当钢柱较重时,可采用双机抬吊,用一台起重机抬柱的上吊点,一台起重机抬下吊点,采用双机并立相对旋转法进行吊装。

(2)钢柱的校正与固定:钢柱的校正包括平面位置、标高、垂直度的校正。平面位置的校正应用经纬仪从两个方向检查钢柱的安装准线。在吊升前应安放标高控制块以控制钢柱底部标高。垂直度的校正用经纬仪检验,如超过允许偏差,用千斤顶进行校正。在校正过程中,随时观察柱底部和标高控制块之间是否脱空,以防校正过程中造成水平标高的误差。

为防止钢柱校正后的轴线位移,应在柱底板四边用 10 mm 厚钢板定位,并电焊牢固。钢柱复校后,紧固地脚螺栓,并将承重块上下点焊固定,防止走动。

2. 钢吊车梁的吊装

吊车梁的吊升→钢吊车梁的校正与固定→钢屋架的吊装与校正。

第五节　防水工程

一、防水砂浆防水工程施工工艺流程及施工要点

(一)防水砂浆分类

水泥砂浆防水层按使用的材料不同可分为普通水泥砂浆防水层和掺外加剂的水泥砂浆防水层。

普通水泥砂浆防水层是利用素灰和水泥砂浆交替抹压、后一层砂浆(素灰)将上一层素灰(砂浆)产生的毛细孔堵塞的原理来进行防水的,因此对施工质量要求极高,故目前较少采用。

由于水泥砂浆属于刚性材料,对结构变形较为敏感,在温度、湿度变化的情况下易产生空鼓开裂现象,因此水泥砂浆防水层对施工质量有着较高的要求,为克服水泥砂浆防水层的这一缺陷,目前一般采用在水泥砂浆中掺加聚合物的方法对水泥砂浆进行改性处理,掺加聚合物以后的砂浆提高了水密性,抗折、抗拉及黏结强度都得到提高,砂浆硬化过程中的干缩值也明显减小,从而提高了其防水能力,故后一种方法目前使用较多。

这类水泥防水砂浆目前较常用的有以下 3 类:

(1)掺小分子防水剂的防水砂浆:防水剂主要包括氯化钙、无机铝盐、有机硅、脂肪酸等。

(2)掺塑化膨胀剂的防水砂浆:防水剂主要包括硫铝酸盐、木钙萘系减水剂等。

(3)聚合物防水砂浆:防水剂主要包括氯丁橡胶、丙烯酸酯乳液等。

下面以掺小分子防水剂防水砂浆施工为例介绍其施工方法。

氯化物类防水剂配合比见表3-28,掺氯化物类防水剂的防水净浆、砂浆配合比见表3-29。

表3-28 氯化物类防水剂配合比

材料名称	质量比(%)	备注
氯化铝	4	固体
氯化钙	46	氯化钙含量不小于70%
水	50	自来水

表3-27 掺氯化物类防水剂的防水净浆、砂浆配合比(质量比)

材料名称	水泥	砂	水	防水剂
防水净浆	8		6	1
防水砂浆	8	3	6	1

(二)基层处理

基层处理可以保证防水层与基层表面结合牢固,是防水层不空鼓和密实不透水的关键,处理后的基层,应洁净、平整、坚实、粗糙,抹防水材料前适当浇水湿润。

(三)防水层操作要点

(1)先在处理好的基层上抹防水净浆层,厚度1 mm,施工时要求用铁抹子往返用力刮抹,使防水净浆填实基层表面的孔隙,随即再抹第二层防水净浆,厚度1 mm,抹完后,用湿的毛刷在防水净浆表面涂刷一遍,便于和后抹的防水砂浆结合。

(2)在防水净浆初凝时抹第一层防水砂浆层,厚度6~8 mm,配制的砂浆要注意软硬适度,过硬不利于与防水净浆层的结合,过软可能在用力抹压时破坏防水净浆层,故还要注意抹压的力度合适,以防水砂浆压入净浆层的1/4为宜。抹完以后,在砂浆初凝之前用扫帚在砂浆层上扫出横向条纹。接着抹第二层防水砂浆层,厚度也为6~8 mm,先把防水砂浆抹平,在初凝之前把砂浆压实,终凝前压光。

浇水养护时间不少于14 d。

二、防水涂料防水工程施工工艺流程及施工要点

由于防水涂料种类较多,各施工方法有一定差别,下面以聚氨酯防水涂料为例介绍其施工方法。

(一)基层处理

处理后的基层要求表面平整、光滑,不得有疏松、砂眼等缺陷存在;有穿墙套管的位置,要求套管必须安装牢固,套管与基层接触处圆滑;要求基层洁净、干燥。

（二）施工工艺

1. 清理基层

施工前将基层表面认真清扫干净。

2. 涂刷基层处理剂

基层处理剂配合比：聚氨酯甲组分：聚氨酯乙组分：二甲苯＝1:1.5:2（质量比）。

使用时将以上材料拌和均匀，用长滚刷均匀涂刷在基层上，涂刷量控制在0.3 kg/m^{2}左右为宜，干燥5 h以上，方能进行下一道工序。

3. 涂膜防水层施工

防水涂膜配合比：聚氨酯甲组分：聚氨酯乙组分＝1:1.5（质量比）。

用电动搅拌器搅拌均匀备用，一般配制好的防水材料宜随用随配制，放置时间不宜超过2 h。

施工时采用刮板或滚刷来刮涂防水涂膜材料，一般平面防水层涂刮（刷）2～3遍，材料用量为0.8～1.0 kg/m^2；立面防水层涂刮（刷）3～4遍，材料用量为0.5～0.6 kg/m^2。

防水涂膜的总厚度一般不宜小于2 mm。

每遍涂膜材料涂刮（刷）后，需要固化5 h以上（以手指触摸不粘手作为固化完成的参考标准），再进行下一道涂膜材料的涂刮（刷）。

在底板与立面围护结构交接部位，应加铺聚酯纤维无纺布进行加强处理，一般是在第二遍涂膜材料涂刮（刷）后立即铺贴，要求铺设牢固，无折叠、空鼓现象存在，铺贴好以后立即在无纺布上涂刮（刷）涂膜材料，要求涂抹材料要浸透无纺布内部。

涂膜施工完毕，在其表面虚铺一层纸胎石油沥青油毡隔离层，再在隔离层上做保护层，平面位置一般采用现浇混凝土40～50 mm作为保护层，立面保护层则采用粘贴聚乙烯泡沫塑料的方法。

保护层完成后，接着应尽快进行回填土工作。

三、卷材防水工程施工工艺流程及施工要点

（一）屋面卷材防水施工

施工过程：屋面基层施工→隔汽层施工→保温层施工→找平层施工→刷冷底子油→卷材附加层施工→卷材防水层施工→保护层施工。

1. 屋面基层施工

现浇钢筋混凝土屋面板应连续浇筑，不宜留施工缝，要求振捣密实，表面平整，并符合规定的排水坡度；预制楼板则要求安放平稳牢固，板缝间应嵌填密实。结构层表面应清理干净并平整。

2. 隔汽层施工

隔汽层可采用气密性好的卷材或防水涂料。一般是在结构层（或找平层）上涂刷冷底子油一道和热沥青二道，或铺设一毡两油。

隔汽层必须是整体连续的。在屋面与垂直面衔接的地方，隔汽层还应延伸到保温层顶部并高出150 mm，以便与防水层相接。采用油毡隔汽层时，油毡的搭接宽度不得小于70 mm。采用沥青基防水涂料时，其耐热度应比室内或室外的最高温度高出20～25 ℃。

3. 保温层施工

根据所使用的材料，保温层可分为松散、板状和整体三种形式。

1)松散材料保温层施工

施工前应对松散保温材料的粒径、堆积密度、含水率等主要指标抽样复查，符合设计或规范要求时方可使用。施工时，松散保温材料应分层铺设，每层虚铺厚度不宜大于150 mm，边铺边适当压实，使表面平整。压实程度与厚度应经试验确定；压实后不得直接在保温层上行车或堆放重物。保温层施工完成后应及时进行下道工序——抹找平层。铺抹找平层时，可在松散保温层上铺一层塑料薄膜等隔水物，以阻止找平层砂浆中水分被保温材料所吸收。

2)板状材料保温层施工

板状保温材料的外形应整齐，其厚度允许偏差为±5%，且不大于4 mm，其表观密度、导热系数以及抗压强度也应符合规范规定的质量要求。板状保温材料可以干铺，应紧靠基层表面铺平、垫稳，接缝处应用同类材料碎屑填嵌饱满；也可用胶粘剂粘贴形成整体。多层铺设或粘贴时，板材的上、下层接缝要错开，表面要平整。

3)整体材料保温层施工

常用的有水泥或沥青膨胀珍珠岩及膨胀蛭石，分别选用强度等级不低于32.5级的水泥或10号建筑石油沥青作胶结料。水泥膨胀珍珠岩、水泥膨胀蛭石宜采用人工搅拌，避免颗粒破碎，并应拌和均匀，随拌随铺，虚铺厚度应根据试验确定，铺后拍实抹平至设计厚度，压实抹平后应立即抹找平层；沥青膨胀珍珠岩、沥青膨胀蛭石宜采用机械搅拌，拌至色泽一致、无沥青团，沥青的加热温度不高于240 ℃，使用温度不低于190 ℃，膨胀珍珠岩、膨胀蛭石的预热温度宜为100～120 ℃。

4. 找平层施工

找平层在屋面结构层或保温层上表面施工，为使卷材铺贴平整，找平层与屋面结构层或保温层上表面应黏结牢固并具有一定强度。找平层一般采用1:3水泥砂浆、细石混凝土或1:8沥青砂浆，其表面应平整、粗糙，按设计留置坡度，屋面转角处设半径不小于100 mm的圆角或斜边长100～150 mm的钝角垫坡。为了防止由于温差和结构层的伸缩而造成防水层开裂，顺屋架或承重墙方向留设宽度20 mm左右的分格缝，缝的最大间距不宜大于4～5 mm。

水泥砂浆找平层的铺设应由远而近，由高到低；每个分格范围内应一次连续铺成，用2 m左右长的木条找平；待砂浆稍收水后，用抹子压实抹平。完工后尽量避免踩踏。

沥青砂浆找平层施工时，基层必须干燥，然后满涂冷底子油1～2道，待冷底子油干燥后，可铺设沥青砂浆，其虚铺厚度为压实后厚度的1.3～1.4倍，刮平后，用火滚进行滚压，至平整、密实、表面不出现蜂窝和压痕为止。滚筒应保持清洁，表面可涂刷柴油。滚压不到之处，可用烙铁烫压平整，沥青砂浆铺设后，当天应铺第一层卷材，否则要用卷材盖好，防止雨水、露水浸入。

5. 刷冷底子油

冷底子油是利用30%～40%的石油沥青加入70%的汽油或者加入60%的煤油熔融而成的。冷底子油渗透性强，喷涂在表面上可使基层表面具有憎水性，并增强沥青胶结材料与基层表面的黏结力。

刷冷底子油之前，先检查找平层的表面。冷底子油可以采用涂刷或喷涂方法施工，涂刷应薄而均匀，不得有空白、麻点或气泡。涂刷时间应待找平层干燥、铺卷材前的 1 ~ 2 d 进行，使油层干燥而又不沾染灰尘。

6. 卷材附加层施工

屋面防水层施工时应对屋面排水比较集中的檐沟墙、女儿墙、天墙壁、变形缝、烟囱根、管道根与屋面交接处及檐口、天沟、斜沟、雨水口、屋脊等部位按设计要求先做附加层。附加层在排汽屋面排汽道、排汽帽等处必须单面点贴，以保证排汽通道畅通。

7. 卷材防水层施工

1) 施工前的准备工作

卷材防水层施工应在屋面上其他工程完工后进行。施工前应先在阴凉干燥处将油毡打开，清除卷材表面的云母片或滑石粉，然后卷好直立放于干净、通风、阴凉处待用；准备好熬制、拌和、运输、刷油、清扫、铺贴油毡等施工操作工具以及安全和灭火器材；设置水平和垂直运输的工具、机具与脚手架等，并检查是否符合安全要求。

2) 卷材铺贴的一般要求

铺贴多跨和高、低跨的房屋卷材防水层时，应按先高后低、先远后近的顺序进行；铺贴同一跨房屋防水层时，应先铺排水比较集中的水落口、檐口、斜沟、天沟等部位及卷材附加层，按标高由低到高向上施工；坡面与立面的油毡，应由下开始向上铺贴，使油毡按流水方向搭接。

油毡铺贴的方向应根据屋面坡度或屋面在使用时是否存在振动而确定。当坡度小于3%时，油毡宜平行屋脊方向铺贴；坡度在 3% ~5% 时，油毡可平行或垂直屋脊方向铺贴，坡度大于 15% 或屋面受振动时，应垂直屋脊铺贴。卷材防水屋面坡度不宜超过 25%。油毡平行于屋脊铺贴时，长边搭接不小于 70 mm；短边搭接平屋顶不应小于 100 mm，坡屋顶不宜小于 150 mm。当第一层油毡采用条粘、点粘或空铺时，长边搭接不应小于 100 mm，短边不应小于 150 mm，相邻两幅油毡短边搭接缝应错开不小于 500 mm，上、下两层油毡应错开 1/3 或 1/2 幅宽；上、下两层油毡不宜相互垂直铺贴；垂直于屋脊的搭接缝应顺主导风向搭接；接头顺水流方向，每幅油毡铺过屋脊的长度应不小于 200 mm。为保证油毡搭接宽度和铺贴顺直，铺贴油毡时应弹出标线。油毡铺贴前，找平层应干燥。现场检验找平层干燥程度的简易方法是：将 1 m^2 卷材平坦地干铺在找平层上，静置 3 ~4 h 后掀开卷材，检查找平层覆盖部位与卷材上有无水印，如果未见水印即可铺设隔汽层或防水层。

3) 沥青防水卷材施工

沥青防水卷材一般为叠层铺设，采用热铺贴法施工。该法分为满贴法、条粘法、空铺法和点粘法四种。满贴法是将油毡下满涂玛琋脂(即沥青胶结材料)，使油毡与基层全部黏结。铺贴油毡时，当保温层和找平层干燥有困难，需在潮湿的基层上铺贴油毡时，常采用空铺法、条粘法、点粘法与排汽屋面相结合。空铺法是指铺贴防水卷材时，卷材与基层仅四周一定宽度内黏结、其余部分不黏结的施工方法。点粘法是铺贴防水卷材时，卷材或打孔卷材与基层采用点状黏结的施工方法，每 1 m^2 黏结不少于 5 个点，每点面积为 100 mm × 100 mm。条粘法铺贴卷材时，卷材与基层黏结面不少于两条，每条宽度不少于 150 mm。

排汽屋面的施工：卷材应铺设在干燥的基层上。当屋面保温层或找平层干燥有困难而又急需铺设屋面卷材时，则应采用排汽屋面。排汽屋面是整体连续的，在屋面与垂直面连接的地方，隔汽层应延伸到保温层顶部，并高出 150 mm，以便与防水层相连，要防止房间内的水蒸气进入保温层,造成防水层起鼓破坏,保温层的含水率必须符合设计要求。在铺贴第一层卷材时,采用条粘、点粘、空铺等方法使卷材与基层之间留有纵横相互贯通的空隙作排汽道,排汽道的宽度为 30 ~ 40 mm,深度一直到结构层。对于有保温层的屋面,也可在保温层上的找平层上留槽作排汽道,并在屋面或屋脊上设置一定的排汽孔(每 36 m^2 左右一个)与大气相通,这样就能使潮湿基层中的水分蒸发排出,防止了油毡起鼓。排汽屋面适用于气候潮湿,雨量充沛,夏季阵雨多,保温层或找平层含水率较大,且干燥有困难的地区。

4)高聚物改性沥青防水卷材施工

依据高聚物改性沥青防水卷材的特性,其施工方法有冷粘法、热熔法和自粘法。在立面或大坡面铺贴高聚物改性沥青防水卷材时,应采用满粘法,并宜减少短边搭接。

5)合成高分子防水卷材施工

施工方法一般有冷粘法、自粘法和热风焊接法三种。

冷粘法、自粘法施工要求与高聚物改性沥青防水卷材基本相同,但冷粘法施工时搭接部位应采用与卷材配套的接缝专用胶粘剂,在搭接缝黏合面上涂刷均匀,并控制涂刷与黏合的间隔时间,排除空气,滚压黏结牢固。

热风焊接法是利用热空气焊枪进行防水卷材搭接黏合的方法。焊接前卷材铺放应平整顺直,搭接尺寸正确;施工时焊接缝的结合面应清扫干净,应无水滴、油污及附着物。先焊长边搭接缝,后焊短边搭接缝,焊接处不得有漏焊、缺焊、焊焦或焊接不牢的现象,也不得损害非焊接部位的卷材。

8.保护层施工

为了减少阳光辐射对沥青老化的影响,降低沥青表面的温度,防止暴雨和冰雪对防水层的侵蚀,卷材铺设完毕,经检查合格后,应立即进行保护层的施工,常用的保护层做法如下。

1)绿豆砂保护层

卷材铺设完毕,经检查合格后,应立即进行绿豆砂保护层施工,以免油毡表面遭受损坏。施工时,应选用色浅、耐风化、清洁、干燥,粒径为 3 ~ 5 mm 的绿豆砂,在锅内或钢板上加热至 100 ℃左右,均匀撒铺在涂刷过 2 ~ 3 mm 厚的沥青胶结材料的油毡防水层上,并使其 1/2 的粒径嵌入沥青中,未黏结的绿豆砂应随时清扫干净。

2)预制板块保护层

一般采用砂或水泥砂浆作为结合层。当采用砂结合层时,铺砌块体前应将砂洒水压实刮平;块体应对接铺砌,缝隙宽度为 10 mm 左右;板缝用 1∶2水泥砂浆勾成凹缝;为防止砂子流失,保护层四周 500 mm 范围内,应改用低强度等级水泥砂浆做结合层。

(二)地下工程卷材防水层施工

地下工程的卷材附加防水层铺贴在地下结构的围护结构表面,要求围护结构必须具有一定的强度,只有这样,卷材防水层同围护结构粘贴在一起才具有可靠的防水作用。

因此,卷材防水层适用于铺贴在整体的混凝土结构基层上或铺贴在整体的水泥砂浆、沥青砂浆等找平层上。

要求铺贴卷材的基层表面必须牢固、平整、清洁干净,用 2 m 长直尺检查,基面与直尺间的最大空隙不应超过 5 mm,且每米长度内不得多于一处,凹陷处只允许有平缓的变化。转角处应做成圆弧形(高聚物改性沥青防水卷材圆弧半径不小于 50 mm;合成高分子防水卷材圆弧半径不小于 20 mm)。卷材铺贴前基层应表面干燥(含水率≤9%)。

在垂直面层上铺贴卷材时，为提高卷材与基层的黏结，应满涂与所铺卷材相容的基层处理剂。在平面面层上铺贴卷材时，由于卷材防水层上面压有底板或保护层，不会产生滑脱或流淌现象，因此可以不涂刷基层处理剂。

将卷材防水层铺贴在地下维护结构的外侧(迎水面)称为外防水。这种防水层的铺贴法可以借助回填土的压力压紧卷材，并与结构一起抵抗有压地下水的渗透和侵蚀作用，防水效果良好，采用比较广泛。

按照卷材的铺贴位置，卷材铺贴施工分为外防外贴法(简称外贴法)与外防内贴法(简称内贴法)两种。

1. 外贴法

外贴法的施工步骤为：浇筑底板垫层→砌筑永久保护墙→1∶3水泥砂浆找平层→铺贴垫层防水卷材→铺贴保护墙防水卷材→浇筑底板及围护结构的墙体→铺贴围护结构防水卷材→砌筑临时性保护墙(或者抹水泥砂浆、贴塑料板)。

外贴法详见图3-50。

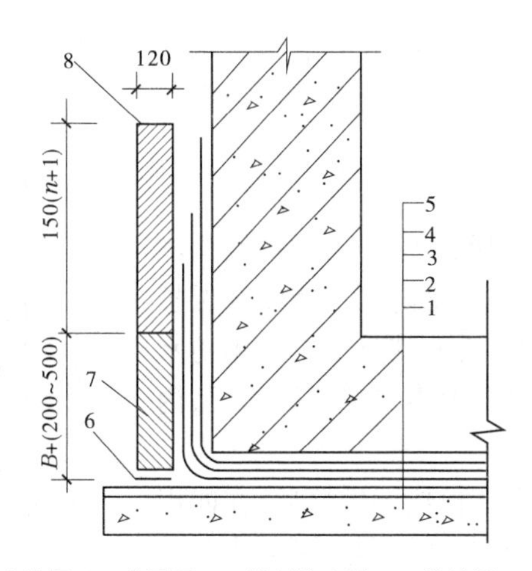

1—混凝土垫层；2—找平层；3—卷材防水层；4—保护层；5—构筑物；
6—油毡条；7—永久性保护墙；8—临时性保护墙

图3-50 外贴法

外贴法的优点是防水卷材直接铺贴在结构外表面上，与结构形成一体，因此较少受结构沉降的影响，由于混凝土结构施工在前，所以浇捣混凝土不会损坏防水层；缺点是施工工序多，需要较大的工作面，浇筑混凝土需要的模板相对较多。

外贴法施工时，先浇筑底板的垫层，在垫层周围砌筑保护墙，保护墙下干铺油毡条，永久性保护墙采用水泥砂浆砌筑，保护墙的高度应比底板厚度高100 mm，其上接着砌临时保护墙，采用石灰砂浆砌筑，墙高300 mm，垫层上面及永久性保护墙内侧抹1∶3水泥砂浆找平层，临时性保护墙内侧抹石灰砂浆找平层，并刷一道石灰浆。

在找平层干燥后，按照要求铺贴防水卷材。在铺贴大面之前，在垫层与保护墙转角处加铺一层卷材附加层，铺贴时先铺平面，再铺立面。在垫层和永久性保护墙上应将卷材空铺。在临时保护墙上则采取措施将卷材临时贴服，分层临时固定在保护墙顶部。

浇筑混凝土底板和墙体时不得损坏已经做好的防水卷材。

墙体施工完毕，铺贴立面卷材之前，应将保护墙顶部的卷材整理好，将其表面清理干净，接着铺贴里面的防水卷材，采用高聚物改性沥青卷材时搭接长度不小于 150 mm，采用合成高分子卷材时不小于 100 mm。

卷材铺贴完毕，经验收合格后，应尽快在卷材防水层的外侧做保护结构，一般采用砌筑永久保护墙、抹水泥砂浆、贴塑料板等方法。

砌筑永久性保护墙的时候，墙体沿长度每隔 5 ~ 6 m 或转角处应断开，断开的缝隙中填满沥青麻丝，保护墙与防水卷材的缝隙应随砌随用砌筑砂浆填满，保护墙砌筑完毕即可进行回填土方工作。

抹水泥砂浆是在涂抹卷材防水层最后一道沥青胶结材料时，趁热在其表面撒上干净的热砂或散麻丝，冷却后在其上抹一层 10 ~ 20 mm 厚的 1∶3水泥砂浆，养护到一定强度后可进行土方回填。

贴塑料是在防水层外侧直接用氯丁系列的胶粘剂采用花粘方法固定 5 ~ 6 mm 厚的聚乙烯泡沫塑料板，随即可进行土方回填。

2. 内贴法

内贴法的施工步骤为：浇筑底板垫层→砌筑永久保护墙→1∶3水泥砂浆找平层→铺贴防水卷材→做保护层。

内贴法详见图 3-51。

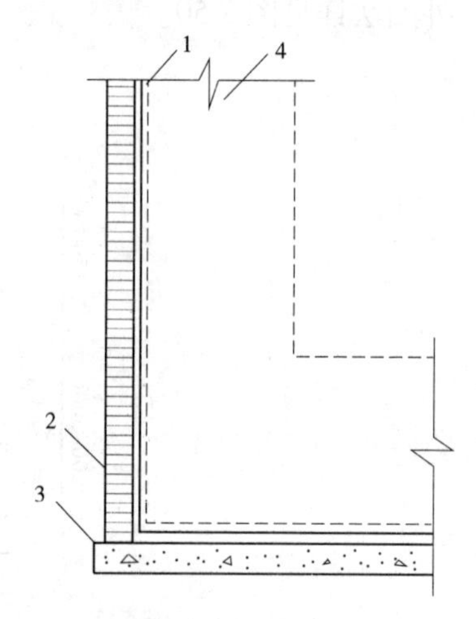

1—卷材防水层；2—保护墙；
3—垫层；4—围护结构

图 3-51　内贴法

内贴法的优点是可以利用保护墙作为围护结构浇筑的模板，减少了模板用量；缺点是防水层铺贴在保护墙内侧，受结构沉降影响较大，再者就是由于利用防水层做模板使用，振捣混凝土时要求不得损坏防水层，内侧模板支模有一定难度。

内贴法施工时，在混凝土底板垫层做好后，在四周砌筑铺贴卷材防水层用的永久性保护墙（保护墙下干铺油毡条），在底板垫层和保护墙内表面抹 1∶3水泥砂浆找平层，待找平层干燥后，涂刷基层处理剂，待处理剂干燥后，铺贴保护墙内表面和底板垫层面的卷材防水层，为保护已经铺好的防水层，宜先铺立面，再铺平面，在铺贴大面之前，在垫层与保护墙转角处加铺一层卷材附加层，要求附加层粘贴紧密。

卷材铺贴完毕，经验收合格后，应尽快做保护层，内侧立面保护层一般采用抹水泥砂浆、贴塑料板或石油沥青纸胎油毡等方法，平面保护层可抹水泥砂浆、浇筑厚度 50 mm 以上的细石混凝土。

本章小结

本章内容包括土（石）方的开挖、运输、填筑、平整和压实等施工过程，以及为保证土方开挖安全顺利进行而采取的排水、降水和土壁支护等准备工作与辅助工作；常用地基处理方法；混凝土基础、砖基础、桩基础施工工艺流程及施工要点；脚手架工程、砖砌体工程，加气混凝土小型砌块施工、混凝土空心砌块施工等内容；钢筋混凝土模板工程、钢筋工程、混凝土工程施工;钢结构的连接方法、钢结构安装施工工艺流程及施工要点;屋面防水、地下工程防水的施工方法、施工工艺及质量控制要求;抹灰工程、楼地面工程、饰面工程、门窗工程、涂料工程。

学习重点:掌握土的分类,土方开挖、回填;混凝土基础、砖基础、桩基础的施工要点;脚手架工程包括脚手架的种类、作用、搭设要求,安全防护措施;砖墙的构造和砌筑工艺、中型砌块的砌筑方法和砌筑工艺、砌筑工程的质量标准和安全防护措施;模板作用及要求、模板分类、模板构造、模板配板设计、模板安装与拆除、模板工程质量控制;钢筋工程包括钢筋种类和性能、钢筋验收和存放、钢筋配料和代换、钢筋场内加工、钢筋连接、钢筋绑扎与安装;混凝土工程包括混凝土的制备、混凝土运输、混凝土浇筑等;钢结构安装施工要点;防水屋面采用防水卷材的施工方法和地下防水的施工方法。

第四章 工程项目管理的基本知识

【学习目标】

1. 掌握项目管理的基本内容。
2. 掌握施工项目管理的组织形式。
3. 掌握项目经理部的基本概念。
4. 掌握进度计划的检查和调整。
5. 掌握质量管理统计的方法。
6. 掌握质量控制的方法。
7. 掌握施工项目控制的方法。
8. 掌握施工成本分析的方法和考核的内容。
9. 掌握人力资源的优化配置与动态管理。
10. 掌握施工现场文明施工管理。
11. 熟悉施工项目管理组织的基本理论。
12. 熟悉施工项目进度计划的编制。
13. 熟悉施工项目成本计划的原则和预测的过程与方法。
14. 熟悉机械设备使用。
15. 熟悉施工现场管理的内容。
16. 了解施工项目成本管理的目的、任务和作用。
17. 了解施工项目资源管理的主要内容。

第一节 施工项目管理的内容及组织

一、施工项目管理的内容

项目管理的核心任务是项目的目标控制,因此按项目管理学的基本理论,没有明确目标的建设工程不能成为项目管理的对象。

(一)建设工程管理的概念

建设工程项目管理的内涵是:自项目开始至项目完成,通过项目的策划和项目控制,以使项目的费用目标、进度目标和质量目标得以实现。

"自项目开始至项目完成"指的是项目的实施期;"项目的策划"指的是目标控制前的一系列筹划和准备工作;"费用目标"对业主而言是投资目标,对施工方而言是成本目标。项目决策期管理工作的主要任务是确定项目的定义,而项目实施期管理的主要任务是通过管理使项目的目标得以实现。

(二)建设工程项目管理类型

按照建设工程生产组织特点,一个项目往往由众多单位承担不同的建设任务,而各参与单位的工作性质、工作任务和利益不同,因此就形成了不同类型的项目管理。由于业主方是建设工程项目生产过程的总集成者——人力资源、物资资源和知识的集成,业主方也是建设工程项目生产过程中的总组织者,因此对于一个建设工程项目而言,虽有代表不同利益方的项目管理,但是,业主方的项目管理是管理的核心。

按建设工程项目不同参与方的工作性质和组织特征划分,项目管理有如下几种类型:

(1)业主方的项目管理。

(2)设计方的项目管理。

(3)施工方的项目管理。

(4)供货方的项目管理。

(5)建设项目工程总承包方的项目管理等。

投资方、开发方和由咨询公司提供的代表业主方利益的项目管理服务都属于业主方的项目管理。施工总承包方和分包方的项目管理都属于施工方的项目管理。材料和设备供应方的项目管理都属于供货方的项目管理。建设项目总承包有多种形式,如设计和施工任务综合承包,设计、采购和施工任务综合承包(简称 EPC)等,它们的项目管理都属于建设项目总承包方的项目管理。

(三)业主方项目管理的目标和任务

业主方项目管理服务于业主方的利益,其项目管理的目标包括投资目标、进度目标和质量目标。其中,投资目标是指项目的总投资目标;进度目标指的是项目动用的时间目标,即项目交付使用的时间目标;项目的质量目标不仅涉及施工的质量,还包括设计质量、材料质量、设备质量和影响项目运行或运营的环境质量等。质量目标包括满足相应的技术规范和技术标准的规定,以及满足业主方相应的质量要求。

项目的投资目标、进度目标和质量目标之间既有矛盾的一面,也有统一的一面,它们之间的关系是对立统一关系。要加快进度往往需要增加投资,欲提高质量往往也需要增加投资,过度地缩短进度会影响质量目标的实现,这都表明了目标之间关系矛盾的一面;但通过有效的管理,在不增加投资的前提下,也可以缩短工期和提高工程质量,这反映关系统一的一面。

建设工程项目的全寿命周期包括项目的决策阶段、实施阶段和使用阶段。项目的实施阶段包括设计前的准备阶段、设计阶段、施工阶段。

业主方的项目管理工作涉及项目实施阶段的全过程,即在设计前准备阶段、设计阶段、施工阶段、动用前的准备阶段和保修阶段分别进行如下工作:①安全管理;②投资控制;③进度控制;④质量控制;⑤合同管理;⑥信息管理;⑦组织与协调。其中安全管理是项目管理中最重要的工作,因为安全管理关系到人身的健康与安全,而投资控制、进度控制、质量控制和合同管理等则主要涉及物质利益。

(四)设计方项目管理的目标与任务

设计方作为建设项目的一个参与方,其项目管理主要服务于项目的整体利益和设计方本身的利益。其项目的管理目标包括设计的成本目标、设计的进度目标和设计的质量目标,以及项目的投资目标。

设计方的项目管理工作主要在设计阶段进行,但它也涉及设计前的准备阶段、施工阶段、动用前准备阶段和保修期。其管理任务包括:①与设计工作有关的安全管理;②设计成本控制和与设计工作有关的工程造价控制;③设计进度控制;④设计质量控制;⑤设计合同管理;⑥设计信息管理;⑦与设计工作有关的组织和协调。

(五)供货方项目管理的目标与任务

供货方作为项目建设的一个参与方,其项目管理主要服务于项目的整体利益和供货方的本身利益。其项目管理的目标包括供货方的成本目标、供货方的精度目标和供货方的质量目标。

供货方的项目管理工作主要在施工阶段进行,但它也涉及设计准备阶段、设计阶段、动用前的准备阶段和保修期。其主要任务包括:①供货方的安全管理;②供货方的成本控制;③供货方的进度控制;④供货方的质量控制;⑤供货合同管理;⑥供货信息管理;⑦与供货有关的组织与协调。

(六)建设项目工程总承包方项目管理的目标和任务

建设项目工程总承包方作为项目建设的一个参与方,其项目管理主要服务于项目的利益和建设项目总承包方本身的利益。其项目管理的目标包括项目的总投资目标和总承包方的成本目标、项目的进度目标和项目的质量目标。

建设项目工程总承包方项目管理工作涉及项目实施阶段的全过程,即设计前的准备阶段、设计阶段、施工阶段、动用前的准备阶段和保修期。其项目管理主要任务包括:①安全管理;②投资控制和总承包方的成本控制;③进度控制;④质量控制;⑤合同管理;⑥信息管理;⑦与建设项目总承包方有关的组织和协调。

二、施工项目管理的组织机构

(一)常用的组织结构模式

常用的组织结构模式包括职能组织结构(见图4-1)、线性组织结构(见图4-2)和矩阵组织结构(见图4-3)等。这几种常用的组织结构模式既可以在企业管理中运用,也可以在建设项目管理中运用。

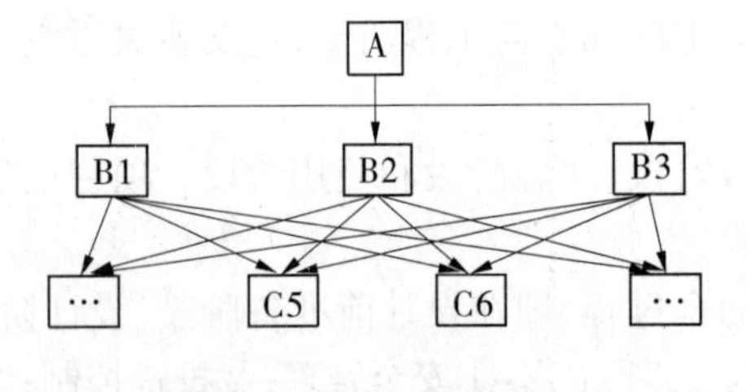

图4-1 职能组织结构

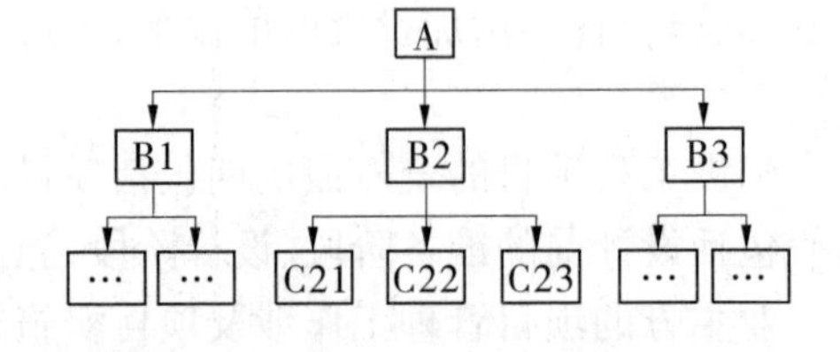

图4-2 线性组织结构

1. 职能组织结构的特点和应用

在职能组织结构中,每一个职能部门可根据它的管理职能对其直接和非直接的下属工作部门下达工作指令,因此每一个工作部门可能得到其直接和非直接的上级工作部门下达的工作指令,它就会有多个矛盾指令源。我国多数的企业、学校、事业单位目前还沿用这种传统的组织结构模式。许多建设项目目前也还用这种传统的组织结构模式,在工作中常出现交叉和矛盾的工作指令关系,严重影响了项目管理机制的运行和项目目标的实现。

2. 线性组织结构的特点及应用

在线性组织结构中,每一个工作部门只能对其直接下属部门下达工作指令,每一个工作

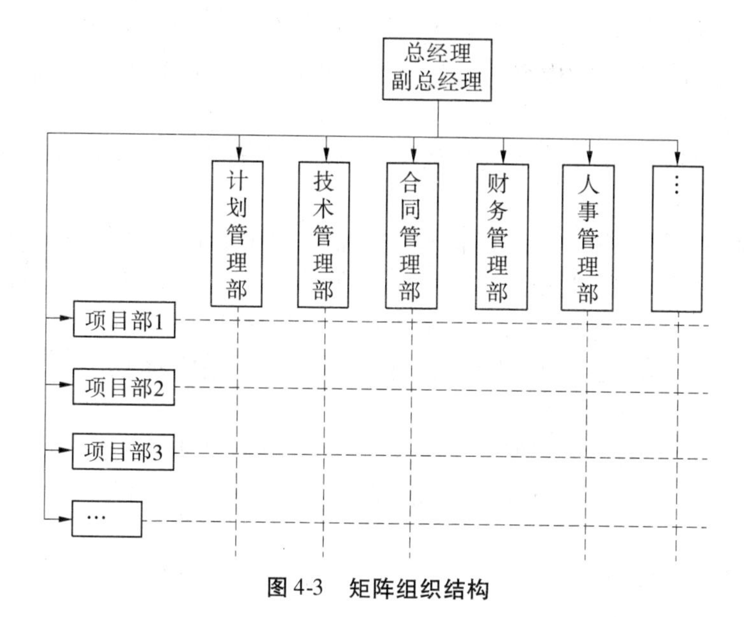

图 4-3　矩阵组织结构

部门也只有一个直接的上级部门，因此每一个工作部门只有唯一一个指令源，避免了由于矛盾的指令而影响组织系统的运行。

在国际上，线性组织结构模式是建设项目管理组织系统的一种常用模式，线性组织结构模式可确保工作指令的唯一性。但是在一个特大组织系统中，由于线性组织结构模式指令路径过长，有可能造成组织系统在一定程度上运行困难。

3. 矩阵组织结构的特点及应用

矩阵组织结构是一种较新型的组织结构模式，在矩阵组织结构最高指挥者（部门）下设纵向和横向两种不同类型的工作部门。

在矩阵组织结构中，每一项纵向和横向的工作，指令都来源于纵向和横向两个工作部门，因此指令源为两个。当纵向和横向工作部门的指令发生矛盾时，由该组织系统中最高指挥者进行协调或决策。

在矩阵组织结构中为避免纵向和横向工作部门指令矛盾对工作的影响，可以采用以纵向工作指令为主或者以横向工作指令为主的矩阵组织结构模式，这样也可以减轻该组织最高指挥者的协调工作量。

（二）施工项目经理部

1. 施工项目经理部的定义

施工项目经理部是由施工项目经理在施工企业的支持下组建并领导进行项目管理的组织机构。它是施工项目现场管理的一次性具有弹性的施工生产组织机构，负责施工项目从开工到竣工的全过程施工生产经营的管理工作，既是企业某一施工项目的管理层，又对劳务作业层负有管理与服务的双重职能。

大、中型施工项目，施工企业必须在施工现场设立施工项目经理部；小型施工项目，可由企业法定代表人委托一个项目经理部兼管。

施工项目经理部直属项目经理的领导，接受企业各职能部门指导、监督、检查和考核。

施工项目经理部在项目竣工验收、审计完成后解体。

2. 施工项目经理部的作用

(1)负责施工项目从开工到竣工的全过程施工生产经营的管理,对作业层负有管理与服务的双重职能。

(2)为施工项目经理决策提供信息依据,当好参谋,同时又要执行项目经理的决策意图,向项目经理全面负责。

(3)施工项目经理部作为组织主体,应完成企业所赋予的基本任务——施工项目管理任务;凝聚管理人员的力量,调动其积极性,促进管理人员的合作,建立为事业献身的精神;协调部门之间、管理人员之间的关系,发挥每个人的岗位作用,为共同目标进行工作。

(4)施工项目经理部是代表企业履行工程承包合同的主体,对生产全过程负责。

3. 施工项目经理部的设立

施工项目经理部的设立应根据施工项目管理的实际需要进行。施工项目经理部的组织机构可繁可简、可大可小,其复杂程度和职能范围完全取决于组织管理体制、规模和人员素质。

(三)施工项目经理责任制

1. 施工项目经理的概念

施工项目经理是指由建筑业企业法定代表人委托和授权,在建设工程施工项目中担任项目经理责任岗位职务,直接负责施工项目的组织实施,对建设工程施工项目实施全过程、全面负责的项目管理者,他是建设工程施工项目的责任主体,是建筑业企业法定代表人在承包建设工程施工项目上的委托代理人。

2. 施工项目经理的地位

一个施工项目是一项一次性的整体任务,在完成这个任务的过程中,现场必须有一个最高的责任者和组织者,这就是施工项目经理。

施工项目经理是对施工项目管理实施阶段全面负责的管理者,在整个施工活动中占有举足轻重的地位,确立施工项目经理的地位是搞好施工项目管理的关键。

(1)施工项目经理是建筑施工企业法定代表人在施工项目上负责管理和合同履行的委托代理人,是施工项目实施阶段的第一责任人。施工项目经理是项目目标的全面实现者,既要对项目业主的成果性目标负责,又要对企业效益性目标负责。

(2)施工项目经理是协调各方面关系,使之相互协作、密切配合的桥梁和纽带。施工项目经理对项目管理目标的实现承担着全部责任,即合同责任,履行合同义务,执行合同条款,处理合同纠纷。

(3)施工项目经理对施工项目的实施进行控制,是各种信息的集散地和处理中心。

(4)施工项目经理是施工项目责、权、利的主体。

3. 施工项目经理的职责

施工项目经理的职责主要包括两个方面:一是要保证施工项目按照规定的目标高速、优质、低耗地全面完成,二是要保证各生产要素在授权范围内最大限度地优化配置。

4. 施工项目经理的权限

赋予施工项目经理一定的权力是确保项目经理承担相应责任的先决条件。为了履行项目经理的职责,施工项目经理必须具有一定的权限,这些权限应由企业法人代表授权,并用制度和目标责任书的形式具体确定下来。施工项目经理在授权和企业规章制度范围内,应具有以下权限：

(1)用人决策权。

(2)财务支付权。

(3)进度计划控制权。

(4)技术质量管理权。

(5)物资采购管理权。

(6)现场管理协调权。

5.施工项目经理的利益

施工项目经理最终的利益是项目经理行使权利和承担责任的结果，也是市场经济条件下，责、权、利、效(经济效益和社会效益)相互统一的具体体现。利益可分为两大类：一是物资兑现，二是精神奖励。施工项目经理应享有以下利益：

(1)获得基本工资、岗位工资和绩效工资。

(2)在全面完成《施工项目管理目标责任书》确定的各种责任目标，工程交工验收并结算后，接受企业的考核和审计，除按规定获得物资奖励外，还可获得表彰、记功、优秀项目经理等荣誉称号及其他精神奖励。

(3)经考核和审计，未完成《施工项目管理目标责任书》确定的责任目标或造成亏损的，按有关条款承担责任，并接受经济或行政处罚。

6.施工项目经理的地位和作用

在国际上，施工企业项目经理的地位和作用及其特征如下：

(1)项目经理是企业任命的一个项目的项目管理班子的负责人(领导人)，但它并不一定是(多数不是)一个企业法定代表人在工程项目上的代表人，因为一个企业法定代表人在工程项目上的代表人在法律上赋予其的权限范围太大。

(2)他的任务权限于支持项目管理工作，其主要任务是项目目标的控制和组织协调。

(3)在有些文献中明确界定，项目管理不是一个技术岗位，而是一个管理岗位。

(4)他是一个组织系统中的管理者，至于他是否有人权、财权和物资采购权等管理权限，则由其上级确定。

第二节　施工项目目标控制

一、施工成本控制

施工成本管理应从工程投标报价开始，直至项目竣工结算为止，贯穿于项目实施的全过程。成本作为项目管理的一个关键性目标，施工成本管理就是要在保证工期和质量满足要求的情况下，采取相应的管理措施、经济措施、技术措施、合同措施把成本控制在计划范围之内，并进一步寻求最大程度的成本节约。

(一)建筑安装工程费项目组成

建筑安装工程费由直接费、间接费、利润和税金组成，直接费由直接工程费和措施费组成，间接费由规费和企业管理费组成。

（二）施工成本管理的任务

施工成本管理的主要任务包括施工成本预测、施工成本计划、施工成本控制、施工成本核算、施工成本分析以及施工成本考核六项内容。

（三）施工成本管理的措施

为了取得施工成本管理的理想效果，应当从多方面采取措施实施管理，通常可以将这些措施归纳为组织措施、技术措施、经济措施、合同措施。

1. 组织措施

组织措施是从施工成本管理的组织方面采取的措施。施工成本控制是全员的活动，如实行项目经理责任制，落实施工成本管理的组织结构和人员，明确各级施工成本管理人员任务和职能分工、权利和责任。施工成本管理不仅是专业成本管理人员的工作，各级项目管理人员都负有成本控制的责任。

2. 技术措施

施工过程中降低成本的技术措施，包括进行技术经济分析，确定最佳的施工方案；结合施工方法，进行材料的使用比选，在满足功能要求的前提下，通过代用、改变配合比、使用添加剂等方法降低材料消耗的费用；确定最合适的施工机械、设备使用方案；结合项目的施工组织设计及自然地理条件，降低材料的库存成本和运输成本；先进的施工技术的应用，新材料的运用，新开发机械设备的使用等。在实践中，也要避免仅从技术角度选定方案而忽视对其经济效果的分析论证。

3. 经济措施

经济措施是最易为人们所接受和采用的措施。管理人员应编制资金使用计划，确定、分解施工成本管理目标。对施工成本管理目标进行风险分析，并制定防范性对策。对各种支出，应认真做好资金的使用计划，并在施工中严格控制各项开支。及时准确地记录、收集、整理、核算实际发生的成本。对各种变更，及时做好增减账，及时落实业主签证，及时结算工程款。通过偏差分析和未完工程预测，可发现一些潜在的问题将引起未完工程施工成本增加，以这些主动控制为出发点，及时采取预防措施。

4. 合同措施

采用合同措施控制施工成本，应贯穿整个合同周期，包括从合同谈判开始到合同终结的全过程。首先，选用合适的合同结构，对各种合同结构模式进行分析、比较，在合同谈判时，要争取选用适合于工程规模、性质和特点的合同结构模式。其次，在合同条款中应仔细考虑一切影响成本和效益的因素，特别是潜在的风险因素。通过对引起成本变化的风险因素的识别和分析，采取必要的风险对策。如通过合理的方式，增加承担风险的个体数量，降低损失发生的比例，并最终使这些策略反映在合同的具体条款中。在合同执行期间，合同管理的措施既要密切关注对方合同执行的情况，以寻求合同索赔的机会；同时也要密切关注自己履行合同的情况，以防止被对方索赔。

（四）施工成本控制

施工项目成本控制是指在项目生产成本形成过程中，采用各种行之有效的措施和方法，对生产经营的消耗和支出进行指导、监督、调节与限制，使项目的实际成本能控制在预定的计划目标范围内，及时纠正将要发生和已经发生的偏差，以保证计划成本得以实现。

1. 施工项目成本控制的原则

1）效益原则

在工程项目施工中，控制成本的目的在于追求经济效益及社会效益，只有二者同时兼顾，才能杜绝顾此失彼的现象，使施工项目费用能够降低的同时，企业的信誉也能不断提高。

2）“三全”原则

即全面、全员、全过程的控制，其目的是使施工项目中所有经济方面的内容都纳入控制的范围之内，并使所有的项目成员都来参与工程项目成本的控制，从而增强项目管理人员对工程项目成本控制的观念和参与意识。

3）责、权、利相结合的原则

建筑工程项目施工中的责、权、利是施工项目成本控制的重要内容。为此，要按照经济责任制的要求贯彻责、权、利相结合的原则，使施工项目成本控制真正发挥效益，达到预期目的。

4）分级控制的原则

分级控制原则，也称目标管理原则，即将施工项目成本的指标层层分解，分级落实到各部门，做到层层控制，分级负责。只有这样，才能使成本控制落到实处，达到行之有效的目的。

5）动态控制的原则

施工中的成本控制重点要放在施工项目各个主要施工段上，及时发现偏差，及时纠正偏差，在生产过程中进行动态控制。

2. 施工项目成本控制的内容

1）成本控制的组织工作

在施工项目经理部，应以项目经理为主，下设专职的成本核算员，全面负责项目成本管理工作，并在其他各管理职能人员协助配合下，负责日常控制的组织管理工作，制定有关的成本控制制度，把日常控制工作落实到各有关部门和人员，使他们都明确自己在成本控制中应承担的具体任务与相应的经济责任。

2）成本开支的控制工作

为了控制施工过程中的消耗和支出，首先必须按照一定的原则和方法制订出各项开支的计划、标准和定额，然后严格控制一切开支，以达到节约开支、降低工程成本的目标。

3）加强施工项目实际成本的日常核算工作

施工项目成本的日常核算工作，是通过记账和算账等手段，对施工耗费和施工成本进行价格核算，及时提供成本开支和成本信息资料，以随时掌握和控制成本支出，促使项目成本的降低。

4）加强项目成本控制偏差的分析工作

项目成本控制偏差一般有两种，即实际成本小于计划成本的有利偏差和实际成本超过计划成本的不利偏差。偏差分析是运用一定方法研究偏差产生的原因，用以总结经验，不断提高成本控制的水平。

3. 施工项目成本控制的步骤

在确定了项目施工成本计划后，必须定期地进行施工成本计划值与实际值的比较，当实际值偏离计划值时，分析产生偏差的原因，采取适当的纠偏措施，以确保施工成本控制目标的实现。其步骤如下；

(1)比较。按照某种确定的方式将施工成本计划值与实际值逐项进行比较,以发现施工成本是否已超支。

(2)分析。在比较的基础上,对比较的结果进行分析,以发现偏差的严重性及偏差的原因,从而采取有针对性的措施,减少或避免相同原因的再次发生或减少由此造成的损失。

(3)预测。根据项目实施情况估算整个项目完成时的施工成本。预测的目的在于为决策提供支持。

(4)纠偏。当施工项目的实际施工成本出现偏差,应当根据施工项目的具体情况、偏差分析和预测的结果,采取适当的措施,以期达到使施工成本偏差尽可能小的目的,纠偏是施工成本控制中最具实质性的一步。只有通过纠偏,才能最终达到有效控制施工成本的目的。

(5)检查。它是指对工程的进展进行跟踪和检查,及时了解工程进展状况以及纠偏措施的执行情况和效果,为今后的工作积累经验。

(五)施工项目成本分析

施工项目成本分析,是根据会计核算、业务核算和统计核算提供的资料,对施工成本的形成过程和影响成本升降的因素进行分析。为了实现项目的成本控制目标,保质保量地完成施工任务,项目管理人员必须进行施工项目成本分析。施工项目成本考核是贯彻项目成本责任制的重要手段,也是项目管理激励机制的体现。

1.施工项目成本分析的作用

(1)有助于恰当评价成本计划的执行结果。

(2)揭示成本节约和超支的原因,进一步提高企业管理水平。

(3)寻求进一步降低成本的途径和方法,不断提高企业的经济效益。

2.施工项目成本分析应遵守的原则

(1)实事求是的原则。成本分析一定要有充分的事实依据,对事物进行实事求是的评价,并要尽可能做到措辞恰当,能为绝大多数人所接受。

(2)用数据说话的原则。成本分析要充分利用会计核算、业务核算、统计核算和有关台账的数据进行定量分析,尽量避免抽象的定性分析。

(3)时效性原则。成本分析要做到分析及时,发现问题及时,解决问题及时。

(4)为生产经营服务的原则。成本分析不仅要揭露矛盾,而且要分析产生矛盾的原因,提出积极有效的解决矛盾的合理化建议。

3.施工项目成本分析的方法

1)比较法

比较法又称“指数对比分析法”,就是通过技术经济指标的对比,检查目标的完成情况,分析产生差异的原因,进而挖掘内部潜力的方法。这种方法,具有通俗易懂、简单易行、便于掌握的特点,因而得到了广泛的应用。

2)因素分析法

因素分析法又称“连环置换法”,这种方法可用来分析各种因素对成本的影响程度。在进行分析时,首先要假定众多因素中的一个因素发生了变化,而其他因素则不变,然后逐个替换,分别比较其计算结果,以确定各个因素的变化对成本的影响程度。

3）差额计算法

差额计算法，是因素分析法的一种简化形式，它利用各个因素的目标与实际的差额来计算其对成本的影响程度。

4）比率法

比率法，是指用两个以上的指标的比例进行分析的方法。它的基本特点是：先把对比分析的数值变成相对数，再观察其相互之间的关系。

二、施工进度控制

（一）施工进度管理的任务与措施

1. 进度管理的定义

施工进度管理是为实现预定的进度目标而进行的计划、组织、指挥、协调和控制等活动。即在限定的工期内，确定进度目标，编制出最佳的施工进度计划，在执行进度计划的施工过程中，经常检查实际施工进度，并不断地用实际进度与计划进度相比较，确定实际进度是否与计划进度相符，若出现偏差，分析产生的原因和对工期的影响程度，找出必要的调整措施，修改原计划，如此不断地循环，直至工程竣工验收。

2. 进度管理的过程

施工进度管理过程是一个动态的循环过程。它包括进度目标的确定、编制进度计划和进度计划的跟踪检查与调整。其基本过程如图 4-4 所示。

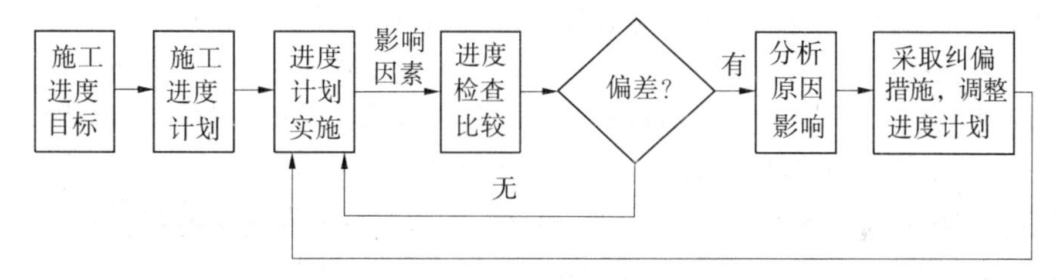

图 4-4　施工进度管理过程

3. 进度管理的措施

施工进度管理的措施主要有组织措施、管理措施、经济措施和技术措施。

1）组织措施

组织是目标能否实现的决定性因素，为实现项目的进度目标，应健全项目管理的组织体系；在项目组织结构中应由专门的工作部门和符合进度管理岗位资格的专人负责进度管理工作；进度管理的工作任务和相应的管理职能应在项目管理组织设计的任务分工表和管理职能分工表中标示并落实；应编制施工进度的工作流程，如：确定施工进度计划系统的组成，各类进度计划的编制程序、审批程序和计划调整程序等；应进行有关进度管理会议的组织设计，以明确会议的类型，各类会议的主持人和参加单位及人员，各类会议的召开时间，各类会议文件的整理、分发和确认等。

2）管理措施

管理措施涉及管理的思想、管理的方法、承发包模式、合同管理和风险管理等。树立正确的管理观念，包括进度计划系统观念、动态管理的观念、进度计划多方案比较和选优的观念；运用科学的管理方法、工程网络计划的方法有利于实现进度管理的科学化；选择合适的承发包模式;重视合同管理在进度管理中的应用;采取风险管理措施。

3)经济措施

经济措施涉及编制与进度计划相适应的资源需求计划和采取加快施工进度的经济激励措施。

4)技术措施

技术措施涉及对实现施工进度目标有利的设计技术和施工技术的选用。

4. 施工进度目标

1)施工进度管理的总目标

施工进度管理以实现施工合同约定的竣工日期为最终目标。作为一个施工项目,总有一个时间限制,即施工项目的竣工时间。而施工项目的竣工时间就是施工阶段的进度目标。有了这个明确的目标以后,才能进行针对性的进度管理。

在确定施工进度目标时,应考虑的因素有:项目总进度计划对项目施工工期的要求、项目建设的特殊要求、已建成的同类或类似工程项目的施工期限、建设单位提供资金的保证程度、施工单位可能投入的施工力量、物资供应的保证程度、自然条件及运输条件等。

2)进度目标体系

施工项目进度管理的总目标确定后,还应对其进行层层分解,形成相互制约、相互关联的目标体系。施工项目进度的目标是从总的方面对项目建设提出的工期要求,但在施工活动中,是通过对最基础的分部分项工程的施工进度管理,来保证各单位工程、单项工程或阶段工程进度管理的目标完成,进而实现施工项目进度管理总目标的完成。

施工阶段进度目标可根据施工阶段、施工单位、专业工种和时间进行分解。

(1)按施工阶段分解:根据工程特点,将施工过程分为几个施工阶段,如基础、主体、屋面、装饰。根据总体网络计划,以网络计划中表示这些施工阶段起止的节点为控制,明确提出若干阶段目标,并对每个施工阶段的施工条件和问题进行更加具体的分析研究和综合平衡,制订各阶段的施工规划,以阶段目标的实现来保证总目标的实现。

(2)按施工单位分解:若项目由多个施工单位参加施工,则要以总进度计划为依据,确定各单位的分包目标,并通过分包合同落实各单位的分包责任,以各分包目标的实现来保证总目标的实现。

(3)按专业工种分解:只有控制好每个施工过程完成的质量和时间,才能保证各分部工程进度的实现。因此,既要对同专业、同工种的任务进行综合平衡,又要强调不同专业工种间的衔接配合,明确相互间的交接日期。

(4)按时间分解:将施工总进度计划分解成逐年、逐季、逐月的进度计划。

(二)流水施工的应用

工程项目组织实施的管理形式有三种,即依次施工、平行施工和流水施工等。

依次施工又叫顺序施工,是将拟建工程划分为若干个施工过程,每个施工过程按施工工艺流程顺次进行施工,前一个施工过程完成后,后一个施工过程才开始施工。

平行施工是全部工程任务的各施工段同时开工、同时完成的一种施工组织方式,当拟建工程十分紧迫,工作面、资源供应允许的条件下,可采用平行施工。

流水施工是将拟建工程划分为若干个施工段,并将施工对象分解为若干个施工过程,按施工过程成立相应工作队,各工作队按照一定的时间间隔依次投入施工,各个施工过程陆续开工、陆续竣工，使同一施工过程的施工班组保持连续、均衡施工，不同施工过程实现最大限度的搭接施工。

1. 横道图进度计划的编制方法

横道图是一种最简单并运用最广的传统计划方法，尽管有许多新的计划技术，横道图在建设领域中的应用还是非常普遍的。

横道图用于小型项目或大型项目子项目上，或用于计算资源需用量、概要预示进度，也可以用于其他计划技术的表示结果。

横道图计划表中的进度线与时间坐标对应，这种表达方式比较直观，容易看懂计划编制的意图。但是横道图计划法也存在一些问题：

(1)工序之间的逻辑关系可以设法表达，但不易表达清楚；

(2)适用于手工编制计划；

(3)没有通过严谨的进度计划时间参数计算，不能确定计划的关键工作、关键线路与时差；

(4)计划调整只能以手工方式进行，其工作量较大；

(5)难以适应大的进度计划系统。

2. 工程网络计划

网络图是指由箭线和节点组成，用来表示工作流程的有向、有序的网状图形。这种表达方式具有以下优点：能正确地反映工序(工作)之间的逻辑关系；进行各种时间参数计算，确定关键工作、关键线路与时差；可以用电子计算机对复杂的计划进行计算、调整与优化。网络图的种类很多，较常用的是双代号网络图。双代号网络图是以箭线及其两端节点的编号表示工作的网络图。

建筑施工进度既可以用横道图表示，也可以用网络图表示，从发展的角度讲，网络图更有优势，因为它具有以下几个特点：

(1)组成有机的整体，能全面明确反映各工序间的制约与依赖关系。

(2)通过计算，能找出关键工作和关键线路，便于管理人员抓主要矛盾。

(3)便于资源调整和利用计算机管理与优化。

网络图也存在一些缺点，如表达不直观，难掌握；不能清晰地反映流水情况、资源需要量的变化情况等。

(三)施工项目进度计划的实施

施工项目进度计划的实施就是落实施工进度计划，按施工进度计划开展施工活动并完成施工项目进度计划。施工项目进度计划逐步实施的过程就是项目施工逐步完成的过程。为保证项目各项施工活动，按施工进度计划所确定的顺序和时间进行，以及保证各阶段进度目标和总进度目标的实现，应做好下面的工作。

1. 检查各层次的计划，并进一步编制月(旬)作业计划

施工项目的施工总进度计划、单位工程施工进度计划、分部分项工程施工进度计划，都是为了实现项目总目标而编制的，其中高层次计划是低层次计划编制和控制的依据，低层次计划是高层次计划的深入和具体化，在贯彻执行时，要检查各层次计划间是否紧密配合、协调一致。计划目标是否层层分解、互相衔接，检查在施工顺序、空间及时间安排、资源供应等方面有无矛盾，以组成一个可靠的计划体系。

2. 综合平衡,做好主要资源的优化配置

施工项目不是孤立完成的,它必须由人、财、物(材料、机具、设备等)诸资源在特定地点有机结合才能完成。同时,项目对诸资源的需要又是错落起伏的,因此施工企业应在各项目进度计划的基础上进行综合平衡,编制企业的年度、季度、月旬计划,将各项资源在项目间动态组合,优化配置,以保证满足项目在不同时间对诸资源的需求,从而保证施工项目进度计划的顺利实施。

3. 层层签订承包合同,并签发施工任务书

按前面已检查过的各层次计划,以承包合同和施工任务书的形式,分别向分包单位、承包队和施工班组下达施工进度任务,其中总承包单位与分包单位、施工企业与项目经理部、项目经理部与各承包队和职能部门、承包队与各作业班组间应分别签订承包合同,按计划目标明确规定合同工期、相互承担的经济责任、权限和利益。

4. 全面实行层层计划交底,保证全体人员共同参与计划实施

在施工进度计划实施前,必须根据任务进度文件的要求进行层层交底落实,使有关人员都明确各项计划的目标、任务、实施方案、预控措施、开始日期、结束日期、有关保证条件、协作配合要求等,使项目管理层和作业层能协调一致工作,从而保证施工生产按计划、有步骤、连续均衡地进行。

5. 做好施工记录,掌握现场实际情况

在计划任务完成的过程中,各级施工进度计划的执行者都要跟踪做好施工记录。在施工中,如实记载每项工作的开始日期、工作进程和完成日期,记录每日完成数量、施工现场发生的情况和干扰因素的排除情况,可为施工项目进度计划实施的检查、分析、调整、总结提供真实、准确的原始资料。

6. 做好施工中的调度工作

施工中的调度即是在施工过程中针对出现的不平衡和不协调进行调整,以不断组织新的平衡,建立和维护正常的施工秩序。它是组织施工中各阶段、环节、专业和工种的互相配合、进度协调的指挥核心,也是保证施工进度计划顺利实施的重要手段。其主要任务是监督和检查计划实施情况,定期组织调度会,协调各方协作配合关系,采取措施,消除施工中出现的各种矛盾,加强薄弱环节,实现动态平衡,保证作业计划及进度控制目标的实现。

7. 预测干扰因素,采取预控措施

在项目实施前和实施过程中,应经常根据所掌握的各种数据资料,对可能致使项目实施结果偏离进度计划的各种干扰因素进行预测,并分析这些干扰因素所带来的风险程度的大小,预先采取一些有效的控制措施,将可能出现的偏离尽可能消灭于萌芽状态。

(四)施工项目进度计划的检查与调整

1. 施工项目进度计划的检查

在施工项目的实施过程中,为了进行施工进度管理,进度管理人员应经常性地、定期地跟踪检查施工实际进度情况,主要是收集施工项目进度材料,进行统计整理和对比分析,确定实际进度与计划进度之间的关系。其主要工作如下。

(1)跟踪检查施工实际进度。

(2)整理统计检查数据。

(3)将实际进度与计划进度进行对比分析。

将收集的资料整理和统计成具有与计划进度可比性的数据后,用施工项目实际进度与计划进度进行比较。通常采用的比较方法有横道图比较法、S形曲线比较法、香蕉形曲线比较法、前锋线比较法等。

①横道图比较法。横道图比较法是把项目施工中检查实际进度收集的信息,经整理后直接用横道线并列标于原计划的横道线处,进行直观比较的一种方法。这种方法简明直观,编制方法简单,使用方便,是人们常用的方法。

②S形曲线比较法。S形曲线比较法是在一个以横坐标表示进度时间、纵坐标表示累计完成任务量的坐标体系上,首先按计划时间和任务量绘制一条累计完成任务量的曲线(即S形曲线),然后将施工进度中各检查时间时的实际完成任务量也绘在此坐标上,并与S形曲线进行比较的一种方法。

对于大多数工程项目来说,从整个施工全过程来看,其单位时间消耗的资源量,通常是中间多而两头少,即资源的投入开始阶段较少,随着时间的增加而逐渐增多,在施工中的某一时期达到高峰后又逐渐减少直至项目完成,其变化过程可用图4-5(a)表示。而随着时间进展累计完成的任务量便形成一条中间陡而两头平缓的S形变化曲线,故称S形曲线,如图4-5(b)所示。

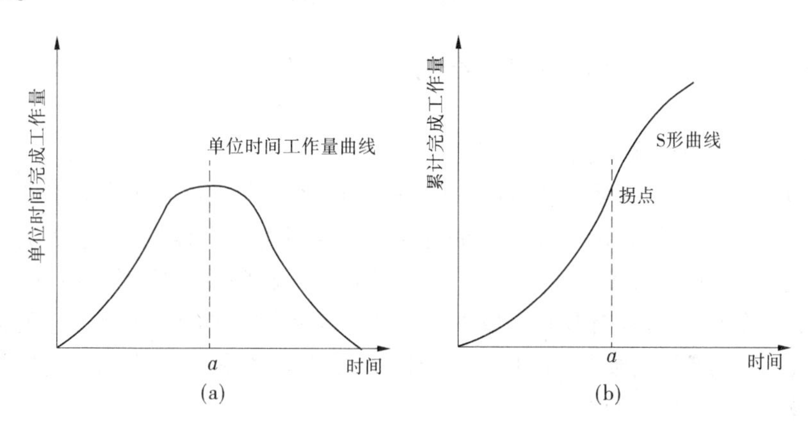

图4-5　时间与完成任务量关系曲线

③香蕉形曲线比较法。香蕉形曲线实际上是两条S形曲线组合成的闭合曲线,如图4-6所示。一般情况下,任何一个施工项目的网络计划,都可以绘制出两条具有同一开始时间和同一结束时间的S形曲线:其一是计划以各项工作的最早开始时间安排进度所绘制的S形曲线,简称ES曲线;其二是计划以各项工作的最迟开始时间安排进度所绘制的S形曲线,简称LS曲线。由于两条S形曲线都是相同的开始点和结束点,因此两条曲线是封闭的。除此之外,ES曲线上各点均落在LS曲线相应时间对应点的左侧,由于这两条曲线形成一个形如香蕉的曲线,故称此为香蕉形曲线。只要实际完成量曲线在两条曲线之间,则不影响总的进度。

④前锋线比较法。前锋线比较法是通过某检查时刻施工项目实际进度前锋线,进行施工项目实际进度与计划进度比较的方法,它主要适用于时标网络计划。所谓前锋线,是指在原时标网络计划上,从检查时刻的时标点出发,用点画线依次将各项工作实际进展位置点连接而成的折线。前锋线比较法就是按前锋线与工作箭线交点的位置判定施工实际进度与计划进度的偏差。凡前锋线与工作箭线的交点在检查日期的右方,表示提前完成计划进度;若

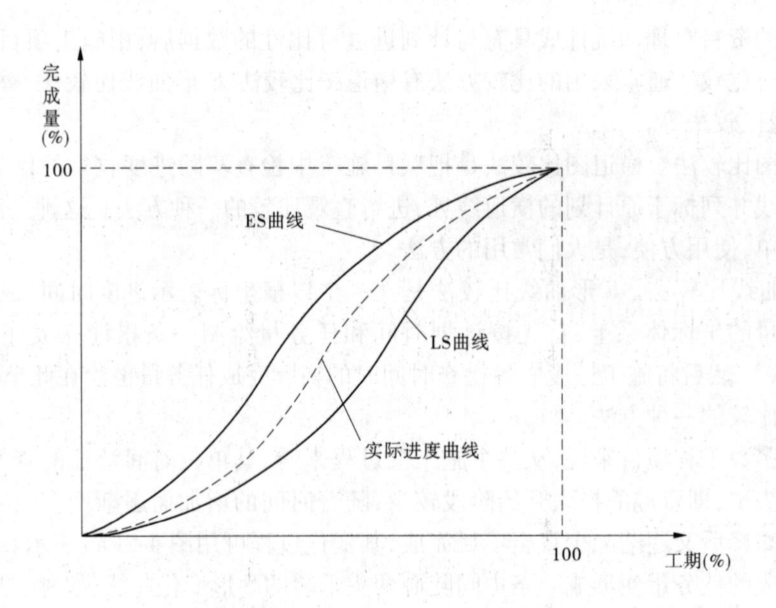

图4-6　香蕉形曲线比较图

其点在检查日期的左方,表示进度拖后;若其点与检查日期重合,表明该工作实际进度与计划进度一致。

(4)施工进度检查结果的处理。

对施工进度检查的结果要形成进度报告,把检查比较的结果及有关施工进度现状和发展趋势提供给项目经理及各级业务职能负责人。进度报告的内容包括:进度执行情况的综合描述,实际进度与计划进度的对比资料,进度计划的实施问题及原因分析,进度执行情况对质量、安全和成本等的影响情况,采取的措施和对未来计划进度的预测。进度报告可以单独编制,也可以根据需要与质量、成本、安全和其他报告合并编制,提出综合进展报告。

2.施工项目进度计划的调整

1)分析进度偏差产生的影响

当实际进度与计划进度进行比较,判断出现偏差时,首先应分析该偏差对后续工作和对总工期的影响程度,然后才能决定是否调整以及调整的方法与措施。具体分析步骤如下:

(1)分析出现进度偏差的工作是否为关键工作。

(2)分析进度偏差时间是否大于总时差。

(3)分析进度偏差时间是否大于自由时差。

2)施工项目进度计划的调整方法

在对实施的进度计划分析的基础上,应确定调整原计划的方法,一般主要有以下几种:

(1)改变某些工作间的逻辑关系。

(2)缩短某些工作的持续时间。

(3)资源供应的调整。

(4)增减工程量。增减工程量主要是指改变施工方案、施工方法,从而导致工程量的增加或减少。

(5)起止时间的改变。

三、施工质量控制

（一）施工项目质量管理概述

1. 质量的概念

质量有广义与狭义之分，狭义的质量是指产品的自身质量；广义的质量是指除产品自身质量外，还包括形成产品全过程的工序质量和工作质量。

产品质量是指满足相应设计和使用的各项要求所具备的特性。

工序质量是人、机具设备、材料、方法和环境对产品质量综合起作用的过程中所体现的产品质量。

工作质量是指所有工作对工程达到和超过质量标准、减少不合格品、满足用户需要所起到保证作用的程度。

2. 影响工程质量的主要因素

影响工程质量的因素很多，但归纳起来主要有五方面，即人（Man）、材料（Material）、机械（Machine）、方法（Method）、环境（Environment），简称 4M1E 因素。

（1）人员素质，即人的文化水平、技术水平、决策能力、管理能力、组织能力、作业能力、控制能力、身体素质及职业道德等，都将直接或间接地对规划、决策、勘察、设计和施工的质量产生影响，所以人员因素是影响工程质量的一个重要因素。因此，建筑业企业实行经营资质管理和各类专业人员持证上岗制度是保证人员素质的重要管理措施。

（2）工程材料，是指构成工程实体的各类建筑材料、构配件、半成品等，工程材料选用是否合理、产品是否合格、材质是否经过检验、保管是否得当等，都将直接影响建设工程实体的结构强度和刚度，影响工程的外表及观感，影响工程的适用性和安全性。

（3）机械设备，可分为两种：一种是组成工程实体及配套的工艺设备和各类机具，如电梯、泵机、通风设备等，它们构成了建筑设备安装工程，形成完整的使用功能；另一种是指施工过程中使用的各类机具设备，如大型垂直与水平运输设备、各类操作工具、各类施工安全设施、各类测量仪器和计量器具等，它们是施工生产的手段。工程用机具设备及其产品质量的优劣，直接影响工程使用功能质量；施工机具设备的类型是否符合施工特点，性能是否先进稳定，操作是否方便安全等，都将影响工程项目的质量。

（4）方法，是指工艺方法、操作方法和施工方案。在施工过程中，施工工艺是否先进，施工操作是否正确，施工方案是否合理，都将对工程质量产生重大的影响。因此，大力推广新工艺、新方法、新技术，不断提高工艺技术水平，是保证工程质量稳定提高的重要途径。

（5）环境条件，是指对工程质量特性起重要作用的环境因素，包括工程技术环境、工程作业环境、工程管理环境、周边环境等。加强环境管理，改进作业环境，把握技术环境，辅以必要的措施，是控制环境对质量影响的重要保证。

3. 质量管理的概念

质量管理，是指企业为保证和提高产品质量，为用户提供满意的产品而进行的一系列管理活动。

质量管理的发展，一般认为经历了三个阶段，即质量检验阶段、统计质量管理阶段和全面质量管理阶段。

1)质量检验阶段(1920~1940年)

质量检验是一种专门的工序,是从生产过程中独立出来的对产品进行严格的质量检验为主要特征的工序。其目的是通过对最终产品的测试与质量对比,剔除次品,保证出厂产品的质量是合格的。

质量检验的特点:事后控制,缺乏预防和控制废品的产生,无法把质量问题消灭在产品设计和生产过程中,是一种功能很差的"事后验尸"的管理方法。

2)统计质量管理阶段(1940~1950年)

统计质量管理阶段是第二次世界大战初期发展起来的,主要是运用数理统计的方法,对生产过程中影响质量的各种因素实施质量控制,从而保证产品质量。

统计质量管理的特点:事中控制,即对产品生产的过程控制,从单纯的"事后验尸"发展到"预防为主",预防与检验相结合的阶段,但统计质量管理过分强调统计工具,忽视了人的因素和管理工作对质量的影响。

3)全面质量管理阶段(从20世纪60年代至今)

全面质量管理是在质量检验和统计质量管理的基础上,按照现代生产技术发展的需要,以系统的观点来看待产品质量,注重产品的设计、生产、售后服务全过程的质量管理。

全面质量管理的特点:事前控制,预防为主,能对影响质量的各类因素进行综合分析并进行有效控制。

以上三个阶段的本质区别是:质量检验阶段靠的是事后把关,是一种防守型的质量管理;统计质量管理主要靠在生产过程中对产品质量进行控制,把可能发生的质量问题消灭在生产过程之中,是一种预防型的质量管理;全面质量管理保留了前两者的长处,对整个系统采取措施,不断提高质量,是一种进攻型或全攻全守的质量管理。

4.质量管理常用的统计方法

(1)调查表法,又称统计调查分析法,是收集和整理数据用的统计表,利用这些统计表对数据进行整理,并可粗略地进行原因分析。常用的检查表有工序分布检查表、缺陷位置检查表、不良项目检查表、不良因素检查表等。

(2)分层法,又称分类法,是将调查搜集的原始数据,根据不同的目的和要求,按某一性质进行分组、整理的分析方法。

(3)排列图法,又称主次因素分析图法或称巴列特图,它由两个纵坐标、一个横坐标、几个直方图和一条曲线所组成,利用排列图寻找影响质量主次因素的方法。

(4)直方图法,又称频数分布直方图法,是将搜集到的质量数据进行分组整理,绘制成频数分布直方图,用以描述质量分布状态的一种分析方法。根据直方图可掌握产品质量的波动情况,了解质量特征的分布规律,以便对质量状况进行分析判断。

(5)因果分析图法,又称特性要因图,是用因果分析图来整理分析质量问题(结果)与其产生原因之间关系的有效工具。

(6)控制图法,又称管理图法,是在直角坐标系内画有控制界限,描述生产过程中产品质量波动状态的图形。利用控制图区分质量波动原因,判断生产工序是否处于稳定状态的方法即为控制图法。

(7)散布图法,又称相关图法,在质量管理中它是用来显示两种质量数据之间的一种图形。质量数据之间的关系多属相关关系。一般有三种类型:一是质量特性和影响因素之间的关系;二是质量特性和质量特性之间的关系;三是影响因素和影响因素之间的关系。

5. 施工项目质量管理的概念和特点

施工项目质量管理是指围绕着项目施工阶段的质量管理目标进行的策划、组织、控制、协调、监督等一系列管理活动。

施工项目质量管理的工作核心是保证工程达到相应的技术要求,工作的依据是相应的技术规范和标准,工作的效果取决于工程符合设计质量要求的程度,工作的目的是提高工程质量,使用户和企业都满意。

6. 施工项目质量控制的原则

(1)坚持“质量第一,用户至上”的原则。

(2)以人为核心的原则。

(3)以预防为主的原则。

(4)坚持质量标准,一切用数据说话的原则。

(5)贯彻科学、公正、守法的职业规范。

7. 质量管理的基本原理

质量管理的基本方法是 PDCA 循环。这种循环能使任何一项活动有效进行合乎逻辑的工作程序,是现场质量保证体系运行的基本方式,是一种科学有效的质量管理方法。

PDCA 循环包括四个阶段和八个步骤,如图 4-17、图 4-18 所示。

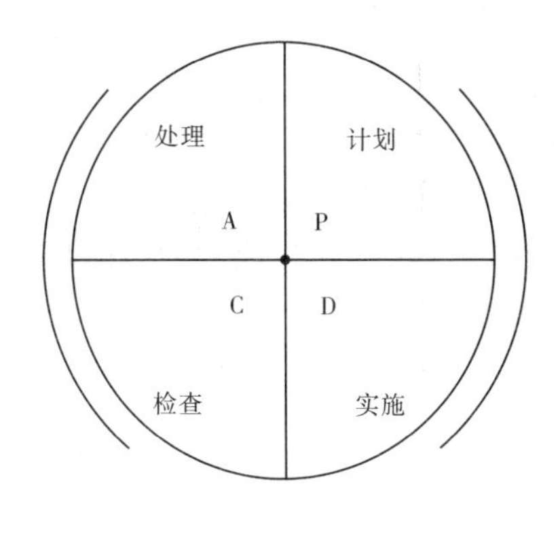

图 4-17 PDCA 循环的四个阶段

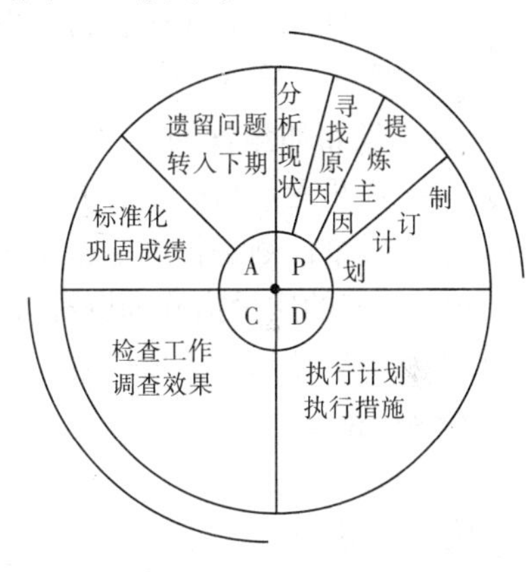

图 4-18 PDCA 的八个步骤

1)计划阶段

在开始进行持续改善的时候,首先要进行的工作是计划。计划包括制订质量目标、活动计划、管理项目和措施方案。计划阶段需要检讨企业目前的工作效率、追踪流程和收集流程过程中出现的问题点,根据搜集到的资料,进行分析并制订初步的解决方案,提交公司高层批准。

计划阶段包括四个工作步骤:

(1)分析现状。通过现状的分析,找出存在的主要质量问题,并尽可能以数字说明。

(2)寻找原因。在所搜集到的资料的基础上,分析产生质量问题的各种原因或影响因素。

(3)提炼主因。从各种原因中找出影响质量的主要原因。

(4)制订计划。针对影响质量的主要原因,制订技术组织措施方案,并具体落实到执行者。

2)实施阶段

在实施阶段,就是将制订的计划和措施具体组织实施与执行。

3)检查阶段

检查就是将执行的结果与预定目标进行对比,检查计划执行情况,看是否达到了预期的效果。按照检查的结果,来验证生产的运作是否按照原来的标准进行,或者原来的标准规范是否合理等。

生产按照标准规范运作后,分析所得到的检查结果,寻找标准化本身是否存在偏移。如果发生偏移现象,重新策划,重新执行。这样,通过暂时性生产对策的实施,检验方案的有效性,进而保留有效的部分。检查阶段可以使用的工具主要有排列图、直方图和控制图。

4)处理阶段

第四阶段是对总结的检查结果进行处理,成功的经验加以肯定,并予以标准化或制定作业指导书,便于以后工作时遵循;对于失败的教训也要总结,以免重现。对于没有解决的问题,应提到下一个 PDCA 循环中去解决。

处理阶段包括两方面的内容:

(1)总结经验,进行标准化。总结经验教训,把成功的经验肯定下来,制定成标准;把差错记录在案,作为借鉴,防止今后再度发生。

(2)转入下一个循环。

(二)施工项目质量计划

1.施工项目质量计划的主要内容

施工项目质量计划是指确定施工项目的质量目标和如何达到这些质量目标所规定必要的作业过程、专门的质量措施和资源等工作。

施工项目质量计划的主要内容包括:

(1)编制依据;

(2)项目概述;

(3)质量目标;

(4)组织机构;

(5)质量控制及管理组织协调的系统描述;

(6)必要的质量控制手段,施工过程、服务、检验和试验程序及与其有关的支持性文件;

(7)确定关键过程和特殊过程及作业指导书;

(8)与施工阶段相适应的检验、试验、测量、验证要求;

(9)更改和完善质量计划的程序。

2.施工项目质量计划编制的依据

施工项目质量计划编制的主要依据有:

(1)工程承包合同、设计文件;

(2)施工企业的《质量手册》及相应的程序文件;

(3)施工操作规程及作业指导书;

(4)各专业工程施工质量验收规范;

(5)《建筑法》、《建设工程质量管理条例》、环境保护条例及法规;

(6)安全施工管理条例等。

3. 施工项目质量计划编制的要求

施工项目质量计划应由项目经理编制。质量计划作为对外质量保证和对内质量控制的依据文件,应体现施工项目从分项工程、分部工程到单位工程的工程控制,同时也要体现从资源投入到完成工程质量最终检验和试验的全过程控制。

(三)施工准备阶段的质量管理

施工准备是为保证施工生产正常进行而事先做好的工作。施工准备工作不仅在工程开工前要做好,而且要贯穿整个施工过程。施工准备的基本任务就是为施工项目建立一切必要的施工条件,确保施工生产顺利进行,确保工程质量符合要求。

1. 技术资料、文件准备的管理

1)施工项目所在地的自然条件及技术经济条件的调查资料

对施工项目所在地的自然条件及技术经济条件的调查,是为选择施工技术和组织方案收集基础资料,并以此作为施工准备工作的依据。因此,要尽可能详细,并能为工程施工服务。

2)施工组织设计

施工组织设计是指导施工准备和组织施工的全面性技术经济文件。对施工组织设计的控制要进行两方面的控制:一是选定施工方案后,制定施工进度时,必须考虑施工顺序、施工流向,主要分部分项工程的施工方法,特殊项目的施工方法和技术措施能否保证工程质量;二是制订施工方案时,必须进行技术经济比较,使工程项目满足符合性、有效性和可靠性要求,取得工期短、成本低、安全生产、效益好的经济质量。做到现场的三通一平、临时设施的搭建满足施工需要,保证工程顺利进行。

3)有关质量管理方面的法律、法规性文件及质量验收标准

质量管理方面的法律、法规,规定了工程建设参与各方的质量责任和义务,质量管理体系建立的要求、标准,质量问题的处理要求、质量验收标准等,都是进行质量控制的重要依据。

4)工程测量控制资料

施工现场的原始基准点、基准线、标高及施工控制网等数据资料,是施工之前进行质量控制的一项基础工作,这些数据是进行工程测量控制的重要内容。

2. 设计交底和图纸审核的管理

设计图纸是进行质量控制的重要依据。为使施工单位熟悉有关图纸,充分了解项目工程的特点、设计意图和工艺与质量要求,减少图纸差错,消灭图纸中的质量隐患,要做好设计交底和图纸审核工作。

1)设计交底

设计交底是由设计单位向施工单位有关人员进行设计交底,主要包括:地形、地质、水文等自然条件,施工设计依据,设计意图,施工注意事项等。交底后,由施工单位提出图纸中的问题和疑问,以及要解决的技术难题。经各方协商研究,拟订出解决方案。

2)图纸审核

通过图纸审核,可以广泛听取使用人员、施工人员的正确意见,弥补设计上的不足,提高

设计质量;使得施工人员更了解设计意图、技术要求、施工难点,为保证工程质量打好基础。重要内容包括:①设计是否满足抗震、防火、环境卫生等要求;②图纸与说明是否齐全;③图纸中有无遗漏、差错或相互矛盾之处,图纸表示方法是否清楚并符合标准要求;④所需材料来源有无保证,能否代替;⑤施工工艺、方法是否合理,是否切合实际,是否便于施工,能否保证质量要求;⑥施工图及说明书中涉及的各种标准、图册、规范、规程等,施工单位是否具备。

3. 现场勘察与三通一平、临时设施搭建

掌握现场地质、水文等勘察资料,检查三通一平、临时设施搭建能否满足施工需要,保证工程顺利进行。

4. 物资和劳动力的准备

检查原材料、构配件是否符合质量要求,施工机具是否可以正常运行;施工力量的集结能否进入正常的作业状态,特殊工种及缺门工种的培训是否具备应有的操作技术和资格,劳动力的调配、工种间的搭接能否为后续工种创造合理的、足够的工作条件。

5. 质量教育与培训

通过质量教育培训和其他措施提高员工的能力,增强质量和顾客意识,使员工达到所从事的质量工作对能力的要求。

项目领导班子应着重以下几方面的培训:质量意识教育,充分理解和掌握质量方针、目标,质量管理体系有关方面的内容,质量保持和质量改进意识。

(四)施工阶段的质量管理

按照施工组织设计总进度计划,编制具体的月度和分项工程施工作业计划及相应的质量计划。对操作人员、材料、机具设备、施工工艺、生产环境等影响质量的因素进行控制,以保持建筑产品总体质量处于稳定状态。

1. 施工工艺的质量控制

工程项目施工应编制"施工工艺技术标准",规定各项作业活动和各道工序的操作规程、作业规范要点、工作顺序、质量要求。上述内容应预先向操作者进行交底,并要求认真贯彻执行。对关键环节的质量、工序、材料和环境应进行验证,使施工工艺的质量控制符合标准化、规范化、制度化的要求。

2. 施工工序的质量控制

1)工序质量控制的概念

工序质量控制是为把工序质量的波动限制在要求的界限内所进行的质量控制活动。其目的是保证稳定地生产合格产品。具体地说,工序质量控制是使工序质量的波动处于允许的范围之内,一旦超出允许范围,立即对影响工序质量波动的因素进行分析。

2)工序质量控制点的设置和管理

(1)质量控制点。是指为了保证(工序)施工质量而对某些施工内容、施工项目、工程的重点和关键部位、薄弱环节等,在一定时间和条件下进行重点控制和管理,以使其施工过程处于良好的控制状态。

(2)质量控制点设置的原则。质量控制点的设置,应根据工程的特点、质量的要求、施工工艺的难易程度、施工队伍的素质和技术操作水平等因素,进行全面分析后确定。在一般情况下,选择质量控制点的基本原则有:①重要的和关键性的施工环节与部位;②质量不稳定、施工质量没有把握的施工工序和环节;③施工技术难度大的、施工条件困难的施工工序和环节;④质量标准或质量精度要求高的施工内容和项目;⑤对后续施工或后续工序质量或安全有重要影响的施工工序或部位;⑥采用新技术、新工艺、新材料施工的部位或环节。

对于一个分部分项工程,究竟应该设置多少个质量控制点,应根据施工的工艺、施工的难度、质量标准和施工单位的情况来决定。一般来说,施工工艺复杂时可多设,施工工艺简单时可少设;施工难度较大时可多设,施工难度不大时可少设;质量标准要求较高时应多设,质量标准不高时可少设;施工单位信誉不高时应多设,施工单位信誉较高时可少设。表 4-1 列举出某些分部分项工程质量控制点设置的一般位置,可供参考。

表 4-1　质量控制点的设置位置

分项工程	质量控制点
工程测量定位	标准轴线桩、水平桩、龙门桩、定位轴线、标高
地基、基础（含设备基础）	基坑（槽）尺寸、标高、土质、地基承载力、基础垫层标高,基础位置、尺寸、标高;预留洞孔、预埋件的位置、规格、数量,基础墙皮数杆及标高、杯底弹线
砌体	砌体轴线,皮数杆,砂浆配合比,预留洞孔、预埋件位置、数量,砌块排列
模板	位置、尺寸、标高,预埋件位置,预留洞孔尺寸、位置,模板承载力及稳定性,模板内部清理及润湿情况
钢筋混凝土	水泥品种、强度等级,砂石质量,混凝土配合比,外加剂比例,混凝土振捣,钢筋品种、规格、尺寸、搭接长度,钢筋焊接,预留洞、孔及预埋件规格、数量、尺寸、位置,预制构件吊装或出场（脱模）强度,吊装位置、标高,支承长度,焊缝长度
吊装	吊装设备起重能力、吊具、索具、地锚
钢结构	翻样图、放大样
焊接	焊接条件、焊接工艺
装修	视具体情况而定

(3)工序质量控制点的管理。在操作人员上岗前,施工员、技术员做好交底及记录工作,在明确工艺要求、质量要求、操作要求的基础上方能上岗。施工中发现问题应及时向技术人员反映,由有关技术人员指导后,操作人员方可继续施工。

3. 人员素质的控制

定期对职工进行规程、规范、工序工艺、标准、计量、检验等基础知识的培训,开展质量管理和质量意识教育。

4. 设计变更与技术复核的控制

加强对施工过程中提出的设计变更的控制。重大问题须经业主、设计单位、施工单位三方同意,由设计单位负责修改,并向施工单位签发设计变更通知书。对建设规模、投资方案等有较大影响的变更,须经原批准初步设计单位同意,方可进行修改。所有设计变更资料,均需有文字记录,并按要求归档。

对重要的或影响全局的技术工作,必须加强复核,避免发生重大差错,影响工程质量和使用。

5. 成品保护

加强成品保护，要从两个方面着手，首先加强教育，提高全体员工的成品保护意识；其次要合理安排施工顺序，采取有效的保护措施。具体有：①防护；②包裹；③覆盖；④封闭；⑤合理安排施工顺序。

（五）竣工验收阶段的质量管理

1. 工序间交工验收工作的质量管理

工程施工中往往上道工序的质量成果被下道工序所覆盖，分项或分部工程质量成果被后续的分项或分部工程所掩盖，因此要对施工全过程的分项与分部施工的各工序进行质量控制。要求班组实行保证本工序、监督前工序、服务后工序的自检、互检、交接检和专业性的“中间”质量检查，保证不合格工序不转入下道工序。出现不合格工序时，做到“三不放过”（原因未查清楚不放过、责任未明确不放过、措施未落实不放过），并采取必要的措施，防止此类现象再发生。

2. 竣工交付使用阶段的质量管理

单位工程或单项工程竣工后，由施工项目的上级部门严格按照设计图纸、施工说明书及竣工验收标准，对工程的施工质量进行全面鉴定，评定等级，作为竣工交付的依据。

工程进入交工验收阶段，应有计划、有步骤、有重点地进行收尾工程的清理工作，通过交工前的预验收，找出漏项项目和需要补修的工程，并及早安排施工。除此之外，还应做好竣工工程成品保护，以提高工程的一次成优及减少竣工后的返工整修。工程项目经自检、互检后，与业主、设计单位和上级有关部门进行正式的交工验收工作。

第三节 施工资源与现场管理

一、施工项目生产要素管理概述

施工项目生产要素是指生产力作用于施工项目的各种要素，即形成生产力的各种要素，也可以说是投入施工项目的劳动力、材料、机械设备、技术和资金等诸要素。加强施工项目管理，必须对施工项目的生产要素进行认真研究，强化其管理。

二、项目资源管理的主要内容

（一）人力资源管理

人力资源泛指能够从事生产活动的体力和脑力劳动者，在项目管理中包括不同层次的管理人员和参加作业的各种工人。人是生产力中最活跃的因素，人具有能动性、再生性和社会性等。项目人力资源管理的任务是根据项目目标，不断获取项目所需人员，并将其整合到项目组织之中，使之与项目团队融为一体。项目中人力资源的使用，关键在明确责任、调动职工的劳动积极性、提高工作效率。从劳动者个人的需要和行为科学的观点出发，责、权、利相结合，采取激励措施，并在使用中重视对他们的培训，提高他们的综合素质。

（二）材料管理

建筑材料分为主要材料、辅助材料和周转材料等。主要材料指在施工中被直接加工，构成工程实体的各种材料，如钢材、水泥、砂、石子等。辅助材料在施工中有助于产品的形成，但不构成工程实体的材料,如外加剂、脱模剂等。周转材料指不构成工程实体,但在施工中反复周转使用的材料,如模板、架管等。建筑材料还可以按其自然属性分类,包括金属材料、硅酸盐材料、电器材料、化工材料等。一般工程中,建筑材料占工程造价的70%左右,加强材料管理对于保证工程质量、降低工程成本都将起到积极的作用。项目材料管理的重点在现场,在使用,在节约和核算,尤其是节约,其潜力巨大。

(三)机械设备管理

机械设备主要指作为大中型工具使用的各类型施工机械。机械设备管理往往实行集中管理与分散管理相结合的办法,主要任务在于正确选择机械设备,保证机械设备在使用中处于良好状态,减少机械设备闲置、损坏,提高施工机械化水平,提高使用效率。提高机械使用效率必须提高利用率和完好率,利用率的提高靠人,完好率的提高在于保养和维修。

(四)技术管理

技术是指人们在改造自然、改造社会的生产和科学实践中积累的知识、技能、经验及体现它们的劳动资料。技术包括操作技能、劳动手段、生产工艺、检验试验、管理程序和方法等。任何物质生产活动都是建立在一定的技术基础上的,也是在一定技术要求和技术标准的控制下进行的。随着生产的发展,技术水平也在不断提高,施工的单件性、复杂性、受自然条件的影响等,决定了技术管理在工程项目管理中的作用更加重要。

(五)资金管理

工程项目的资金,从流动过程来讲,首先是投入,即将筹集到的资金投入到工程项目的实施上;其次是使用,也就是支出。资金管理应以保证收入、节约支出、防范风险为目的,重点是收入与支出问题,收支之差涉及核算、筹资、利息、利润、税收等问题。

(六)项目资源管理的过程

项目资源管理非常重要,而且比较复杂,全过程包括如下4个环节:

(1)编制资源计划。项目实施时,其目标和工作范围是明确的。资源管理的首要工作是编制计划。计划是优化配置和组合的手段,目的是对资源投入时间及投入量作出合理安排。

(2)资源配置。配置是按编制的计划,从资源的供应到投入项目实施,保证项目需要。

(3)资源控制。控制是根据每种资源的特性,制定科学合理的措施,进行动态配置和组合,协调投入,合理使用,不断纠正偏差,以尽可能少的资源满足项目要求,达到节约资源、降低成本的目的。

(4)资源处置。处置是根据各种资源投入、使用与产生的核算,进行使用效果分析,实现节约使用的目的。一方面是对管理效果的总结,找出经验和问题,评价管理活动;另一方面又为管理提供储备与反馈信息,以指导下一阶段的管理工作,并持续改进。

三、施工现场管理的主要内容

现代化建筑施工是一项多工种、多专业的复杂的系统工程,要使施工全过程顺利进行,以期达到预定的目标,就必须运用科学的方法进行建筑施工管理,特别是施工项目现场管理,正确利用管理手段,科学地组织施工现场的各项管理工作,在建立正常的现场施工秩序,进行文明施工,保证质量和安全生产,提高劳动生产率,降低工程成本,促进施工管理现代化等方面奠定良好的基础。

(一)施工项目现场管理概述

施工项目现场管理是指项目经理部按照有关施工现场管理的规定和城市建设管理的有关法规,科学、合理地安排使用施工现场,协调各专业管理和各项施工活动,控制污染,创造文明、安全的施工环境及人流、物流、资金流、信息流畅通的施工秩序所进行的一系列管理工作。

1.施工项目现场管理的基本任务

建筑产品的施工是一项非常复杂的生产活动,其生产经营管理既包括计划、质量、成本和安全等目标管理,又包括劳动力、建筑材料、工程机械设备、财务资金、工程技术、建设环境等要素管理,以及为完成施工目标和合理组织施工要素而进行的生产事务管理。其目的是充分利用施工条件,发挥各个生产要素的作用,协调各方面的工作,保证施工正常进行,按时提供优质的建筑产品。

施工项目现场管理的基本任务是按照生产管理的普遍规律和施工生产的特殊规律,以每一个具体工程(建筑物和构筑物)和相应的施工现场(施工项目)为对象,妥善处理施工过程中的劳动力、劳动对象和劳动手段的相互关系,使其在时间安排上和空间布置上达到最佳配合,尽量做到人尽其才、物尽其用,多快好省地完成施工任务,为国家提供更多更好的建筑产品,并达到更好的经济效益。

2.施工项目现场管理的原则

施工项目现场管理是全部施工管理活动的主体,应遵照下述四项基本原则进行:

(1)讲求经济效益。

(2)讲究科学管理。

(3)组织均衡施工。

(4)组织连续施工。

3.施工项目现场管理的内容

1)规划及报批施工用地

(1)根据施工项目建筑用地的特点科学规划,充分、合理地使用施工现场场内占地。

(2)当场地内空间不足时,应会同建设单位按规定向城市规划部门、公安交通部门申请施工用地,经批准后方可使用场外临时用地。

2)设计施工现场平面图

(1)根据建筑总平面图、单位工程施工图、拟订的施工方案、现场地理位置和环境及政府部门的管理标准,充分考虑现场布置的科学性、合理性、可行性,设计施工总平面图、单位工程施工平面图。

(2)单位工程施工平面图应根据施工内容和分包单位的变化,设计出阶段性施工平面图,并在阶段性进度目标开始实施前通过协调会议确认后实施。这样就能按照施工部署、施工方案和施工总进度计划的要求,将施工现场的交通道路、材料仓库、附属生产或加工企业、临时建筑以及临时水、电管线等合理规划和部署,用图纸的形式表达施工现场施工期间所需各项设施与永久建筑、拟建工程之间的空间关系,正确指导施工现场进行有组织、有计划的文明施工。

4.建立施工现场管理组织

项目经理全面负责施工过程的现场管理,并建立施工项目现场管理组织体系,包括土建、设备安装、质量技术、进度控制、成本管理、要素管理、行政管理在内的各种职能管理部门。

5. 建立文明施工现场

一个工地的文明施工水平是该工地乃至所在企业各项管理工作水平的综合体现。文明施工水平的高低从侧面反映了建设者的文化素质和精神风貌。

6. 及时清场转移

(1)施工结束后,应及时组织清场,向新工地转移。

(2)组织剩余物资退场,拆除临时设施,清除建筑垃圾,按市容管理要求,恢复临时占用土地。

(二)现场文明施工管理

文明施工是指保持施工场地整洁卫生、施工组织科学、施工程序合理的一种施工现象,是现代施工生产管理的一个重要组成部分。通过加强现场文明施工管理,可提高施工生产管理水平,促进劳动生产率的提高和工程成本的降低,促进安全生产,杜绝各种事故的发生,保证各项经济、技术指标的实现。

1. 现场文明施工管理的内容和措施

1)现场文明施工管理的内容

实现文明施工不仅要着重做好现场的场容管理工作,而且还要做好现场材料、机械、安全、技术、保卫、消防和生活卫生等管理工作。现场文明施工管理的主要内容包括以下几点:

(1)场容管理。包括现场的平面布置,现场的材料、机械设备和现场施工用水、用电管理。

(2)安全生产管理。包括工程项目的内外防护、个体劳保用品的使用、施工用电以及施工机械的安全保护。

(3)环境卫生管理。包括生活区、办公区、现场厕所的管理。

(4)环境保护管理。主要指现场防止水源、大气和噪声污染。

(5)消防保卫管理。包括现场的治安保卫、防火救火管理。

2)现场文明施工管理的具体措施

(1)遵循国务院及地方建设行政主管部门颁布的施工现场管理法规和规章,认真管理施工现场。并制定《施工现场创文明安全工地实施细则》、《施工现场文明安全工地管理检查办法》等。

(2)按审核批准的施工总平面图布置和管理施工现场,规范场容。

(3)项目经理应对施工现场场容、文明形象管理作出总体策划和部署,分包人应在项目经理部的指导和协调下,按照分区划块原则,做好分包人施工用地场容、文明形象管理的规划。

(4)经常检查施工项目现场管理的落实情况,听取社会公众、近邻单位的意见,发现问题,及时解决,不留隐患,避免事故再度发生并实施奖惩措施。

(5)接受政府建设行政主管部门的考评机构和企业对建设工程施工现场管理的定期抽查、日常检查、考评和指导。

(6)对施工项目现场的文明施工进行检查和评定,检查评比应贯彻精神鼓励与物质奖励相结合的原则,对优秀的工地授予"文明工地"的称号,对不合格的工地,令其限期整改,甚至予以适当的经济处罚。文明施工的检查、评定一般是按文明施工的要求,按其内容的性质分解为场容、材料、技术、机械、安全、保卫消防和生活卫生等管理分项,分别由有关业务部门列出具体项目,列出检查评分表,逐项检查、评分,根据检查评分结果,确定工地文明施工等级,如文明工地、合格工地或不合格工地等。

(7)加强施工现场文明建设,展示和宣传企业文化,塑造企业及项目经理部的良好形象。

2.场容管理

场容是指施工现场,特别是主现场的现场面貌,包括人口、围护、场内道路、堆场的整齐清洁,也应包括办公室内环境甚至包括现场人员的行为。施工项目的场容管理,实际上是根据施工组织设计的施工总平面图,对施工现场的平面管理。它是保持良好的施工现场秩序,保证交通道路和水电畅通,实现文明施工的前提。它不仅关系到工程质量的优劣,人工材料消耗的多少,而且还关系到生命财产的安全,因此场容管理体现了建筑工地的管理水平和精神状态。

1)施工项目场容管理的要求

(1)设置现场标志牌。施工项目现场要有明显的标志,原则上所有施工现场均应设置围墙,凡设出入口的地方均应设门,以利于管理。在施工现场门头应设置企业名称标志,如"某某市第一建筑公司第二项目部检察院办公楼工地"。在门口旁边明显的地方应设立标牌,标明工程名称、建设单位、施工单位和现场负责人姓名等。在施工现场主要进出口处醒目位置设置施工现场公示牌和施工总平面图,主要有:①工程概况牌,包括工程规模、性质、用途,发包人、设计人、承包人和监理单位的名称,施工起止年月等;②施工总平面图;③安全无重大事故记时牌;④安全生产、文明施工牌;⑤项目主要管理人员名单及项目经理部组织机构图;⑥防火须知牌及防火标志(设在施工现场重点防火区域和场所);⑦安全纪律牌(设在相应的施工部位、作业点、高空施工区及主要通道口)。

(2)依法管理。遵守有关规划、市政、供电、供水、交通、市容、安全、消防、绿化、环保、环卫等部门的法规和政策,接受其监督和管理,尽力避免和降低施工作业对环境的污染及对社会生活正常秩序的干扰。

(3)按施工总平面图管理。严格按照已批准的施工总平面图或单位工程施工平面图划定的位置,井然有序地布置下列设施:施工项目的主要机械设备、脚手架、模板;各种加工厂、棚,如钢筋加工厂、木材加工厂、混凝土搅拌棚等;施工临时道路及进出口;水、汽、电气管线;材料制品堆场及仓库;土方及建筑垃圾;变配电间、消防设施;警卫室、现场办公室;生产、生活和办公用房等临时设施、加工场地、周转使用场地等。

(4)实行现场封闭管理。施工现场实行封闭管理,在现场周边应设置临时维护设施(市区内高度不低于1.8 m),维护材料要符合市容要求;在建工程应采用密闭式安全网全封闭。

(5)实行物料分类管理。

(6)利于现场给水、排水。施工现场的排水工作十分重要,尤其是在雨季,场地排水不畅,会影响施工和运输的顺利进行。

(7)采用流水作业管理。

(8)现场场地管理。

3.环境保护

施工现场的环境保护工作是非常重要的。随着环境的日益恶化,施工现场的环境保护问题日益突出,故应从大局出发,做好施工现场的环境保护工作。

(1)施工现场泥浆、污水未经处理不得直接排入城市排水设施和河流、湖泊、池塘等。

(2)除有符合规定的装置外,不得在施工现场熔化沥青和焚烧油毡、油漆等,亦不得焚烧其他可产生有毒有害烟尘和恶臭气味的废弃物,禁止将有毒有害废弃物做土方回填。

(3)建筑垃圾、渣土应在指定地点堆放,及时运到指定地点清理;高空施工的垃圾和废弃物应采用密闭或其他措施清理搬运;装载建筑材料、垃圾、渣土等散碎物料的车辆应有严密遮挡措施,防止飞扬、撒漏或流溢;进出施工现场的车辆应经常冲洗,保持清洁。

4. 施工障碍物处理要求

(1)在居民区和单位密集区进行爆破作业、打桩作业等施工前,项目经理部除应按规定报告申请批准外,还应将作业计划、影响范围、程度及有关措施等情况,向当地有关的居民和单位通报说明,取得协作和配合。

(2)经过施工现场的地下管线应由发包人(建设单位)在施工前通知承包人(施工单位),标出位置,加以保护。

(3)施工中若发现文物、古迹、爆炸物、电缆等,应当停止施工,保护好现场并及时向有关部门报告,按照有关规定处理后方可继续施工。

(4)施工中需要停水、停电、封路而影响环境时,必须经有关部门批准,事先告示并设标志。

5. 防火保安要求

(1)做好施工现场的保卫工作,采取必要的防盗措施。现场应设立门卫,根据需要设置警卫;施工现场的主要管理人员应佩戴证明其身份的证卡,应采用现场工人人员标识,有条件时可对进出场人员使用磁卡管理。

(2)承包人必须严格按照《中华人民共和国消防条例》的规定,在施工现场建立和执行防火管理制度,现场必须安排消防车出入口和消防道路,设置符合要求的消防设施,保持完好的备用状态。在容易发生火灾的地区或储存、使用易燃易爆器材时,承包人应当采取特殊的消防安全措施。施工现场严禁吸烟,必要时可设吸烟室。

(3)施工现场的通道、消防入口、紧急疏散楼道等,均应有明显标志或指示牌。有高度限制的地点应有限高标志;临街脚手架、高压电缆、起重把杆回转半径伸至街道的,均应设安全隔离棚;在行人、车辆通行的地方施工,应当设置沟、井、坎、穴覆盖物和标志,夜间设置灯光警示标志;危险品库附近应有明显标识及围挡措施,并设专人管理。

(4)施工中需要进行爆破作业的必须经上级主管部门审查批准,并持说明爆破器材的地点、品名、数量、用途和相关的文件、安全操作规程,向所在地县、市公安局申领"爆破物使用许可证",由具备爆破资质的专业人员按有关规定进行施工。

(5)关键岗位和有危险作业活动的人员必须按有关部门规定,经培训、考核后持证上岗。

(6)承包人应考虑规避施工过程中的一些风险因素,向保险公司投施工保险和第三者责任险。

6. 卫生防疫及其他

施工现场应准备必要的医疗保健设施,在办公室内显著地点张贴急救车和有关医院的电话号码;施工现场不宜设置职工宿舍,如须设置应尽量和施工现场分开;现场应设置饮水设施,食堂、厕所要符合卫生要求,根据需要制定防暑降温措施,进行消毒、防毒和注意食品卫生等;施工现场应进行节能节水管理,必要时下达使用指标;参加施工的各类人员都要保持个人卫生,仪表整洁,同时还应注意精神文明,遵守公民社会道德规范,不打架、赌博、酗酒等。

本章小结

本章主要阐述工程项目管理的基本知识。

1. 工程项目管理主要内容包括业主方的项目管理目标与任务、设计方的项目管理目标与任务、施工方的项目管理目标与任务以及监理方的项目管理目标与任务。

2. 常用的组织结构模式包括职能组织结构、线性组织结构和矩阵组织结构等。这几种组织结构模式既可以在企业管理中运用,也可以在建设项目管理中运用。

3. 施工项目经理部是由施工项目经理在施工企业的支持下组建并领导进行项目管理的组织机构。它是施工项目现场管理的一次性具有弹性的施工生产组织机构,负责施工项目从开工到竣工的全过程施工生产经营的管理工作,既是企业某一施工项目的管理层,又对劳务作业层负有管理与服务的双重职能。

4. 施工项目经理是指由建筑业企业法定代表人委托和授权,在建设工程施工项目中担任项目经理责任岗位职务,直接负责施工项目的组织实施,对建设工程施工项目实施全过程、全面负责的项目管理者,他是建设工程施工项目的责任主体,是建筑业企业法定代表人在承包建设工程施工项目上的委托代理人。

5. 施工成本管理的主要任务包括施工成本预测、施工成本计划、施工成本控制、施工成本核算、施工成本分析以及施工成本考核六项内容。

6. 施工成本管理的措施包括组织措施、技术措施、经济措施、合同措施。

7. 工程项目组织实施的管理形式有三种:依次施工、平行施工和流水施工。

8. 施工进度检查的方法通常采用的比较方法有横道图比较法、S 形曲线比较法、香蕉形曲线比较法、前锋线比较法等。

9. 影响工程质量的因素很多,但归纳起来主要有五方面,即人(Man)、材料(Material)、机械(Machine)、方法(Method)、环境(Environment),简称 4M1E 因素。

10. 质量统计的常用方法有调查表法、分层法、排列图法、直方图法、因果分析图法、控制图法 、散布图法 。

11. 施工项目生产要素是指生产力作用于施工项目的各种要素,即形成生产力的各种要素,也可以说是投入施工项目的劳动力、材料、机械设备、技术和资金等诸要素。

12. 施工项目现场管理是指项目经理部按照有关施工现场管理的规定和城市建设管理的有关法规,科学、合理地安排使用施工现场,协调各专业管理和各项施工活动,控制污染,创造文明、安全的施工环境及人流、物流、资金流、信息流畅通的施工秩序所进行的一系列管理工作。

13. 文明施工是指保持施工场地整洁卫生、施工组织科学、施工程序合理的一种施工现象,是现代施工生产管理的一个重要组成部分。通过加强现场文明施工管理,可提高施工生产管理水平,促进劳动生产率的提高和工程成本的降低,促进安全生产,杜绝各种事故的发生,保证各项经济、技术指标的实现。

14. 现场文明施工管理的主要内容包括:场容管理、安全生产管理、环境卫生管理 、环境保护管理、消防保卫管理。

第二篇　基础知识

第五章　力学的基本知识

【学习目标】

1. 掌握力的基本性质,了解静力学公理,会进行力矩、力偶的计算,熟练利用平面力系的平衡方程进行计算。

2. 掌握内力的概念,会利用截面法计算指定截面的内力,掌握桁架组成特点,熟练掌握结点法、截面法计算杆件内力。

3. 了解压杆稳定性的概念,熟练掌握压杆临界力的计算。

建筑物中支承和传递荷载而起骨架作用的部分称为结构。结构是由构件按一定形式组成,结构和构件受荷载作用将产生内力与变形,结构和构件本身具有一定的抵抗变形与破坏的能力,在施工和使用过程中应满足下列两个方面的基本要求:①结构和构件在荷载作用下不能破坏,同时也不能产生过大的形状改变,即保证结构安全正常使用。②结构和构件所用的材料应节约,降低工程造价,做到经济节约。

第一节　平面力系

一、力的基本性质

(一)力和力系的概念

1. 力的概念

力是我们在日常生活和工程实践中经常遇到的一个概念,学习力学应从了解力的概念开始。

力是指物体间的相互机械作用。应该从以下 4 个方面来把握这个定义的内涵:

(1)力存在于相互作用的物体之间。只有在两个物体之间产生的相互作用才是力学中所研究的力,如用绳子拉车子,绳子与车子之间的相互作用就是力学中要研究的力 F(见图 5-1)。

(2)力是可以通过其表现形式被人们看到和观测到的。力的表现形式是:力的运动效果,力的变形效果。

(3)力产生的形式有直接接触和场的作用两种。物体间的相互作用怎样才会产生?

(4)要定量地确定一个力,也就是定量地确定一个力的效果,我们只要确定力的大小、方向、作用点,这称为力的三要素(见图 5-2)。

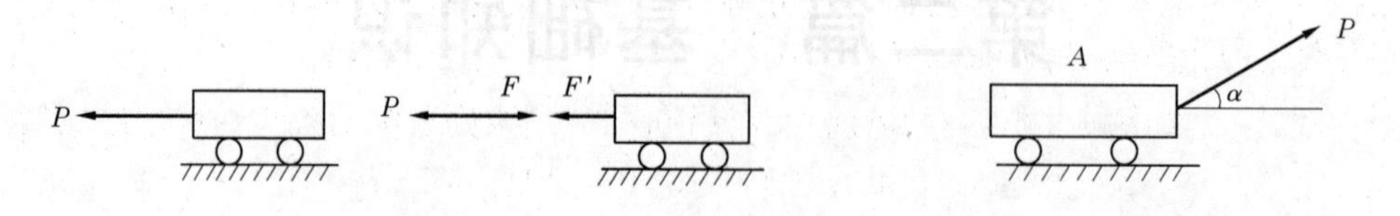

图 5-1 力的图示　　图 5-2 力的三要素

力的大小是衡量力作用效果强弱的物理量,通常用数值或代数量表示。有时也采用几何形式用比例长度表示力的大小。在国际单位制里,力的常用单位为牛(N)或千牛(kN),1 kN = 1 000 N。

力的方向是确定物体运动方向的物理量。力的方向包含两个指标,一个指标是力的指向,也就是图 5-2 中力 P 的箭头。力的指向表示了这个力是拉力(箭头离开物体)还是压力(箭头指向物体)。另一个指标是力的方位,力的方位通常用力的作用线表示,定量地表示力的方位,往往是用力作用线与水平线间夹角 α 表示。

力的作用点是指物体间接触点或物体的重心, 力的作用点是影响物体变形的特殊点。

2. 力系的概念

力系是作用在一个物体上的多个(两个以上)力的总称。

根据力系中各个力作用线位置特点,我们把力系分为:①平面力系,力系中各个力的作用线位于同一平面内;②空间力系,力系中各个力的作用线不在同一平面内。

根据力作用线间相互关系的特点,我们把力系分为:①共线力系,力系中各个力的作用线均在一条直线上。如作用在灯上两个力的作用线在同一条直线上,所以作用于灯上的力系是共线力系。②汇交力系,力系中各个力的作用线或其延长线汇交于一点。如图 5-3(a)所示,力系中各个力的作用线汇交于一点 O,故该力系是汇交力系。③平面一般力系,力系中各个力的作用线无特殊规律。如图 5-3(b)所示,力系中各个力的作用线无规律, 故该力系是平面一般力系。实际上我们可以认为,共线力系和汇交力系均为平面一般力系中的特例,所以在学习力学计算理论时,我们主要注重学习平面一般力系的计算方法。

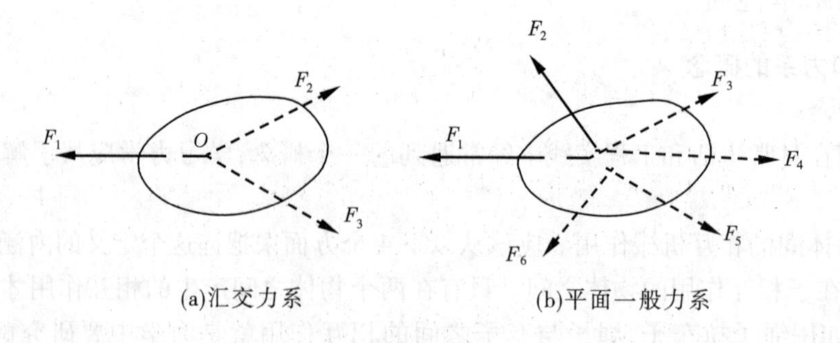

图 5-3 汇交力系和一般力系

(二)静力学公理

1. 二力平衡公理

作用在同一物体上的两个力,使刚体平衡的充分必要条件是:这两个力大小相等,方向相反,作用在同一直线上。

2. 加减平衡力系

在受力刚体上加上或去掉任何一个平衡力系,并不改变原力系对刚体的作用效果。

3. 作用力与反作用力公理

作用力与反作用力大小相等,方向相反,沿同一条直线分别作用在两个相互作用的物体上。

(三)力的合成与分解

1. 力的平行四边形法则

作用在物体同一点的两个分力可以合成为一个合力,合力的作用点与分力的作用点在同一点上,合力的大小和方向由以两个分力为边构成的平行四边形的对角线所确定,即由分力 F_1、F_2 为两个边构成的一个平行四边形,该平行四边形的对角线的大小就是合力 F 的大小,同时还可根据 F_1、F_2 的指向确定出合力 F 的指向,如图 5-4 所示。

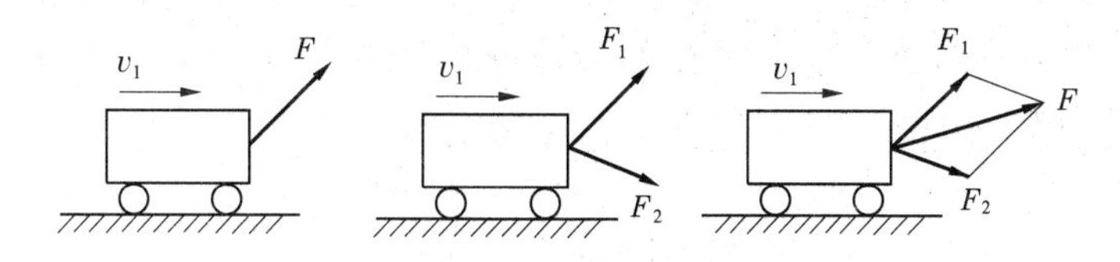

图 5-4　力的合成

2. 力的投影

根据力的平行四边形法则,一个合力可用两个分力来等效,且这两个力的组合有很多种,为了计算的方便,在力学分析中,一个任意方向的力 P,通常分解为水平方向分量 P_x 和竖直方向分量 P_y 后,再进行相关的力学计算。

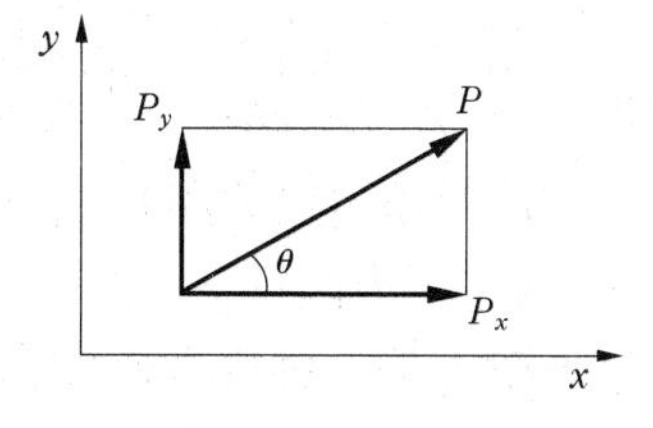

图 5-5　力的分图解

如图 5-5 所示,其中任意方向的力 P 与其分力 P_x、P_y 之间的关系有:

$$P = \sqrt{P_x^2 + P_y^2} \quad \theta = \arctan\frac{P_y}{P_x} \quad P_x = P\cos\theta \quad P_y = P\sin\theta \tag{5-1}$$

二、力矩和力偶的性质

(一)力矩

一个物体受力后,如果不考虑其变形效应,则物体必定会发生运动效应。如果力的作用线通过物体中心,将使物体在力的方向上产生水平移动;如果力的作用线不通过物体中心,物体在产生向前移动的同时,还将产生转动。因此,力可以使物体移动,也可以使物体发生转动。

力矩是描述一个力转动效应大小的物理量。描述一个力的转动效应(即力矩)主要是确定:①力矩的转动平面;②力矩的转动方向;③力矩转动能力的大小。转动平面一般就是计算平面。一个物体在平面内的转动方向只有两种(顺时针转动和逆时针转动),为了区分这两种转动方向,力学上规定顺时针转动的力矩为负号,逆时针转动的力矩为正号。实践证实,力 F 对物体产生的绕 O 点转动效应的大小与力 F 的大小成正比,与 O 点(转动中心)到力作用线的垂直距离(称为力臂)h 成正比。

综合上述概念,可用一个代数量来准确地描述一个力 F 对点 O 的力矩:

$$M_O(F) = \pm F \times h \tag{5-2}$$

式中 $M_O(F)$——力 F 对 O 点产生的力矩;

F——产生力矩的力;

h——力臂,是一条线段,该线段特点是垂直于力作用线、通过转动中心;

O——力矩的转动中心。

力矩转动方向用正、负号表示,力矩转动方向的判断方法:四个手指从转动中心出发,沿力臂及力的箭头指向转动的方向,即为该力矩的转动方向。

(二)力偶

1. 力偶的概念

力偶是指同一个平面内两个大小相等、方向相反、不作用在同一条直线上的两个力。力偶产生的运动效果是纯转动,与力矩产生的运动效果(同时发生移动和转动)是不一样的。

力偶产生转动效应由以下三个要素确定:力偶作用平面、力偶转动方向、力偶矩的大小,称为力偶三要素。力偶作用平面就是计算平面;与力矩转动方向一样,用正、负号来区别逆、顺时针转向;力偶矩是表示一个力偶转动效应大小的物理量,力偶矩的大小与产生力偶的力 F 及力偶臂 h 成正比。综合上述概念,可用一个代数量来准确地描述力偶的转动效应:

$$M = \pm F \times h \tag{5-3}$$

式中 M——力偶矩;

F——产生力偶的力;

h——力偶臂。

力偶方向的判别方法:右手四个手指沿力偶方向转动,大拇指方向为力偶方向。

2. 力偶的性质

力偶具有如下性质(这些性质体现了力偶与力矩的区别):

(1)力偶不能与一个力等效。

(2)只要保持力偶的转向和力偶的大小不变,则不会改变力偶的运动效应。

(3)力偶无转动中心。这条性质是力偶与力矩的主要区别之一。

(4)合力偶矩等于各分力偶的代数和。当一个物体受到力偶系 $m_1, m_2, \cdots, m_n$ 作用时,各个分力偶的作用最终可合成为一个合力偶矩 M。即多个力偶作用在同一个物体上,只会使物体产生一个转动效应,也就是合力偶的效应。合力偶与各分力偶的关系为:

$$M = m_1 + m_2 + \cdots + m_n = \sum_{i=1}^{n} m_i \tag{5-4}$$

式中 M——力偶系的合力偶矩;

$m_1, m_2, \cdots, m_n$——力偶系中的第 1,2,…,n 个分力偶矩。

(三)力的平移原理

作用在刚体上的力可以平移到刚体上任一指定点,但必须同时附加一个力偶,此附加力偶的力偶矩等于原力对指定点之矩。

上述即为力的平移原理。

三、平面力系的平衡方程

(一)平衡力系的平衡条件

平衡力系的平衡条件为:

$$\sum F_x = 0 \quad \sum F_y = 0 \quad \sum M_O(F) = 0 \tag{5-5}$$

上述三式称为平面一般力系的平衡方程。表示力学中所有各力在两个坐标轴上投影的代数和分别等于零,所有各力对于力作用面内任一点之矩的代数和也等于零。

这里应该强调的是:

(1)力系平衡要求这三个平衡条件必须同时成立。有任何一个条件不满足都意味着受力系作用的物体会发生运动,处于不平衡状态。

(2)三个平衡条件是平衡力系的充分必要条件。

(3)由于建筑构件都是受平衡力系作用,所以每个建筑构件的受力均必须满足这三个平衡条件。实际上这三个平衡条件是计算建筑构件未知力的主要依据。

(二)平面一般力系的平衡及简单结构平衡计算

平衡条件中的二矩式表达形式:

$$\sum F_x = 0(\text{或}\sum F_y = 0) \quad \sum M_A = 0 \quad \sum M_B = 0 \tag{5-6}$$

注意,平衡条件二矩式的应用前提是:x 轴(或 y 轴)不垂直于 AB 连线。

平衡条件中的三矩式表达形式:

$$\sum M_A = 0 \quad \sum M_B = 0 \quad \sum M_C = 0 \tag{5-7}$$

注意,平衡条件三矩式的应用前提是:A、B、C 三点不共线。

第二节　静定结构的杆件内力

一、杆件内力的概念

(一)内力计算的一般方法——截面法

根据前面的概念我们知道,一根杆件受到力的作用,一定会产生力的效果,即杆件受力后会产生运动和变形,由于在建筑力学范围内,杆件都是平衡的,也就是说,研究的杆件运动效应为零,所以我们可以肯定,平衡力系作用下的杆件虽然不会产生运动,但一定会产生变形。杆件为什么会产生变形?

当杆件受到外力 P 作用后,杆件产生的变形效应导致 A、B 两点间距离由 L_1 变为 L_2,这就是两个点之间受力后变形的情形。

杆件内部的应力一般都是计算正应力 σ 和剪应力 τ。

应力的单位是帕斯卡,简称帕,符号为 Pa。工程实际中应力数值较大,常用兆帕(MPa)或吉帕(GPa)作单位。1 MPa $=10^6$ Pa,1 GPa $=10^9$ Pa。

截面法计算内力的步骤可归纳如下:

(1)截开。在需求内力的截面处用假想的截面将杆件截开,分成两个部分。

(2)代替。将两部分中的任一部分留下,并把弃去部分对留下部分的作用代之以在截

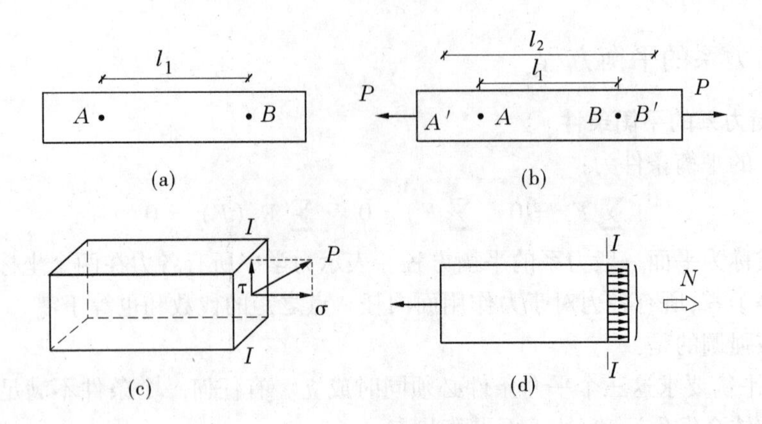

图 5-6　内力示意图

面上的内力。

(3)平衡。对留下的部分建立平衡方程,根据其上的已知外力来计算杆在截开面上的未知内力,应该注意,截开面上的内力对留下部分而言也属外力了。

(二)轴力图画法

为了表明各横截面上轴力随横截面位置而变化的情况,可按选定的比例尺,用平行于杆轴线的坐标表示横截面的位置,并用垂直于杆轴线的坐标表示横截面上轴力的数值,从而绘出表示轴力与截面位置关系的图形,此即所谓轴力图。

习惯上将正值的轴力画在杆轴线的上侧,负值的轴力画在杆轴线的下侧。

由轴力图可以确定杆件中的最大轴力及其所在截面,如果再结合杆件横截面的变化情况,便可以确定杆件的危险截面,从而进行杆件的强度计算。另外,还可以利用轴力图作杆件的变形和位移的计算。

第三节　静定桁架的内力分析

一、桁架的特点和组成分类

(一)概述

桁架是由直杆组成的,所有结点均为铰结点的结构。

桁架是若干直杆两端用铰连接而成的几何不变体系,如图 5-7(a)所示。在桁架的计算简图中,通常作下述三条规定:

(1)各杆在结点处都是用光滑无摩擦的理想铰连接。

(2)各杆轴线均为直线,并通过轴心。

(3)荷载和支座反力都作用在结点上,并通过铰心。

凡是符合上述假定的桁架称为理想桁架,理想桁架的各杆内力只有轴力。从图 5-7(a)中任取一杆如图 5-7(b)所示,由于杆件只在两端受力,因此要使杆件平衡,此二力就必须平衡,即大小相等,方向相反,并共同作用于杆轴线,故杆件只产生轴力。

实际工程中,将桁架考虑成只受轴力的杆件,经实际检验,可以满足实际工程的要求。

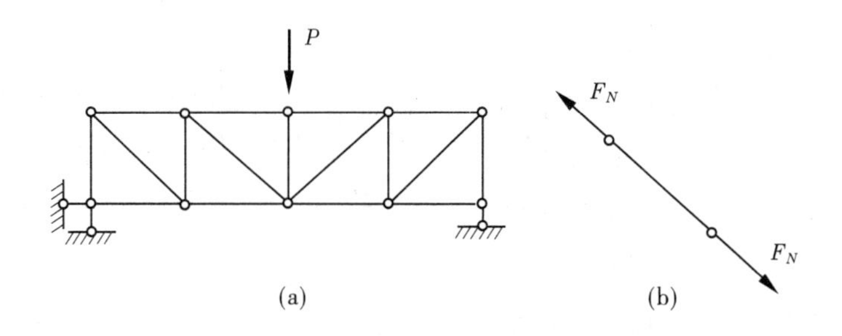

图 5-7　理想桁架

（二）桁架的几何组成及分类

桁架的杆件包括弦杆和腹杆两类。弦杆分为上弦杆和下弦杆。腹杆则分为竖杆和斜杆。弦杆上相邻两结点的距离 d 称为节间距离。两支座间的水平距离 l 称为跨度。支座连线至桁架最高点的距离 H 称为桁架高度，或称桁高（见图 5-8）。桁高与跨度之比称为高跨比，屋架常用高跨比为 1/2 ~ 1/6，桥梁的高跨比常为 1/6 ~ 1/10。

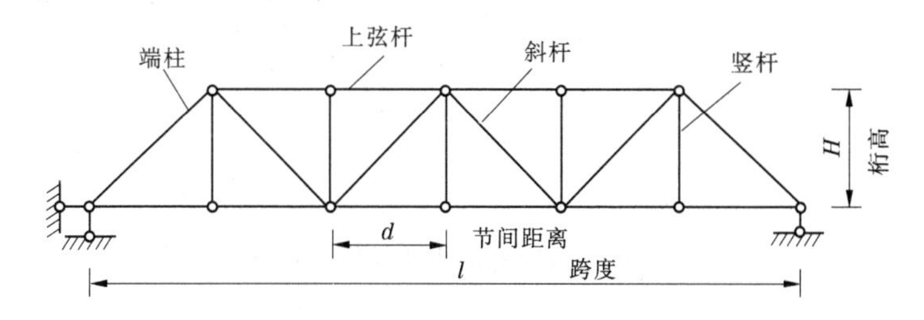

图 5-8　桁架组成

二、平面桁架的数解法

用数解法，对桁架进行内力分析，通常先求出桁架的支反力（悬臂梁桁架可除外），然后用假想的截面将桁架截开，并取出一部分作为隔离体，最后考虑隔离体的静力平衡条件求解杆件轴力。由于所截取的隔离体可能形成两类力系，因此桁架内力数解法也有结点法和截面法之分，下面分别进行介绍。

（一）结点法

所谓结点法，就是用一闭合截面截取桁架的某一结点为隔离体，然后根据该结点的平衡条件建立平衡方程，从而求出未知的杆件轴力。

利用某些结点平衡的特殊情况，常可使计算简化，现列举几种特殊结点如下：

（1）两杆结点上无荷载作用时如图 5-9（a）所示，两杆的内力都等于零。凡内力等于零的杆件即简称为零杆。

（2）两杆结点上有荷载，且荷载沿某个杆件方向作用时如图 5-9（b）所示，则另一杆件为零杆。

（3）三杆结点上无荷载作用时，若其中有两杆在一直线上，如图 5-9（c）所示，则另一杆必为零杆，而在同一直线上的两杆内力相等，且性质相同。

（4）四杆结点无荷载作用 L 且杆件两两共线，则共线杆件的轴力两两相同，如图 5-9（d）所示。

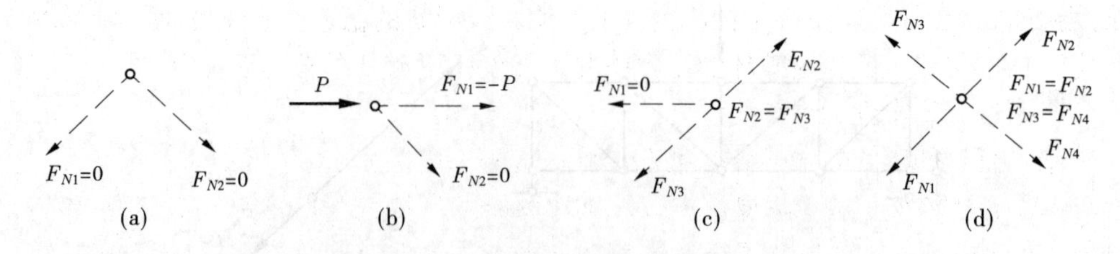

图 5-9　桁架简化计算示意图(一)

上述结论都可根据适当的投影方程得出。例如,对于情况(b),取垂直于 F_{N1} 的方向作 y 轴,则由 $\sum F_y = 0$ 可知 $F_{N2} = 0$。

应用上述结论,容易看出图 5-10 中虚线所示的各杆均为零杆。

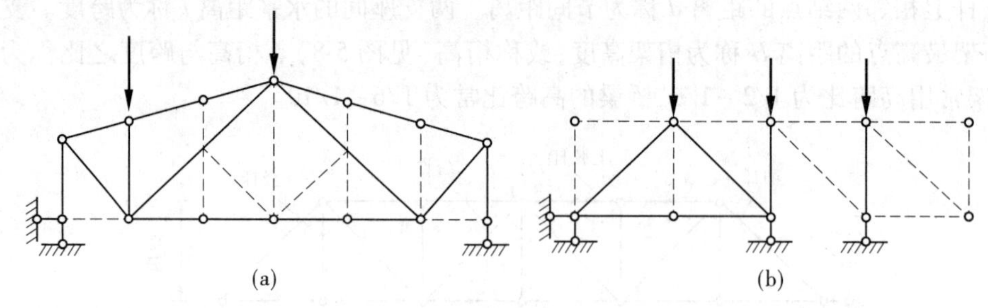

图 5-10　桁架简化计算示意图(二)

(二)截面法

当所截取的脱离体中包含两个或两个以上结点,需要建立平面任意力系的平衡方程才能求出杆件内力的方法,称为截面法。

若隔离体上未知力数目不多于三个,且它们既不相交于一点,也不平行的话,则可以利用平面一般力系的三个平衡方程直接把这一截面上的全部未知力求出。

截面法适用于联合桁架的计算以及简单桁架中只需求出少数指定杆件内力的情况。

第四节　压杆稳定

受轴向压力作用的杆件在工程上称为压杆。如桁架中的受压上弦杆、厂房的柱子等。

实践表明,对承受轴向压力的细长杆,杆内的应力在没有达到材料的许用应力时,就可能在任意外界的扰动下发生突然弯曲甚至导致破坏,致使杆件或由之组成的结构丧失正常功能。杆件的破坏不是由于强度不够而引起的,这类问题就是压杆稳定性问题。所以,在设计杆件(特别是受压杆件)时,除进行强度计算外,还必须进行稳定性计算,以满足其稳定条件。

一、压杆稳定的概念

轴向受压杆的承载能力是依据强度条件 $\sigma = \frac{F_N}{A} \leqslant [\sigma]$ 确定的。但在实际工程中发现,许多细长的受压杆件的破坏是在没有发生强度破坏条件下发生的。细长受压杆突然破坏,与强度问题完全不同,它是由于杆件丧失了保持直线形状的稳定而造成的,这类破坏称为丧失稳定。杆件招致丧失稳定破坏的压力比发生强度不足破坏的压力要小得多。因此,对细长压杆必须进行稳定性的计算。

一细长直杆如图 5-11 所示,在杆端施加一个逐渐增大的轴向压力 F。

(1)当压力 F 小于某一临界值 F_{cr}时,压杆可始终保持直线形式的平衡,即在任意小的横向干扰力作用下,压杆发生了微小的弯曲变形而偏离其直线平衡位置,但当干扰力除去后,压杆将在直线平衡位置左右摆动,最终又回到原来的直线平衡位置。这表明,压杆原来的直线平衡状态是稳定的,称压杆此时处于稳定平衡状态。

(2)当压力 F 增加到临界值 $F=F_{cr}$时,压杆在横向力干扰下发生弯曲,但当除去干扰力后,杆就不能再恢复到原来的直线平衡位置,而保持为微弯状态下新的平衡,其原有的平衡就称为随遇平衡或临界平衡。

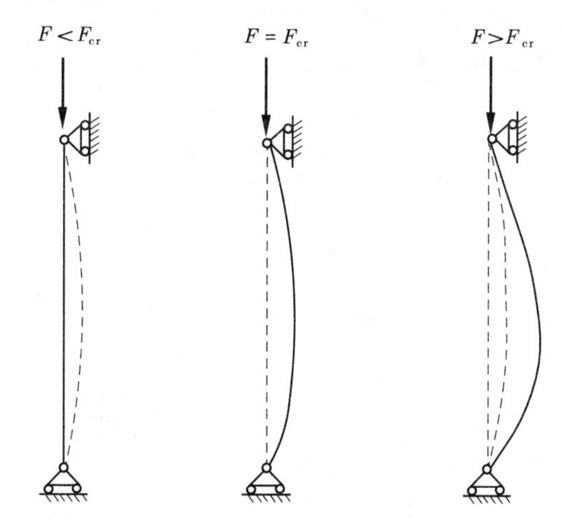

图 5-11　细长杆受压的三种状态

(3)若继续增大 F 值,使 $F>F_{cr}$,只要受到轻微的横向干扰,压杆就会屈曲,将横向干扰力去掉后,压杆不仅不能恢复到原来的直线状态,还将在弯曲的基础上继续弯曲,从而失去承载能力。因此,称原来的直线形状的平衡状态是非稳定平衡。压杆从稳定平衡状态转变为非稳定平衡状态,称为丧失稳定性,简称失稳。

通过上述分析可知,压杆能否保持稳定平衡,取决于压力 F 的大小。随着压力 F 的逐渐增大,压杆就会由稳定平衡状态过渡到非稳定平衡状态。压杆从稳定平衡过渡到非稳定平衡时的压力称为临界力,以 F_{cr}表示。临界力是判别压杆是否会失稳的重要指标。

细长压杆的轴向压力达到临界值时,杆内应力往往不高,远低于强度极限(或屈服极限),就是说,压杆因强度不足而破坏之前就会失稳而丧失工作能力。失稳造成的破坏是突然性的,往往会造成严重的事故。应该指出的是,不仅压杆会出现失稳现象,其他类型的构件,如梁、拱、薄壁筒、圆环等也存在稳定性问题。这些构件的稳定性问题比较复杂,这里不予讨论。

二、细长压杆的临界力公式

稳定计算的关键是确定临界力 F_{cr},当轴向压力达到临界值 F_{cr}时,在轻微的横向干扰解除之后,压杆将保持其微弯状态下的平衡。下面就从压杆的微弯状态入手,讨论两端铰支细长压杆的临界力计算公式。

(一)两端铰支压杆的临界力

一轴向压力 F 达到临界力 F_{cr},在微弯状态下保持平衡的两端铰支压杆。

压杆在微弯状态下平衡的最小压力,即临界压力

$$F_{cr}=\frac{\pi^2 EI}{L^2} \tag{5-8}$$

该式即为两端铰支细长杆的临界压力计算公式,又称为欧拉公式。

应注意的是,杆的弯曲必然发生在抗弯能力最小的平面内,所以式(5-8)中的惯性矩 I 应为压杆横截面的最小惯性矩。

(二)其他支承形式压杆的临界力

对于其他支承形式压杆,也可用同样的方法导出其临界力的计算公式。根据杆端约束的情况,工程上常将压杆抽象为四种模型,如表 5-1 所示,它们的临界力在这里就不再一一推导,只给出结果。

表 5-1　压杆的长度系数

杆端约束	两端铰支	一端铰支 一端固定	两端固定	一端固定 一端自由
失稳时挠曲线形状	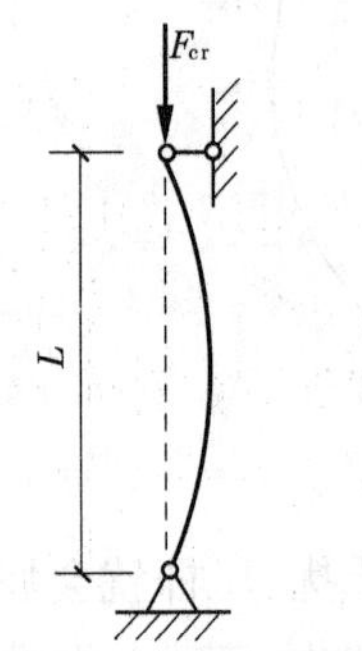 F_{cr}, L	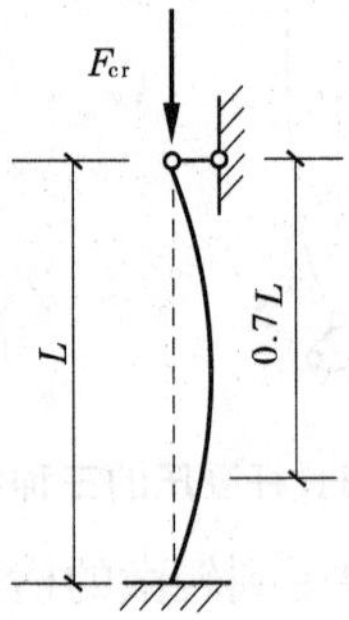 F_{cr}, L, $0.7L$	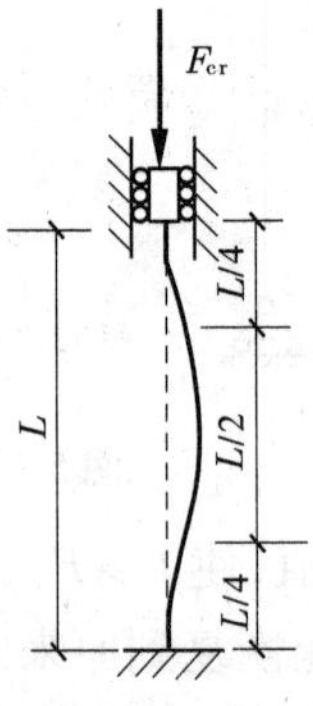 F_{cr}, L, $L/4$, $L/2$, $L/4$	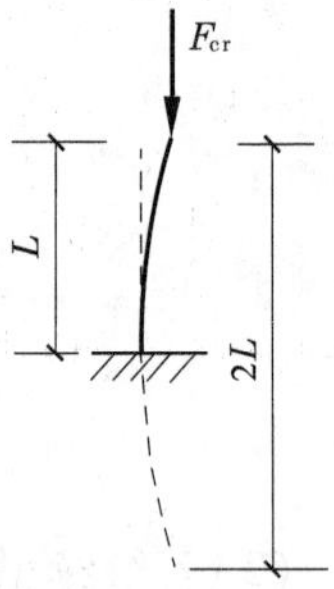 F_{cr}, L, $2L$
临界力	$F_{cr}=\frac{\pi^2 EI}{L^2}$	$F_{cr}=\frac{\pi^2 EI}{(0.7L)^2}$	$F_{cr}=\frac{\pi^2 EI}{(0.5L)^2}$	$F_{cr}=\frac{\pi^2 EI}{(2L)^2}$
长度因数	$\mu=1$	$\mu=0.7$	$\mu=0.5$	$\mu=2$

应当指出的是,工程实际中压杆的杆端约束情况往往比较复杂,应对杆端支承情况作具体分析,或查阅有关的设计规范,定出合适的长度因数。

将以上 4 个临界压力计算公式作一比较,可以看出,它们的形式相似,只是分母中 L 前的系数不同,因此可以写成统一形式的欧拉公式:

$$F_{cr}=\frac{\pi^2 EI}{(\mu L)^2} \tag{5-9}$$

式中　L——压杆的实际长度;

μ——长度因数,反映了杆端支承对临界力的影响;

μL——计算长度或相当长度。

【例题 5-1】 如图 5-12 所示细长压杆的两端为球形铰,弹性模量 $E=200$ GPa,截面形状为圆形截面,$d=63$ mm,18 号工字钢。杆长为 $L=2$ m,试利用欧拉公式分别计算其临界荷载。

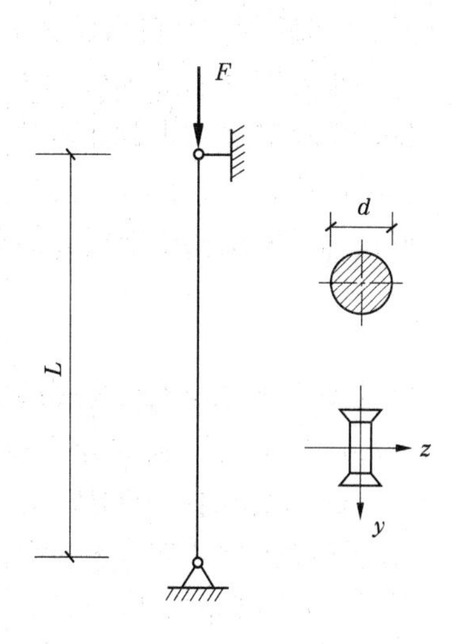

图 5-12

解:因压杆两端为球形铰,故 $\mu=1$。现分别计算两种截面杆的临界力。

(1)圆形截面杆:

$$F_{cr}=\frac{\pi^2 EI}{(\mu L)^2}=\frac{\pi^3 Ed^4}{64l^2}=\frac{\pi^3\times 200\times 10^9\times 63^4}{64\times(2\times 10^3)^2}$$

$$=381\ 014(\mathrm{N})\approx 381.014\ \mathrm{kN}$$

(2)工字形截面杆:

对压杆为球铰支承的情况,应取 $I=I_{\min}=I_y$。由型钢表查得

$$I_y=122\ \mathrm{cm}^4=122\times 10^4\mathrm{mm}^4$$

$$F_{cr}=\frac{\pi^2 EI}{(\mu L)^2}=\frac{\pi^3\times 200\times 10^3\times 122\times 10^4}{1\times(2\times 10^3)^2}=602\ 045.9(\mathrm{N})\approx 602.05\ \mathrm{kN}$$

(三)欧拉公式的适用范围与经验公式

1. 临界应力

将临界力 F_{cr} 除以压杆的横截面面积 A,得压杆的临界应力

$$\sigma_{cr}=\frac{F_{cr}}{A}=\frac{\pi^2 EI}{(\mu L)^2 A} \tag{1}$$

式中:I 和 A 都是与截面尺寸有关的几何量,在工程计算中,常将比值 I/A 表示为

$$i=\sqrt{\frac{I}{A}} \tag{2}$$

i 称为惯性半径。将 i 代入式(1),得

$$\sigma_{cr}=\frac{\pi^2 E}{(\frac{\mu L}{i})^2} \tag{3}$$

令

$$\lambda=\frac{\mu L}{i} \tag{5-10}$$

则细长杆的临界应力可表达为

$$\sigma_{cr}=\frac{\pi^2 E}{\lambda^2} \tag{5-11}$$

式(5-11)称为欧拉临界应力公式,式中 λ 称为长细比或柔度,表示压杆的细长程度。式(5-11)表明,λ 值越大,临界应力 σ_{cr} 越小,压杆就容易失稳;反之,λ 值越小,临界应力 σ_{cr} 越大,压杆能承受较大的压力。

2. 欧拉公式的适用范围

因为欧拉公式是从挠曲线近似微分方程导出的,而该微分方程成立的前提条件为材料必须服从胡克定律,因此公式(5-11)的适用范围是

$$\sigma_{cr} = \frac{\pi^2 E}{\lambda^2} \leqslant \sigma_P$$

或

$$\lambda \geqslant \sqrt{\frac{\pi^2 E}{\sigma_P}}$$

若用 λ_P 表示对应于 $\sigma_C = \sigma_P$ 时的柔度值,即令

$$\lambda_P = \sqrt{\frac{\pi^2 E}{\sigma_P}} \tag{5-12}$$

λ_P 是判断欧拉公式能否应用的柔度,称为判别柔度。欧拉公式的适用范围用柔度表示又可改写为

$$\lambda \geqslant \lambda_P \tag{5-13}$$

对于 Q235A 钢,$E = 206$ GPa,$\sigma_P = 200$ GPa,其判别柔度 λ_P 为

$$\lambda_P = \pi \sqrt{\frac{200 \times 10^3}{200}} \approx 100$$

因此,用 Q235A 钢制成的压杆,只有当 $\lambda \geqslant 100$ 时,才能应用欧拉公式计算临界应力和临界力。$\lambda \geqslant \lambda_P$ 的压杆称为大柔度杆或细长杆。

3. 欧拉经验公式

当压杆的柔度 λ 小于 λ_P 时,σ_{cr} 已大于 σ_P,材料已进入非弹性范围。工程中对这类压杆的临界应力的计算,通常采用建立在试验基础上的经验公式,主要有直线公式和抛物线公式两种。这里仅介绍直线公式,其形式为

$$\sigma_{cr} = a - b\lambda \tag{5-14}$$

式中:a 和 b 是与材料有关的常数。例如对 Q235A 钢制成的压杆,$a = 304$ MPa、$b = 112$ MPa。其他材料的 a 和 b 的数值可以查阅有关手册得到,表 5-2 给出一些常用材料的 a、b 值。

柔度很小的粗短杆,其破坏主要是应力达到屈服应力 σ_s 或强度极限 σ_b 所致,其本质是强度问题,因此对于塑性材料制成的压杆,按经验公式求出的临界应力最高值只能等于屈服极限 σ_s。

表 5-2 直线经验公式的 a、b 值

材料	a(MPa)	b(MPa)	材料	a(MPa)	b(MPa)
Q235 钢筋	304	1.12	铸铁	332.2	1.454
优质碳钢	461	2.568	强铝	373	2.15
硅钢	578	3.744	松木	28.7	0.19
铬钼钢	980.7	5.296			

设相应的柔度为 λ_s,则:

$$\lambda_s = \frac{a - \sigma_s}{b} \tag{5-15}$$

λ_s 是应用直线公式的最小柔度值。对屈服应力为 $\sigma_s = 235$ MPa 的 Q235A 钢,$\lambda_s \approx 62$。

柔度介于 λ_P 与 λ_s 之间的压杆称为中柔度杆或中长杆。$\lambda < \lambda_s$ 的压杆称为小柔度杆或粗短杆。

由以上讨论可知,压杆按其柔度值可分为三类,分别应用不同的公式计算临界应力。对于柔度大于等于 λ_P 的细长杆,应用欧拉公式;柔度介于 λ_P 和 λ_s 之间的中长杆,应用经验公式;柔度小于 λ_s 的粗短杆,应用强度条件计算。

图 5-13 表示临界应力 σ_{cr} 随压杆柔度 λ 变化的图线,称为临界应力总图。

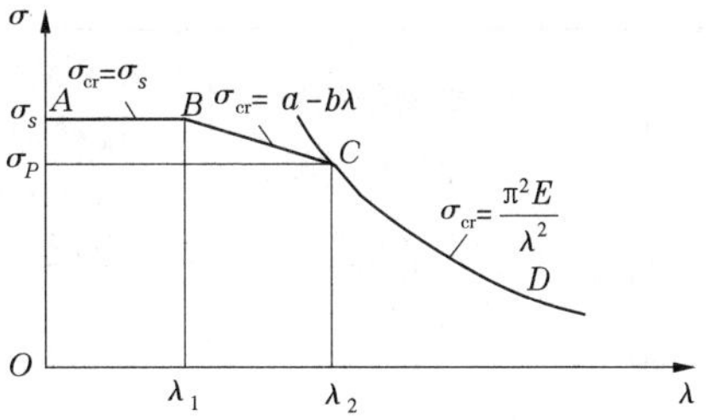

图 5-13　临界应力总图

三、压杆稳定计算

(一)稳定安全系数法

为保证压杆有足够的稳定性,要求实际载荷不超过临界压力,并且有必要的稳定储备。压杆的稳定条件为

$$F \leqslant [F]_{st} = \frac{F_{cr}}{n_{st}} \tag{5-16}$$

或

$$\sigma = \frac{F}{A} \leqslant \frac{\sigma_{st}}{n_{st}} = [\sigma]_{st} \tag{5-17}$$

式中　F——压杆承受的压力;

σ——压杆在直线平衡位置时横截面上的正应力,称为工作应力;

$[F]_{st}$——稳定许用压力;

$[\sigma]_{st}$——稳定许用应力;

n_{st}——稳定安全系数。

(二)折减系数法

实际工程中,常将变化的稳定许可应力$[\sigma_{cr}]$改为用强度许可应力$[\sigma]$来表示稳定条件。令

$$\varphi = \frac{[\sigma_{cr}]}{[\sigma]}$$

φ 为折减系数,$\varphi<1$,随 λ 而变化,表 5-3 为几种常见材料的 φ 系数,计算时可查用。压杆的稳定条件可用折减系数 φ 与强度许可应力$[\sigma]$表达为:

$$\sigma = \frac{F}{A} \leqslant \varphi[\sigma] \tag{5-18}$$

表 5-3　几种常用材料受压杆的 φ 系数

λ	碳素结构钢 Q215、Q235	低合金高强度结构钢 Q345B	灰铸铁 HT150	木材	混凝土
0	1.000	1.000	1.00	1.000	1.00
20	0.981	0.973	0.91	0.932	0.96
40	0.927	0.895	0.69	0.822	0.83
60	0.842	0.776	0.44	0.658	0.70

续表 5-3

λ	碳素结构钢 Q215、Q235	低合金高强度结构钢 Q345B	灰铸铁 HT150	木材	混凝土
70	0.789	0.705	0.34	0.575	0.63
80	0.731	0.627	0.26	0.460	0.57
90	0.669	0.546	0.20	0.371	0.46
100	0.604	0.462	0.16	0.300	
110	0.536	0.384		0.248	
120	0.466	0.325		0.209	
130	0.401	0.279		0.178	
140	0.349	0.242		0.153	
150	0.306	0.213		0.134	
160	0.272	0.188		0.117	
170	0.243	0.168		0.102	
180	0.218	0.151		0.093	
190	0.197	0.136		0.083	
200	0.180	0.124		0.075	

(1)如已知压杆的长度、两端支承情况、材料、截面及荷载,则可验算压杆是否满足稳定条件。

【例题 5-2】 一钢管支柱,长 $L=2.7$ m,两端铰支。截面尺寸为 $D=105$ mm,内径 $d=88$ mm,材料采用 Q235 钢,许可应力 $[\sigma]=160$ MPa。已知承受轴向压力 $F=285$ kN,试校核该柱的稳定性。

解:两端铰支压杆,$\mu=1$

截面惯性矩 $I=\frac{\pi}{64}(D^4-d^4)=\frac{\pi}{64}(105^4-88^4)=302\times10^4(\mathrm{mm}^4)$

截面面积 $A=\frac{\pi}{4}(D^2-d^2)=\frac{\pi}{4}(105^2-88^2)=25.8\times10^2(\mathrm{mm}^2)$

惯性半径 $i=\sqrt{\frac{I}{A}}=\sqrt{\frac{302\times10^4}{25.8\times10^2}}=34.2(\mathrm{mm})$

长细比 $\lambda=\frac{\mu L}{i}=\frac{1\times2.7\times10^3}{34.2}=78.9$

查表 $\varphi=0.731$

$$\sigma=\frac{F}{A}=\frac{285\times10^3}{25.8\times10^2}=110.5\left(\frac{\mathrm{N}}{\mathrm{mm}^2}\right)=110.5\ \mathrm{MPa}$$

$$\varphi[\sigma]=0.731\times160=117(\mathrm{MPa})>110.5\ \mathrm{MPa}$$

该柱满足稳定条件。

(2)如已知压杆的长度、两端支承情况、材料及荷载,则可计算压杆截面尺寸。

由式(5-18)得:

$$A \geqslant \frac{F}{\varphi[\sigma]}$$

要计算出 A,需先计算 λ,再查 φ,但在截面尺寸未确定的情况,无法确定 λ,也无法查出 φ。因此,在工程中常采用试算法进行截面选择,其步骤为:

①先假设一适当的 φ_1 值(常取 $\varphi_1 = 0.5 \sim 0.6$),定出截面尺寸 A_1。

②根据 A_1 计算查得相应 φ_1',与 φ_1 比较。若 φ_1' 与 φ_1 相接近,则对所选截面进行稳定校核;若 φ'_1 与 φ_1 相差较大,可再设 $\varphi = \frac{\varphi_1 + \varphi'_1}{2}$,重复上述步骤,直至求得的与 φ'_n 值接近为止。

(3)如已知压杆的长度、两端支承情况、材料及截面尺寸,由稳定条件计算压杆所能承受的最大荷载值,即许用荷载。

$$[F] = A[\sigma]\varphi$$

四、提高压杆稳定性的措施

压杆临界力的大小,反映压杆稳定性的高低。所以,提高压杆稳定性主要在于提高压杆的临界应力,而临界应力与材料的弹性模量、横截面尺寸和形状、压杆的长度、两端约束情况等有关。

(一)选择适当的材料

对于细长压杆,由欧拉公式可知,临界应力 σ_{cr}与材料的弹性模量 E 成正比。所以,采用 E 值大的材料,压杆的稳定性大。

(二)选择合理的截面形状

长细比 λ 与惯性半径 i 成反比,要提高压杆的稳定性,应设法提高截面的惯性半径 i。由于 $i = \sqrt{\frac{I}{A}}$,所以在截面面积 A 不增加的情况下,要尽量增大截面惯性矩 I,应尽可能使材料远离截面形心。

当压杆两端在各方向具有相同的支承情况时,失稳将发生在最小刚度平面内。为充分发挥压杆的承载能力,应尽可能使各方向的惯性矩相同,以保证压杆在各个方向的稳定性基本相同。如采用圆形、方形截面。

当压杆两端在两个弯曲平面内的支承情况不同,则可采用两个方向惯性矩不同的截面,与相应的支承情况对应。如采用矩形、工字形截面。

(三)改善支承情况,加强杆端约束

因长度系数 μ 与支承情况有关。由表 5-1 可知,压杆两端支承越牢固,长度因数 μ 值就越小,相应的临界力越大。所以,增强杆端约束,可以提高压杆的稳定性。

(四)适当布置支承,减小压杆的长度

压杆临界力与杆长平方成反比,所以减小压杆的长度可降低压杆长细比,提高压杆稳定性。在条件允许的情况下,应尽可能使压杆的长度减小,或在压杆中间增加支座,也能起到

有效作用。

本章小结

1. 力是指物体间的相互机械作用。

应该从以下四个方面来把握这个定义的内涵:

(1)力存在于相互作用的物体之间;

(2)力的表现形式是:①力的运动效果,②力的变形效果;

(3)力产生的形式有直接接触和场的作用两种形式;

(4)要定量地确定一个力,也就是定量地确定一个力的效果,我们只要确定力的大小、方向、作用点,这称为力的三要素。

2. 力学中所讲的材料都是理想材料,各种材料都是连续、均匀、各向同性的变形固体,且建筑力学主要研究弹性体在弹性范围内的小变形问题。

3. 力 P 与其分力 P_x、P_y 之间的关系有:$P=\sqrt{P_x^2+P_y^2}$、$\theta=\arctan\dfrac{P_y}{P_x}$、$P_x=P\cos\theta$、$P_y=P\sin\theta$。

4. 力系合力 F 的大小为:$F=\sqrt{F_x^2+F_y^2}$,力系合力 F 与 X 轴的夹角 θ 为:

$\theta=\arctan\dfrac{F_y}{F_x}$;其中:$F_x=\sum X_i$;$F_y=\sum y_i$。

5. 力 F 对点 O 的力矩为:$M_O(F)=\pm F\times h$。

6. 力偶具有如下性质:①力偶不能与一个力等效。这条性质还可以表述为力偶无合力,或者说力偶在任何坐标轴上均无投影(投影为 O)。②只要保持力偶的转向和力偶的大小不变,则不会改变力偶的运动效应;同一平面内两个力偶如果它们的转向和大小相同,则此两个力偶为等效。③力偶无转动中心。④合力偶矩等于各分力偶的代数和。当一个物体受到力偶系 m_1、m_2、…、m_n 作用时,各个分力偶的作用最终可合成为一个合力偶矩 M。合力偶与各分力偶的关系为:$M=m_1+m_2+\cdots+m_n=\sum m_i$。

7. 平衡力系的平衡条件为:$\sum F_x=0$;$\sum F_y=0$;$\sum M_O=0$(一矩式);或 $\sum F_x=0$(或 $\sum F_y=0$);$\sum M_A=0$;$\sum M_B=0$(二矩式)或 $\sum M_A=0$;$\sum M_B=0$;$\sum M_C=0$(三矩式)。

8. 平衡条件表达式选择原则:①计算的力系中有几个未知力作用线汇交点,取几矩式;②力矩表达式中的转动中心应取未知力的汇交点。

9. 结构或外伸结构支座反力计算规律是:$X_A=\sum X$;$Y_A=\dfrac{\sum M_B}{l}$。

10. 支座的支座反力及杆件内力计算规律是:$X_A=\sum X,Y_A=\sum Y$;$M_A=\sum M_A$。

11. 轴力计算。在轴向拉伸或轴向压缩的杆件中,由于外力的作用,在横截面上将产生的内力是轴向力(简称轴力),一般用 N 表示。轴力的作用线与杆轴一致(即垂直于横截面,并且通过形心)。当杆件受拉伸时,轴力方向背离横截面,称为轴向拉力;当杆件受压缩时,轴力方向指向横截面,称为轴向压力。拉力为正,压力为负。

12. 应熟练掌握截面法计算截面上的内力,应遵循预设为正的原则。当杆件受到多个轴向外力作用时,在杆件的不同段内将有不同的轴力,为了表明杆内的轴力随截面位置的改变而变化的情况，最好画出轴力图。

13. 所谓轴力图，就是用平行于杆件轴线的坐标表示横截面的位置，并用垂直于杆件轴线的坐标表示横截面上轴力的数值，从而绘出表示轴力沿杆轴变化规律的图线，即轴力图。由轴力图可确定杆件中的最大轴力及其所在截面，如果再结合杆件横截面的变化情况，便可以确定杆件的危险截面，从而进行杆件的强度计算；另外，还可以利用轴力图作杆件变形和位移的计算。

14. 桁架分简单桁架、联合桁架和复杂桁架，无论哪一类桁架在结点力作用下桁架杆件只承受轴力。凡是只有两个未知力的结点或有单杆的结点，都可以用结点法计算；凡是能引一个截面，只含3个未知量，或除一个未知量外，其他未知量均平行或相交于一点，都可用截面法计算；有零杆的要先去掉零杆。

15. 学习压杆稳定时，首先要准确地理解压杆稳定性的概念，弄清压杆“稳定”和“失稳”是指压杆直线形式的平衡状态是稳定的还是不稳定的。

16. 压杆临界力 F_{cr} 的计算是本章的重点，欧拉公式是计算细长杆临界力的基本公式。应用此公式时，需注意它的适用范围，可用欧拉公式计算临界力和临界应力分别为：

临界力 $F_{cr}=\dfrac{\pi^2 EI}{(\mu L)^2}$

临界应力 $\sigma_{cr}=\dfrac{\pi^2 E}{\lambda^2}$

式中：μ 为长度系数，反映了杆端支承对压杆临界力的影响，在计算压杆的临界力时，应根据支承情况选用相应的长度系数；λ 为压杆的柔度，其计算公式为 $\lambda=\dfrac{\mu L}{i}$，λ 值越大，压杆越易失稳。

17. 对于中长压杆，可用经验公式计算。至于短粗压杆，则属于强度问题，不按稳定计算。

18. 稳定性的计算方法有安全系数法和折减系数法，可以进行压杆的稳定性校核、设计横截面尺寸和确定许用荷载等三类计算。在工程设计中，为了计算的需要和方便，稳定性的计算常采用折减系数法。

19. 为了工程结构的安全，常需采取措施提高压杆的稳定性，合理选择材料、选择合理的截面形状、改善支承情况、减小压杆的长度等都是提高压杆稳定性的有效措施。

第六章　建筑构造、结构、设备的基本知识

【学习目标】

(一)建筑构造的基本知识

1. 掌握民用建筑的组成、各组成部分的作用。

2. 掌握基础与地基的作用及分类。

3. 了解墙体的组成、承重方案。

4. 掌握砖墙的细部构造,掌握地下室的组成及其防潮、防水处理。

5. 掌握楼地层的作用、组成和类型,楼地面的构造,顶棚的构造,阳台和雨棚的构造。

6. 了解楼梯的作用、组成及分类,室外台阶及坡道的构造要求。

7. 掌握楼梯的尺度要求、钢筋混凝土楼梯的构造要求。

8. 了握门窗的作用及分类。

9. 掌握门窗的组成及安装。

10. 了解屋顶的作用及类型。

11. 掌握平屋顶、坡屋顶的构造做法。

12. 了解变形缝的概念和设置原则,掌握变形缝的构造做法。

13. 了解饰面装修的作用、类型,掌握不同饰面装修的构造要求。

14. 了解工业建筑的概念、特点和分类。

15. 熟悉单层工业厂房的定位轴线及构件组成、单层工业厂房的构造。

(二)建筑结构的基本知识

熟悉建筑结构的概念和建筑结构的分类情况;理解结构的作用、作用效应以及结构的抗力的概念;掌握荷载的分类情况;理解建筑结构的基本设计原则;理解建筑结构的功能要求、极限状态以及可靠度的基本概念;掌握钢筋的品种和级别;理解混凝土的各种强度指标的概念;理解钢筋和混凝土共同工作的原理;掌握钢筋混凝土梁与板的基本构造要求;掌握钢筋混凝土受压构件——钢筋混凝土柱的相关构造要求;了解钢筋混凝土构件受拉和受扭的基本构造要求;理解单向板和双向板的划分方法;掌握单向板肋梁楼盖的结构平面布置及构造要求;了解框架结构的优缺点、框架结构的组成及框架结构的分类;掌握框架梁、框架柱和框架节点的抗震构造要求;掌握砌体结构所用的材料;理解砌体结构的布置方案;掌握基础的类型及埋置深度;掌握基础相关构造要求;熟悉钢筋混凝土楼盖的分类及构造特点;了解钢结构的优点和缺点;掌握钢结构的连接情况;理解钢结构的基本受力构件;了解地震的基本概念;了解抗震设防分类及设防标准;理解抗震设计的重要性。

(三)建筑设备的知识

1. 了解建筑给排水工程常用管材及卫生器具的使用;掌握建筑给排水系统组成、种类、敷设与布置要求。

2. 了解建筑采暖系统的组成、种类和特点,掌握采暖系统形式及散热设备、附件和管路的布置。

3. 了解建筑通风系统和空调系统的组成与分类，掌握通风空调系统主要设备、附件及管道安装的基本要求。

4. 学习安全用电基本知识，具备安全用电能力；了解施工现场临时用电的一般规定；熟知施工现场常用电气设备使用及安装要求；熟悉施工现场临时用电的安全用电知识。

5. 了解照明的基本概念，熟悉常用电光源的特点和灯具种类、建筑照明种类和照度标准，灯具的选择及布置。了解照度常用的计算方法和电气照明设计的一般过程。

6. 了解电力系统的基本组成及负荷等级，供电要求；了解供配电主要方式及其特点。

7. 了解闭路电视监控系统、访客对讲系统、出入口控制系统的组成及作用。

第一节　建筑构造的基本知识

民用建筑通常是由基础、墙体或柱、楼地层、屋顶、楼梯、门窗等 6 个基本部分，以及阳台、雨篷、台阶、散水、雨水管、勒脚等其他细部组成的。

一、基础

基础是建筑物最下部的承重构件，它埋在地下，承受建筑物的全部荷载，并将这些荷载传递给地基。因此，基础应具有足够的强度、刚度和稳定性，并能抵御地下水、冰冻等各种有害因素的侵蚀。

二、墙体或柱

墙体和柱都是建筑物的竖向承重构件，它承受屋顶、楼层传下来的各种荷载，并将这些荷载传递给基础。因此，墙体或柱应具有足够的强度、刚度和稳定性。

外墙还具有围护功能，抵御风、霜、雨、雪及寒、暑等自然界各种因素对室内的侵袭；内墙起到分隔建筑内部空间的作用，同时，墙体还应具有保温、隔热、防火、防水、隔声等性能，以及一定的耐久性、经济性。

三、楼地层

楼地层指楼板层和地坪层。

楼板层是建筑物水平方向的承重构件，起水平分割、水平承重和水平支撑的作用。楼板层应具有足够的强度、刚度和隔声性能，防火、防水能力。

地坪层是建筑物底层房间与地基土层相接的构件，它承担着底层房间的地面荷载，应具有一定的强度及防潮、防水的能力。

楼地层还应满足耐磨损、防尘、保温和地面装饰等要求。

四、屋顶

屋顶是建筑物最上部的承重和围护构件，用来抵御自然界雨、霜、雪等的侵袭及施工、检修等荷载，并将这些荷载传给竖向承重构件。屋顶应具有足够的强度、刚度及保温、隔热、防水等性能。

五、楼梯

楼梯是楼房建筑中联系上下各层的垂直交通设施，供人们上下或搬运家具、设备和发生紧急事故时使用。

六、门窗

门和窗均属于非承重构件。门的主要作用是供人们出入建筑物和房间；窗的主要作用是采光、通风和供人眺望。门和窗应满足保温、隔热、隔声、防火等性能。

第二节　基础与地下室

一、地基与基础

地基是基础下面承受荷载的岩石或土层，承受着基础传来的全部荷载。地基不属于建筑物的组成部分，应满足强度、变形及稳定性要求。

基础是建筑物地面以下的承重构件，它承受建筑物上部结构传下来的全部荷载，并把这些荷载连同本身的重量一起传给地基。基础是建筑物的重要组成部分，应具有足够的强度和刚度，在选择基础材料和构造形式时，应考虑其耐久性与上部结构相适应。

基础的埋置深度（简称埋深）是指从室外设计地坪到基础底面的垂直距离。基础的埋深应不小于0.5 m。

基础埋深主要考虑建筑物的用途、建筑物上部荷载的大小和性质、工程地质和水文条件、相邻建筑基础、地基土冻胀和融陷等几方面的影响。

二、基础的构造

基础的种类很多，按基础所用材料，可分为砖基础、毛石基础、钢筋混凝土基础；按基础的受力特点，可分为刚性基础和柔性基础；按基础的构造形式，可分为条形基础、独立基础、筏板基础、箱形基础、桩基础等。

用刚性材料制作的基础称为刚性基础。刚性材料一般是指抗压强度较高，而抗拉、抗剪强度较低的材料，常用的刚性材料有砖、石、混凝土等。

（一）砖基础

砖基础的大放脚有等高式和不等高式两种。

基础底面以下需设垫层，垫层材料可选用灰土、素混凝土等。

砖基础强度、耐久性、抗冻性和整体性均较差，通常适合用于5层以下的砖混结构房屋。

（二）毛石基础

当基础的体积过大时，为节省混凝土用量和减缓大体积混凝土在凝固过程中产生大量热量不易散发而引起开裂，可加入毛石，称为毛石基础，它是用强度等级不低于MU30的毛石、不低于M5的砂浆砌筑而形成，加入的毛石粒径不得超过300 mm，也不得大于每台阶宽度或高度的1/3，毛石的体积为总体积的20%～30%，且应分布均匀。

毛石基础的剖面形式有矩形、阶梯形和梯形三种。

毛石基础的抗冻性较好,在寒冷潮湿地区可用于6层以下建筑物基础。

毛石基础体积大,自重大,运输堆放不方便,多用于邻近山区石材丰富的地区。

(三)混凝土基础

混凝土基础是采用低强度等级的混凝土浇捣而成的,其剖面形式有锥形和阶梯形。基础的断面应保证两侧有不小于200 mm的垂直面,混凝土基础在施工中不能出现锐角,以防因石子堵塞影响浇筑质量,从而减少基底的有效面积。基础底面下可设置垫层,垫层常用低强度等级的混凝土或三合土等。

(四)钢筋混凝土基础

常见的钢筋混凝土基础有独立基础、条形基础、筏板基础、桩基础等。

1. 独立基础

独立基础呈独立的块状,常用的断面形式有阶梯形、锥形、杯形。

独立基础是柱下基础的基本形式,当建筑物上部为框架结构时,多采用现浇独立基础。当厂房排架中的柱采用预制混凝土构件时,通常采用杯形基础。

2. 条形基础

条形基础长度远大于其宽度。当房屋为骨架承重或内骨架承重,且地基条件较差时,为提高建筑物的整体性,避免各承重柱产生不均匀沉降,常将柱下基础沿纵横方向连接起来,形成柱下条形基础。

条形基础一般用于墙下,也可用于柱下。

当框架结构处在地基条件较差的情况下,为增强建筑物的整体性能,以减少各柱子之间产生的不均匀沉降,常将各柱下基础沿纵、横方向连接成一体,形成十字交叉的井格式基础。

3. 筏板基础

筏板基础由整片的钢筋混凝土板组成,在构造上像倒置的钢筋混凝土楼盖,其结构形式有板式和梁板式两类。前者板的厚度较大,构造简单;后者板的厚度较小,但增加了双向梁,构造较复杂。筏板基础整体性能好,具有减少基底压力、提高地基承载能力和调整地基不均匀沉降的能力。

4. 箱形基础

箱形基础由钢筋混凝土顶板、底板和纵、横墙组成。若在纵、横内墙上开门洞,则可做成地下室。箱形基础的整体空间刚度大,能有效地调整基底压力,且埋深大、稳定性和抗震性好,适用于地基软弱土层厚、建筑上部荷载大,对地基不均匀沉降要求严格的高层建筑、重型建筑等。

5. 桩基础

桩基础由桩身和承台组成。桩身伸入土中,承受上部荷载,承台是在桩顶现浇的钢筋混凝土梁或板,用来连接上部结构和桩身。

当浅层地基不能满足建筑物对地基承载力和变形的要求,而又不适宜采取地基处理措施时,就要考虑以下部坚实土层或岩层作为持力层的深基础,其中桩基础应用最为广泛。

桩基础的类型较多,按桩的制作方式分为预制桩和灌注桩。按桩的竖向受力情况分为端承桩和摩擦桩。

三、地下室构造

地下室是建筑物底层下面的房间,它是在有限的占地面积内争取到的使用空间。

（一）地下室的分类

地下室，按使用功能分为普通地下室和防空地下室；按结构材料分为砖混结构地下室和钢筋混凝土结构地下室；按埋入地下深度的不同分为全地下室和半地下室。全地下室是指地下室地面低于室外地坪的高度超过该地下室净高的1/2，半地下室是指地下室地面低于室外地坪的高度超过该地下室净高的1/3，且不超过1/2。

（二）地下室的组成

地下室一般由墙体、顶板、底板、楼梯、门窗等几部分组成。

1. 墙体

地下室的外墙不仅承受上部的荷载，还要承受外侧土、地下水及土壤冻结时产生的侧压力，因此地下室的墙体要求具有足够的强度与稳定性。同时地下室处于潮湿环境，外墙应做防潮或防水处理。

2. 顶板

地下室顶板主要承受首层地面荷载，可用预制板、现浇板或在预制板上做现浇层，地下室顶板要求有足够的强度和刚度。如为防空地下室，其顶板厚度应按相应的防护等级的荷载计算。

3. 底板

在地下室水位高于地下室地面时，地下室的底板不仅承受作用在它上面的垂直荷载，还承受地下水的浮力，因此必须具有足够的强度、刚度及抗渗透能力和抗浮能力。

4. 楼梯

可与地面上房间的楼梯结合设置，层高小或用作辅助房间的地下室，可只设置单跑楼梯。有防空要求的地下室至少要设置两部楼梯通向地面的安全出口，并且必须有一个是独立的安全出口，这个安全出口与地面以上建筑物的距离要求不小于地面建筑物高度的一半，以防空袭时建筑物倒塌，堵塞出口，影响疏散。

5. 门窗

普通地下室的门窗与地上房间门窗相同。当地下室的窗台低于室外地面时，为了保证采光和通风，应设采光井。采光井由侧墙、底板、遮雨设施组成，一般每个窗户设一个，当与窗户的距离很近时，也可将采光井连在一起。防空地下室一般不允许设窗，如果开设窗户，应设置战时封闭的措施。

（三）地下室的防潮

当设计最高地下水位低于地下室底板500 mm，且地基范围内的土壤及回填土无形成上层滞水的可能时，墙和底板仅受到土壤中毛细管水和地表水下渗而造成的无压水的影响，只需做防潮处理。

对于现浇混凝土外墙，一般可起到自防潮效果，不必再做防潮处理。对于砖墙，必须用水泥砂浆砌筑，墙外侧在做好水泥砂浆抹面后，涂冷底子油及热沥青两道，然后回填低渗透的土，如黏土、灰土等。

底板的防潮做法是在灰土或三合土垫层上浇筑100 mm厚C10或C15混凝土，然后做防潮层和细石混凝土保护层，最后做地面面层。

此外，在墙身与地下室地坪及室内外地坪之间设墙身水平防潮层，以防止土中的潮气和地面雨水因毛细管沿墙体上升而影响结构。

（四）地下室的防水

当设计最高地下水位高于地下室底板顶面时，地下室的外墙受到地下水侧压力的影响，底板受到地下水浮力的影响。因此，必须做防水处理。

1. 卷材防水

1）外防水

防水卷材粘贴在地下室外墙的迎水面，即外墙的外侧和底板的下面，称为外防水。外防水的防水层直接粘贴在迎水面上，在外围形成封闭的防水层，防水效果较好。

2）内防水

防水卷材粘贴在地下室外墙的背水面，即外墙内侧和底板的上面，称为内防水。内防水粘贴在背水面上，防水效果较差，但施工简便，便于维修，常用于建筑物的维修。

2. 混凝土构件自防水

当建筑的高度较大或地下室层数较多时，地下室的墙体往往采用钢筋混凝土结构，通过调整混凝土的配合比或在混凝土中掺入外加剂等手段，改善混凝土构件的密实性，提高其抗渗性能。

为防止地下水对混凝土的侵蚀，在墙外侧应抹一道冷底子油和二道热沥青，然后涂抹水泥砂浆。

第三节　墙　体

墙体是建筑物中重要的构件，它的主要作用有承重、维护、分隔。因此，墙体应具有足够的强度、稳定性，满足保温、隔热、隔声、防火等的要求。

一、墙体的类型

（1）按墙体位置分为内墙和外墙。

（2）按墙体方向分为横墙和纵墙。与建筑物长度方向平行的墙称为纵墙，与建筑物短边方向一致的墙称为横墙。

外横墙也称为山墙，外纵墙称为檐墙，窗与窗、窗与门之间的墙称为窗间墙。窗洞口下部的墙称为窗下墙，屋顶上部的墙称为女儿墙。

（3）按墙的受力情况分为承重墙和非承重墙。

凡是直接承受屋顶、楼板传来的荷载的墙称为承重墙；凡不承受上部传来荷载的墙均是非承重墙。非承重墙又分为自承重墙、隔墙、填充墙等。

（4）按材料不同可分为砖墙、石材墙、加气混凝土砌块、板材墙等。

（5）按墙体的构造方式分为实体墙、空体墙和组合墙三种。按墙体施工方法可分为块材墙、板筑墙及板材墙三种。

二、墙体的承重方案

（一）横墙承重

横墙承重为楼板支承在横向墙上。这种做法建筑物的横向刚度较强、整体性好，多用于横墙较多的建筑中，如住宅、宿舍、办公楼等。

（二）纵墙承重

纵墙承重为楼板支承在纵向墙体上。这种做法开间布置灵活，但横向刚度弱，而且承重纵墙上开设门窗洞口有时受到限制，多用于使用上要求有较大空间的建筑，如办公楼、商店、教学楼、阅览室等。

（三）纵横墙混合承重

纵横墙混合承重为一部分楼板支承在纵向墙上，另一部分楼板支承在横向墙上。这种做法多用于中间有走廊或一侧有走廊的办公楼，以及开间、进深变化较多的建筑，如幼儿园、医院等。

（四）内框架承重

内框架承重为房屋内部采用柱、梁组成的内框架承重，四周采用墙承重，由墙和柱共同承受水平承重构件传来的荷载。适用室内需要大空间的建筑，如大型商店、餐厅等。

三、墙体的材料及组砌方式

（一）墙体的材料

墙体材料主要有砖、砌块、砂浆（见第一章工程材料的基本知识）。

（二）墙体的组砌方式

1. 砖墙的厚度及组砌方式

用普通砖砌筑的实心墙体厚度尺寸见表6-1。

表6-1　砖墙的厚度尺寸

墙厚名称	1/4 砖	1/2 砖	3/4 砖	1 砖	3/2 砖	2 砖
标志尺寸（mm）	60	120	180	240	370	490
构造尺寸（mm）	53	115	178	240	365	490
习惯称呼	60 墙	12 墙	18 墙	24 墙	37 墙	49 墙

砖墙在砌筑时应满足横平竖直、砂浆饱满、内外搭砌、上下错缝等基本要求，以保证砖在砌筑时能相互咬合，不出现连续的垂直通缝，增加墙体的整体性，保证墙体的刚度和稳定性，常见砖墙的组砌方式有一顺一丁式、三顺一丁式、梅花丁式、全顺式、全丁式、两平一侧式等。

2. 砌块墙体的组砌方式

砌块需要在建筑平面图和立面图上进行砌块的排列，并注明每一砌块的型号排列设计的原则：砌块排列应正确选择砌块的规格尺寸，减少砌块的规格类型；优先选用大规格的砌块做主砌块，以加快施工进度。

砌块墙体的砌筑缝包括水平缝和垂直缝。水平缝有平缝和槽口缝，垂直缝有平缝、错口缝和槽口缝。水平和垂直灰缝的宽度不仅要考虑到安装方便、易于灌浆捣实，以保证足够的强度和刚度，而且还要考虑隔声、保温、防渗等问题。

砌筑砌块时，上下皮应错缝搭接，内外墙和转角处砌块应彼此搭接，搭接长度为砌块长度的1/4、高度的1/3，并不应小于150 mm，当无法满足搭接长度要求时，应沿墙高每400 mm在水平灰缝内设置2 Φ 4、横筋间距不大于200 mm的焊接钢筋网片。空心砌块上下皮应孔对孔、肋对肋，错缝搭接。

砌块隔墙厚由砌块尺寸决定，一般为 90 ~ 120 mm。砌块墙吸水性强，故在砌筑时应先在墙下部实砌 3 ~ 5 皮黏土砖再砌砌块。砌块不够整块时宜用普通黏土砖填补。

四、墙体的细部构造

（一）勒脚

勒脚是外墙身接近室外地面处的表面保护和饰面处理部分。

自室外地面算起，勒脚的高度一般应在 500 mm 以上，也可根据立面的需要，把勒脚的高度提高至首层窗台处。

勒脚的做法是在勒脚的外表面作水泥砂浆或其他强度较高且有一定防水能力的抹灰处理，也可用石块砌筑，或用天然石板、人造石板贴面。

（二）散水和明沟

为了保证建筑四周地下部分不受雨水的侵蚀，确保基础的使用安全，经常采用在建筑物外墙根部四周设置散水或明沟的办法，把从建筑物上部落下的雨水排走。

1. 散水

散水是沿建筑物外墙四周设置的向外倾斜的坡面。

设置散水的目的是使建筑物外墙四周的地面积水能够迅速排走，保护墙基免受雨水的侵蚀。

散水的宽度一般为 600 ~ 1 000 mm，当屋面为自由落水时，其宽度应比屋檐挑出宽度大 200 mm。为保证排水通畅，散水的坡度一般在 3% ~ 5%，外缘高出室外地坪 20 ~ 50 mm 较好。

散水可用水泥砂浆、混凝土、砖块、石块等材料做面层，由于建筑物的沉降、勒脚与散水施工时间的差异，在勒脚与散水交接处应留有 20 mm 左右的缝隙，在缝内填粗砂或米石子，上嵌沥青胶盖缝，以防渗水和保证沉降的需要。

2. 明沟

明沟是靠近勒脚下部设置的排水沟。明沟一般在降雨量较大的地区采用，布置在建筑物的四周。其作用是把屋面下落的雨水引到集水井里，进入排水管道。明沟可用混凝土浇筑，也可用砖、石砌筑，并用水泥砂浆抹面。

明沟的断面尺寸一般不小于宽 180 mm、深 150 mm，沟底应有不小于 1% 的纵向坡度。为了防止堵塞及行人安全，许多明沟的上部覆盖透空铁箅子。

（三）墙体防潮层

为了防止土壤中的潮气和水分由于毛细管作用沿墙面上升，提高墙身的坚固性与耐久性，保持室内干燥卫生，应当在墙体中设置防潮层，防潮层分为水平防潮层和垂直防潮层。

1. 防潮层的位置

当室内地面采用不透水垫层（如混凝土）时，水平防潮层通常设在室内地面标高以下 60 mm 左右，即 -0.060 m 处，而且至少要高于室外地坪 150 mm，以防雨水溅湿墙身。当室内地面垫层为透水材料（如碎石、炉渣等）时，水平防潮层的位置应平齐或高于室内地面一皮砖的地方，即在 +0.060 m处。当两相邻房间之间室内地面有高差时，应在墙身内设置高低两道水平防潮层，并在靠土壤一侧设置垂直防潮层，将两道水平防潮层连接起来，以避免回填土中的潮气侵入墙身。

2. 水平防潮层

1) 油毡防潮层

油毡防潮层分为干铺和粘贴两种。干铺是在防潮层部位的墙体上用 20 mm 厚 1∶3水泥砂浆找平，然后干铺一层油毡；粘贴是在找平层上做一毡二油防潮层。油毡的宽度应比墙体宽 20 mm，搭接长度不小于 100 mm。

油毡防潮层防潮性能较好，但油毡会把上下墙体分隔开，破坏了建筑的整体性，对抗震不利，因此不能用于有抗震要求的建筑；同时，油毡的使用寿命往往低于建筑的耐久年限，失效后将无法起到防潮的作用。因此，目前油毡防潮层在建筑中使用的较少。

2) 防水砂浆防潮层

在防潮部位抹 20 ~ 30 mm 厚掺入防水剂的 1∶2水泥砂浆，防水剂的掺入量一般为水泥质量的 5%；也可以在防潮层部位用防水砂浆砌 3 ~ 5 皮砖，同样可以达到防潮效果。

该方法适用于抗震地区、独立砖柱和震动较大的砖砌体中，其整体性较好，抗震能力强，但砂浆是脆性易开裂材料，在地基发生不均匀沉降而导致墙体开裂或因砂浆铺贴不饱满时会影响防潮效果。

3) 细石混凝土防潮层

细石混凝土防潮层是在防潮层部位设置不小于 60 mm 厚与墙体宽度相同的细石混凝土带，内配 3 Φ 6 或 3 Φ 8 钢筋；也可用钢筋混凝土圈梁代替防潮层。

3. 垂直防潮层

在需设垂直防潮层的墙面（靠回填土一侧）先用 1∶2的水泥砂浆抹面 15 ~ 20 mm 厚，再刷冷底子油一道，刷热沥青两道；也可以直接采用掺有 3% ~ 5% 防水剂的砂浆抹面 15 ~ 20 mm 厚的做法。

(四)门窗过梁

门窗过梁是设置在门窗洞口上方的用来支承门窗洞口上部砌体和楼板传来的荷载，并把这些荷载传给门窗洞口两侧墙体的水平承重构件。

1. 砖拱过梁

砖拱过梁是将立砖和侧砖相间砌筑而成的，它利用灰缝上大下小，使砖向两边倾斜，相互挤压形成拱的作用来承担荷载。

砖拱过梁有平拱和弧拱两种。平拱的适宜跨度为 1.0 ~ 1.8 m，弧拱高度不小于 120 mm，跨度不宜大于 3 m。砖拱过梁不宜用于上部有集中荷载或有较大振动荷载，或可能产生不均匀沉降和有抗震设防要求的建筑中。

2. 钢筋砖过梁

钢筋砖过梁是配置了钢筋的平砌砖过梁。通常将间距小于 120 mm 的 Φ 6 钢筋埋在梁底部 30 mm 厚 1∶2.5 的水泥砂浆层内，钢筋伸入洞口两侧墙内的长度不应小于 240 mm，并设 90°直弯钩，埋在墙体的竖缝内。在洞口上部不小于 1/4 洞口跨度的高度范围内（且不应小于 5 皮砖），用不低于 M5 的水泥砂浆砌筑。钢筋砖过梁净跨宜≤1.5 m，不应超过 2 m。

钢筋砖过梁适用于跨度不大、上部无集中荷载的洞口上。

3. 钢筋混凝土过梁

钢筋混凝土过梁适用于门窗洞口较大或洞口上部有集中荷载时，承载力强，一般不受跨度的限制。按照施工方式的不同，钢筋混凝土过梁分为现浇和预制梁两种。

一般过梁宽度同墙厚，高度及配筋应由计算确定，但为了施工方便，梁高应与砖的皮数相适应，如120、180、240 mm等。过梁在洞口两侧伸入墙内的长度应不小于240 mm。

过梁的断面形式有矩形和L形，矩形多用于内墙和混水墙，L形多用于外墙和清水墙。

（五）圈梁

圈梁是沿建筑物外墙四周及部分内墙的水平方向设置的连续闭合的梁。圈梁可以增强楼层平面的空间刚度和整体性，减少因地基不均匀沉降而引起的墙身开裂，并与构造柱组合在一起形成骨架，提高抗震能力。

圈梁一般采用钢筋混凝土材料。其宽度宜与墙厚相同，当墙厚大于240 mm时，圈梁的宽度可略小于墙厚，但不应小于$2/3d$，圈梁的高度一般不小于120 mm，通常与砖的皮数尺寸相配合。圈梁一般按构造配置钢筋。

按照构造要求，圈梁应当是连续、闭合地设置在同一水平面上。当圈梁被门窗洞口（如楼梯间窗洞口）截断时，应在洞口上方或下方设置附加圈梁。附加圈梁与圈梁的搭接长度不应小于二者垂直净距的2倍，且不应小于1 m。但对有抗震要求的建筑物，圈梁不宜被洞口截断。

圈梁在建筑中往往不止设置一道，其数量应根据房屋的层高、层数、墙厚、地基条件、地震等因素来综合考虑。当只设一道圈梁时，应设在屋面檐口下面；当设几道时，可分别设在屋面檐口下面、楼板底面或基础顶面；当屋面板、楼板与窗洞口间距较小时，且抗震等级较低时，也可以把圈梁设在窗洞口上皮，兼做过梁使用。

（六）构造柱

构造柱一般设置在建筑物的四角、内外墙交接处、楼梯间、电梯间的四角及部分较长墙体的中部。

构造柱应与圈梁紧密连接，使建筑物形成一个空间骨架，从而提高建筑物的整体刚度，提高了墙体抗变形的能力。

构造柱下端应锚固在钢筋混凝土基础或基础梁内，无基础梁时应伸入底层地坪下500 mm处，上端应锚固在顶层圈梁或女儿墙压顶内，以增强其稳定性。最小截面尺寸为240 mm×180 mm，当采用黏土多孔砖时，最小构造柱的最小截面尺寸为240 mm×240 mm。为加强构造柱与墙体的连接，构造柱处的墙体宜砌成“马牙槎”，并沿墙高每隔500 mm设2Φ6拉结钢筋，每边伸入墙内不少于1 000 mm。构造柱施工时，先放置构造柱钢筋骨架，后砌墙，并随着墙体的升高而逐段现浇混凝土构造柱身，以保证墙柱形成整体。

五、地下室

地下室是建筑物底层下面的房间，它是在有限的占地面积内争取到的使用空间，当高层建筑的基础埋深很深时，可利用这一深度建造地下室，在增加投资不多的情况下增加使用面积，较为经济。

第四节　楼地层

楼地层是楼板层和地层的总称。

楼板层是建筑物中分隔上下楼层的水平构件,它不仅承受自重和其上的使用荷载,并将其传递给墙或柱,而且对墙体也起着水平支撑的作用,增加建筑物的整体刚度。地层是建筑物中与土壤直接接触的水平构件,承受作用在它上面的各种荷载,并将其传给地基。

因此,楼地层应具有足够的强度和刚度,以保证结构的安全及变形的要求;根据建筑物的需要,满足隔声、防火、防水、防潮、保温和隔热等要求;便于楼板层或地层中各种管道、线路的敷设,同时,应尽量采用建筑工业化手段,提高建筑施工质量和速度。

一、楼地层的组成

(一)楼板层的组成

楼板层主要由面层、结构层和顶棚三部分组成,根据功能及构造要求还可以增加防水层、隔声层等附加层。

1.面层

面层是楼板层最上面的层次,通常又称为楼面。面层直接与人和家具、设备接触,经受摩擦的部分,起着保护楼板结构层、传递荷载的作用,同时可以美化建筑的室内空间。

2.结构层

结构层是楼板层的承重构件,位于楼板层的中部。它承受本身自重及楼面上的荷载,并把这些荷载传给墙或柱,墙和柱再把这些荷载传递给基础。结构层一般采用钢筋混凝土现浇板或预制板。

3.顶棚

顶棚设置在结构层的下表面,其主要作用是保护楼板、安装灯具、遮挡各种水平管线、改善使用功能、装饰美化室内空间,因此顶棚表面应平整、光洁、美观。

(二)地层的组成

地层主要由面层、垫层和基层组成。

基层为夯实土层,若土质较差,可掺碎砖、石子并夯实。垫层是承受面层的荷载并均匀传递给基层的构造层,分为刚性垫层和柔性垫层两类。刚性垫层有足够的整体刚度,受力后变形很小,常用的有低强度的素混凝土、碎砖三合土等;柔性垫层整体刚度很小,受力后易产生塑性变形,常用的有砂、碎石、炉渣等。

(三)楼板层的类型

楼板层根据结构层使用的材料可分为木楼板、砖拱楼板、钢筋混凝土楼板、钢楼板。

钢筋混凝土楼板按施工方式可分为现浇钢筋混凝土楼板、预制装配式楼板和装配整体式钢筋混凝土楼板三种。

二、现浇钢筋混凝土楼板

现浇钢筋混凝土楼板的整体性好,刚度大,有利于抗震,但需要大量模板,现场湿作业量大,施工速度较慢,受气候条件影响较大,施工工期较长,适用于平面布置不规则、结构复杂的建筑物。

现浇钢筋混凝土楼板根据受力和传力情况可分为板式楼板、梁板式楼板、无梁楼板、压型钢板组合楼板等形式。

梁板式楼板又可分为单梁式楼板、复梁式楼板和井梁式楼板。

三、预制装配式钢筋混凝土楼板

预制装配式钢筋混凝土楼板是指用预制厂生产或现场预制的梁、板构件,现场安装拼合而成的楼板。这种楼板可以大大节约模板的用量,提高劳动生产效率,同时施工不受季节限制,有利于实现建筑的工业化;缺点是楼板的整体性较差,不宜用于抗震设防要求较高的地区和建筑中。

(一)预制板的类型

预制钢筋混凝土板常用的类型有实心平板、空心板、槽形板三种。

(二)预制板的结构布置与细部构造

1. 板的布置

板的支承方式有板式和梁板式两种。预制板直接搁置在墙上的称为板式结构布置;若先搁梁,再将板搁置在梁上的称为梁板式布置。

板式结构用于房间的开间和进深尺寸都不大的建筑,如住宅、宿舍等。梁板式结构布置多用于房间的开间、进深尺寸比较大的建筑,如教学楼等。

在布置楼板时,一般要求板的规格和类型越少越好,以简化板的制作和安装。

2. 板的细部构造

1)预制板的搁置要求

预制板安装时,应先在墙上或梁上铺 10 ~ 20 mm 厚的 M5 水泥砂浆进行坐浆,然后铺预制板,以使板与墙或梁有较好的连接,也能保证墙或梁受力均匀。

预制板直接搁置在砖墙上或梁上时,均应有足够的支承长度。板端伸进外墙的长度不应小于 120 mm,伸进内墙的长度不应小于 100 mm,支承于钢筋混凝土梁上时不应小于 80 mm。在使用预制板作为楼层结构构件时,为了减小结构的高度,必要时可以把梁的截面做成花篮梁的形式。

为增强建筑物的整体刚度,板与墙、梁之间及板与板之间应设置拉结筋。

2)板缝构造

板间的接缝有端缝和侧缝两种。

端缝一般以细石混凝土灌注,必要时可将板端留出的钢筋交错搭接在一起,或加钢筋网片后再灌注细石混凝土,以加强连接。

侧缝一般有 V 形缝、U 形缝和凹槽缝三种形式。

四、楼地面防潮与防水

(一)楼地面的防潮

在地面垫层和面层之间加设防潮层的做法称为防潮地面。其一般构造为:先刷冷底子油一道,再铺设热沥青、油毡等防水材料,阻止潮气上升;也可在垫层下均匀铺设卵石、碎石或粗砂等,切断毛细管的通路。

(二)楼地面防水

1. 楼面排水

将楼地面设置一定的坡度,一般为 1% ~1.5%,并在最低处设置地漏。

为防止积水外溢,用水房间的地面应比相邻房间或走道的地面低 20 ~ 30 mm,或在门口做 20 ~ 30 mm 高的挡水门槛。

2. 楼板墙身防水处理

现浇楼板是楼面防水的最佳选择，对防水要求较高的房间，还需在结构层与面层之间增设一道防水层。常用材料有防水砂浆、防水涂料、防水卷材等。同时，将防水层沿四周墙身上升 150 ~ 200 mm。

3. 管道处防水

当有竖向设备管道穿越楼板层时，应在管线周围做好防水密封处理。一般在管道周围用 C20 干硬性细石混凝土密实填充，再用二布二油橡胶酸性沥青防水涂料做密封处理。热力管道穿越楼板时，应在穿越处理设套管（管径比热力管道稍大），套管高出地面约 30 mm。

五、阳台与雨篷

（一）阳台

阳台是多层及高层建筑中供人们室外活动的平台。

1. 阳台的分类

居住建筑的阳台按使用功能分为生活阳台和服务阳台。

按阳台与建筑外墙的相对位置分为凸阳台、凹阳台和半凸半凹阳台。

2. 阳台的构造

阳台由承重结构（梁、板）、栏杆、扶手等组成。

1）阳台的承重结构

凹阳台实际上是楼板层的一部分，它的承重结构按楼板层的受力分析进行。凸阳台及半凸半凹阳台的承重构件为悬臂结构，出挑长度应满足抗倾覆的要求，以保证结构安全。

2）阳台排水

为了防止雨水流入室内，要求开敞式阳台地面低于室内地面 20 ~ 30 mm，并设排水孔，抹出 1% 的排水坡度，将水由排水孔排走。

（二）雨篷

雨篷位于建筑出入口的上方，用来遮挡雨雪，保护外门免受侵蚀，给人们一个从室外到室内的过渡空间，并起到保护门和丰富建筑立面的作用。

根据雨篷的支承方式不同，钢筋混凝土雨篷分为板式和梁板式两种。

雨篷顶面应做防水处理，一般采用 20 mm 厚防水砂浆抹面，防水层应沿墙面向上延伸，高度不小于 250 mm。雨篷排水可采用有组织排水和无组织排水。

第五节　楼　梯

楼梯是建筑中各楼层间相互联系的主要垂直交通设施，也是紧急情况下安全疏散的主要通道。因此，楼梯要有足够的承载能力，满足通行、疏散、防火、采光等要求。

一、楼梯的类型

（1）按照楼梯的材料可分为木楼梯、钢楼梯、钢筋混凝土楼梯。钢筋混凝土楼梯按施工方式有现浇式和预制装配式两种。

(2)按照楼梯的位置可分为室内楼梯和室外楼梯。

(3)按照楼梯的使用性质可分为主要楼梯、辅助楼梯、疏散楼梯、消防楼梯。

(4)按照楼梯间的平面形式可分为开敞式楼梯间、封闭式楼梯间、防烟楼梯间。

(5)按照楼梯的平面形式可分为单跑直行楼梯、双跑直行楼梯、三跑楼梯、螺旋楼梯、弧形楼梯、双跑平行楼梯、双分楼梯、双合楼梯、交叉楼梯、剪刀楼梯等。

二、楼梯的组成

楼梯作为建筑物的重要组成部分,主要由楼梯段、楼梯平台、栏杆和扶手组成。

(一)楼梯段

楼梯段是联系两个不同标高平台的倾斜构件,是楼梯的主要使用和承重部分,它由若干个踏步构成。

楼梯段之间形成的空档称为楼梯井,它从顶层到底层贯通,宽度为 60 ~ 200 mm。为满足消防要求,公用建筑的楼梯井宽度不小于 150 mm。

(二)楼梯平台

楼梯平台是指两楼梯段之间的水平板。根据楼梯平台在楼层中的位置,又分为楼层平台和中间平台。

(三)栏杆和扶手

栏杆是设置在梯段及平台边缘或临空一侧的安全保护构件,必须坚固可靠,并保证有足够的安全高度。栏杆的上沿为扶手,供人们行走时依扶之用。

三、楼梯的尺度

(一)楼梯的坡度

楼梯的坡度是指楼梯段沿水平面倾斜的角度。

楼梯的允许坡度范围在 23° ~45°, 一般认为 30°左右是楼梯的适宜坡度。

楼梯的坡度有两种表示方法:一种是用楼梯段和水平面的夹角表示;另一种是用踏面和踢面的投影长度之比表示。实际工程中后者用的较多。

(二)踏步尺寸

踏步由踏面和踢面组成,踏面宽以 b 表示,踢面高以 h 表示。

踏步的宽度,成人以 150 mm 左右较适宜,不应高于 175 mm。踢面的宽度(水平投影宽度)以 300 mm 左右为宜,不应窄于 260 mm。

(三)楼梯段及平台的宽度

1. 楼梯段的宽度

楼梯段的宽度指踏步边到内墙面距离(不含扶手宽度),应根据通行人数的多少(设计人流股数)和建筑的防火及疏散要求确定。

2. 楼梯平台的宽度

对于平行多跑楼梯,休息平台的净宽不应小于楼梯梯段宽度,且不得小于 1 200 mm,以确保通过楼梯段的人流或货物也能顺利地在楼梯平台上通过,避免发生拥挤塞堵。

对于开敞式楼梯间,一般可使梯段的起步点自走廊边线后退一段距离(≥500 mm)即可。

（四）楼梯段的净空高度

楼梯的净空高度包括楼梯段的净高和平台过道处的净高。

楼梯段的净高指楼梯段空间的最小高度，即下层楼梯段踏步前缘至其正上方楼梯段下表面的垂直距离，平台过道处的净高指平台过道处地面至上部结构最低点（通常为平台梁）的垂直距离。在确定净高时，应充分考虑人行或搬运物品对空间的实际需要。我国规定，楼梯段的净高不应小于2.2 m，平台过道处的净高不应小于2 m。

（五）栏杆、扶手的高度

楼梯扶手的高度是指踏步前缘线至扶手顶部的垂直高度。

一般建筑室内楼梯扶手高度不宜小于900 mm。托幼建筑应符合儿童身材，其高度一般为600 mm左右。平台的水平安全栏杆扶手高度应适当加高一些，一般不宜小于1 000 mm。

四、现浇钢筋混凝土楼梯的构造

现浇钢筋混凝土楼梯是指楼梯段和平台整体浇筑在一起，其整体性好、刚度大、抗震性好，应用较广泛。现浇钢筋混凝土楼梯根据楼梯段的传力和结构形式的不同，可分为板式楼梯和梁板式楼梯两种。

（一）板式楼梯

板式楼梯的楼梯段作为一块整浇板，两端搁置支承在上、下平台梁上。楼梯段相当于一块斜放的板，平台梁之间的间距即为板的跨度，楼梯段应沿跨度方向布置受力钢筋。有时为了保证平台过道处的净空高度，可以在板式楼梯的局部取消平台梁，即把平台板和楼梯段组合成一块折形板。折板楼梯的跨度应为梯段水平投影长度与平台深度之和。

（二）梁板式楼梯

梁板式楼梯是由踏步板、楼梯斜梁、平台梁和平台板组成。梁板式楼梯在结构布置上有双梁和单梁之分。荷载由踏步板传给斜梁，再由斜梁传给平台板，而后传到墙或柱上。踏步板的厚度由梯段宽度决定。

（1）明步楼梯。斜梁一般设两根，位于踏步板两侧的下部，这是踏步外露。

（2）暗步楼梯。斜梁位于踏步板两侧的上部，这时踏步被斜梁包在里面。

五、室外台阶与坡道

室外台阶与坡道是设在建筑物出入口的垂直设施，用来解决建筑物室内外的高差问题。

（一）室外台阶

室外台阶由平台和踏步组成。

台阶由面层、垫层、基层等构造层组成，面层应采用水泥砂浆、混凝土、水磨石、缸砖、天然石材等耐气候作用的材料，平台深度一般不应小于1 000 mm，且至少每边宽出500 mm，为防止雨水倒流，平台表面应做1% ~4%的外排水坡。

台阶应等建筑主体工程完工后再进行施工，并与主体结构之间留出约10 mm的沉降缝。

（二）坡道

坡道主要供残疾人和车辆行驶使用。坡道的坡度一般在1∶6 ~1∶12，面层光滑的坡道坡度不宜大于1∶10。当坡道坡度大于1∶8时，坡道由于平缓故对防滑要求较高。混凝土坡道可在水泥砂浆面层上划格，以增加摩擦力，亦可设防滑条，或做成锯齿形。天然石坡道可对表面做粗糙处理。

轮椅坡道是提供给残疾人专门使用的，应符合《城市道路和建筑物无障碍设计规范》的要求。

第六节 屋 顶

屋顶是房屋最上层的覆盖构件，应满足坚固耐久、具有足够的强度和刚度要求，具备良好的保温隔热、防水排水性能，以满足建筑物的使用要求，同时还应做到自重轻、构造简单、施工方便、造价经济，并与建筑整体形象相协调。

一、屋顶的形式

屋顶的形式与建筑的使用功能、屋面材料、结构类型以及建筑造型要求有关。

屋顶按其使用功能可分为保温屋顶、隔热屋顶、采光屋顶、蓄水屋顶、种植屋顶等。按屋面材料可分为钢筋混凝土屋顶、瓦屋顶、卷材屋顶、金属屋顶、玻璃屋顶等。按结构类型可分为平面结构、空间结构等。按外形可分为平屋顶、坡屋顶和其他形式的屋顶。

（一）平屋顶

屋面坡度小于5%的屋顶称为平屋顶，最常用的排水坡度为2%～3%。

（二）坡屋顶

坡屋顶是指屋面坡度较陡的屋顶，其坡度一般在10%以上，坡屋顶按其坡面的数目可分为单坡顶、双坡顶、四坡顶。

（三）其他形式的屋顶

随着建筑科学技术的发展，出现了许多新型结构的屋顶，如拱屋面、折板屋面、薄壳屋顶、悬索屋顶等。这些屋顶的结构形式独特，使得建筑的造型更加丰富多彩，多用于较大跨度的公共建筑。

二、平屋顶的构造

（一）平屋顶的组成

平屋顶主要由顶棚、结构层（承重结构）、防水层组成，根据屋面的需要，还可增设保温隔热层、找平层、找坡层、隔汽层等附加层。。

（二）平屋顶的排水

1. 排水坡度的形式

平屋顶屋面排水坡度的形式有材料找坡和结构找坡两种。

1）材料找坡

材料找坡也称垫置坡度，是将屋面板水平搁置，然后在上面铺设轻质材料，如石灰炉渣等，利用垫置材料在板上的厚度不一，形成一定的排水坡度。

2）结构找坡

结构找坡也称搁置坡度，是将屋面板按所需要的坡度倾斜搁置，再铺设防水层等，即屋顶结构自身带有排水坡度。

2. 排水方式的选择

平屋面的排水方式分为无组织排水和有组织排水两类。

1) 无组织排水

无组织排水又称自由落水,是将屋顶沿外墙挑出,形成挑檐,屋面雨水经挑檐自由下落至室外地坪的一种排水方式。

该方法主要适用于少雨地区或一般低层建筑,不宜用于临街建筑和高度较高的建筑。

2) 有组织排水

有组织排水是在屋顶设置与屋面排水方向相垂直的纵向天沟,汇集雨水后,将雨水由雨水口、雨水管有组织地排到室外地面或室内地下排水系统。

有组织排水分为内排水和外排水。

外排水是指雨水管装在建筑物外墙以外的一种排水方式。

内排水是排水管设在室内的一种排水方式。

(三)平屋顶的防水

平屋顶的防水按所用材料和施工方法的不同有卷材防水、刚性防水、涂膜防水等。

1. 卷材防水屋顶

卷材防水屋顶,用防水卷材与胶粘剂结合在一起,形成连续致密的构造层,从而达到防水的目的。卷材防水屋顶具有良好的防水性,应用广泛。

1) 卷材防水屋顶的构造层次

(1)结构层。结构层多为强度大、刚度好、变形小的预制或现浇钢筋混凝土屋面板。

(2)找平层。卷材防水层要求铺贴在坚固而平整的基层上,以防止卷材凹陷或断裂,因而在松软材料上应设找平层;找平层一般采用1∶3水泥砂浆或1∶8沥青砂浆等,其厚度取决于基层的平整度,找平层宜留分隔缝,缝宽一般为5~20 mm,纵横间距一般不宜大于6 m。屋面板为预制板时,分隔缝应设在预制板的端缝处。分隔缝上应附加200~300 mm宽卷材,用胶粘剂单边点贴覆盖,以使分隔缝处的卷材有较大的伸缩余地。

(3)结合层。铺贴卷材前,应在基层上涂刷与卷材配套使用的基层处理剂,该层次称结合层,其作用是在卷材与基层间形成一层胶质薄膜,使卷材与基层胶结牢固。沥青类卷材通常用冷底子油作结合层;高分子卷材则多采用配套基层处理剂。

(4)防水层。

(5)保护层。

设置保护层的目的是保护防水卷材,使卷材不至于因光照和气候等的作用迅速老化,防止沥青类卷材的沥青过热流淌或受到暴雨的冲刷。

防水层由防水卷材和相应的卷材黏结剂分层黏结而成,层数或厚度由防水等级确定。常用的防水卷材有沥青类防水卷材、高聚物改性沥青防水卷材、合成高分子防水卷材。

①不上人屋面保护层做法。

对沥青类防水层可采用绿豆砂保护层,即在防水层上撒粒径为3~5 mm的小石子。绿豆砂施工时应预热,温度为100 ℃左右,趁热铺撒,使其与沥青黏结牢固。

对高聚物改性沥青及合成高分子类防水卷材可涂刷水溶型或溶剂型浅色保护着色剂,如氯丁银粉胶等。

②上人屋面保护层做法。

上人屋面的保护层起着双层作用，既保护防水层，又是地面面层，因此要求平整耐磨。在防水层上用水泥砂浆或沥青砂浆铺贴缸砖、大阶砖、预制混凝土板等，或在防水层上浇筑 40 mm 厚 C20 细石混凝土。

2)卷材防水屋顶的细部构造

(1)泛水。泛水是指屋面与垂直屋面的突出物交接处的防水处理。如女儿墙、山墙、烟囱、变形缝等屋面与垂直墙面相交部位，均需做泛水处理，防止交接缝出现漏水。

①泛水处于迎水面时，其高度不小于 250 mm。

②将屋面防水层铺至垂直墙面上，并加铺一层卷材。

③泛水处，砂浆找平层应抹成圆弧形或钝角，避免卷材架空或折断。

④做好泛水上口的卷材收头固定，防止卷材在垂直墙面上下滑：在垂直墙中凿出通长凹槽，将卷材收头压入凹槽内，用防水压条钉压后再用密封材料嵌填封严，外抹水泥砂浆保护。

(2)檐口构造。

①无组织排水挑檐构造。

无组织排水檐口 800 mm 范围内卷材应采取满粘法，在混凝土挑口上用细石混凝土或水泥砂浆先做一凹槽，然后将卷材贴在槽内，将卷材收头用水泥钉钉牢，上面用防水油膏嵌填，檐口下端应做滴水处理。

②檐沟外排水构造。

挑檐沟的卷材收头处理，可用钢压条和水泥钉将卷材固定，再用砂浆或油膏盖缝。

有组织排水挑檐沟内转角处水泥砂浆应抹成圆弧形，檐沟外侧应做好滴水，沟内可加铺一层卷材以增强防水能力。

(3)雨水口。雨水口是屋面雨水汇集并排至水落管的关键部位。雨水口周围直径 500 mm 范围内坡度不应小于 5%。雨水口分为直管式和弯管式两类。

2. 刚性防水屋顶

刚性防水屋面顶是指用刚性防水材料，如防水砂浆、细石混凝土、配筋的细石混凝土等做防水层的屋顶。

1)刚性防水屋面的构造层次

刚性防水屋面的构造层次一般包括结构层、找平层、隔离层、防水层。

(1)结构层。屋面的结构层一般采用预制或现浇钢筋混凝土屋面板。

(2)找平层。当结构层为预制钢筋混凝土屋面板时，表面不平整，通常抹 20 mm 厚 1∶3 水泥砂浆找平。若屋面板为整体现浇混凝土结构时则可不设找平层。

(3)隔离层。隔离层位于防水层与结构层之间，其作用是减少结构变形对防水层的不利影响。隔离层可用纸筋灰、低强度等级砂浆，或在薄砂层上干铺一层油毡等。

(4)防水层。刚性防水层宜采用强度等级不低于 C20 的细石混凝土浇筑，其厚度不应小于 40 mm，并应配置Φ 4 ~ Φ 6、间距 100 ~ 200 mm 的双向钢筋网片，钢筋保护层厚度不小于 10 mm，以提高防水层的抗裂和抗渗性能，可在细石混凝土中掺入适量的外加剂，如膨胀剂、减水剂、防水剂等。

2)刚性防水屋面的细部构造

刚性防水屋面的细部构造包括分隔缝、泛水、檐口等部位的构造处理。

(1)分隔缝。分隔缝是一种设置在刚性防水层中的变形缝,可有效地防止和限制裂缝的产生。

分隔缝一般设在预制板的支座处、预制板搁置方位变化处、现浇与预制板相接处等部位,其间距不宜大于6 m,缝中的钢筋必须断开。

分隔缝有平缝和凸缝两种,缝宽一般为20 ~ 40 mm,缝内填塞密封材料,上部铺贴防水卷材。

(2)泛水。刚性防水屋面的泛水是将刚性防水层直接引申到垂直墙面,且不留施工缝。

泛水高度,一般不小于250 mm。刚性防水层与垂直墙面之间须设分隔缝,另铺贴附加卷材盖缝,缝内用沥青麻丝等嵌实,如图6-84所示。

(3)檐口。刚性防水屋面的檐口包括无组织排水檐口和有组织排水檐沟。

采用无组织排水时,当挑檐较短时,可将刚性防水层直接出挑;当挑檐较长时,可用与圈梁连在一起的悬臂板,在挑檐板与屋面板上做找平层和隔离层后浇筑混凝土防水层,檐口处注意做好滴水。

第七节　装修构造

为满足人们的使用要求,对内、外墙面,楼地面、顶棚等有管部位进行处理,也称为装修,是建筑物不可缺少的一部分。

一、墙面装修

墙面装修的作用主要有保护墙体,提高墙体的保温、隔热和隔声能力,提高建筑的艺术效果,美化环境。

墙面装修按材料及施工工艺分为清水墙饰面、抹灰类饰面、涂料类饰面、饰面砖(板)饰面、裱糊类饰面等。

(一)抹灰类墙面装修

墙面抹灰是以水泥、石灰或石膏为胶凝材料,加入砂或石渣,用水拌和成砂浆或石渣浆作为墙面的饰面层。

1. 抹灰的组成

为保证抹灰牢固、平整,颜色均匀,面层不开裂、脱落,施工时须分层操作。分层构造一般分为底层、中层、面层。

底层灰主要起与基层黏结和初步找平作用。

中层灰主要起进一步找平作用,材料基本与底层相同。中层灰厚度一般为5 ~9 mm。

面层灰主要起装饰美观作用,要求平整、均匀、无裂痕,厚度一般为2 ~8 mm,面层灰不包括在面层上的刷浆、喷浆或涂料。

2. 抹灰的种类

(1)按照面层材料及做法,抹灰可分为一般抹灰和装饰抹灰。

一般抹灰是指用石灰砂浆、混合砂浆、聚合物水泥砂浆、麻刀灰、纸筋灰等对建筑物的面层抹灰。

装饰抹灰有水刷石、干粘石、斩假石等,有喷涂、弹涂、刷涂、拉毛等几种做法。

(2)按质量等级分为普通抹灰、高级抹灰。

普通抹灰由一层底灰、一层面灰组成。高级抹灰由一层底灰、数层中灰和一层面灰组成。

(3)抹灰细部处理。

①护角。经常受到碰撞的内墙阳角,常抹高 2.0 m 的 1∶2水泥砂浆,俗称水泥砂浆护角。

②引条线。在外墙抹灰中,由于墙面抹灰面积较大,为防止面层开裂、方便操作和立面设计的需要,常在抹灰面层做分格,称为引条线。

引条线的做法是:在底层灰上埋设梯形、三角形或半圆形的木引条,面层抹灰完成后,即可取出木引条,再用水泥砂浆勾缝,以提高其抗渗能力。

(二)涂料类墙面装修

涂料饰面是在木基层表面或抹灰饰面上喷、刷涂料涂层的
饰面装修。造价低、装饰性好、操作简单、维修方便。

1. 刷浆类饰面

刷浆类饰面是指在表面喷刷涂料或水性涂料的做法,通常有石灰浆、大白浆、可赛银浆等,价格低廉但不耐久。

2. 涂料类饰面

涂料是指涂敷于物体表面能与基层牢固黏结并形成完整而坚韧保护膜的材料。建筑涂料施工简单、工期短、功效高、装饰效果好、维修方便。

3. 油漆类饰面

油漆类饰面能在材料表面干结成膜(漆膜),使之与外界空气、水分隔绝,从而达到防潮、防锈、防腐等保护作用。漆膜表面光洁、美观、光滑,改善了卫生条件,增强了装饰效果。常用的油漆涂料有调和漆、清漆、防锈漆等。

(三)贴面类墙面装修

贴面类墙面装修是将天然或人造的材料经加工制成板、板材,然后在现场通过构造连接或镶贴于墙体表面的装饰装修做法。主要有粘贴和挂贴两种做法。

1. 饰面砖粘贴

饰面砖通常用水泥砂浆将它们粘贴于墙上。常用的墙面砖有釉面砖、无釉面砖、仿花岗岩瓷砖、劈离砖等。

外墙的面砖之间通常要留出一定缝隙,以利湿气排除。内墙面为便于擦洗和防水则要求安装紧密,不留缝隙。

2. 陶瓷锦砖饰面

陶瓷锦砖也称为马赛克,是高温烧结而成的小型块材,表面致密光滑、坚硬耐磨、耐酸耐碱,可用于墙面装修,也可用于地面装修。

铺贴时,先按设计的图案将小块的面材正面向下贴于牛皮纸上,然后牛皮纸向外将陶瓷锦砖贴于饰面基层,待半凝后将纸洗去,同时修整饰面。

3. 饰面板的挂贴

在墙体或结构主体上先固定龙骨骨架,形成饰面板的结构层,然后利用粘贴、紧固件连接、嵌条定位等手段,将饰面板安装在骨架上,对于石材类饰面板主要有湿法和干法两种。

(四)裱糊类饰面

裱糊类饰面是将各种装饰的墙纸、墙布通过裱糊、软包等方法形成的内墙面饰面的做法。其特点是装饰性强、造价低、施工方法简捷高效、材料更换方便,并可在曲面和墙面转折处粘贴,能获得连续的饰面效果。常用的装饰材料有 PVC 塑料壁纸、纺织物面墙纸、金属面墙纸、玻璃纤维墙布等。

(五)清水砖墙面装修

凡在外表面不做任何外加饰面的墙体称为清水墙;反之,称为混水墙。

为防止灰缝不饱满而引起的空气渗透和雨水渗入,一般用1:1水泥砂浆勾缝,勾缝形式有平缝、平凹缝、斜缝、弧形缝等。

(六)特殊部位的墙面装修

在内墙抹灰中,对易受到碰撞的部位,如门厅、走道的墙面和有防潮、防水要求,如厨房、卫生间的墙面,为保护墙身,做成护墙墙裙。对内墙阳角、门洞转角等处则做成护角。墙裙和护角高度 2 m 左右。

二、楼地面构造

地面是指楼板层和地层的面层部分,它直接承受上部荷载的作用,并将荷载传给下部的结构层和垫层,一般要求坚固耐久、防水、隔声、导热系数小、经济适用,同时对室内又有一定的装饰作用。

(一)整体地面

整体地面是采用现场拌和料,经浇抹形成的面层。

1. 水泥砂浆地面

水泥砂浆地面又称水泥地面。它构造简单、坚固、耐磨、防水、造价低廉,但导热系数大,吸水性差,施工质量不好时易起砂,是一种应用较为广泛的低档地面。面层有单层和双层两种做法。

2. 现浇水磨石地面

现浇水磨石地面是用天然石渣、水泥、颜料加水拌和,摊铺抹面,经压光、打蜡而成的。水磨石地面整体性好,平整光滑,不起尘,坚固耐久,但施工时湿作业工序多,工期长。

(二)块材地面

块材地面是在基层上用水泥砂浆、水泥浆或胶粘剂铺设装饰块材所形成的楼地面做法。常用的板材有陶瓷地砖、陶瓷锦砖、水泥花砖、大理石板、花岗岩板等。

1. 缸砖、地面砖地面

缸砖、地面砖地面做法为 20 mm 1:3水泥砂浆找平,5 mm 厚水泥胶粘贴缸砖,用素水泥浆擦缝。质地坚硬,强度较高,耐磨、耐水、耐酸碱,易清洁,施工简单,广泛用于室外公共场所、实验室及有腐蚀性液体的房间地面。

2. 陶瓷锦砖地面

陶瓷锦砖又称马赛克,是以优质瓷土烧制而成的,其常用规格有 19 mm × 19 mm、39 mm × 39 mm 的正方形和 39 mm × 19 mm 的长方形以及边长为 25 mm 的六角形等多种,厚度 4 ~ 5 mm,可拼成各种新颖、漂亮的图案,一般反贴于牛皮纸上以便使用。

陶瓷锦砖多用于工业与民用建筑的洁净车间,门厅、走廊、餐厅、卫生间、游泳池等地面工程。

3. 天然石材地面

做法是在找平层上实铺 30 mm 厚 1:4 干硬性水泥砂浆结合层，上撒素水泥浆，再粘贴花岗岩板或大理石板，并用素水泥浆擦缝。

4. 木地板

木地板有实铺和空铺、粘贴三种。实铺木地板有铺钉式和黏贴式两种。

铺钉式实铺木地面是将木搁栅搁置在混凝土垫层或钢筋混凝土楼板上的水泥砂浆或细石混凝土找平层上，在隔栅上铺钉木地板。为防止木地板受潮腐烂，应在混凝土垫层上做防潮处理，通常在水泥砂浆找平层上做一毡二油防潮层。另外，在踢脚板处设通风口，以保持干燥。

粘贴式实铺木地板是将木地板用沥青胶或环氧树脂等黏结材料直接粘贴在找平层上，若为底层地面，则应在找平层上做防潮层，或直接用沥青砂浆找平。

(三)踢脚

踢脚是地面与墙面交接处的构造处理，其主要作用是遮盖墙面与地面的接缝，并保护墙面，防止外界的碰撞损坏和清洗地面时的污染。常用的踢脚板有水泥砂浆、水磨石、釉面砖、木板等。

第八节　工业建筑

工业建筑是指从事各类工业生产以及直接为生产服务的房屋，是工业建设必不可少的物质基础。从事工业生产的房屋主要包括生产厂房、辅助生产用房，以及为生产提供动力的房屋，这些房屋往往被称为厂房或车间。

一、单层工业厂房的组成

在单层工业厂房的结构形式中，以排架结构最多见，主要由横向排架和纵向连系构件及支撑、围护构件组成。

(一)横向排架构件

横向排架构件包括屋架(或屋面梁)、柱和基础。

1. 屋架(或屋面梁)

单层工业厂房屋盖的结构形式大致分为无檩体系和有檩体系两类。

屋架(或屋面梁)是屋盖结构的主要承重构件，承重屋盖及天窗上的全部荷载，并将荷载传给柱子。

1)屋架

屋架按钢筋的受力情况分预应力和非预应力；按材料分木屋架、钢筋混凝土屋架和钢屋架；按外形通常有三角形、梯形、拱形和折线形等几种。

屋架的端部可采用内檐沟、外檐沟、中间天沟、自由落水等几种形式。

屋架与柱的连接方式有焊接和螺栓连接两种。目前采用较多的为焊接法。

2)屋面梁

钢筋混凝土屋面大梁主要用于跨度较小的厂房。截面有 T 形和工字形两种，因腹板较薄,故常称其为薄腹梁。

2. 柱

柱有承重柱和抗风柱两种。承重柱是厂房结构的主要承重构件,承受屋架、吊车梁、支撑、连系梁和外墙传来的荷载,并把它传给基础。

1)承重柱

一般工业厂房多采用钢筋混凝土柱,跨度、高度、吊车起重量都比较大的大型厂房可以采用钢柱或钢—钢筋混凝土组合柱。

钢筋混凝土柱基本上可分为单肢柱和双肢柱两类。单肢柱的截面形式有矩形、工字形、单管圆形。

2)抗风柱

屋架与抗风柱之间常采用弹簧钢板连接,在垂直方向应允许屋架与抗风柱有相对的竖向位移,厂房沉降较大时,则宜采用螺栓连接的方法。

3. 基础

基础承受厂房上部结构的全部荷载,并将荷载传给地基。

单层排架工业厂房的基础主要采用钢筋混凝土杯形基础,杯形基础有单杯基础和双杯基础两种形式。双杯基础一般在变形缝处采用。

杯形基础外形可做成锥形或阶梯形,为便于柱的安装,杯口尺寸应大于柱的截面尺寸,并在周边留有空隙。柱底面与杯口之间还应预留 50 mm 做找平层,在柱就位前用高强度等级细石混凝土找平,柱吊装就位后杯口与柱子四周缝隙用 C20 细石混凝土灌缝填实。

(二)纵向连系构件

纵向连系构件包括吊车梁、基础梁、连系梁(或圈梁)、大型屋面板等,纵向构件主要承受作用在山墙上的风荷载及吊车纵向制动力,并将这些力传递给柱子。

1. 吊车梁

吊车梁按外形和截面形状划分,有等截面的 T 形、工字形和变截面的鱼腹式吊车梁。

为了使吊车梁与柱、轨道便于连接及安装管线,在吊车梁上需设置预埋件及预留孔。吊车梁与柱的连接多采用焊接连接的方法。梁与柱中间的空隙用 C20 细石混凝土填实。

吊车梁与轨道的连接方法一般采用螺栓连接。

为了防止吊车运行时因来不及刹车而冲撞到山墙上,须在吊车梁的末端设车挡。

2. 基础梁

基础梁两端搁置在杯形基础的杯口上。墙体的重量通过基础梁传到基础上。

基础梁的截面形状多采用倒梯形,基础梁的顶面标高至少应低于室内地面 50 mm,高于室外地坪 100 mm。基础梁一般直接搁置在基础顶面上,当基础较深时,可采取在杯形基础上设置混凝土垫块,也可设置高杯口基础或在柱上设牛腿等。

3. 连系梁

连系梁是厂房纵向柱列的水平连系构件,主要用来增强厂房的纵向刚度,并传递风荷载至纵向柱列。连系梁与柱的连接。

(三)支撑构件

支撑构件包括屋盖支撑系统和柱间支撑系统,主要传递水平风荷载及吊车产生的水平荷载,它可保证厂房的整体性和稳定性。

（四）围护构件

围护构件包括外墙、地面、门窗、天窗、地沟、散水等。

二、单层工业厂房的构造

（一）屋面

1. 屋面排水

单层厂房的屋面防水方式分为无组织排水和有组织排水。有组织排水又分外排水和内排水。

2. 屋面防水

单层工业厂房屋面防水可分为卷材防水、刚性防水和构件自防水。

1）卷材防水

其构造层次与民用建筑基本相同，仅在屋面层次上有所不同。为防止开裂，一般在大型屋面板短边端肋相接处的缝隙用 C20 细石混凝土灌缝嵌填密实。

因为卷材具有一定的弹性与韧性，因此常用于有震动要求的厂房里面。

2）刚性防水

刚性防水一般采用在大型屋面板上现浇一层细石混凝土，其厚度为 30 ~ 60 mm，内配 Φ 4@200 mm的双向钢筋网片，其构造与民用建筑相同。

3）构件自防水

它是利用屋面板本身的混凝土密实性能，同时在板面上涂刷防水剂以达到防水的作用，如自防水屋面板、F 形屋面板等，也可利用构件自身的性能进行防水，如金属压型屋面板。

构件自防水屋面板缝的防水构造有嵌缝式和搭盖式两种做法。

3. 厂房屋面细部构造

1）挑檐

采用卷材防水时应注意卷材收头，其构造与民用建筑相同。

2）纵墙外檐沟

对卷材防水屋面，在防水层底应附加一层防水卷材。非卷材防水屋面在檐沟与屋面板相接处除做两道卷材外，还应在雨水口处增加一道卷材附加层或涂膜附加层。

（二）外墙

单层厂房墙与柱的位置有四种方案，如图 6-1 所示。

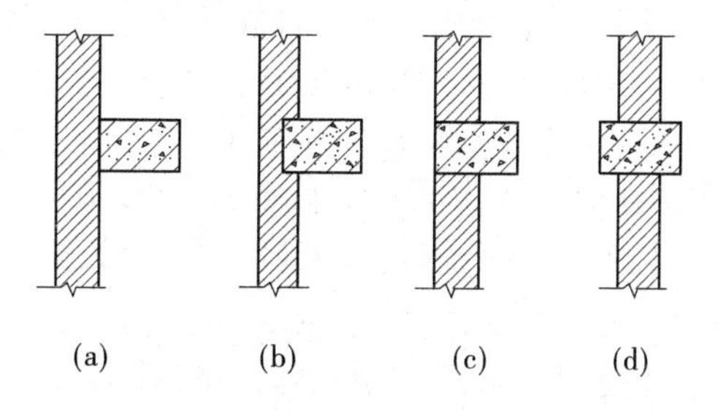

图 6-1　框架墙的墙、柱平面位置关系

1. 外墙与柱的连接

为保证外墙与柱的连接牢固，通常沿柱子高度方向每隔 500 ~ 600 mm 预埋两根 Φ 6 钢筋，砌墙时把伸出的钢筋砌在墙缝里。

2. 墙与屋架(屋面梁)的连接

墙与屋架(屋面梁)的连接如图 6-2 所示。

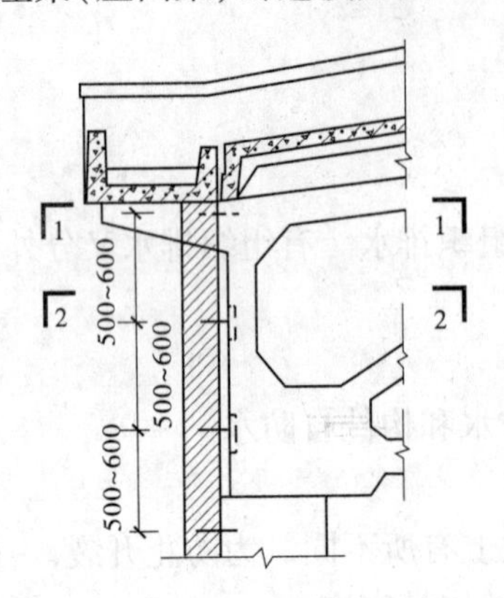

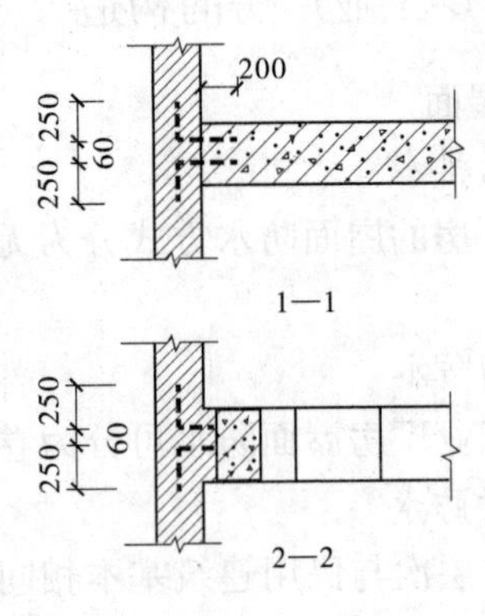

图 6-2　墙与屋架的连接

3. 纵向女儿墙与屋面板的连接

纵向女儿墙与屋面板的连接如图 6-3 所示。

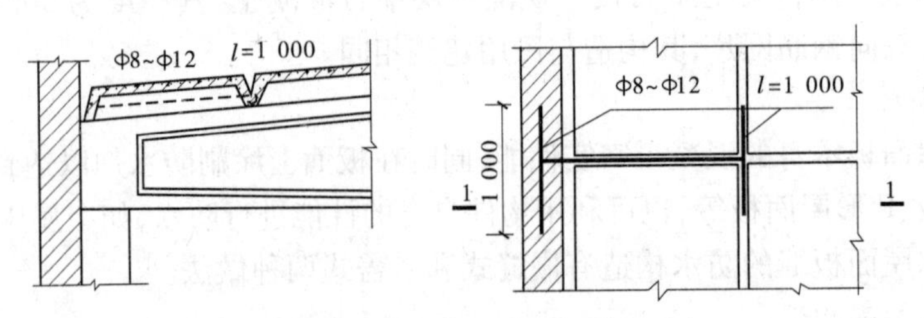

图 6-3　纵向女儿墙与屋面板之间

4. 大型墙板与柱的连接

墙板与柱的连接分为柔性连接和刚性连接两种。

柔性连接是指通过墙板和柱的预埋件及连接件将二者拉结在一起。柔性连接的方法有螺栓连接和压条连接两种做法。螺栓连接在水平方向用螺栓、挂钩等辅助件拉结固定，在垂直方向每 3 ~4 块板设一个钢支托支承，如图 6-4 所示。压条连接是在墙板上加压条，再用螺栓(焊于柱上)将墙板与柱子压紧拉牢，如图 6-5 所示。

刚性连接是在柱和墙板中先分别设置预埋件，安装时用角钢或Φ 16 的钢筋段把它们焊接连牢，如图 6-6 所示。

(三)天窗

在大跨度或多跨度的单层厂房中，为满足采光和通风的要求，常在厂房屋顶上设置天窗。常见的天窗构造形式有上凸式天窗、锯齿形天窗、下沉式天窗、平天窗等。

(四)地面

厂房地面为了满足生产及使用要求，往往需要具备特殊功能，如防尘、防爆、防腐蚀等，同时厂房地面面积大，所承受的荷载大，因此地面厚度也大，材料用量也多。

1. 地面的组成

单层工业厂房的地面与民用建筑的构造层次基本相同，一般由面层、垫层、基层组成。

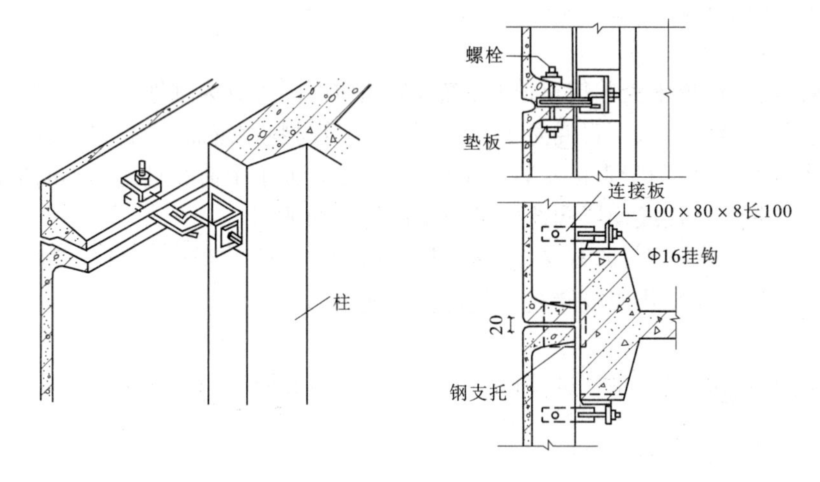

图 6-4　螺栓挂钩柔性连接构造

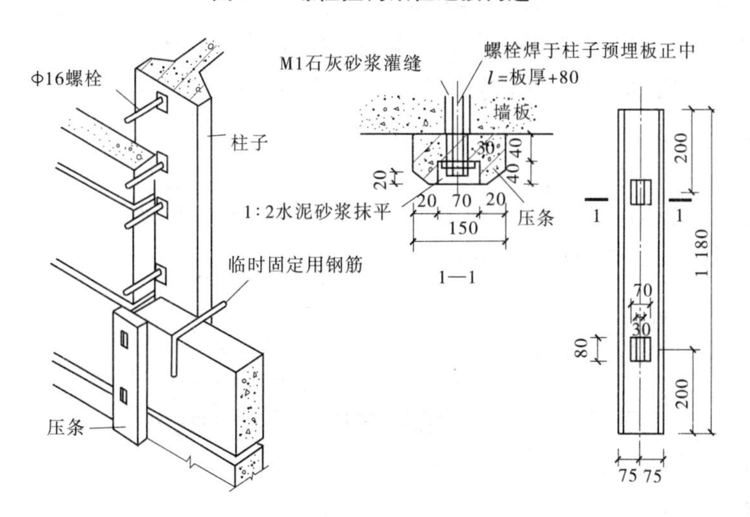

图 6-5　压条柔性连接构造

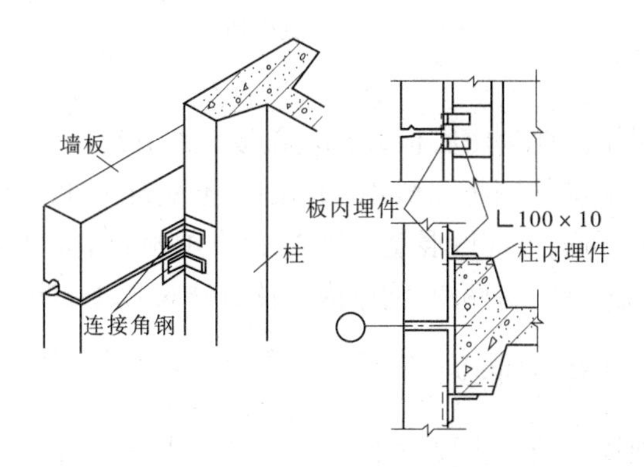

图 6-6　刚性连接构造

还可根据需要，增设其他构造层次，如找平层、结合层、隔离层、保温层、隔声层、防潮层等。

1) 面层

面层是直接承受各种物理、化学作业的表面层，如碾压、冲击、磨损、酸碱腐蚀等，还应满足防水、防尘、防火等要求。

2)垫层

厂房地面的垫层要承受并传递荷载,按材料性质不同可分为刚性垫层、柔性垫层。

刚性垫层是以混凝土、沥青混凝土、钢筋混凝土等材料构筑而成的,它具有整体性好、不透水、强度大等特点,适用于直接安装中小型设备、受较大集中荷载且变形小的地面,以及有侵蚀性介质、大量水作用或面层构造要求为刚性垫层的地面。

柔性垫层是以砂、碎石、卵石、矿渣、碎煤渣等构筑的垫层,受力后产生塑性变形。适用于有重大冲击、剧烈振动作用或储放笨重材料的地面。

3)基层

基层是地面的最下层,是经过处理的地基层,最常用的是夯实后的素土。

2. 地面的细部构造

1)坡道

厂房的室内外地面高差一般为 150 mm。为了便于各种车辆通行,在大门外侧须设置坡道。坡道宽度应比门洞宽 1 000 mm 以上,坡度一般为 5% ~15%,坡度大于 10% 时,其表面应做齿槽防滑。在坡道与大门连接处应设置变形缝,缝内灌热沥青。

2)地面变形缝

大面积刚性垫层的地面应设置变形缝,地面变形缝的位置应与建筑物的变形缝位置一致。在一般地面与振动大的设备基础之间应设变形缝。当相邻地段荷载相差悬殊时应设置变形缝。变形缝的构造如图 6-7 所示。

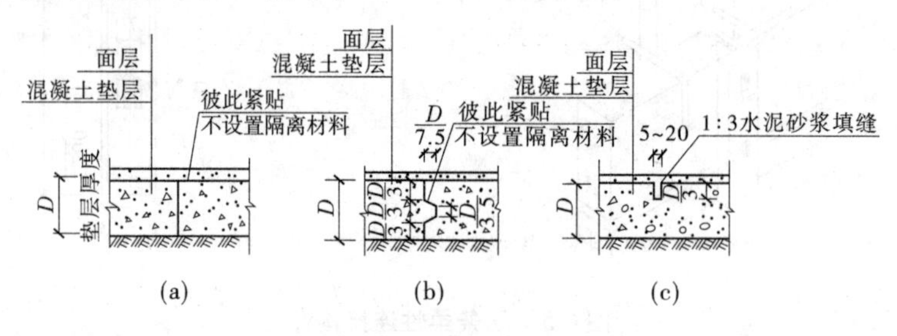

图 6-7 变形缝构造

3)地沟

地沟供敷设生产管线用。地沟由底板、沟壁、盖板三部分组成。盖板常用钢筋混凝土预制板或用铸铁制作。砖砌地沟的底板一般用 C10 混凝土浇筑,厚度 80 ~100 mm。沟壁常用砖砌,厚度一般为 120 ~490 mm,上部设混凝土垫块,以支承预制钢筋混凝土盖板。为了防潮,沟壁外侧应刷冷底子油一道、热沥青两道,沟壁内侧抹 20 mm 厚 1∶2防水砂浆,如图 6-8 所示。

三、单层工业厂房的定位轴线

单层工业厂房定位轴线是确定主要承重构件标志尺寸及其相互关系的基准线,也是作为定位、安装及厂房施工放线的依据。

单层厂房的定位轴线分横向定位和纵向定位轴线两种,如图 6-9 所示。与横向排架平面平行的称为横向定位轴线,与横向排架平面垂直的称为纵向定位轴线。由纵、横向定位轴线在平面上形成有规律的网格称为柱网。

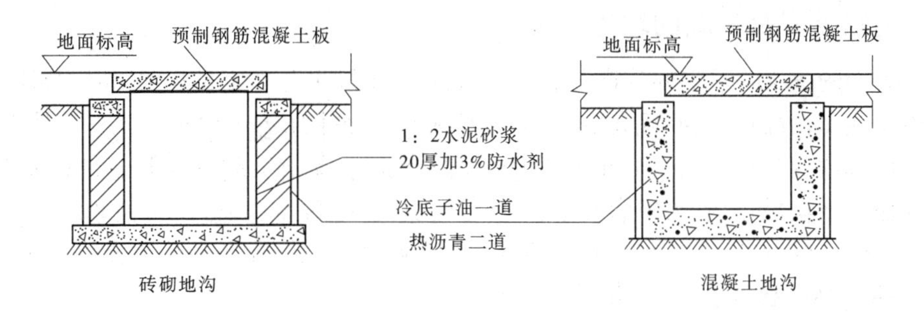

图 6-8　地沟构造

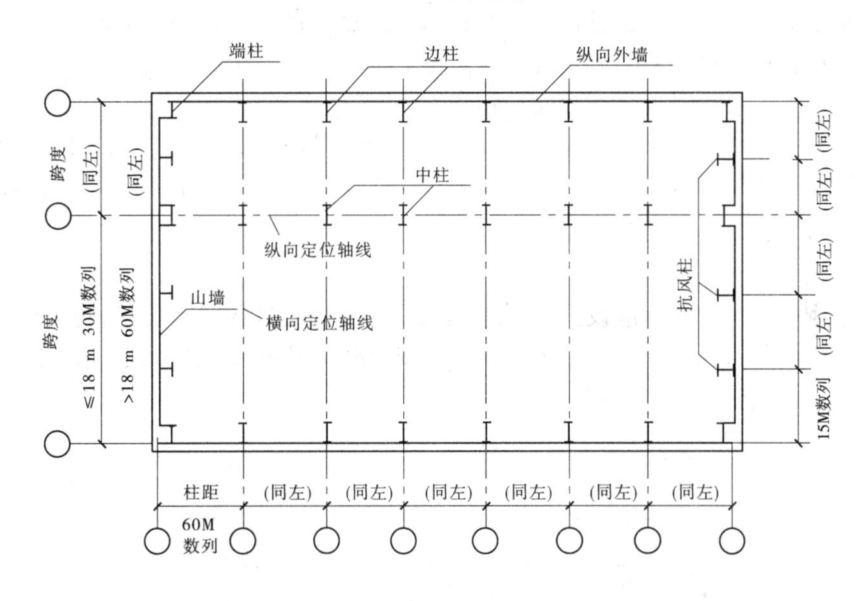

图 6-9　单层厂房平面柱网布置

《厂房建筑模数协调标准》(GB/T 50006—2010)为单层厂房柱网尺寸作了如下规定。

(一)柱距

单层厂房中柱子横向定位轴线之间的距离为柱距。

跨度在 18 m 和 18 m 以下时,应采用扩大模数 30M 数列,即 9 m、12 m、15 m、18 m;在 18 m 以上时应采用扩大模数 60M 数列,即 24 m、30 m、36 m 等。当有特殊工艺要求时,亦可采用 30M 数列。

(二)跨度

单层厂房中纵向定位轴线之间的距离为跨度。

柱距应采用扩大模数 60M 数列,常用 6 m 柱距,有时也采用 12 m 柱距。单层厂房山墙处的抗风柱柱距宜采用扩大模数 15M 数列,即 4.5 m、6 m 和 7.5 m。

第九节　基础的一般结构知识

基础是建筑地面以下的承重构件,它承受建筑物上部结构传下来的全部荷载,并把这些荷载连同本身的重量一起传到地基上。

一、基础类型及基础的埋置深度

(一)基础的类型

按基础所采用的材料和受力特点,分为刚性基础和柔性基础。

按基础的埋置深度和施工方法不同,分为深基础和浅基础。

按基础的结构形式,分为无筋扩展基础、扩展基础、柱下条形基础、筏形基础、箱形基础和桩基础。

(二)基础的埋置深度

基础埋置深度一般是指基础底面到室外设计地面的垂直距离,简称基础埋深。

基础埋置深度关系到地基是否安全、经济和施工的难易。

影响基础埋置深度的因素有很多,包括建筑物的功能和用途、基础上的荷载大小和性质、工程地质和水文地质条件、相邻建筑物基础埋深、地基土冻胀与融陷的影响。

二、基础的构造要求

(一)无筋扩展基础

无筋扩展基础系指由砖、毛石、混凝土或毛石混凝土、灰土和三合土等材料组成的墙下条形基础或柱下独立基础,如图 6-10 所示。这些材料都是脆性材料,有较好的抗压性能,但抗拉、抗剪强度往往很低。无筋扩展基础可用于 6 层和 6 层以下(三合土基础不宜超过 4 层)的民用建筑和轻型厂房。

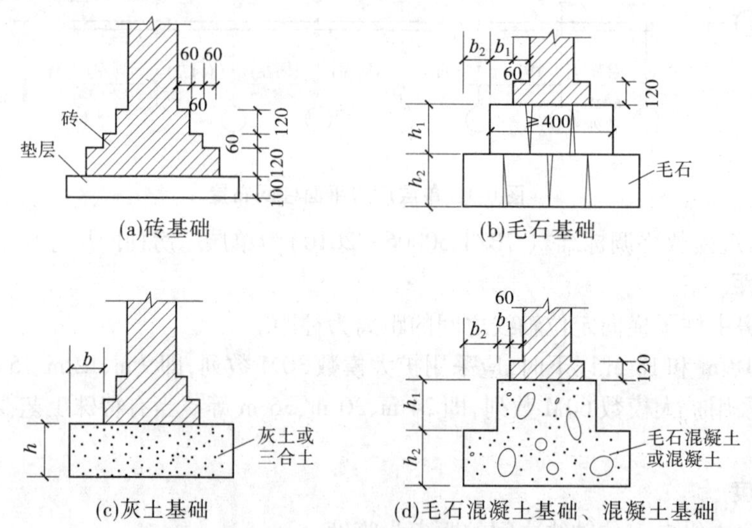

图 6-10　无筋扩展基础

砖基础一般做成台阶式,此阶梯称为"大放脚",大放脚的砌筑方式有两种:"二皮一收"和"二、一间隔收"砌法。垫层每边伸出基础底面 50 mm,厚度不宜小于 100 mm,如图 6-11 所示。

(二)扩展基础

1. 扩展基础的概念

扩展基础是指柱下钢筋混凝土独立基础和墙下钢筋混凝土条形基础,见图 6-12。这种

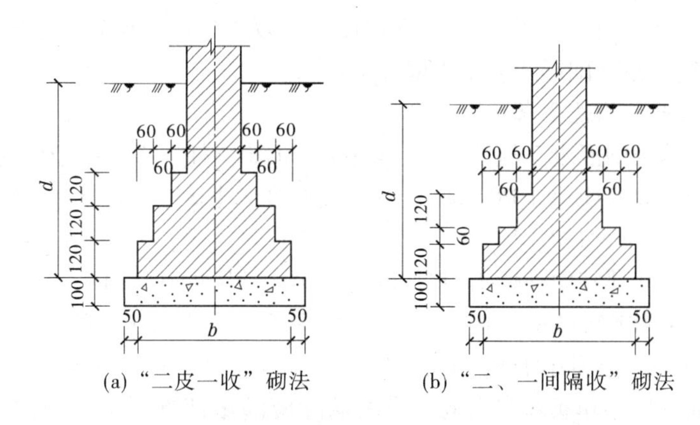

图 6-11 基础大放脚形式

基础抗弯和抗剪性能良好，特别适用于"宽基浅埋"或有地下水的情况。由于扩展基础有较好的抗弯能力，通常被看作柔性基础。这种基础能发挥钢筋的抗弯性能及混凝土抗压性能，适用范围广。

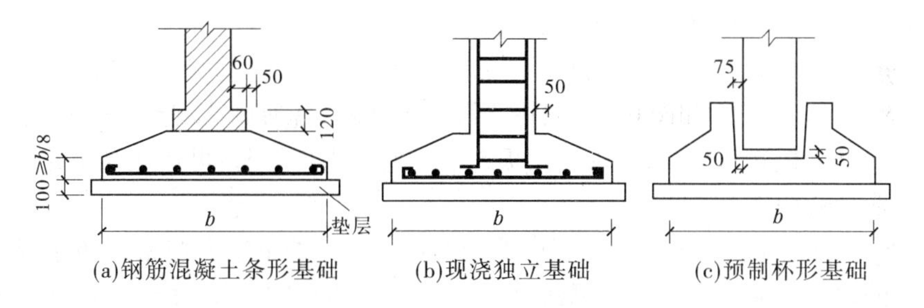

图 6-12 扩展基础

2. 扩展基础的构造要求

(1)锥形基础的边缘高度不宜小于 200 mm，阶梯形基础的每阶高度宜为 300 ~ 500 mm。

(2)垫层的厚度不宜小于 70 mm，垫层混凝土强度等级不宜低于 C10。

(3)扩展基础底板受力钢筋的最小直径不应小于 10 mm；间距不应大于 200 mm，也不应小于 100 mm。

(4)钢筋混凝土强度等级不应小于 C20。

(5)当柱下钢筋混凝土独立基础的边长和墙下钢筋混凝土条形基础的宽度大于或等于 2.5 m 时，底板受力钢筋的长度可取边长或宽度的 0.9 倍，并宜交错布置。

(6)钢筋混凝土条形基础底板在 T 形及十字形交接处，底板横向受力钢筋仅沿一个主要受力方向通长布置，另一个方向的横向受力钢筋可布置到主要受力方向底板宽度的 1/4 处。在拐角处底板横向受力钢筋应沿两个方向布置。

(三)柱下条形基础

1. 柱下条形基础的特点

当上部结构荷载较大、地基土的承载力较低时，采用无筋扩展基础或扩展基础往往不能满足地基强度和变形的要求。为增加基础刚度，防止由于过大的不均匀沉降引起的上部结构的开裂和损坏，常采用柱下条形基础。根据刚度的需要，柱下条形基础可沿纵向设置，也可沿纵横向设置而形成双向条形基础，称为交梁基础。

如果柱网下的地基土较软弱,土的压缩性或柱荷载的分布沿两个柱列方向都很不均匀,则可采用交梁基础。该基础形式多用于框架结构。

2. 柱下条形基础的构造要求

(1)柱下条形基础的混凝土强度等级,不应低于 C20。柱下条形基础梁的高度宜为柱距的 1/4 ~1/8,翼板厚度不应小于 200 mm。当翼板厚度大于 250 mm 时,宜采用变厚度翼板,其顶面坡度宜小于或等于 1:3。

(2)条形基础的端部宜向外伸出,其长度宜为第一跨距的 0.25 倍。

(3)现浇柱与条形基础梁的交接处,基础梁的平面尺寸应大于柱的平面尺寸,且柱的边缘至基础梁边缘的距离不得小于 50 mm。

(4)条形基础梁顶部和底部的纵向受力钢筋除应满足计算要求外,顶部钢筋应按计算配筋全部贯通,底部通长钢筋不应少于底部受力钢筋截面总面积的 1/3。

(四)筏形基础

1. 筏形基础的特点

当地基特别软弱,上部荷载很大,用交梁基础将导致基础宽度较大而又相互接近(或有地下室)时,可将基础底板联成一片而成为筏形基础。

筏形基础可分为墙下筏形基础和柱下筏形基础。柱下筏形基础常有平板式和梁板式两种。平板式筏形基础是在地基上做一块钢筋混凝土底板,柱通过柱脚支承在底板上;梁板式筏形基础分为下梁板式和上梁板式,下梁板式基础底板上面平整,可作建筑物底层地面。

2. 筏形基础的构造要求

(1)筏形基础的混凝土强度等级不应低于 C30。当有地下室时应采用防水混凝土。采用筏形基础的地下室应沿四周布置钢筋混凝土外墙,外墙厚度不应小于 250 mm,内墙厚度不应小于 200 mm。

(2)筏形基础的钢筋间距不应小于 150 mm,宜为 200 ~300 mm,受力钢筋直径不宜小于 12 mm。梁板式筏基的底板与基础梁的配筋除满足计算要求外,纵横方向的底部钢筋还应有 1/2 ~1/3 贯通全跨,其配筋率不应小于 0.15%,顶部钢筋按计算配筋全部连通。

(3)当筏板的厚度大于 2 000 mm 时,宜在板厚中间部位设置直径不小于 12 mm、间距不大于 300 mm 的双向钢筋网。

(五)箱形基础

1. 箱形基础的特点

箱形基础是由底板、顶板、钢筋混凝土纵横隔墙构成的整体现浇钢筋混凝土结构。箱形基础具有较大的基础底面、较深的埋置深度和中空的结构形式,上部结构的部分荷载可用开挖卸去的土的重量得以补偿。与一般的实体基础比较,它能显著地提高地基的稳定性,降低基础沉降量。

2. 箱形基础的构造要求

(1)箱形基础的混凝土强度等级不应低于 C30。无人防设计要求的箱形基础,基础底板不应小于 300 mm,外墙厚度不应小于 250 mm,内墙厚度不应小于 200 mm,顶板厚度不应小于 200 mm。

(2)箱形基础的顶板、底板及墙体均应采用双层双向配筋。箱形基础的顶板和底板纵横方向支座钢筋尚应有 1/3 ~1/2 的钢筋连通,且连通钢筋的配筋率分别不小于 0.15%(纵向)、0.10%(横向),跨中钢筋按实际需要的配筋全部连通。

(3)墙体的门洞宜设在柱间居中部位。箱形基础外墙宜沿建筑物周边布置,内墙沿上部结构的柱网或剪力墙位置纵横均匀布置,墙体水平截面总面积不宜小于箱形基础外墙外包尺寸的水平投影面积的1/10。

(六)桩基础

1.桩基础的概述

当地基土上部为软弱土,且荷载很大,采用浅基础已不能满足地基强度和变形的要求时,可利用地基下部比较坚硬的土层作为基础的持力层设计成深基础。桩基础是最常见的深基础,广泛应用于各种工业与民用建筑中。

桩基础由桩和承台两部分组成。桩在平面上可以排成一排或几排,所有桩的顶部由承台联成一个整体并传递荷载。在承台上再修筑上部结构。桩基础的作用是将承台以上上部结构传来的外力通过承台,由桩传到较深的地基持力层中,承台将各桩联成一个整体共同承受荷载,并将荷载较均匀地传给各个基桩。

由于桩基础的桩尖通常都进入到了比较坚硬的土层或岩层,因此桩基础具有较高的承载力和稳定性,具有良好的抗震性能,是减少建筑物沉降与不均匀沉降的良好措施。

2.桩基础的分类

1)按施工方式分类

桩基础按施工方式可分为预制桩和灌注桩两大类。

2)按桩身材料分类

(1)混凝土桩:又可分为混凝土预制桩和混凝土灌注桩(简称灌注桩)两类。

(2)钢桩:常见的是型钢和钢管两类。钢桩的优点是抗压抗弯强度高,施工方便;缺点是价格高,易腐蚀。

(3)组合桩:采用两种材料组合而成的桩。例如,钢管桩内填充混凝土,或上部为钢管桩、下部为混凝土桩。

3)按桩的使用功能分类

(1)竖向抗压桩:主要承受竖直向下荷载的桩。

(2)水平受荷桩:主要承受水平荷载的桩。

(3)竖向抗拔桩:主要承受拉拔荷载的桩。

(4)复合受荷桩:承受竖向和水平荷载均较大的桩。

4)按桩的承载性状分类

(1)摩擦型桩:①摩擦桩,在极限承载力状态下,桩顶荷载由桩侧阻力承受。②端承摩擦桩,在极限承载力状态下,桩顶荷载主要由桩侧阻力承受,部分桩顶荷载由桩端阻力承受。

(2)端承型桩:①端承桩,在极限承载力状态下,桩顶荷载由桩端阻力承受。②摩擦端承桩,在极限承载力状态下,桩顶荷载主要由桩端阻力承受,部分桩顶荷载由桩侧阻力承受。

5)按成桩方法和成桩过程中的挤土效应分类

(1)挤土桩:在设置过程中桩周土被挤开,土体受到扰动,使土的工程性质与天然状态相比发生较大变化。这类桩主要包括挤土预制桩(打入或静压)、挤土灌注桩(如振动、锤击沉管灌注桩,爆扩灌注桩)。

(2)部分挤土桩:在设置过程中由于挤土作用轻微,故桩周土的工程性质变化不大。主要有打入截面厚度不大的工字型钢柱和H型钢桩、冲击成孔灌注桩和开口钢管桩、预钻孔打入式灌注桩等。

(3)非挤土桩:在设置过程中将相应于桩身体积的土挖出。这类桩主要是各种形式的钻孔桩、挖孔桩等。

6)按承台底面的相对位置分类

(1)高承台桩基:群桩承台底面设在地面或局部冲刷线之上的桩基。这种桩基多用于桥梁、港口工程等。

(2)低承台桩基:承台底面埋置于地面或局部冲刷线以下的桩基。这种桩基多用于房屋建筑工程。

(3)按桩径的大小分类:小桩直径小于或等于250 mm,中等直径桩直径介于250~800 mm,大直径桩直径大于或等于800 mm。

3. 桩基础的构造规定

(1)桩基础宜选用中、低压缩性土层作桩端持力层;同一结构单元内的桩基础,不宜选用压缩性差异较大的土层作桩端持力层,不宜采用部分摩擦桩和部分端承桩。

(2)设计使用年限不少于50年时,非腐蚀环境中预制桩的混凝土强度等级不应低于C30,预应力桩不应低于C40,灌注桩的混凝土强度等级不应低于C25;二b类环境及三类、四类、五类微腐蚀环境中不应低于C30。设计使用年限不少于100年的桩,桩身混凝土的强度等级宜适当提高。水下灌注混凝土的桩身强度等级不宜高于C40。

(3)桩身配筋可根据计算结果及施工工艺要求,可沿桩身纵向不均匀配筋。腐蚀环境中的灌注桩主筋直径不宜小于16 mm,非腐蚀性环境中灌注桩的主筋直径不应小于12 mm。

(4)灌注桩主筋混凝土保护层厚度不应小于50 mm,预制桩不应小于45 mm,预应力管桩不应小于35 mm,腐蚀环境中的灌注桩不应小于55 mm。

4. 承台构造

承台有多种形式,如柱下独立桩基承台、箱形承台、筏形承台、柱下梁式承台和墙下条形承台等。承台的作用是将桩联成一个整体,并把建筑物的荷载传到桩上,因而承台要有足够的强度和刚度。

以下主要介绍板式承台的构造要求:

(1)承台的厚度不应小于300 mm,承台的宽度不应小于500 mm,边缘中心至承台边缘的距离不宜小于桩的直径或边长,且桩的外边缘至承台边缘的距离不小于150 mm。

(2)承台混凝土强度等级不应低于C20;纵向钢筋的混凝土保护层厚度不应小于70 mm,当有混凝土垫层时,保护层厚度不应小于50 mm。

(3)矩形承台板其配筋按双向均匀通长布置,钢筋直径不宜小于10 mm,间距不宜大于200 mm。承台梁的主筋除满足计算要求外,其直径不宜小于12 mm,架立筋直径不宜小于10 mm,箍筋直径不宜小于6 mm;对于三桩承台,钢筋应按三向板带均匀配置,且最里面的三根钢筋围成的三角形应在柱截面范围内。

5. 承台之间的连接

单桩承台宜在两个相互垂直的方向上设置连系梁,两桩承台宜在其短向设置连系梁,有抗震要求的柱下独立承台宜在两个主轴方向设置连系梁。连系梁顶面宜与承台位于同一标高。连系梁的宽度不应小于250 mm,梁的高度可取承台中心距的1/10~1/15,且不小于

400 mm。连系梁内上下纵向钢筋直径不应小于 12 mm 且不应少于 2 根，并按受拉要求锚入承台。

第十节　现浇钢筋混凝土楼盖结构知识

一、现浇钢筋混凝土楼盖的分类

(一)按钢筋混凝土楼盖施工方法分类

按钢筋混凝土楼盖施工方法不同可分为现浇式、装配式和装配整体式三种类型。

(二)按钢筋混凝土现浇楼盖受力特点和支承条件分类

按钢筋混凝土现浇楼盖受力特点和支承条件不同可分为单向板肋形楼盖、双向板肋形楼盖、井式楼盖、密肋楼盖和无梁楼盖。

(1)单向板肋形楼盖。一般由板、次梁和主梁组成。板的四边可支承在次梁、主梁或砖墙上。当板的长边 l_2 与短边 l_1 之比较大时，板上的荷载主要沿短边方向传递，而沿长边方向传递的荷载效应可忽略不计。这种主要沿短边方向弯曲的板，称为单向板。其荷载传递路线为：板→次梁→主梁→柱或墙。单向板肋形楼盖广泛应用于多层厂房和公共建筑。

(2)双向板肋形楼盖。当板的长边 l_2 与短边 l_1 之比不大时，板上的荷载沿长边、短边两个方向传递，且板在两个方向的弯曲均不能忽略，这种板称为双向板。其荷载传递路线为：板→支承梁→柱或墙。双向板肋形楼盖多用于公共建筑和高层建筑。

混凝土板按下列原则进行计算：

两对边支承的板应按单向板计算。四边支承的板应按下列规定计算：当长边与短边之比不大于 2.0 时，应按双向板计算；当长边与短边长度之比大于 2.0，但小于 3.0 时，宜按双向板计算；当长边与短边长度之比不小于 3.0 时，宜按沿短边方向受力的单向板计算，并应沿长边方向布置构造钢筋。

(3)井式楼盖。两个方向上梁的高度相等且一般为等间距布置，不分主次，共同承受板传递来的荷载。梁布置成井字形，梁格形状为方形、矩形或菱形，板为双向板。井式楼盖可少设或取消内柱，能跨越较大的空间，获得较美观的天花板，适用于方形或接近方形的中小礼堂、餐厅以及公共建筑的门厅。

(4)密肋楼盖。由薄板和间距较小(0.5 ~ 1 m)的肋梁组成。板厚很小，梁高也较肋梁楼盖小，结构自重较轻。

(5)无梁楼盖。在楼盖中不设梁，将板直接支承在柱上，是一种板柱结构。有时为了改善板的受力条件，在每层柱的上部设置柱帽。柱和柱帽的截面形状一般为矩形。无梁楼盖具有结构高度小、板底平整，采光、通风效果好等特点，适用于柱网尺寸不超过 6 m 的图书馆、冷冻库等建筑以及矩形水池的池顶和池底等结构。

二、现浇钢筋混凝土单向板肋形楼盖

(一)板的配筋构造要求

单向板的构造要求同前述受弯构件中板的构造要求。

工程中连续板受力钢筋为采用分离式配筋方式。

分离式配筋:跨中正弯矩钢筋宜全部伸入支座锚固,而在支座处另配负弯矩钢筋,其范围应能覆盖负弯矩区域并满足锚固要求,如图 6-13 所示。分离式配筋由于施工方便,已成为工程中主要采用的配筋方式。

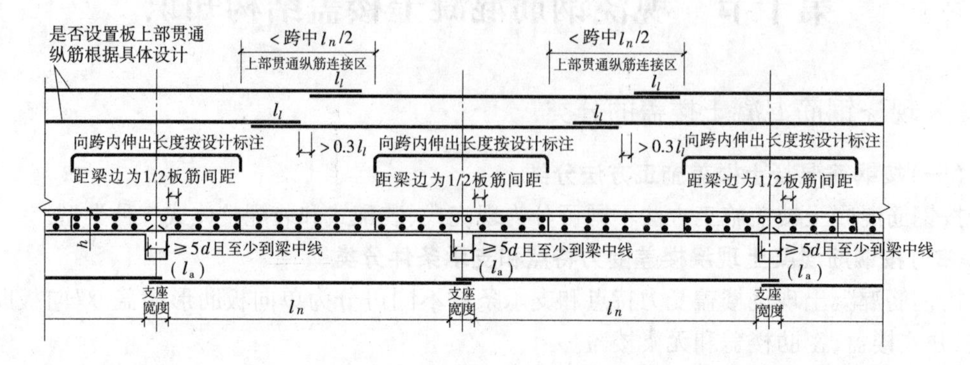

说明:1. 当相邻等跨或不等跨的上部贯通纵筋配置不同时,应将配置较大者越过其标注的跨数终点或起点伸出至相邻跨的跨中连接区连接。

2. 除本图所示搭接连接外,板纵筋可采用机械连接或焊接连接。接头位置:上部钢筋见本图所示的连接区,下部钢筋宜在距支座 1/4 净跨内。

3. 图中板的中间支座均按梁绘制,当支座为混凝土剪力墙、砌体墙或圈梁时,其构造相同。

4. 纵筋在端支座应伸至支座(梁、圈梁或剪力墙)外侧纵筋内侧后弯折,当直段长度≥l_a 时可不弯折。

图 6-13 楼面板 LB 和屋面板 WB 钢筋构造

(括号内的锚固长度 l_a 用于梁板式转换层的板)

(二)次梁的构造要求

当次梁承受均布荷载,跨度相差不超过 20%,并且均布恒荷载与活荷载设计值之比不大于 3 时,钢筋的弯起和截断也可按图 6-14 来布置。

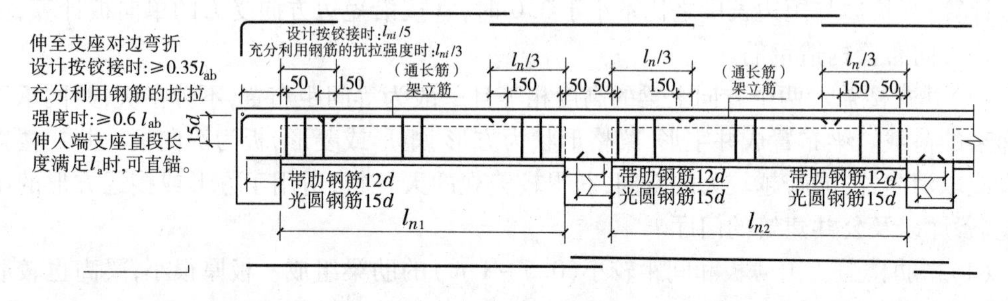

说明:1. 跨度值 l_n 为左跨 l_{ni} 和右跨 l_{ni+1} 的较大值,其中 $i=1,2,3,\cdots$

2. 当梁上部有通长钢筋时,连接位置宜位于跨中 $l_n/3$ 范围内;梁下部钢筋连接位置宜位于支座 $l_n/4$ 范围内;且在同一连接区段内钢筋接头面积百分率不宜大于 50%。

3. 当梁配有受扭纵向钢筋时,梁下部纵筋锚入支座的长度应为 l_a,在端支座直锚长度不足时可弯锚。当梁纵筋兼做温度应力筋时,梁下部钢筋锚入支座长度由设计确定。

4. 纵筋在端支座应伸至主梁外侧纵筋内侧后弯折,当直段长度不小于 l_a 时可不弯折。

图 6-14 次梁配筋的构造要求

(三)主梁的构造要求

由于支座处板、次梁和主梁的钢筋重叠交错,且主梁负筋位于次梁和板的负筋之下。主梁钢筋构造可按框架梁的钢筋构造处理。

在次梁与主梁相交处，应在主梁受次梁传来的集中力处设置附加的横向钢筋（吊筋或箍筋）。规范建议附加横向钢筋宜优先采用附加箍筋。

附加箍筋应布置在长度为 $s = 2h_1 + 3b$ 的范围内。第一道附加箍筋离次梁边 50 mm，如图 6-15 所示。

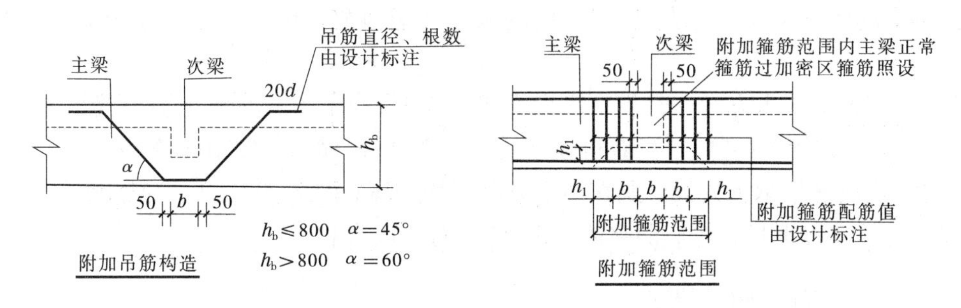

图 6-15　附加箍筋和吊筋的构造要求

三、现浇钢筋混凝土双向板肋形楼盖

（一）双向板的受力特点

双向板在均布荷载作用下，板的四角处有向上翘起的趋势，但因受到墙或梁的约束，在板角处将会出现负弯矩。从理论上讲，双向板的受力钢筋应垂直于板的裂缝方向，即与板边倾斜，但这样做施工很不方便。试验表明，沿着平行于板边方向配置双向钢筋网，其承载力与垂直于板裂缝方向倾斜布置受力钢筋的承载力相差不大，且施工方便。所以，双向板采用平行于板边方向的双向配筋。

（二）双向板的构造要求

1. 板的厚度

双向板的厚度一般取 $h = 80 \sim 160$ mm。对于简支板，$h \geq l_0/40$；对于连续板，$h \geq l_0/45$，l_0 为板的较小计算跨度。

2. 板的配筋

受力钢筋沿纵横两个方向设置，此时应将短边的钢筋设置在外侧，长向的钢筋设置在内侧。为施工方便，目前在施工中多采用分离式配筋。

第十一节　框架结构知识

框架结构是由梁、柱作为主要受力构件，通过刚接和铰接而形成的承受竖向和水平作用的受力体系。

一、框架结构的类型

框架结构按施工方法可分为全现浇式框架、半现浇式框架、装配式框架和装配整体式框架四种形式。

二、框架结构的平面布置

承重框架有以下三种布置方案：

(1)横向框架承重方案。是指框架梁沿房屋横向布置,连系梁和楼(屋)面板沿纵向布置。此方案的横向抗侧刚度大,房屋室内的采光和通风好。但梁截面尺寸较大,房间净空较小。

(2)纵向框架承重方案。是指在纵向布置框架承重梁,在横向布置连系梁。横梁高度较小,有利于设备管线的穿行,可获得较高的室内净高;但横向抗侧刚度较差。

(3)纵横向框架承重方案。是在两个方向上均布置框架承重梁以承受楼面荷载。纵横向框架混合承重方案具有较好的整体工作性能,对抗震有利。

三、框架结构的构造要求

(一)材料

框架结构中混凝土强度等级不应低于 C20,采用强度 400 MPa 及其以上钢筋时,混凝土强度等级不应低于 C25。当按一级抗震等级设计时,混凝土强度等级不应低于 C30;当按二、三级抗震等级设计时,混凝土强度等级不应低于 C20。设防烈度为 9 度时混凝土强度等级不宜超过 C60,设防烈度为 8 度时混凝土强度等级不宜超过 C70。梁、柱纵向受力钢筋宜采用 HRB400 、HRB500、HRBF400 和 HRBF500 级钢筋,箍筋宜采用 HRB400、HRBF400、HRB335、HPB300、HRB500、HRBF500 钢筋。

(二)框架梁截面尺寸

截面宽度不宜小于 200 mm;一般取梁高 $h = (1/8 \sim 1/12)l$,其中 l 为梁的跨度,梁高 h 不宜大于 1/4 净跨。框架梁的截面宽度可取 $b = (1/2 \sim 1/3)h$ 。

(三)框架柱截面尺寸

柱截面高度可取 $h = (1/15 \sim 1/10)H$,H 为柱高;柱截面宽度可取 $b = (2/3 \sim 1)h$。矩形柱的截面宽度和高度均不宜小于 300 mm;圆柱的截面直径不宜小于 350 mm。

四、框架结构抗震设防的构造要求

(一)框架抗震等级

根据建筑物的重要性、设防烈度、结构类型和房屋高度等因抗震要求以抗震等级表示,抗震等级分为四级。一级抗震要求最高,四级抗震要求最低。

(二)框架梁的构造要求

1. 截面尺寸

当考虑抗震设防时,框架梁截面宽度不宜小于 200 mm,高宽比不宜大于 4,净跨与截面高度之比不宜小于 4。

2. 纵向钢筋

框架中间层中间节点构造如图 6-16 所示,框架梁的上部纵筋应贯穿中间节点。

3. 箍筋

梁端箍筋应加密区如图 6-17 所示。

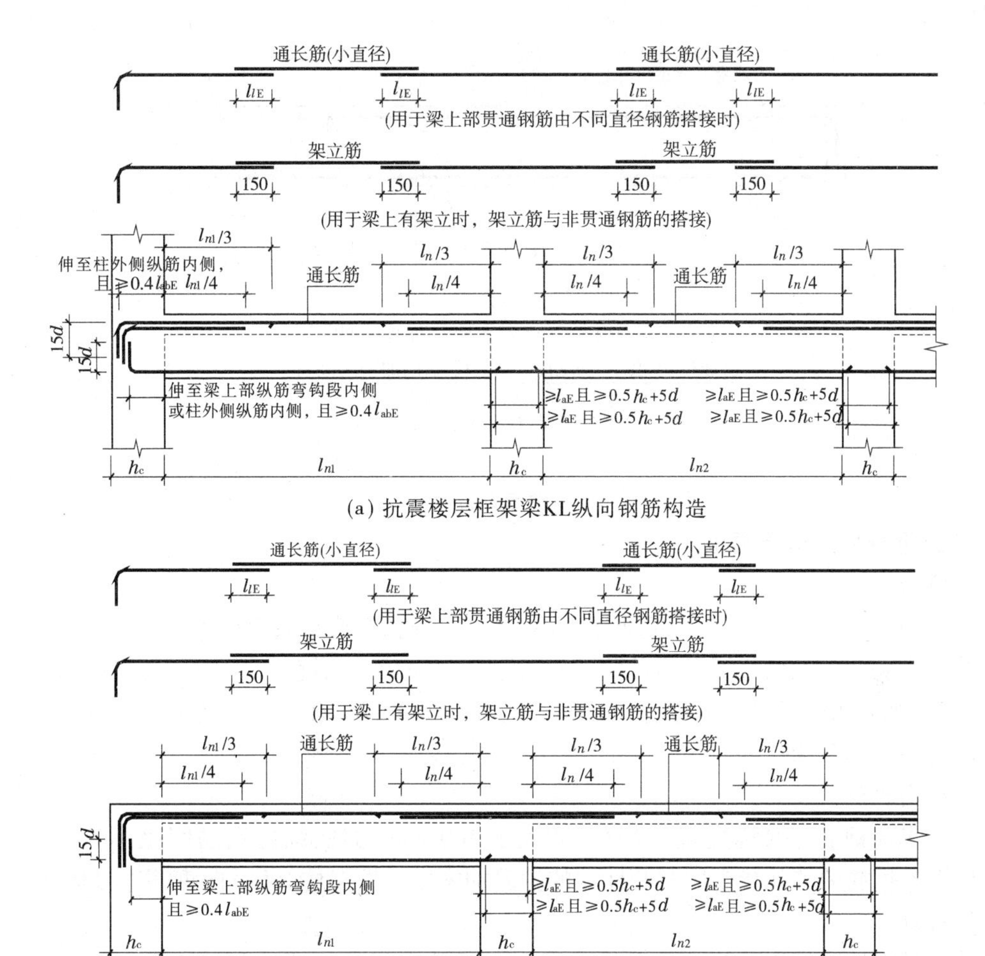

图 6-16　框架梁纵向钢筋构造

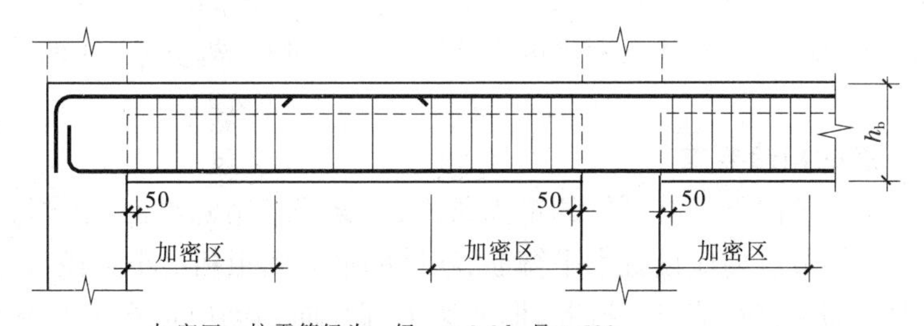

加密区：抗震等级为一级：≥2.0h_b且≥500

抗震等级为二～四级：≥1.5h_b且≥500

抗震框架梁KL、WKL箍筋加密区范围

(弧形梁沿梁中心线展开，箍筋间距沿凸面线量度。h_b为梁截面高度)

图 6-17　抗震框架梁 KL、WKL 箍筋加密区范围

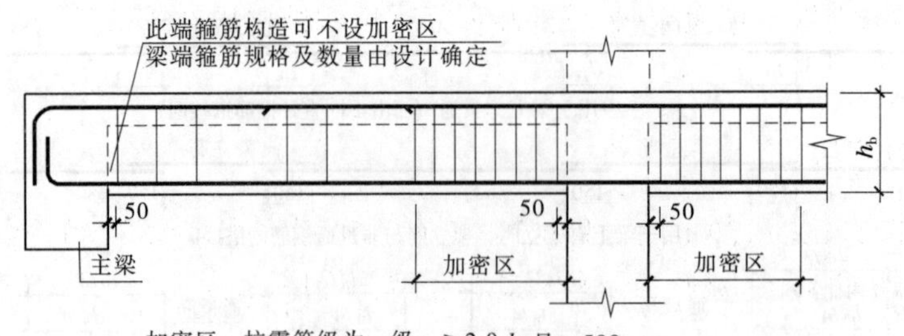

加密区：抗震等级为一级：≥2.0 h_b且≥500

抗震等级为二～四级：≥1.5 h_b 且≥500

抗震框架梁KL、WKL(尽端为梁)箍筋加密区范围

(弧形梁沿梁中心线展开，箍筋间距沿凸面线量度。h_b为梁截面高度)

续图 6-17

(三)框架柱的构造要求

1. 截面尺寸

矩形截面柱,抗震等级为四级或层数不超过两层时,其最小截面尺寸不宜小于 300 mm,抗震等级为一、二、三级且层数超过两层时,其最小截面尺寸不宜小于 400 m;圆柱的截面直径,抗震等级为四级或层数不超过 2 层时不宜小于 350 mm,一、二、三级抗震等级且层数超过 2 层时不宜小于 450 mm。

2. 纵向钢筋

柱中纵向钢筋宜对称配置;截面尺寸大于 400 mm 的柱,纵向钢筋间距不宜大于 200 mm;柱纵向钢筋的绑扎接头应避开柱端的箍筋加密区。框架柱 KZ 纵向钢筋连接构造。

3. 箍筋

箍筋的设置直接影响到柱的延性。在满足承载力要求的基础上对柱采取箍筋加密措施,可以增强箍筋对混凝土的约束作用,提高柱的抗震能力。

箍筋加密措施:中间层柱端取截面高度(圆柱直径),柱净高的 1/6 和 500 mm 三者的最大值;底层柱的下端不小于柱净高的 1/3;刚性地面上下各 500 mm;剪跨比不大于 2 的柱、因设置填充墙等形成的柱净高与柱截面高度之比不大于 4 的柱、框支柱、一级和二级框架的角柱,取全高。

(四)框架节点的构造要求

为使框架的梁柱纵向钢筋有可靠的锚固条件,框架梁柱节点核心区的混凝土应具有良好的约束性能。框架节点内应设置水平箍筋,箍筋的最大间距和最小直径与柱加密区相同。柱中的纵向受力钢筋不宜在节点区截断,框架梁上部纵向钢筋应贯穿中间节点。钢筋的锚固长度应满足相应的纵向受拉钢筋的锚固长度 l_{ab}。

第十二节 钢结构的基本知识

一、钢结构的特点

钢结构具有以下特点:施工速度快;相对于混凝土结构自重轻,承载能力高;基础造价较低;抗震性能良好;能够实现大空间;可拆卸重复利用钢结构构件;抗腐蚀性和耐火性较差;造价高。

二、钢结构的应用

钢结构可应用在以下结构中:大跨结构、工业厂房、受动力荷载影响的结构、多层和高层建筑、高耸结构、可拆卸的结构、容器和其他构筑物、轻型钢结构。

三、钢结构的连接

钢结构连接的作用就是通过一定的方式将钢板或型钢组合成构件,或将若干个构件组合成整体结构,以保证其共同工作,常用方式是焊接、铆钉连接和螺栓连接,其中焊接和螺栓连接是目前用得较多的方式。

(一)焊接连接

1. 焊接连接的方法

焊接连接是目前钢结构构件连接的主要方法,一般常用的焊接方法有手工电弧焊、自动埋弧焊以及气体保护焊。

它的优点是:不削弱焊件截面,连接的刚性好,构造简单,便于制造,并且可以采用自动化操作。它的缺点是:会产生残余应力和残余变形,连接的塑性和韧性较差。

2. 焊缝的构造

1)焊缝的形式

按被连接构件之间的相对位置,可分为平接(又称对接)、搭接、顶接(又称T形连接)和角接四种类型。

按焊缝的构造不同,可分为对接焊缝和角焊缝两种形式。

按受力方向,对接焊缝又可分为正对接缝(正缝)和斜对接缝(斜缝),角焊缝可分为正面角焊缝(端缝)和侧面角焊缝(侧缝)等基本形式。

按照施焊位置的不同,可分为平焊、立焊、横焊和仰焊四种。其中平焊施焊条件最好,质量易保证,因此质量最好;仰焊的施焊条件最差,质量不易保证,在设计和制造时应尽量避免采用。

2)焊缝的构造

(1)对接焊缝的构造要求:

对接焊缝的形式有I形缝、单边V形缝、双边V形缝(Y形缝)、U形缝、K形缝、X形缝等。

当焊件厚度 t 很小时($t \leqslant 6$ mm)可采用直边缝。对于一般厚度($t = 6 \sim 20$ mm)的焊件,可以采用有斜剖口的单边V形焊缝或双边V形焊缝。对于较厚的焊件($t \geqslant 20$ mm),则应采用V形缝、U形缝、双边V形缝、双Y形缝。其中,V形缝和U形缝为单边施焊,但在焊缝根部还需补焊。对于没有条件补焊时,要事先在根部加垫板,以保证焊透。

在钢板厚度或宽度有变化的焊接中,为了使构件传力均匀,应在板的一侧或两侧做成坡度不大于1:2.5(承受静力荷载者)或1:4(需要计算疲劳强度者)的斜坡,形成平缓的过渡。如板厚相差不大于4 mm时,可不做斜坡。

(2)角焊缝的构造要求:

角焊缝按其长度方向和作用力的相对位置可分为正面角焊缝（端缝）、侧面角焊缝（侧缝）、斜焊缝、围焊缝等几种。

角焊缝中垂直于作用力的焊缝称为正面角焊缝，简称端缝。端缝受到较大的剪力、弯矩和轴心力作用，而且在截面突变、力线密集的焊缝根部存在很大的应力集中现象，所以破坏常从根部开始。

平行于作用力的焊缝称为侧面角焊缝，简称侧缝。侧缝主要受剪力作用，破坏常发生于最小的受剪面上，即在有效厚度 $h_e = 0.7h_f$（h_f 为焊脚尺寸）所在的截面上，其破坏强度较低。

倾斜于作用力的焊缝称为斜缝。

角焊缝的连接构造如处理得不正确，将降低连接的承载能力，所以还应注意以下几个构造问题：

①角焊缝的焊脚尺寸 h_f 不宜太小，对于手工焊为 $h_f \geqslant 1.5\sqrt{t}$，对于自动焊为 $h_f \geqslant 1.5\sqrt{t} - 1$ mm，对于 T 形连接的单面角焊缝为 $h_f \geqslant 1.5\sqrt{t} + 1$ mm，以上 t 是较厚焊件的厚度；当焊件厚度等于或小于 4 mm 时，则最小焊脚尺寸与焊件厚度相同。

②角焊缝的焊脚尺寸 h_f 亦不宜太大，最大焊脚尺寸应满足如下要求：焊缝不在板边缘时为 $h_f \leqslant 1.2t$，t 是较薄焊件的厚度（钢管结构除外）。焊缝若在板件（厚度为 t）边缘，则最大焊件尺寸应符合下列要求：当 $t \leqslant 6$ mm 时，$h_f \leqslant t$；当 $t > 6$ mm 时，$h_f \leqslant t - (1 \sim 2)$ mm。

③当两焊件的厚度相差较大，且采用等焊脚尺寸无法满足最大和最小焊脚尺寸的要求时，可采用不等焊脚尺寸，即与较厚焊件接触的焊脚尺寸满足 $h_f \geqslant 1.5\sqrt{t_{max}}$，与较薄焊件接触的焊脚尺寸符合 $h_f \leqslant 1.2t_{min}$ 的要求。

④当角焊缝的端部在构件转角处时，宜连续作长度为 $2h_f$ 的绕角焊。

⑤在仅用正面焊缝的搭接连接中，搭接长度不得小于焊件较小厚度的 5 倍和 25 mm，以减小因焊件收缩而产生的残余应力，以及因传力而产生的附加应力。

（二）螺栓连接

螺栓连接可分为普通螺栓连接和高强度螺栓连接两种。普通螺栓通常采用 Q235 钢材制成，安装时用普通扳手拧紧；高强度螺栓则用高强度钢材经热处理制成，用能控制扭矩或螺栓拉力的特制扳手拧紧到规定的预拉力值，把被连接件夹紧。

1. 螺栓的排列

螺栓在构件上排列应简单、统一、整齐而紧凑，通常分为并列和错列两种形式。并列式比较简单整齐，所用连接板尺寸小，但由于螺栓孔的存在，对构件截面削弱较大。错列式可以减小螺栓孔对截面的削弱，但螺栓孔排列不如并列式紧凑，连接板尺寸较大。

2. 普通螺栓的工作性能

普通螺栓连接按受力情况可分为三类：螺栓承受剪力、螺栓承受拉力、螺栓承受拉力和剪力的共同作用。

受剪螺栓连接达到极限承载力时，螺栓连接破坏时可能出现五种破坏形式，即螺栓杆剪断，孔壁挤压（或称承压）破坏，钢板净截面被拉断，钢板端部或孔与孔间的钢板被剪坏，螺栓杆弯曲破坏。

以上五种破坏形式的前三种通过相应的强度计算来防止,后两种可采取相应的构造措施来防止。

在受拉螺栓连接中,螺栓承受沿螺杆长度方向的拉力,螺栓受力的薄弱处是螺纹部分,破坏产生在螺纹部分。

3. 高强度螺栓的工作性能

高强度螺栓采用强度高的钢材制作,所用材料一般有两种,一种是优质碳素钢,另一种是合金结构钢;性能等级有8.8级(35号钢、45号钢和40B钢)和10.9级(有20MnTiB钢和36VB钢)。级别划分的小数点前数字是螺栓热处理后的最低抗拉强度,小数点后数字是材料的屈强比。

高强度螺栓连接是依靠构件之间很高的摩擦力传递全部或部分内力的,故必须用特殊工具将螺帽旋得很紧,使被连接的构件之间产生预压力(螺栓杆产生预拉力)。同时,为了提高构件接触面的抗滑移系数,常需对连接范围内的构件表面进行粗糙处理。高强度螺栓连接虽然在材料、制作和安装等方面都有一些特殊要求,但由于它有强度高、工作可靠、不易松动等优点,故是一种广泛应用的连接形式。

高强度螺栓的预拉力是通过扭紧螺帽实现的。一般采用扭矩法和扭剪法。扭矩法是采用可直接显示扭矩的特制扳手,根据事先测定的扭矩和螺栓拉力之间的关系施加扭矩,使之达到预定拉力。扭剪法是采用扭剪型高强度螺栓,该螺栓端部设有梅花头,拧紧螺帽时,靠拧断螺栓梅花头切口处截面来控制预拉力值。

四、钢结构构件的受力性能

钢结构的基本构件是指组成钢结构建筑的各类受力构件,基本构件主要有钢梁、钢柱、钢桁架、钢支撑等。

按受力特点,钢结构构件可分为受弯构件、轴心受力构件(拉、压杆)、偏心受力构件(拉弯和压弯构件)等,这些基本受力构件组成了钢结构建筑。

(一)轴心受力构件

1. 概念

轴心受力构件是指承受通过构件截面形心的轴向力作用的构件。

轴心受力构件是钢结构的基本构件,广泛地应用于钢结构承重构件中,如钢屋架、网架、网壳、塔架等杆系结构的杆件,平台结构的支柱等。

2. 分类

根据杆件承受的轴心力的性质可分为轴心受拉构件和轴心受压构件。

轴心受压柱由柱头、柱身和柱脚三部分组成。柱头支撑上部结构,柱脚则把荷载传给基础。

轴心受力构件可分为实腹式和格构式两大类。

3. 形式

轴心受力构件常见的截面形式有三种:一是热轧型钢截面,如工字钢、H型钢、槽钢、角钢、T型钢、圆钢、圆管、方管等;二是冷弯薄壁型钢截面,如冷弯角钢、槽钢和冷弯方管等;三是用型钢和钢板或钢板和钢板连接而成的组合截面,如实腹式组合截面和格构式组合截面等。

进行轴心受力构件设计时,轴心受拉构件应满足强度、刚度要求;轴心受压构件除应满足强度、刚度要求外,还应满足整体稳定和局部稳定要求。截面选型应满足用料经济、制作简单、便于连接、施工方便的原则。

(二)受弯构件

受弯构件是钢结构的基本构件之一,在建筑结构中应用十分广泛,最常用的是实腹式受弯构件。

钢梁按制作方法的不同可以分为型钢梁和组合梁两大类, 型钢梁构造简单,制造省工,应优先采用。

型钢梁有热轧工字钢、热轧 H 型钢和槽钢三种,其中以 H 型钢的翼缘内外边缘平行,与其他构件连接方便,应优先采用。宜选用窄翼缘型(HN 型)。

当荷载和跨度较大时,型钢梁受到尺寸和规格的限制,常不能满足承载能力或刚度的要求,此时应考虑采用组合梁。组合梁一般采用三块钢板焊接而成的工字形截面,或由 T 型钢中间加板的焊接截面。当焊接组合梁翼缘需要很厚时,可采用两层翼缘板的截面。受动力荷载的梁如钢材质量不能满足焊接结构的要求时,可采用高强度螺栓或铆钉连接而成的工字形截面。荷载很大而高度受到限制或梁的抗扭要求较高时,可采用箱形截面。组合梁的截面组成比较灵活,可使材料在截面上的分布更为合理,节省钢材。

钢梁可以做成简支的或悬臂的静定梁,也可以做成两端均固定或多跨连续的超静定梁。简支梁不仅制造简单,安装方便,而且可以避免支座沉陷所产生的不利影响,故应用最为广泛。

第十三节　砌体结构的基本知识

一、砌体结构的特点和适用性

砌体结构是由块材和砂浆砌筑而成的墙、柱作为建筑物主要受力构件的结构形式。砌体结构包括砖结构、石结构和其他材料的砌块结构。

优点:可以就地取材;具有良好的耐火性和较好的耐久性;砌体砌筑时不需要模板和特殊的施工设备;砖墙和砌块墙体能够隔声、隔热与保温。

缺点:砌体的强度较低,材料用量多,自重大;砌体的砌筑工作繁重,施工进度缓慢;砌体的抗拉、抗弯及抗剪强度都很低,抗震性能较差;黏土砖需用黏土制造,在某些地区过多占用农田,影响农业生产。

二、砌体材料

(一)块材

块材分为砖、石材和砌块三大类。

1. 砖

按块材的强度大小将块材分为不同的强度等级，用 MU 表示，MU 后面的数字表示块材抗压强度的大小，单位为 N/mm^2。承重结构中，烧结普通砖、烧结多孔砖的强度等级分为五级：MU30、MU25、MU20、MU15 和 MU10；蒸压灰砂普通砖、蒸压粉煤灰普通砖的强度等级分为四级：MU25、MU20、MU15 和 MU10；混凝土普通砖、混凝土多孔砖的强度等级分为四级：MU30、MU25、MU20 和 MU15。

2. 石材

天然石材按其加工后的外形规则程度分为料石和毛石两种。石材的强度等级分为七级：MU100、MU80、MU60、MU50、MU40、MU30 和 MU20。

3. 砌块

砌块包括混凝土砌块、轻骨料混凝土砌块。承重结构中，混凝土砌块、轻骨料混凝土砌块的强度等级分为五级：MU20、MU15、MU10、MU7.5 和 MU5。自承重墙的轻骨料混凝土砌块的强度等级分为四级：MU10、MU7.5、MU5 和 MU3.5。

（二）砂浆

砌筑砂浆分为水泥砂浆、石灰砂浆、混合砂浆及专用砂浆。砖砌体采用的普通砂浆等级：M15、M10、M7.5、M5 和 M2.5。混凝土普通砖、多孔砖及砌块砌体专用的砂浆等级：Mb20、Mb15、Mb10、Mb7.5 和 Mb5。

三、砌体的种类

砌体按照块体材料不同可分为砖砌体、石砌体和砌块砌体。

按配置钢筋的砌体是否作为建筑物主要受力构件可分为无筋砌体和配筋砌体。

按在结构中的作用分为承重砌体与非承重砌体等。

四、砌体的力学性能

砌体结构的力学性能以受压为主。轴心受拉、弯曲、剪切等力学性能相对较差。

影响砌体抗压强度的因素：块材和砂浆的强度，块材的尺寸、形状，砂浆的性能，砌筑质量。

五、砌体结构房屋的承重布置方案

根据荷载的传递方式和墙体的布置方案不同，混合结构的承重方案可分为以下三种。

（一）纵墙承重方案

这种承重方案房屋的楼、屋面荷载由梁（屋架）传至纵墙，或直接由板传给纵墙，再经纵墙传至基础。纵墙为主要承重墙，开洞受到限制。这种体系的房屋，房间布置灵活，不受横隔墙的限制，但其横向刚度较差，不宜用于多层建筑物。

（二）横墙承重方案

这种承重方案房屋的楼、屋面荷载直接传给横墙，由横墙传给基础。横墙为主要承重墙，房屋的横向刚度较大，有利于抵抗水平荷载和地震作用。纵墙为非承重墙，可以开设较大的洞口。

（三）纵横墙承重方案

这种承重方案房屋的楼、屋面荷载可以传给横墙，也可以传给纵墙，纵墙、横墙均为承重墙。这种承重方案房间布置灵活、应用广泛，其横向刚度介于上述两种承重方案之间。

六、砌体结构的构造措施

（一）砌体房屋的一般构造要求

1. 材料的最低强度等级

砌体材料的强度等级与房屋的耐久性有关。五层及五层以上房屋，以及受振动或层高大于6 m的墙、柱所用材料的最低强度等级，应符合下列要求：砖采用MU10，砌块采用MU7.5，石材采用MU30，砂浆采用M5。

2. 墙、柱的最小截面尺寸

墙、柱的截面尺寸过小，不仅稳定性差，而且局部缺陷影响承载力。对承重的独立砖柱截面尺寸不应小于240 mm×370 mm，毛石墙的厚度不宜小于350 mm，毛料石柱较小边长不宜小于400 mm。

3. 房屋整体性的构造要求

（1）预制钢筋混凝土板的支承长度，在墙上不应小于100 mm；在钢筋混凝土圈梁上不应小于80 mm。在抗震设防地区，板端应有伸出钢筋相互有效连接，并用混凝土浇筑成板带，其板支承长度不应小于60 mm，板带宽不小于80 mm，混凝土强度不应低于C20。

（2）当梁跨度大于或等于下列数值时：240 mm厚的砖墙为6 m，180 mm厚的砖墙为4.8 m，砌块、料石墙为4.8 m，其支承处宜加设壁柱，或采取其他加强措施。

（3）支承在墙、柱上的吊车梁、屋架及跨度大于或等于下列数值的预制梁：砖砌体为9 m，砌块和料石砌体为7.2 m，其端部应采用锚固件与墙、柱上的垫块锚固。

（4）跨度大于6 m的屋架和跨度大于下列数值的梁：砖砌体为4.8 m，砌块和料石砌体为4.2 m，毛石砌体为3.9 m，应在支承处砌体上设置混凝土或钢筋混凝土垫块；当墙中设有圈梁时，垫块与圈梁宜浇成整体。

（5）墙体转角处和纵横墙交接处宜沿竖向每隔400～500 mm设拉结钢筋，其数量为每120 mm墙厚不少于1 Φ 6或焊接钢筋网片，埋入长度从墙的转角或交接处算起，对实心砖墙每边不小于500 mm，对多孔砖墙和砌块墙不小于700 mm。

（6）填充墙、隔墙应分别采取措施与周边主体结构构件可靠连接，连接构造和嵌缝材料应能满足传力、变形、耐久和防护要求。

（7）山墙处的壁柱或构造柱应至山墙顶部，屋面构件应与山墙可靠拉结。

（二）砌体房屋的抗震构造措施

1. 构造柱的设置

各类多层砖砌体房屋，应按下列要求设置现浇钢筋混凝土构造柱。

1）构造柱设置部位

一般情况下砖房构造柱应符合表6-2的要求。

表 6-2　砖房构造柱设置要求

<table>
<tr><th colspan="4">房屋层数</th><th colspan="2" rowspan="2">设置部位</th></tr>
<tr><th>6 度</th><th>7 度</th><th>8 度</th><th>9 度</th></tr>
<tr><td>四、五</td><td>三、四</td><td>二、三</td><td></td><td rowspan="3">楼、电梯间四角，楼梯斜梯段上下端对应的墙体处；外墙四角和对应转角错层部位横墙与外纵墙交接处；大房间内外墙交接处；较大洞口两侧</td><td>隔 12 m 或单元横墙及楼梯对侧内墙与外纵墙交接处</td></tr>
<tr><td>六</td><td>五</td><td>四</td><td>二</td><td>隔开间横墙（轴线）与外墙交接处；山墙与内纵墙交接处</td></tr>
<tr><td>七</td><td>≥六</td><td>≥五</td><td>≥三</td><td>内墙（轴线）与外墙交接处；内墙的局部较小墙垛处；内纵墙与横墙（轴线）交接处</td></tr>
</table>

2）构造柱的截面尺寸及配筋

构造柱最小截面可采用 180 mm×240 mm（当墙厚 190 mm 时为 180 mm×190 mm），纵向钢筋宜采用 4 Φ 12，箍筋间距不宜大于 250 mm，且在柱上下端宜适当加密；6、7 度时超过六层、8 度时超过五层和 9 度时，构造柱纵向钢筋宜采用 4 Φ 14，箍筋间距不应大于 200 mm；房屋四角的构造柱可适当加大截面及配筋。

3）构造柱的连接

（1）构造柱与墙连接处应砌成马牙槎，沿墙高每隔 500 mm 设 2 Φ 6 水平钢筋和Φ 4 分布短筋平面内点焊组成的拉结网片或Φ 4 点焊钢筋网片，每边伸入墙内不宜小于 1 m。6、7 度时底部 1/3 楼层，8 度时底部 1/2 楼层，9 度时全部楼层，上述拉结钢筋网片应沿墙体水平通长布置。

（2）构造柱与圈梁连接处，构造柱的纵筋应在圈梁纵筋内侧穿过，保证构造柱纵筋上下贯通。

（3）构造柱可不单独设置基础，但应伸入室外地面下 500 mm，或与埋深小于 500 mm 的基础圈梁相连。

2. 圈梁的设置

在砌体结构房屋中，把在墙体内沿水平方向连续设置并成封闭状的钢筋混凝土梁称为圈梁。位于房屋檐口处的圈梁常称为檐口圈梁，位于 ±0.000 m 以下基础顶面标高处设置的圈梁常称为基础圈梁，又叫地圈梁。

设置钢筋混凝土圈梁可以加强墙体的连接，提高楼（屋）盖刚度，抵抗地基不均匀沉降，限制墙体裂缝开展，增强房屋的整体性，从而提高房屋的抗震能力。

1）圈梁的设置部位

（1）装配式钢筋混凝土楼、屋盖的砖房，应按表 6-3 的要求设置圈梁。

（2）现浇或装配整体式钢筋混凝土楼、屋盖与墙体有可靠连接的房屋，应允许不另设圈梁，但楼板沿抗震墙体周边应加强配筋并应与相应的构造柱钢筋可靠连接。

表 6-3　多层砖砌体房屋现浇钢筋混凝土圈梁设置要求

墙类	烈　度		
	6、7 度	8 度	9 度
外墙和内纵墙	屋盖处及每层楼盖处	屋盖处及每层楼盖处	屋盖处及每层楼盖处
内横墙	屋盖处及每层楼盖处 屋盖处间距不应大于 4.5 m; 楼盖处间距不应大于 7.2 m; 构造柱对应部位	屋盖处及每层楼盖处 各层所有横墙,且间距 不应大于 4.5 m; 构造柱对应部位	屋盖处及每层楼盖处 各层所有横墙

2)圈梁的截面尺寸及配筋

钢筋混凝土圈梁的宽度宜与墙厚相同,当墙厚 $h \geqslant 240$ mm 时,圈梁宽度不宜小于 $2h/3$,圈梁的截面高度不应小于 120 mm,配筋应符合表 6-4 的要求。但在软弱黏性土层、液化土、新近填土或严重不均匀土层上的基础圈梁,截面高度不应小于 180 mm,配筋不应少于 4 Φ 12。

表 6-4　多层砖砌体房屋圈梁配筋要求

配筋	烈　度		
	6、7 度	8 度	9 度
最小纵筋	4 Φ 10	4 Φ 12	4 Φ 14
箍筋最大间距(mm)	250	200	150

3)圈梁的构造要求

(1)圈梁宜连续地设在同一水平位置上,并形成封闭状;当圈梁被门窗洞口截断时,应在洞口上部增设相同截面的附加圈梁。附加圈梁与圈梁的搭接长度不应小于两者间垂直距离的 2 倍,且不得小于 1 m。

圈梁宜与预制板设在同一标高处或紧靠板底。在要求的间距内无横墙时,应利用梁或板缝中配筋替代圈梁。

(2)纵横墙交接处的圈梁应有可靠的连接。

(3)钢筋混凝土圈梁的宽度宜与墙厚相同,当墙厚 $h \geqslant 240$ mm 时,其宽度不宜小于 $2h/3$。圈梁高度不宜小于 120 mm。纵向钢筋不应小于 4 Φ 10,绑扎接头的搭接长度按受拉钢筋考虑,箍筋间距不应大于 300 mm。

(4)圈梁兼作过梁时,过梁部分的钢筋应按计算用量配置。

3. 楼、屋盖的构造要求

(1)现浇钢筋混凝土楼板或屋面板伸进纵、横墙内的长度,均不应小于 120 mm。

(2)装配式钢筋混凝土楼板或屋面板,当圈梁未设在板的同一标高时,板端伸进外墙的长度不应小于 120 mm,伸进内墙的长度不应小于 100 mm 或采用硬架支模连接,在梁上不应小于 80 mm 或采用硬架支模连接。

(3)当板的跨度大于 4.8 m 并与外墙平行时,靠外墙的预制板侧边应与墙或圈梁拉结。

(4)房屋端部大房间的楼盖,6 度时房屋的屋盖和 7 ~ 9 度时房屋的楼、屋盖,当圈梁设在板底时，钢筋混凝土预制板应相互拉结，并应与梁、墙或圈梁拉结。

(5)6、7 度时长度大于 7.2 m 的大房间，以及 8、9 度时外墙转角及内外墙交接处，应沿墙高每隔 500 mm 配置 2 Φ 6 通长钢筋和Φ 4 分布短筋平面内点焊组成的拉结网片或Φ 4 点焊网片。

七、砌体结构中的其他构件

(一)过梁

过梁的种类分为以下三种。

1. 钢筋砖过梁

钢筋砖过梁，是指在砖过梁中的砖缝内配置钢筋、砂浆不低于 M5 的平砌过梁。其底面砂浆处的钢筋，直径不应小于 5 mm，间距不宜大于 120 mm，钢筋伸入支座砌体内的长度不宜小于 240 mm，砂浆层的厚度不宜小于 30 mm，其跨度不大于 1.5 m。

2. 砖砌平拱过梁

砖砌平拱过梁的砂浆强度等级不宜低于 M5(Mb5、Ms5)，跨度不大于 1.2 m，用竖砖砌筑部分的高度不应小于 240 mm。

3. 钢筋混凝土过梁

对有较大振动荷载或可能产生不均匀沉降的房屋，或当门窗宽度较大时，应采用钢筋混凝土过梁。其截面高度一般不小于 180 mm，截面宽度与墙体厚度相同，端部支承长度不应小于 240 mm。

(二)墙梁

由钢筋混凝土托梁和梁上计算高度范围内的砌体墙组成的组合构件称为墙梁。墙梁按支承情况分为简支墙梁、连续墙梁、框支墙梁；按承受荷载情况可分为承重墙梁和自承重墙梁。

墙梁中承托砌体墙和楼盖(屋盖)的混凝土简支梁、连续梁和框架梁，称为托梁；墙梁中考虑组合作用的计算高度范围内的砌体墙，称为墙体；墙梁的计算高度范围内墙体顶面处的现浇混凝土圈梁，称为顶梁；墙梁支座处与墙体垂直相连的纵向落地墙，称为翼墙。

(三)挑梁

挑梁是指从主体结构延伸出来，一端主体端部没有支承的水平受力构件。挑梁是一种悬挑构件，其破坏形态有挑梁倾覆破坏、挑梁下砌体局部受压破坏、挑梁本身弯曲破坏或剪切破坏三种。

挑梁埋入墙体内的长度 l_1 与挑出长度 l 之比宜大于 1.2；当挑梁上无砌体时，l_1 与 l 之比宜大于 2。

第十四节　建筑给水排水一般知识

一、建筑给水系统

(一)建筑给水系统的分类

建筑给水系统是将水自室外引入室内，并保证用户对水质、水量、水压的要求。建筑给水系统按供应对象分为生活、生产、消防给水系统。

(1)生活给水系统:满足各类建筑物内的生活用水需要,水质必须符合国家规定的饮用水标准。

(2)生产给水系统:满足各种工业建筑物内的生产用水,如冷却设备、锅炉给水等,水质符合国家相关工业用水水质标准。

(3)消防给水系统:满足各类建筑物内消火栓和其他消防装置用水。

以上三类给水系统可以独立设置,也可以根据需要将其中两类或三类联合设置。

(二)建筑给水系统的组成

建筑给水系统由以下几个基本部分组成:

(1)引入管:自室外给水管将水引入室内的管段,也称进户管。

(2)水表节点:装设在引入管上的水表及其前后的阀门和泄水装置的总称,如图6-18所示。

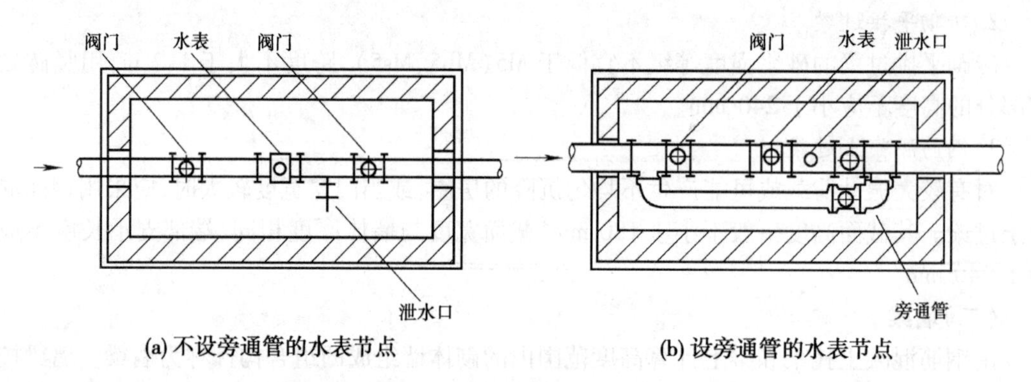

(a)不设旁通管的水表节点　　(b)设旁通管的水表节点

图6-18　水表节点

(3)给水管网:由给水干管、立管和支管等组成。

(4)给水附件:管道系统中调节和控制水量的各类阀门的总称。

(5)升压和贮水设备:当室外管网水压不足或水量达不到室内用水标准时,应在给水系统中设置增压、贮水设备,如水泵、水池、水箱等。

(三)建筑给水系统的给水方式

1.直接给水方式

直接给水方式,见图6-19(a),是室外管网的水压在任何时候都能满足室内管网最不利点所需水压,并能保证供水流量时采用的给水方式。此种方式是一种最简单的无需加压和贮水设备的给水方式,其系统简单、投资少、安装维修方便,充分利用室外管网水压,供水安全可靠。

2.设水箱给水方式

设水箱的给水方式,见图6-19(b),需在屋顶设高位水箱,当室外管网水压足够时,外网直接向水箱供水,水箱贮水,当外网水压不足时,由水箱向建筑内部供水。此系统较为简单、投资较少、安装维修方便,但因增设水箱,增加建筑荷载,影响建筑外形美观。适用于室外管网水压不稳,一天有部分时间水压不足的场合。

3.设水池、水泵和水箱的给水方式

设水池、水泵和水箱的给水方式,见图6-19(c),此系统需在建筑物内设置升压(水泵)

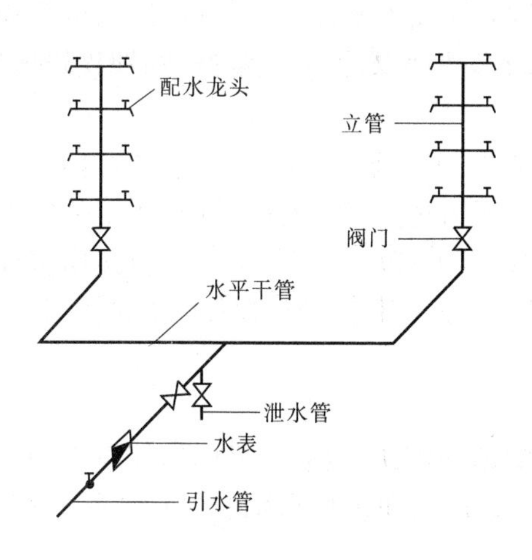

(a)直接给水方式

高位水箱
单向阀

(b)设水箱的给水方式

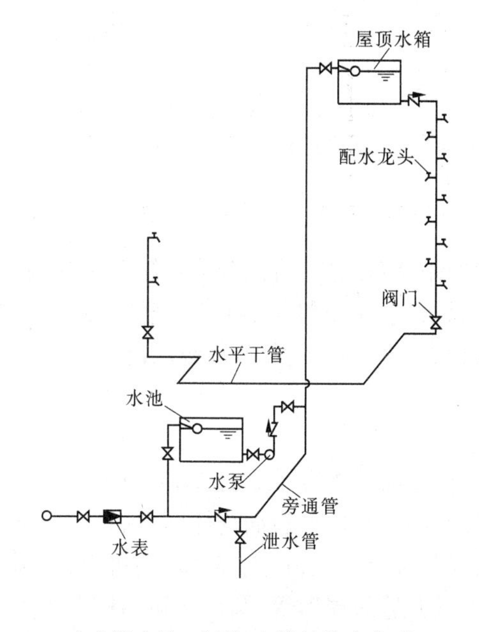

(c)设水池、水泵、水箱的给水方式

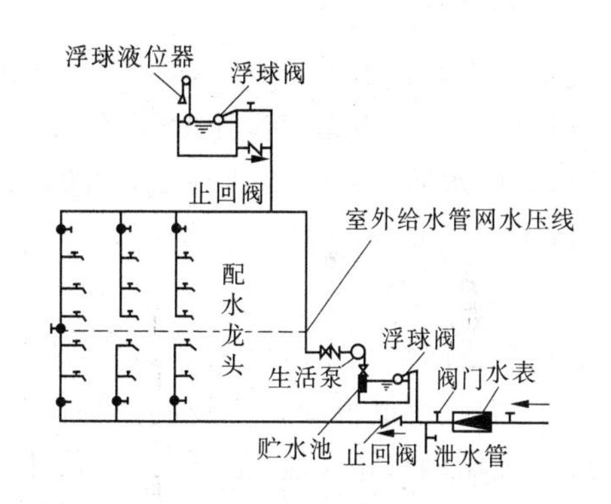

(d)竖向分区的给水方式

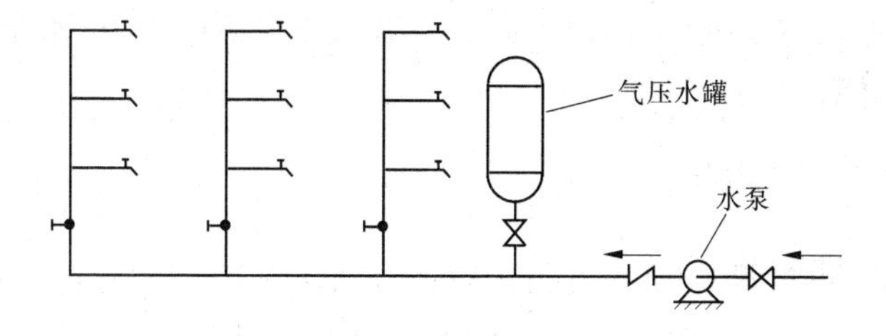

(e)气压给水方式

图 6-19　给水方式

和贮水(水池、水箱)的辅助设备。室外管网压力经常性或周期性不足,室内用水极不均匀时,可采用此种系统。此系统供水安全,但因增设较多辅助设备,系统复杂,初期投资增加,运行管理费用高且安装维修烦琐。

4. 竖向分区的给水方式

高层建筑中,管网静水压力很大,下层管网由于压力过大,管道接头和配水附件等极易损坏,且消耗电能,故需将给水系统竖向分区(见图 6-19(d))。此系统,低区直接由室外管网供水,高区由水箱或水泵、水箱联合供水。两区之间可由立管连通,在分区处设阀门,必要时可使整个系统全由水箱供水。

5. 设气压给水装置的给水方式

此系统将水经水泵加压后充入有压缩空气的密闭罐体内,然后借罐内压缩空气的压力将水送到建筑物各用水点如图 6-19(e)所示。该系统适用于建筑物内设置高位水箱有困难的情况。

二、建筑给水常用设备

(一)离心式水泵

升压设备一般指将水输送至用户并将水提升、加压的设备。在建筑内部的给水系统中,升压设备多采用离心式水泵。在离心式水泵中,水靠离心力由径向甩出,从而得到很高的压力,将水输送到配水点。

(二)气压给水设备

气压给水设备由密封罐、水泵、空气压缩机和控制器材组成,可以分为单罐和多罐两类。气压给水设备的优点是建设速度快,便于隐藏,容易拆迁,灵活性大,维护管理方便,不影响建筑物美观,水质不易污染,噪声小。缺点是这种设备调节能力小,运行费用高,耗材,变压力大,供水压力变化大,供水安全性差等。

(三)高位水箱

建筑物室内给水系统中,在需要增压、稳压、减压或需要贮存水量时,均可设置水箱。水箱一般用钢板、钢筋混凝土或玻璃钢制作。钢板焊制的水箱内外表面均应防腐,且涂料不影响水质。玻璃钢水箱质轻、强度高、耐腐蚀、美观、安装维修方便,且大容量水箱可现场组装,工程中广泛应用。水箱从外形上可分为圆形、方形、倒锥形、球形等,圆形水箱结构上更为经济,但由于方形水箱便于制作且易于和建筑物配合使用,因此在工程中使用较多。

高位水箱应设置在便于维护、通风良好、不结冻、采光好的地方,水箱一般布置在顶层或闷顶内,如有结冻可能,应注意保温。

三、建筑给水系统的安装

(一)管道的敷设和安装

1. 管道的敷设

(1)明装:管道在建筑物内沿墙、梁、柱地板等暴露敷设。优点是造价低,安装维修方便;缺点是不易清扫,影响室内卫生和美观。一般在室内环境要求不高的民用建筑和工业厂房内敷设。

(2)暗装:将管道敷设在地下室的天花板下或吊顶、管沟、管道井、管槽和管廊内。优点是室内整洁、美观;缺点是施工复杂、安装维修不便、造价高。一般在室内环境要求高的建筑物内敷设。

2. 管道的安装

室内生活给水管道安装的一般程序是:引入管→干管→立管→支管。

1)引入管的安装

引入管敷设时,应尽量与建筑物外墙周线相垂直,这样穿过基础或外墙的管段最短。在穿过建筑物基础时,应预留孔洞或预埋钢套管。预留孔洞的尺寸或钢套管的直径应比引入管直径大100~200 mm,引入管管顶距孔洞顶或套管顶应大于100 mm,预留孔洞与管道间的间隙应用黏土填实,两端用1:2水泥砂浆封口。敷设引入管时,其坡度应不小于0.003,坡向室外。采用直埋敷设时,埋深应符合设计要求,当无设计要求时,其埋深应大于当地冬季冻土深度。

2)干管的安装

干管安装时标高必须符合设计要求,并用支架固定。当干管布置在不采暖房间,有结冻可能时,应进行保温处理。为便于维修时放空,给水干管宜设0.002~0.005的坡度,坡向泄水装置。

3)立管的安装

立管安装需穿楼板,应预留孔洞。为便于检修时不影响其他立管的正常供水,每根立管的始端应安装阀门,阀门后面应安装可拆卸件。立管应用管卡固定。

4)支管的安装

支管的始端应安装阀门,阀门应安装可拆卸件,还应设有0.002~0.005的坡度,坡向立管或配水点。支管应用托钩或管卡固定。

3. 管道的试压

室内给水管道的水压试验必须符合设计要求。当设计未注明时,各种材质的给水管道系统试验压力均为工作压力的1.5倍,但不得小于0.6 MPa。

试验方法:金属及复合管给水管道系统在试验压力下观测10 min,压力降不大于0.02 MPa。然后降到工作压力进行检查,应不渗不漏;塑料管给水系统应在试验压力下稳压1 h,压力降不得超过0.05 MPa,然后在工作压力的1.15倍状态下稳压2 h,压力降不得超过0.03 MPa,同时检查各连接处不得渗漏。

(二)阀门的安装

阀门安装前,应做耐压强度试验。试验应在每批(同牌号、同规格、同型号)数量中抽查10%,且不少于1个,如有漏、裂不合格的应再抽查20%,仍有不合格的则须逐个试验。对于安装在主干管上起切断作用的闭路阀门,应逐个做强度和严密性试验。强度和严密性试验压力应为阀门出厂规定压力。

1. 截止阀

截止阀的阀体内腔左右两侧不对称,安装时注意流体的流动方向。应使管道中流体由下而上流经阀盘,此时流动阻力小,开启省力,关闭后填料不与介质接触,易于检修。

2. 闸阀

闸阀不宜倒装。倒装时,会使介质长期存于阀体提升空间,检修不方便。阀门吊装时,绳索应拴在法兰上,切勿拴在手轮或阀件上,以防折断阀杆。明杆阀门不能装在地下,以防阀杆锈蚀。

3. 止回阀

止回阀有严格的方向性,安装时除注意阀体所标介质流动方向外,还须注意下列事项:

(1)安装升降式止回阀时应水平安装,以保证阀盘升降灵活与工作可靠。

(2)摇板式止回阀安装时注意介质的流向。只要保证摇板式的旋转枢钮呈水平,可安装在水平或垂直管道上。

(三)水表的安装

水表应安装在便于检修、不受暴晒、污染和冻结的地方。安装螺翼式水表,表前与阀门应有不小于8倍水表接口直径的直线段。表外壳距墙面净距为10~30 mm;水表进水口中心标高按设计要求,允许偏差为±10 mm。

四、热水供应系统

热水供应系统,通常由加热设备、热媒管网、热水储存水箱、热水输配管网和循环管网、其他设备和附件组成。

热水供应系统按照供应范围的大小,分为局部、集中和区域性热水供应系统。

(一)局部热水供应系统

局部热水供应系统是采用小型加热设备就地制备热水,向局部范围内的一个或几个用水点供热水的系统。此系统的优点是系统简单,维护管理灵活。缺点是加热设备效率低,热水成本高,使用不方便,设备容量大。因此,适用于热水供应点较为分散的建筑物。

(二)集中热水供应系统

集中热水供应系统是采用设置于建筑物内部或附近的锅炉房、热交换站或加热间制备热水,通过管道输送到一栋或几栋建筑物内。此系统的优点是设备集中,便于管理和维修,加热设备效率高,热水成本低,设备总容量较小。缺点是系统较为复杂,初期投资大,需配备专职人员管理,热损失较大。因此,适用于热水用水量较大、用水点多且集中的建筑物。

(三)区域热水供应系统

区域热水供应系统是把水在热电厂、区域性锅炉房或热交换站中加热,通过市政热水管网送至整个建筑群。此系统的优点是大型锅炉房的热效率和操作管理自动化程度高,便于热能综合利用。其缺点是设备、系统复杂,需敷设室外供水回水管网,初期投资大,需专门的技术管理人员。适用于建筑布置较集中、热水用量大的城市或大型工业企业使用。

目前,我国集中热水供应系统应用广泛,因此本书主要介绍集中热水供应系统。

热水供应系统的方式如图6-20所示,根据管网压力工况特点分为开式和闭式。开式热水供应系统带高位水箱,系统水压由高位水箱水位决定,系统水压稳定供水安全可靠。闭式热水供应系统的水压由市政管网提供的压力或升压设备提供的压力,水质不易受到污染。

根据热水管网配水干管的布置形式可将热水供应系统分为上行下给式和下行上给式两种。配水干管敷设在建筑物上部,自上而下地供应热水,称为上行下给式。配水干管敷设在建筑物下部,自下而上供应热水,称为下行上给式。

根据热水系统循环管道的情况不同,可分为无循环、半循环和全循环三种。无循环,即不设置循环管道。对于连续用水或定时集中用水的建筑,可不设循环管;半循环,即仅对局部干管设循环管,立管不设循环管,只能保证干管的设计水温;全循环,即对所有支管、立管、干管或对立管、干管上设循环管,该系统可以使配水管网的任意点都能保证设计水温。

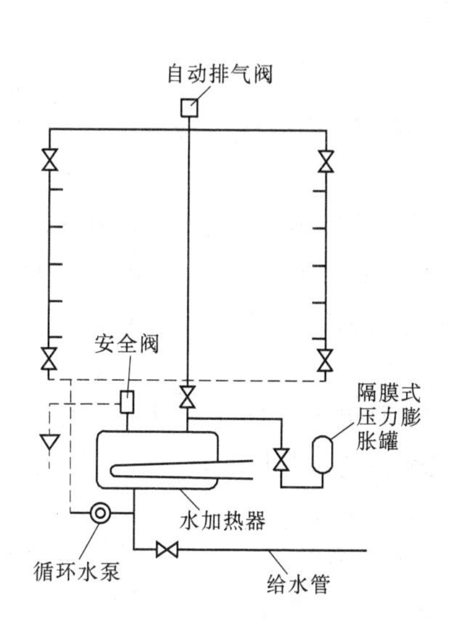

(a)闭式上行下给式全循环

(b)开式上行下给式全循环

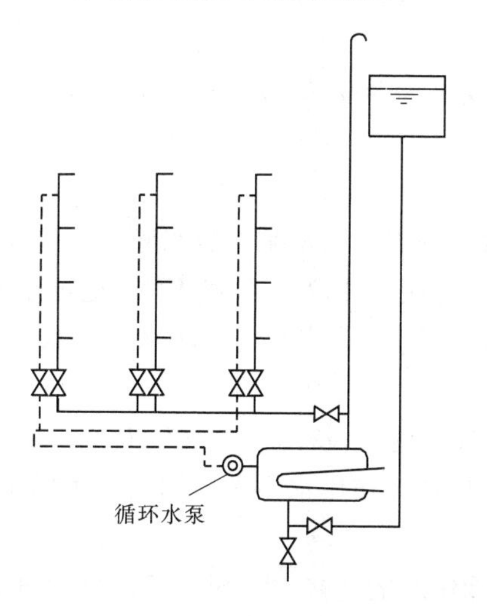

(c)开式下行上给式全循环

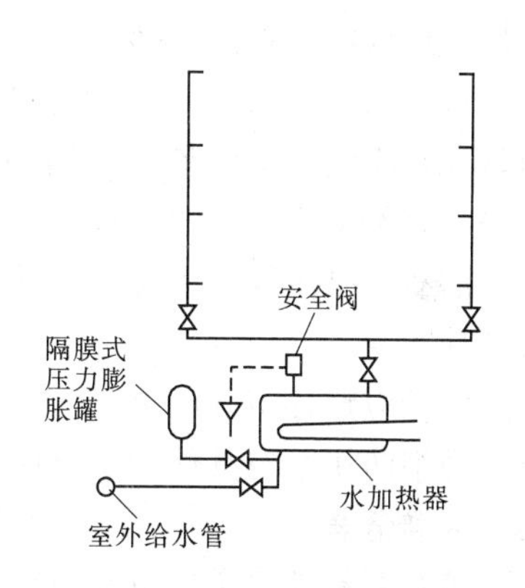

(d)闭式下行上给式无循环

图 6-20　热水供应系统的方式

根据循环动力不同还可分为自然循环和机械循环。

根据循环环路长度的设置情况,可分为同程式和异程式。同程式,即每一个循环环路长度相同,异程式反之。

五、建筑消防给水系统

工业与民用建筑物都存在一定程度的火灾险情,必须配备消防设备,而消防给水设备是最经济有效的措施。建筑消防给水系统一般有室内消火栓系统和自动喷水灭火系统两类。

(一)消火栓系统

1. 消火栓给水系统的组成

1)水源

消防水源可由室外给水管网、天然水源或消防水池供给,但应优先选择市政给水管网。

2)室内消火栓

室内消火栓是具有内扣式接头的角形截止阀,有单阀和双阀之分,单阀消火栓又分为单出口和双出口。栓口直径有 DN50 和 DN65 两种,前者用于 2.5 ~ 5 L/s,后者用于每支水枪最小流量大于等于 5 L/s。进水口端与消防立管相连接,出水口端与水带相连接。

3)水带

水带有麻织、棉织和衬胶三种,衬胶的压力损失小,但抗折叠性能不佳。常用消防水带口径有 DN50 和 DN65 两类,其长度有 15、20、25 m 三种,不宜超过 25 m。

4)水枪

水枪是用钢、铝合金或塑料制成的,它的作用是提供所需的充实水柱高度。水枪常用喷嘴口径规格有 13、16、19 mm 三种。喷嘴口径为 13 mm 的水枪配有 50 mm 的接口,配 DN50 的水带;喷嘴口径为 16 mm 的水枪配有 50 mm 或 65 mm 的接口,可配 DN50 和 DN65 的水带;喷嘴口径为 19 mm 的水枪配有 65 mm 的接口,可配 DN65 的水带,用于高层建筑。

5)消火栓箱

消火栓箱用于放置消火栓、水带和水枪,常用规格为 800 mm × 650 mm × 200 mm,一般嵌墙暗装,也可以半暗装或明装。

6)消防水泵

消防水泵应设置备用泵,且应采用自灌式吸水。一组消防水泵的吸水管不应少于 2 条,消防泵房应有不少于 2 条的出水管与室内环状管网连接。任意一条管道都能通过全部的消防水量。消防水泵应保证火警 30 s 内启动,消防水泵启动后,严禁向消防水箱供水。

7)消防水箱

消防水箱应贮存 10 min 的消防用水量,并应保证《建筑设计防火规范》对消防水箱容积的要求。当消防用水与其他用水合用水箱时,应有保证消防用水不做他用的技术措施。

8)水泵接合器

水泵接合器是消防车或机动泵往室内消防管网供水的连接口。超过四层且设置室内消火栓的厂房和库房(仓库)、高层厂房(仓库)及设有消防给水且层数超过五层的公共建筑,其室内消防管网应设水泵接合器。水泵接合器可安装成墙壁式、地上式和地下式三类。

2. 给水方式

(1)无加压水泵和水箱的室内消火栓给水系统,如图 6-21(a)所示,该系统常在建筑物不太高,室外给水管网的压力和流量能够满足室内最不利点的消火栓的设计水压和流量的情况下采用。

(2)设水箱的室内消火栓给水系统,如图 6-21(b)所示,该系统常用于水压变化较大的城市或居住区,室外管网的压力能保证向建筑物上部水箱充水,但不能保证消火栓系统对水压的要求。水箱内贮存 10 min 的消防水量,水箱的设置高度能满足各消火栓处能出水即可(即重力自流)。

(3)设水泵和水箱的室内消火栓给水系统,如图 6-21(c)所示,该系统适用于室外给水管网的压力经常不能保证向水箱充水的建筑物。消防泵应保证消防用水时室内最不利点消火栓的水压要求。水箱内贮存 10 min 消防水量,水箱为重力自流水箱。

(4)当建筑物内消火栓栓口静水压力不超过 1.0 MPa 时,可采用不分区室内消水栓给水系统。

(5)分区室内消火栓给水系统,如图 6-21(d)所示,当建筑物内消火栓栓口静水压力超过 1.0 MPa 时,应采用分区的给水方式,以保证消防管道和设备的正常使用。

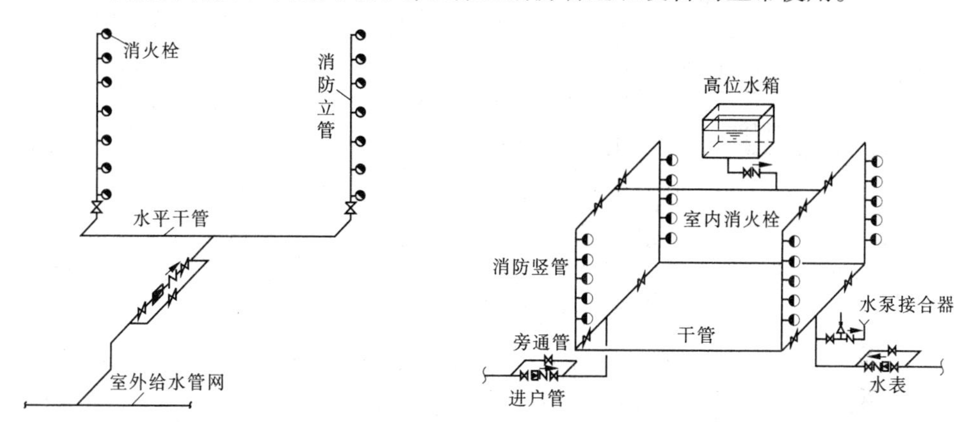

(a)无加压水泵和水箱的室内消火栓给水系统

(b)设水箱的室内消火栓给水系统

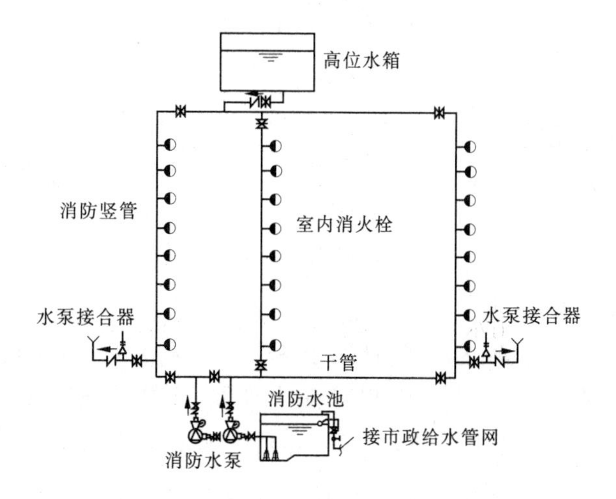

(c)设水泵和水箱的室内消火栓给水系统

图 6-21　室内消火栓系统给水方式

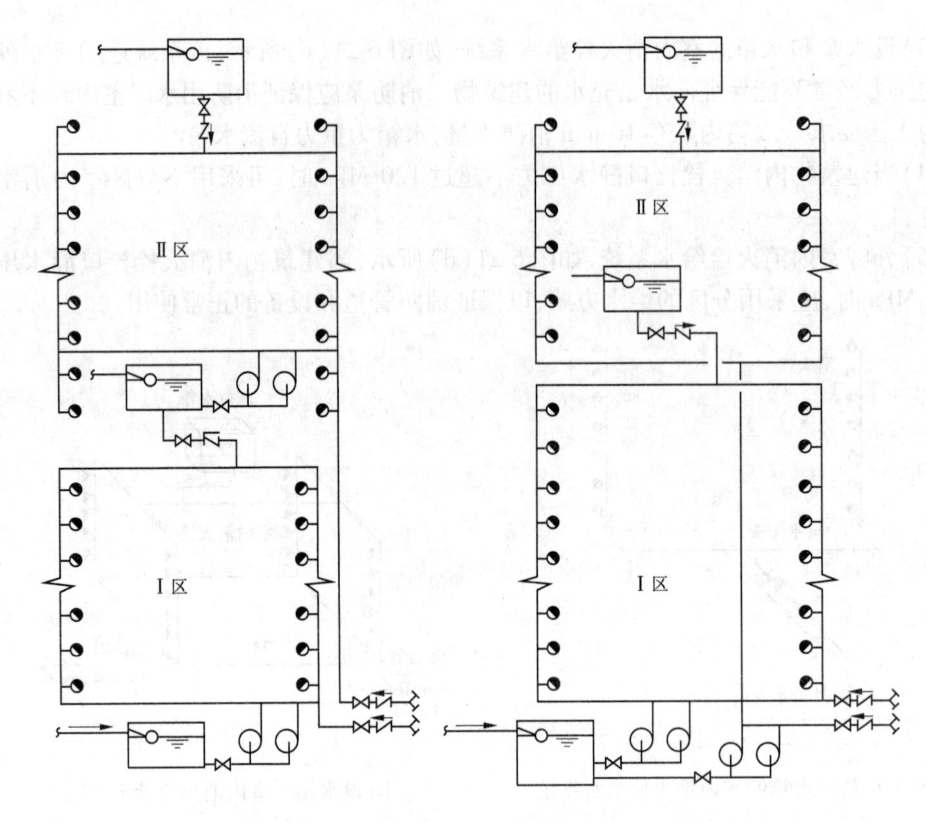

(d)分区室内消火栓给水系统

续图 6-21

(二)自动喷水灭火系统

自动喷水灭火系统是一种能自动喷水灭火并自动报警的消防系统。其种类有湿式系统、干式系统、预作用式系统、水幕系统、水喷雾系统等。

湿式系统由闭式喷头、湿式报警阀、报警装置、管系和供水设施等组成。日常系统报警阀上下管道内充满有压水,火灾发生时室温升高到设定值,喷头自动打开喷水。该系统灭火速度快、安装简单、使用可靠、较为经济,适用于冬季室内温度高于 0 ℃的场所。

干式系统由自动喷头、干式报警阀、报警装置、管系、充气设备和供水设施等组成。该系统日常报警阀上部管道系统中充满压力气体,系统灭火速度慢,适用于低于 4 ℃或高于 70 ℃的场所。

预作用式系统由火灾探测器、闭式喷头、预作用阀、报警装置、管系、供水设置等组成。发生火灾时,闭式喷头受热到规定值会开启,同时火灾探测器会传感信号到火灾信号控制器而自动开启预作用阀,压力水会很快由喷头喷出。该系统不受安装场所温度限制,不会因误喷造成损失。

水幕系统由开始水幕喷头、控制阀、管系、火灾探测器、报警设备及供水设施等组成。该系统的作用是防止火焰窜过门、窗等孔洞蔓延,也可在无法设置防火墙的地方用于防火隔断。

水喷雾系统由于喷头喷出水雾,对燃烧物可起到冷却、窒息、乳化和稀释作用,宜用于存放或使用易燃液体和电气设备场所,具有用水量少、水渍造成损失小的优点。

六、建筑排水系统

（一）建筑排水系统的分类及组成

1. 排水系统的分类

根据污废水的性质，建筑排水系统分为生活污（废）水排水系统、生产污（废）水排水系统和雨水排水系统三类。

1）生活污（废）水排水系统

排除居住建筑、公共建筑及工厂生活间的污废水。根据污（废）水处理、卫生条件或杂用水水源的需要，将生活排水系统分为排除冲洗便器的生活污水和排除盥洗、洗涤废水的生活废水排水系统。目前，将生活污废水作为水源，经过处理再次循环合理使用的中水系统正大力推广。

2）生产污（废）水排水系统

该系统是在工矿企业生产车间内安装的排水管道，用以排除工矿企业在生产过程中产生的污水和废水。其中，生产废水指未受污染或受轻微污染以及水温稍有升高的水。生产污水指被污染的水，包括水温过高排放后造成热污染的水。

3）雨水排水系统

该系统是在屋面面积较大或多跨厂房内、外安装的雨水管道，用以排除屋面上的雨水和融化的雪水。

2. 排水系统的体制

将上述排水系统分别用独立的管道系统加以排出的，称为分流制排水体制。将两个或两个以上的排水系统用一个管道系统排出的，称为合流制排水体制。对于居住建筑和公共建筑来说，将生活污水和生活废水分别用不同的管道系统排出，称为分流制排水系统，否则称为合流制。

排水系统体制的选择，应根据污水性质、污染程度、室外污水处理设施的完善程度及污废水重新利用的可能等因素综合考虑。

3. 排水系统的组成

排水系统如图 6-22 所示，由污水收集器、排水管道系统、通气管、清通设备、抽升设备及污水局部处理设备组成。

（二）雨水排水系统

降落在建筑屋面的雨水和融化的雪水，必须迅速排除，以免造成屋面积水、漏水影响生活和生产。按管道设置的位置，可分为外排水系统和内排水系统。根据建筑结构形式、气候条件及生产使用要求，在技术经济合理的条件下，屋面雨水应尽量采用外排水。

1. 外排水系统

1）檐沟外排水

檐沟外排水系统主要适用于一般居住建筑、屋面面积较小的公用建筑和单跨工业厂房。雨水经屋面檐沟汇集，然后流入沿外墙设置的水落管排泄至地面或地下管沟内，如图 6-23（a）所示。

2）天沟外排水

天沟外排水系统利用屋面构造上所形成的天沟本身的容量和坡度，使雨、雪水向建筑物

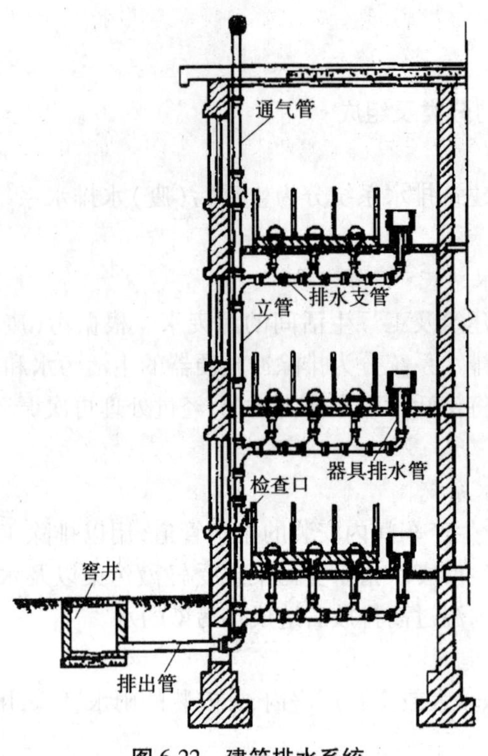

图 6-22　建筑排水系统

两端排放，经设置在墙外的排水立管流至地面或地下雨水管道，这种排水方式常用于排除大型屋面的雨雪水，如图 6-23(b)所示。

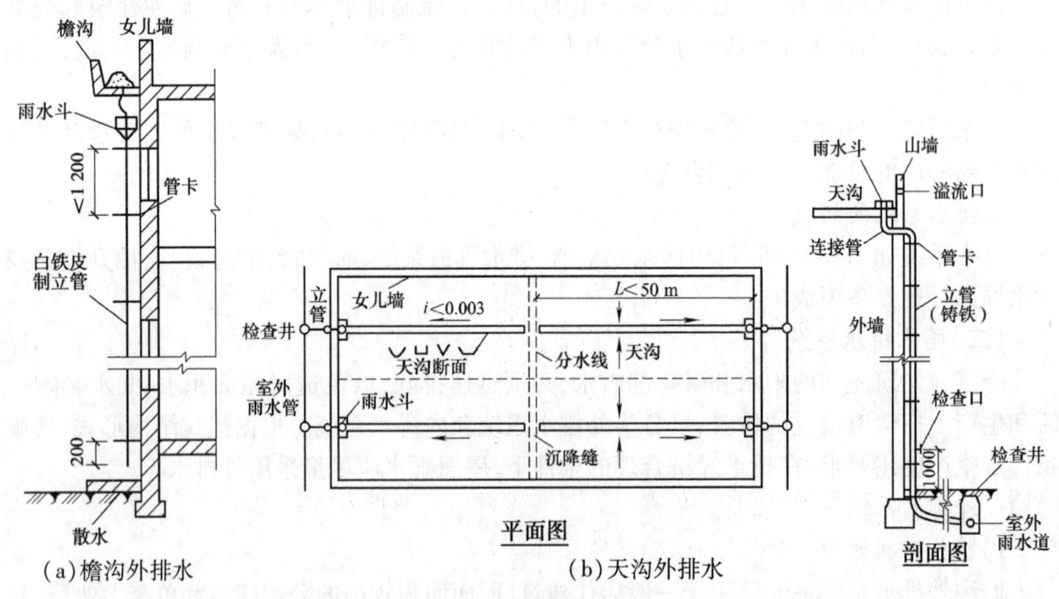

(a)檐沟外排水　　(b)天沟外排水

图 6-23　雨水排水系统

2. 内排水系统

对于屋面面积较大的工业厂房，特别是有天窗、多跨度、锯齿形的和壳形屋面等工业厂房，采用水落管和天沟外排水有困难时，应在建筑物内部设置雨水内排水系统。屋面雨水内排水系统由雨水斗、悬吊管、立管、地下雨水管道及清通设备等组成。

(三)排水系统常用管材、管件及卫生器具

1. 常用管材

建筑排水系统常用管材主要有排水铸铁管、排水塑料管、钢管及其他管材。

1)排水铸铁管

排水铸铁管不承受水压,管壁较薄,质量轻,出厂时内外表面均不做防腐处理,其外表面的防腐需在施工现场进行。管径一般为 50 ~ 200 mm,排水铸铁管采用承接,承插口直径有单承口及双承口两种。排水铸铁管的规格用公称直径表示。

2)排水塑料管

排水塑料管主要材料是聚氯乙烯树脂,具有安装方便、无毒、无臭、质轻、耐腐蚀等优点。缺点是不隔声。排水塑料管适用于输送生活污水和生产污水,其规格用公称外径 × 壁厚来表示。

3)钢管

钢管分焊接钢管和无缝钢管。焊接钢管用做卫生器具排水支管及生产设备的非腐蚀性排水支管上管径小于或等于 50 mm 的管道,可采用焊接或配件连接。无缝钢管用于检修困难地方的管段、机器设备振动较大地方的管段和管内压力较高的非腐蚀性排水管,焊接或法兰连接。

4)其他管材

其他管材包括耐酸陶瓷管、石棉水泥管及一些经特殊工艺处理的特种管材。

2. 管件

管道通过管件连接,常用管件有弯头、乙字管、三通、四通及管箍等,如图 6-24 所示。

3. 排水管材的选择

(1)生活污水管道应使用铸铁管和塑料管,洗脸盆或饮水器到公用水封之间的排水管和连接卫生器具的排水短管,可使用钢管。

(2)雨水管道宜使用塑料管、铸铁管、镀锌钢管和非镀锌钢管。悬吊式雨水管道应选用钢管、铸铁管和塑料管。易受振动的雨水管应使用钢管。

七、卫生器具

卫生器具是用来满足日常生活中洗浴、洗涤等卫生要求以及收集排除生活、生产中产生的污水的设备。卫生器具要求不透水、耐腐蚀、表面光滑、易于清洗。卫生器具常用材料有陶瓷、搪瓷、生铁、水磨石、塑料、不锈钢等。

(一)地漏

地漏是为了排除地面上的积水,一般由铸铁、不锈钢或塑料等材料制成,本身含有存水弯,装设于卫生间、浴室、洗衣房及工厂车间内。目前地漏种类较多,有普通地漏、多通道地漏、存水盒地漏、双篦杯式地漏、防回流地漏等。

(二)存水弯

存水弯是一种弯管,在里面存有一定深度的水,即水封高度。水封可防止排水管网中产生的臭气、有害气体或可燃气体通过卫生器具进入室内。因此,每个卫生器具的排出支管上均需装设存水弯,常用存水弯有 S 形和 P 形,如图 6-25 所示,存水弯的水封深度一般不小于 50 mm。

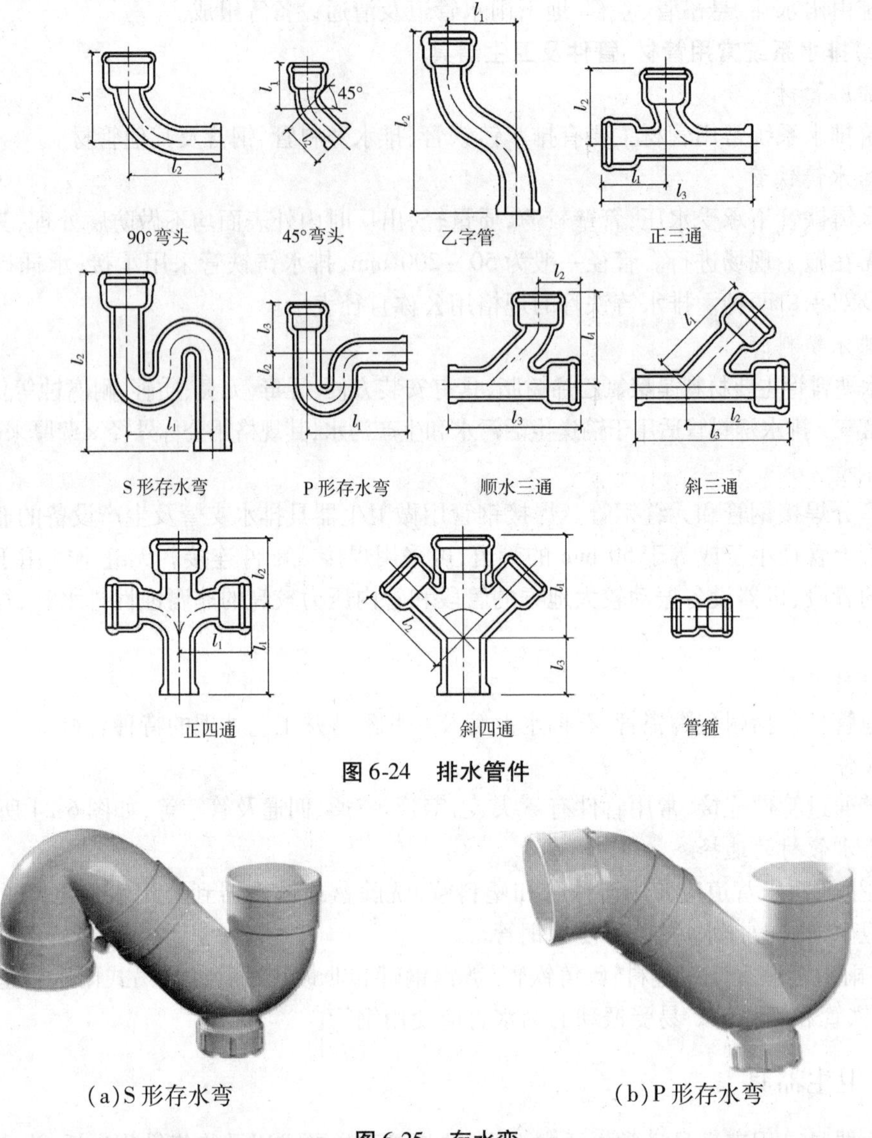

图6-24 排水管件

(a)S形存水弯　　(b)P形存水弯

图6-25 存水弯

八、排水管道的布置、敷设与安装

(一)排水管道的布置与敷设

1. 排水横支管

排水横支管在建筑底层时可以埋设在地下,在楼层可以沿墙明装在地板上或悬吊在楼板下。当建筑有较高要求时,可采用暗装,但必须考虑安装和检修的方便。

架空或悬吊横管不得布置在遇水后会引起损坏的原料、产品和设备的上方,不得布置在卧室及厨房炉灶上方或布置在食品及贵重物品贮藏室、变配电室、通风小室及空气处理室内,以保证安全和卫生。

横管不得穿越沉降缝、烟道、风道,并应避免穿越伸缩缝。必须穿越伸缩缝时,应采取相应的技术措施,如装伸缩接头等。

横支管不宜过长，避免落差太大，一般不得超过 10 m，并应尽量减少转弯，避免阻塞。

2. 排水立管

排水立管宜靠近最脏、杂质最多、排水量最大的排水点处设置。立管应避免穿越卧室、办公室和其他对卫生、安静要求较高的房间。生活污水立管应避免靠近与卧室相邻的内墙。

立管一般布置在墙角明装，无冰冻危害地区也可布置在外墙上。当建筑有较高要求时，可在管槽内或管井内暗装。暗装时需考虑检修的方便，在检查口处设检修门。

3. 排出管

排出管可埋在建筑底层地面以下或悬吊在地下室顶板下部。排出管的长度取决于室外排水检查井的位置。检查井的中心距建筑物外墙面一般为 2.5 ~ 3 m，不宜大于 10 m。

排出管与立管宜采用两个 45°弯头连接。对生活饮水箱的泄水管、溢流管、开水器、冷却器的排水，或医疗灭菌消毒设备的排水、蒸发式冷却器及空调设备冷凝水的排水、贮存食品或饮料的冷藏库房的地面排水和冷风及浴霸水盘的排水，均不得直接接入或排入污废水管道系统，采用具有水封的存水弯式空气隔断间接排水方式，以避免上述设备受到污水污染。排出管穿越承重墙基础时，应防止建筑物下沉压破管道，其防止措施同给水管。

4. 通气管

伸顶通气管高出屋面不得小于 0.30 m，且必须大于最大积雪厚度，以防止积雪覆盖通气口。对平屋顶屋面，若有人经常逗留活动，则通气管应高出屋面 2.0 m，并应根据防雷要求考虑设置防雷装置。在通气管出口 4 m 以内有门窗时，通气管应高出门窗顶 0.6 m 或引向无门窗的一侧。通气管出口不宜设在建筑物的挑出部分的下面，以免影响周围空气的卫生情况。

通气管不得与建筑物的风管或烟道连接。通气管的顶端应装设网罩或风帽。通气管与屋面交接处应防止漏水。

（二）排水管道的安装

1. 立管安装

(1) 按设计要求设置固定支架或支承件后再进行立管吊装。

(2) 一般先将管段吊正，如果是塑料管再安装伸缩节；将管端插口平直插入承口中，用力应均匀，不可摇动挤入。安装完毕后，随即将立管固定。

(3) 塑料立管承口外侧与饰面的距离应控制在 20 ~ 50 mm。

(4) 立管安装完毕后，应由土建单位支模浇筑不低于楼板强度的细石混凝土堵洞。

(5) 立管安装注意事项如下：

①在立管上应按图纸要求设置检查口，如设计无要求应每层设置一个检查口，但在最底层和卫生器具的最高层必须设置。

②安装立管时，一定要注意将三通口的方向对准横托管方向，以免在安装横托管时由于三通口的偏斜而影响安装质量。

③通气管是为了使下水管网中有害气体排至大气中，并保持管网中不产生负压破坏卫生设备的水封而设置的。

2. 支立管安装

(1) 要保证支立管坡度和垂直度，不得有反坡或“扭头”现象。

(2) 支立管露出地坪的长度一定要根据卫生器具和排水设备附件的种类决定，严禁地漏高出地坪和小便池落水高出池底。

(3)排水管道装妥并充分牢固后,应拆除一切临时支架,并仔细检查以防止工具遗留在横支管上落下伤人。

(4)应将所有管口堵好,特别是准备做水磨石地坪的卫生间要严防土建工作人员将水泥浆流入管内。暂不装卫生器具的管口,可用适当大小的砖头堵住管口,然后用石灰砂浆堵塞,装卫生器具时应清理干净。

(5)排水管道的刷油着色,应根据设计说明或建设单位要求进行。刷油前,应认真清除残留在管道表面的污物,要求漆面光泽,不可污染建筑物饰面和其他器具等。

3. 横支管安装

1) 铸铁排水管安装

先将安装横管尺寸测量记录好,按正确尺寸和安装的难易程度在地面进行预制。然后将吊卡装在楼板上,并按横管的长度和规范要求的坡度调整好吊卡的高度再开始吊管。横管与立管的连接和横管与横管的连接,应采用45°三通或四通和90°斜三通或斜四通,不得采用90°的正三通或正四通连接。吊卡的间距不得大于2 m,且必须装在承口部位。

2) 塑料排水管安装

一般做法是先将预制好的管段用铁丝临时吊挂,查看无误后再进行打口或黏接。打口或黏接后,应迅速摆正位置,按规定校正坡度。塑料管用木楔卡牢接口,绑紧铁丝,临时予以固定,待黏接固化后再紧固支承件,但不宜卡箍过紧。拆除临时绑固用铁丝,将接口临时封严。支模浇筑细石混凝土封堵支架洞口。

第十五节　建筑采暖工程

冬季,室外空气温度低于室内温度,因而房间的热量不断地传向室外,为使室内获得热量并保持一定温度,以达到适宜的生活和工作条件,则需要设置采暖系统。

采暖系统主要由热源(如锅炉)、供热管网(室内外供热管道)和散热设备(散热器、暖风机、辐射板等)组成,如图6-26所示。为保证系统正常工作,还需设置辅助设备,如膨胀水箱、水泵、排气装置、除污器等。

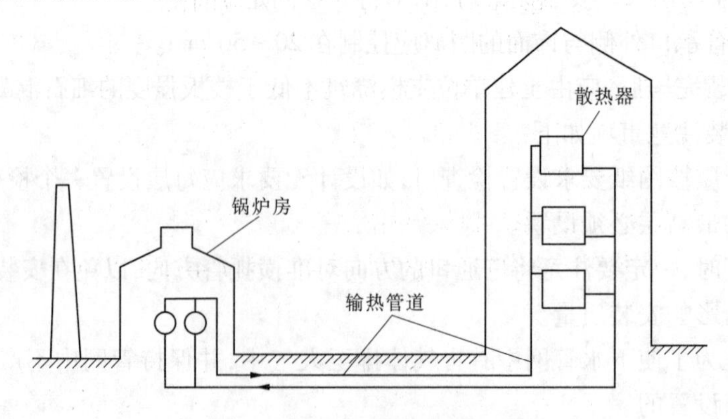

图6-26　采暖系统组成

根据作用范围不同,采暖系统分为局部采暖、集中采暖和区域采暖。本书重点介绍集中采暖系统。

集中采暖系统常用的热媒是热水和蒸汽。民用建筑应采用热水做热媒；工业建筑当厂区只有采暖用热或以采暖用热为主时，宜采用高温热水做热媒；当厂区供热以工艺用蒸汽为主时，在不违反卫生、技术和节能要求的工作条件下，可采用蒸汽做热媒。

一、热水采暖系统

（一）热水采暖系统的分类

1. 按循环动力分类

热水采暖系统按循环动力的不同，可分为自然循环系统和机械循环系统。热水采暖系统中的水是靠供回水温差产生的压力循环流动的，称为自然循环系统。系统中的水是靠水泵强制循环的，称为机械循环系统。

2. 按供回水方式分类

热水采暖系统按供回水方式不同，可分为单管系统和双管系统。热水经立管或水平供水管顺序通过多组散热器，并顺序在各散热器中冷却的系统，称为单管系统。热水经供水立管或水平供水管平行地分配给多组散热器，冷却后的回水自每个散热器直接沿回水立管或水平回水管流回热源的系统，称为双管系统。

3. 按管道敷设方式分类

热水采暖系统按管道敷设方式不同，可分为垂直式和水平式。不同楼层的散热器用垂直立管连接的系统，称为垂直式。同一楼层的散热器用水平管线连接的系统，称为水平式。

4. 按热媒温度分类

热水采暖系统按热媒温度不同，可分为低温水采暖系统和高温水采暖系统。低温水采暖系统指水温低于或等于 100 ℃的热水采暖系统。高温水采暖系统指水温超过 100 ℃的热水采暖系统。

5. 按各并联环路流程分类

热水采暖系统按各并联环路水的流程不同，可分为同程式和异程式。

（二）自然循环热水采暖系统

自然循环热水采暖系统的循环动力是供回水温差形成的密度差所产生的压差。自然循环系统具有装置简单、操作方便、维护管理省力、不耗费电能和不产生噪声等优点。但由于系统作用压力有限，管路流速偏小，管径偏大，造成初次投资大，应用范围受到限制。自然循环系统由于循环压力小，作用半径不宜超过 50 m，通常用于单栋建筑物。

（三）机械循环热水采暖系统

机械循环热水采暖系统靠水泵的机械能，使水在系统中强制循环，增加了系统的运行电费和维护工作量；但由于水泵作用压力大，机械循环系统可用于单栋建筑和多栋建筑。

1. 垂直式

1）上供下回式

上供下回式采暖系统的供水干管在建筑物上部，回水干管在建筑物下部，如图 6-27（a）所示，左侧为双管式，右侧为单管式。相比之下，单管系统构造简单，施工方便，节约管材，造价低，较为美观，不易产生竖向失调的现象。但下部楼层散热器表面温度低，在耗热量相同的情况下，所需散热器片数多，不便安装。

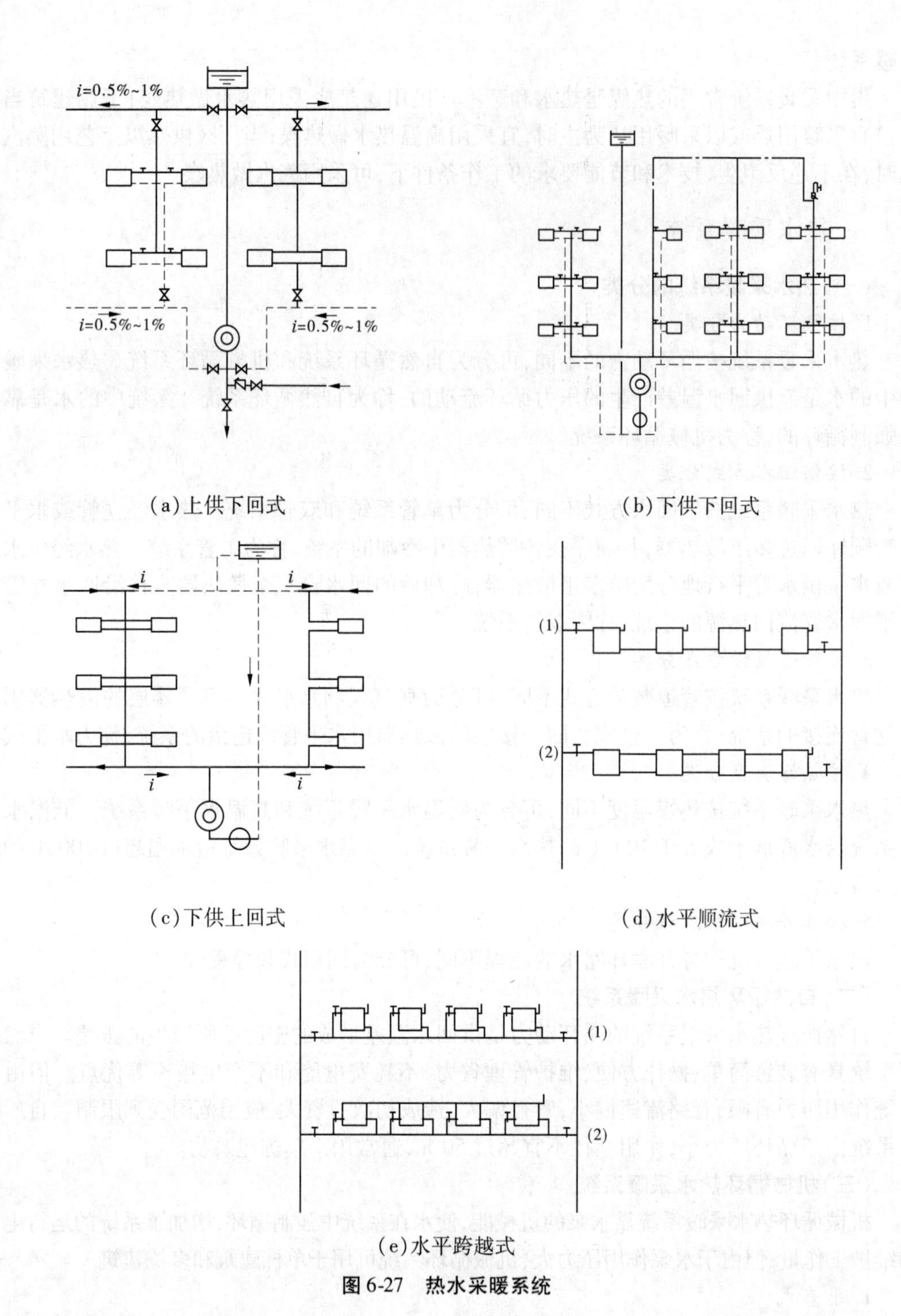

(a)上供下回式
(b)下供下回式
(c)下供上回式
(d)水平顺流式
(e)水平跨越式

图 6-27　热水采暖系统

2)下供下回式

下供下回式如图 6-27(b)所示,系统的供回水干管均敷设在底层散热器的下面(地下室内、地沟内或地面上)。优点是干管的无效热损失小,可逐层施工、逐层通暖,缺点是系统的空气排除困难,因此设专用空气管排气或在顶层散热器上设放气阀排气。

3)中供式

系统的总供水干管敷设在系统的中部。总供水干管以下为上供下回式，上部系统可采用下供下回式，也可采用上供上回式。中供式系统可避免由于顶层梁底标高过低，致使供水干管遮挡窗户的不合理布置，并减轻了上供下回式楼层过多，易出现竖向失调的现象，但上部系统要增加排气装置。

4)下供上回式

下供上回式也称倒流式，如图6-27(c)所示，系统的供水干管设在下部，而回水干管设在上部，顶部还设置有顺流式膨胀水箱。倒流式系统适用于热媒为高温水的多层建筑，供水干管设在底层，可降低防止高温水汽化所需的膨胀水箱的标高。散热器的传热系数远低于上供下回系统，因此在相同的立管供水温度下，散热器的面积大于上供下回顺流式系统。

5)混合式

混合式是由下供上回式和上供下回式两组系统串联组成的系统。由于两组系统串联，系统压力损失大。这种系统适宜在连接于高温水网络上的卫生条件要求不高的民用建筑或生产厂房中。

2. 水平式

水平式系统根据供水管与散热器连接方式可分为顺流式(见图6-27(d))和跨越式(见图6-27(e))两种。系统优点是系统简单、安装方便、少穿楼板、施工方便，对于各层有不同使用功能和不同温度要求的建筑物便于分层管理和调节，且其总造价较垂直式低。水平式系统的排气方式比垂直式上供下回系统复杂。它需要在散热器上设置排气阀分散排气，或在同一层散热器上部串联一根空气管集中排气。适用于单层建筑或不能敷设立管的多层建筑。

二、蒸汽采暖系统

蒸汽采暖系统是以水蒸气作为热媒，水蒸气在供暖系统的散热器中靠凝结放出热量，为房间采暖的系统。

蒸汽采暖系统的特点：散热器表面温度高；热惰性很小，加热和冷却速度快；使用年限较短；可用于高层建筑；系统热损失大。

按照供汽压力的大小，供汽表压力高于70 kPa时，称为高压蒸汽采暖；供汽的表压力低于或等于70 kPa但高于当地大气压力时，称为低压蒸汽采暖系统；当系统中的压力低于大气压力时，称为真空蒸汽采暖。按照回水动力不同，蒸汽采暖系统可分为重力回水和机械回水两类。高压蒸汽采暖系统都采用机械回水方式。

(一)低压蒸汽采暖系统

低压蒸汽采暖系统的凝水回流锅炉有两种方式，即重力回水和机械回水。

重力回水，见图6-28(a)，锅炉加热后产生的蒸汽，在自身压力作用下，克服流动阻力，沿供汽管道输进散热器内，并将积聚在供汽管道和散热器内的空气驱入凝水管，最后连接在凝水管末端的排气管排出。蒸汽在散热器内冷凝放热，凝结水靠重力返回锅炉，重新加热变成蒸汽。重力回水低压蒸汽采暖系统形式简单，无须设置凝结水泵，不耗电，适宜小型系统。

机械回水，见图6-28(b)，凝结水沿凝水管依靠重力流入凝水箱，然后用凝水泵把凝水压入锅炉。这种系统作用半径大，应用广泛。

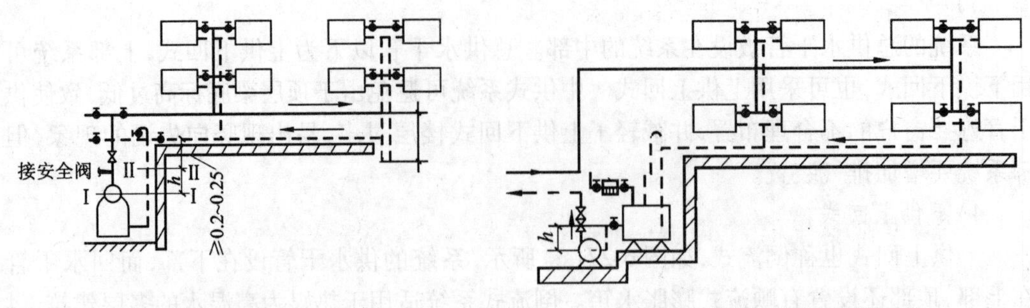

(a)重力循环低压蒸汽采暖系统　　(b)机械循环低压蒸汽采暖系统

图 6-28　低压蒸汽采暖系统

(二)高压蒸汽采暖系统

凡压力大于 70 kPa 的蒸汽均称为高压蒸汽,如图 6-29 所示。其特点是:供汽压力高,流速大,系统作用半径大,但沿程管道热损失大。相同热负荷,管径小,如果凝水排泄不畅,会产生严重水击。散热器内蒸汽压力高,表面温度高,对于同样热负荷,所需散热面积小,由于温度高,易烫伤人,烧焦落在散热器上的积尘,卫生和安全条件较差。凝水温度高,易产生二次蒸汽。

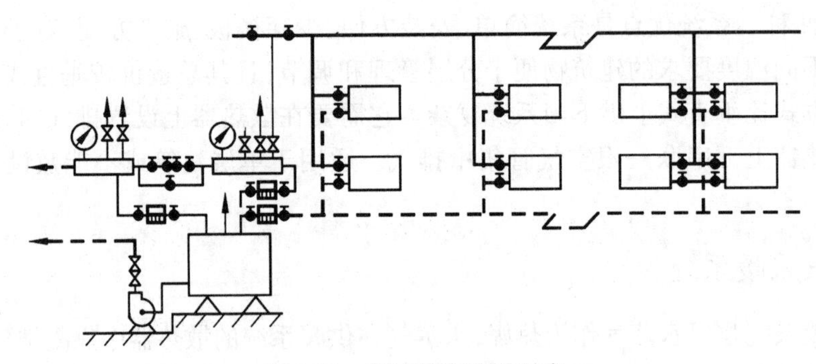

图 6-29　高压蒸汽采暖系统

三、热风采暖系统

(一)热风采暖系统的原理和形式

热风采暖系统是先对空气加热,将热空气送入室内,达到维持和提高室温的目的。加热空气的设备有空气加热器、燃气热风器、燃油热风器和电加热器等。

热风采暖系统所用热媒可以是室外新鲜空气,也可以是室内再循环空气,或者是两者的混合气体。若热媒仅是室内再循环空气,系统为闭式循环时,属于热风采暖;若热媒是室外新鲜空气,或是室内外空气混合气体,热风采暖系统兼具建筑通风的作用。

(二)热风采暖系统的热媒

热风采暖系统可以用蒸汽、热水、燃气、燃油或电能来加热空气,宜采用 0.1 ~ 0.3 MPa 的高压蒸汽或不低于 90 ℃的热水。采用燃气、燃油或电加热时,应符合国家现行标准《城镇燃气设计规范》(GB 50028—2006)和《建筑设计防火规范》(GB 50016—2006)的要求。

(三)热风采暖系统的特点

热风采暖系统具有热惰性小、升温快、室内温度分布均匀、温度梯度小、兼具通风作用等优点，适用于大型体育馆和剧院等场所。

四、辐射采暖系统

辐射采暖系统是一种利用建筑内部的顶面、墙面、地面进行采暖的系统。总传热量中有50%以上是热辐射，故称为辐射采暖。

当辐射表面温度小于80 ℃时，称为低温辐射采暖。低温辐射采暖的结构形式是把加热管直接埋设在建筑构件内而形成散热面。当辐射采暖温度为80～200 ℃时，称为中温辐射采暖。中温辐射采暖通常是用钢板和小管径的钢管制成矩形块状或带状散热板。当辐射体表面温度高于500 ℃时，称为高温辐射采暖。

（一）低温热水地板辐射采暖

1. 系统设置

低温地板辐射采暖的楼内系统一般通过设置在户内的分水器、集水器与户内管路系统连接。每套分、集水器宜接3～5个回路，最多不超过8路。为了减少阻力和保证供回水温差不致过大，环路应并联连接，每条环路长度宜尽量相近，最长不宜超过120 m。分集水器宜布置在便于操作又不占地方、不影响美观的地方，例如厨房、盥洗室等，还应注意留有检修空间，每层安装位置相同。

埋地管道的每个环路宜用整根管道，中间不宜有接头，以防止渗漏。加热管的间距不宜大于300 mm。PB和PE－X管弯转半径不宜小于6倍管外径，其他管材不宜小于5倍管外径，以保证水路畅通。

2. 构造要求

地面结构一般由结构层、绝热层、填充层、防水层、防潮层和地面层组成。结构层是楼板或土壤，绝热层是用来控制热量传递方向的，当楼板基面比较平整时，可以省略找平层，在结构层上直接铺设绝热层，若工程实际允许地面双向散热，也可不设绝热层。居住建筑因采用分户计量，应设绝热层，与土壤相邻的地面必须设绝热层，且绝热层下应设防潮层。填充层用来埋设保护加热管并使地面温度均匀，地面层指完成的建筑地面。对于潮湿房间在填充层上宜设置防水层。

3. 系统特点

（1）舒适，由于辐射强度和温度的双重作用，造成符合人体热舒适的热状态，因此舒适感优于散热器采暖系统。

（2）节地，低温地板辐射采暖不用敷设散热器，不占用室内建筑面积，利于布置家具。

（3）节能，同等热舒适感前提下，辐射采暖时房间设计温度低于对流采暖系统2～3 ℃，高温辐射时可以降低5～10 ℃，因此节省采暖能耗。

（4）无效热损失小，室内沿高度方向温度分布均匀，温度梯度小，故无效热损失小。

（5）实施分户计量，系统中安装了分集水器，户内自成系统，故方便实施分户计量。

（二）发热电缆采暖系统

发热电缆远红外蓄热能式地热供暖系统，是以电力为能源、发热电缆为发热体，按一定的敷设规律安装在房间的地面下，由发热电缆将几乎100%的电能转换成热能，一部分储存在混凝土保护层内，另一部分以远红外线低温热辐射的形式，将热量送入室内。

五、高层建筑热水采暖系统

(一)高层建筑采暖系统特点

随着城市建设的发展,高层建筑越来越多,建筑高度越来越高,给建筑采暖系统带来管道承压和系统失调两方面问题。

建筑物高度的增加,供暖系统内静水压力也随之上升,采暖系统需要考虑散热设备和管材的承压能力。当建筑物高度超过50 m时,宜竖向分区供暖。同时还应考虑供暖系统与外网的连接方式。

建筑高度的上升也会加剧系统垂直失调,为了减轻垂直失调,一个垂直单管供暖系统所供层数不宜大于12层。

(二)高层建筑热水采暖系统形式

目前国内高层建筑热水采暖系统常用分层式、双水箱与层式系统。

六、采暖设备和附件

(一)散热器

1. 散热器分类

1)铸铁散热器

铸铁散热器优点是结构简单、防腐性能好、使用寿命长以及热稳定性好;缺点是金属耗热量大,金属热强度低,运输、组装工作量大,承压能力低,不宜用于高层,在多层建筑热水及低压蒸汽采暖系统中应用广泛。

2)钢制散热器

钢制散热器优点是制造工艺简单,外形美观,金属耗热量小,质量轻,运输、组装工作量小,承受能力高,可应用于高层建筑采暖系统;缺点是易被腐蚀,使用寿命短,钢制散热器的金属强度比铸铁散热器的高,除钢制柱形散热器外,钢制散热器的水容量小,热稳定性差,耐腐蚀性差,对采暖热媒水质要求高,非采暖期仍要充满水,且不适合蒸汽采暖系统。

2. 散热器的选择

(1)散热器的工作压力应满足系统的工作压力,并符合国家现行有关产品标准的规定。

(2)民用建筑宜采用外形美观、易于清扫的散热器;具有腐蚀性气体的工业建筑和相对湿度较大的房间应采用耐腐蚀的散热器;放散粉尘或防尘要求高的工业建筑,应采用易于清扫的散热器。

(3)热水采暖系统采用钢制散热器时,应采用闭式系统,并满足产品对水质的要求,在非采暖季节采暖系统应冲水保养;蒸汽采暖系统不应采用钢制柱形、板形和扁管形等散热器。

3. 散热器的布置

(1)散热器宜安装在外墙窗台下,当安装有困难时,也可安装在内墙侧,不影响散热。

(2)在双层外门的外室及门斗中不应设置散热器,以防冻裂。

(3)公用建筑楼梯间或有回马廊的大厅散热器应尽量分配在底层,住宅楼梯间一般可不设置散热器。

（二）膨胀水箱

膨胀水箱多用钢板焊制，有各种大小不同的规格，分为圆形和矩形。膨胀水箱常设在系统的最高点，起到收集膨胀水、定压及一定排气作用。当建筑物顶部安装高度有困难时，可采用气压罐，不但能解决系统中水的膨胀问题，且可与锅炉自动补水和系统稳压结合起来，气压罐宜安装在锅炉房内。

（三）除污器

除污器的作用是用来清除和过滤管路中的杂质与污垢，以保证系统内水质的结晶，减少阻力和防止阻塞设备及管道。

（四）排气装置

热水供热系统中存在大量空气会影响供暖效果并腐蚀管道，为了保证系统正常运行，应安装排气装置。

集气罐一般用直径 100～250 mm 的钢管焊制而成。分为立式和卧式两种。集气罐一般设于热水采暖系统干管或干管末端的最高处。

自动排气阀依靠浮体浮力，通过自动阻气和排水机构，使排气孔自动启闭，排除气体。自动排气阀与系统连接处应设阀门，便于检修和更换排气阀。

手动排气阀适用于公称压力小于等于 600 kPa，工作温度不大于 100 ℃的热水或蒸汽供暖系统的散热器上。

（五）疏水器

疏水器的作用是阻汽、排除凝结水和排出空气。其选型应根据系统的压力、温度、流量等情况确定。常见疏水器有脉冲式、钟形浮子式、可调热胀式、可调恒温式、热动力式、可调双金属片式、恒温式等多种类型。其中，脉冲式宜用于压力较高的工艺设备上；钟形浮子式、可调热胀式、可调恒温式宜用于流量较大的地方；热动力式、可调双金属片式宜用于流量较小的地方；恒温式宜用于低压蒸汽系统中。

（六）伸缩器

伸缩器又称补偿器。采暖系统中输送的是热水和蒸汽，金属管道会因温度波动而伸长或缩短。当金属管道的伸长不能被吸收会引起管道弯曲变形甚至破裂。常用伸缩器有 L 形、Z 形、方形、套管伸缩器和波形伸缩器。

（七）热量表

热量表是进行热量测量与计算的，作为结算热量消耗依据的计量仪器。目前使用的有热量流量计和热量分配表两种。其中，热量流量计多用于新建建筑物分户计量采暖系统，分为机械式、电磁和超声波式、压差式三类。热量分配表用于对传统采暖系统的分户计量改造，有蒸发式和电子式两种。

（八）温控阀

温控阀是一种自动控制散热器散热量的设备，由阀体和感温元件控制部分共同组成。室内温度高于设定温度时，阀口关小；室内温度低于设定温度，阀口开大，以此调节流量使室温保持在设定温度。

（九）平衡阀

平衡阀的作用是有效保证管网静态水力及热力平衡，安装于小区室外管网系统中，消除小区内个别住宅楼室温过低或过高的弊病，同时达到节煤、节电各 15% 的目标。

七、室内采暖管道的安装

(一)管道的安装

1. 总管的安装

室内采暖管道以入口阀门为界,由总供水和回水管构成,管道上安装有总控制阀门及入口装置,用以调节测控和启闭。因采暖系统入口需穿越建筑物基础,因此应预留孔洞。

2. 立管的安装

安装位置要正确,穿越楼板应预留孔洞。

3. 干管的安装

干管安装应从进户或分支路点开始,装管前要检查管腔并清理干净。管道地上明装,可在底层地面上沿墙敷设,过门时设过门地沟或绕行。干管标高和坡度应符合设计或规范规定。

(二)管道的防腐和保温

1. 防腐

管道防腐的程序为除锈、刷防锈漆、刷面漆。明装时,在正常相对湿度、无腐蚀性气体的房间内管道表面刷一遍防锈漆及两遍银粉或两遍快干瓷漆;在相对湿度较大或有腐蚀性气体的房间内,管道表面刷一遍耐酸漆及两遍快干瓷漆。暗装时,非保温管道表面刷两遍红丹防锈漆,保温管道的表面刷两遍红丹防锈漆。

2. 保温

保温结构一般由保温层和保护层两部分组成。保温层主要由保温材料组成,具有绝热保温作用;保护层主要保护保温层不受外界环境的影响和破坏,同时可以防潮、防水、防腐,延长管道的使用年限。常用保温做法有涂抹法、预制法、包扎法、填充法和浇灌法。

(三)管道的试压

(1)蒸汽、热水采暖系统,应以系统顶点工作压力加 0.1 MPa 做水压试验,同时在系统顶点的试验压力不小于 0.3 MPa。

(2)高温热水采暖系统,试验压力应为系统顶点工作压力加 0.4 MPa。

(3)使用塑料管及复合管的热水采暖系统,应以系统顶点工作压力加 0.2 MPa 做水压试验,同时系统顶点试验压力不小于 0.4 MPa。

检验方法:使用钢管及复合管的采暖系统应在试验压力下 10 min 内压力降不大于 0.02 MPa,降至工作压力后检查,不漏不渗。

使用塑料管的采暖系统应在试验压力下 1 h 内压力降不大于 0.05 MPa,然后降至工作压力的 1.15 倍,稳压 2 h,压力降不大于 0.03 MPa,同时连接处不渗不漏。

第十六节　建筑通风及空调工程一般知识

一、建筑通风

通风系统主要任务是将室外的新鲜空气送入室内,将室内受污染的空气排放到室外。其作用在于排出在生活生产过程中产生的粉尘、有害气体、高温高湿的气体,以此保持室内空气的洁净和舒适,保证人的健康和为生产的正常进行提供良好室内环境。

(一)通风系统分类

1. 按作用范围分类

通风系统按作用范围可分为全面通风和局部通风。

全面通风是稀释环境空气中的污染物,在有条件限制、污染源分散或不确定等情况下,采用局部通风难以保证卫生标准时采用。全面通风效果取决于通风量的大小及气流组织形式。

局部通风作为保证工作和生活环境空气品质、防止室内环境污染的技术措施,利用局部气流使局部工作点不受有害物污染,形成良好空气环境。

2. 按工作动力分类

通风系统按工作动力分为自然通风和机械通风。

自然通风如图 6-30 所示,是以热压和风压作用的、不消耗机械动力的、经济的通风方式。热压主要产生在室内外温度存在差异的建筑环境空间,风压主要指室外风作用在建筑物外围护结构,造成室内外静压差。由于自然通风易受室外气象条件的影响,特别是风力的作用不稳定,所以自然通风主要在热车间排除余热的全面通风中采用。某些热设备的局部排风也可以采用自然通风。当工艺要求进风需经过滤和净化处理时,或进风能引起雾或凝结水时,不得采用自然通风。

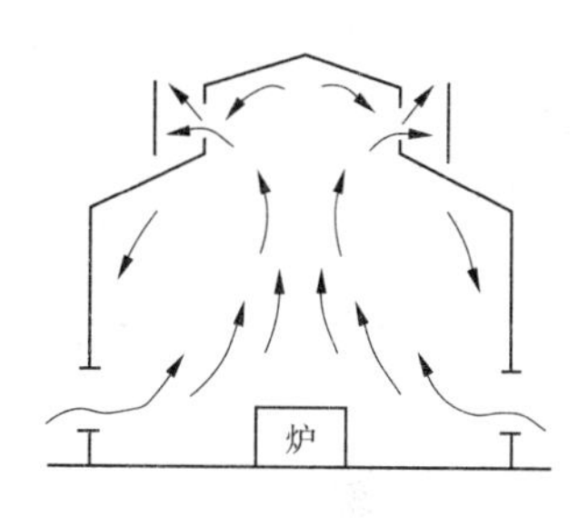

图 6-30　自然全面通风

机械通风是利用风机产生的风压强制空气流动换气,分为机械排风(见图 6-31(a))和机械送风(见图 6-31(b))。

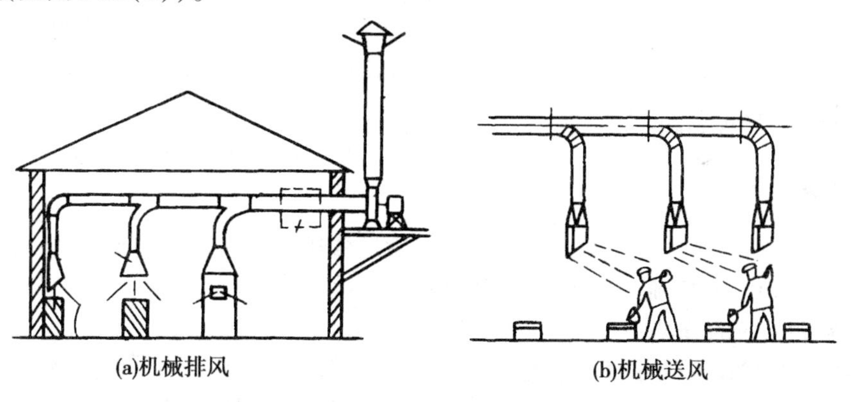

图 6-31　机械通风

3. 按处理空气的方式分类

通风系统按处理空气的方式分为送风和排风。

送风是将室外新鲜空气送入房间,以改善空气质量;排风是将房间内被污染的空气直接或进行有效处理后排出室内。

(二)通风系统的组成

机械排风系统一般由有害污染物收集设施、净化设备、排风道、风机、排风口及风帽等组成。机械送风系统一般由进风室、风道、空气处理设备、风机和送风口等组成。在机械通风系统中还应设置必要的调节通风量和启闭系统运行的各种控制部件,即各式阀门。

二、通风系统主要设备及附件

（一）通风机

通风机起提供系统动力克服输送过程阻力的作用，通风系统常用通风机分为离心式、轴流式和贯流式三种，离心式和轴流式最常用。另外，还有高温通风机、防爆通风机、防腐通风机和耐磨通风机用于特殊场所。

（二）风道

制作风道的材料主要有砖、石棉、水泥、混凝土、钢筋混凝土、薄钢板、塑料等。输送腐蚀性气体的风道常用涂刷防腐油漆的钢板或硬塑料板、玻璃钢制作。埋地风道一般用混凝土板做底、两边砌砖，用预制混凝土板做顶。利用建筑空间做风道时，常用混凝土或砖砌风道。截面有圆形和矩形两种。圆形风道强度大、阻力小、耗材少，但占用空间大，不易与建筑配合。矩形风道加工方便、易于布置。

（三）进、排风装置

室外进风口是通风系统采集新鲜空气的入口。室外排风装置是将室内被污染的空气直接排到大气中，室外排风常由屋面或侧墙排出，室外排风口应高于屋面 1 m，出口应设置百叶风格或风帽。

（四）送、排风口

室内送风口是送风系统风道的末端装置。由送风道输入的空气通过送风口以一定速度均匀分配到指定的送风地点。室内排风口是排风系统的始端吸入装置，被污染的气体经排风口进入排风道内。

（五）阀门

通风系统中的阀门主要用于启动风机，关闭风道和风口，调节管道内空气量，平衡阻力等。常用阀门有插板阀和蝶阀。

三、建筑空调

空气调节系统一般由空气处理设备和空气输送管道及空气分配装置组成，对室内环境温度、湿度、洁净度、空气流速等指标进行控制。

（一）空调系统的分类

1. 按空气处理设备设置情况分类

空调系统按空气处理设备设置情况分为集中空调系统、半集中空调系统和分散空调系统。

集中空调系统是集中进行空气处理、输送和分配的系统；半集中空调系统是先由集中中央空调器处理空气再由分散设置的二次设备进一步处理空气的系统；分散空调系统是每个建筑空间分别设置各自的整体式空调机组的系统。

2. 按负担室内负荷所用介质分类

空调系统按负担室内负荷所用介质分为全空气系统、全水系统、空气—水系统和制冷剂系统。

全空气系统是指空调房间的室内负荷全部由经过处理的空气来负担的空调系统。主要有一次回风系统和二次回风系统；全水系统是指空调房间的热、湿负荷全靠水作为冷、热介质来负担，一般不单独使用；空气—水系统是指空调房间的热、湿负荷同时用经过处理的空气和水来负担的系统，常用的是风机盘管机组加新风系统。制冷剂系统是将房间的热、湿负荷由制冷剂来负担，常用窗式空调器系统、分体式空调系统和单元式空调系统。

3. 按空气来源分类

空调系统按空气来源分为封闭式系统、直流式系统和混合式系统。

封闭式系统指系统所处理的空气全部来自空调房间本身，没有室外空气补充，这种系统节能但室内空气品质差。直流式系统指系统处理的空气全部来自室外，室外空气经处理后送入室内，然后全部排出室外，室内空气品质好。混合式系统是系统在运行时混合一部分室内回风，这种系统既卫生又经济。

4. 按室内环境要求分类

空调系统按室内环境要求分为一般空调系统、恒温恒湿空调系统和净化空调系统。一般空调系统是指室内空气温度、湿度允许控制在一定范围内的系统，常用于一般住宅和公共建筑物内；恒温恒湿空调系统是指室内的空气温度、湿度都有严格要求的系统，应用在机械精密加工车间等处；净化空调系统指在某些生产工业要求高的房间，不仅要保持一定温度和湿度，还要控制其洁净度的系统，常用于电子工业精密仪器生产加工车间等处。

（二）空调系统的组成

完整的空调系统如图 6-32 所示，由空调房间、空气处理设备、空气输送设备、冷热源及自控调节装置组成 。

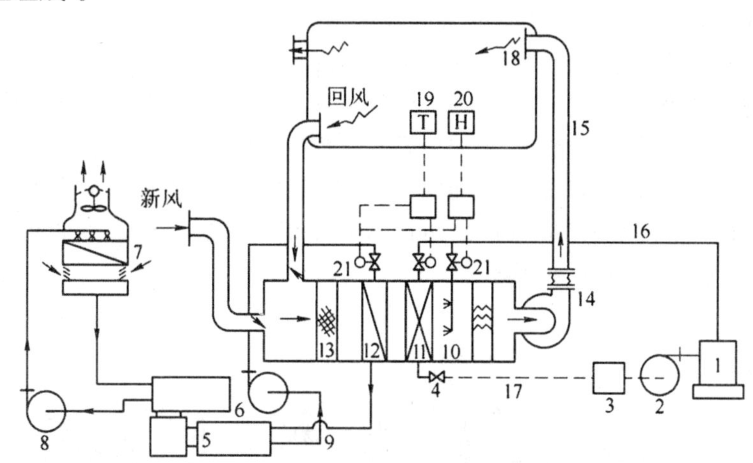

1—锅炉；2—给水泵；3—回水滤器；4—疏水器；5—制冷机组；7—冷却塔；8—冷却水循环泵；9—冷水管系

空气处理系统：10—空气加湿器；11—空气加热器；12—空气冷却器；13—空气过滤器

空气能量输送与分配系统：6—冷冻水循环泵；14—风机；15—送风管道；16—蒸气管；17—凝水管；18—空气分配器

自动控制系统：19—温度控制器；20—湿度控制器；21—冷、热能量自动调节阀

图 6-32　空气调节系统基本构成

空调房间：可以是封闭的也可以是开敞的，一个或多个房间，或者是一个房间的一部分。

空气处理设备：由不同功能段组成，一般有过滤段、冷却段、加热段、加湿段、净化段等。

空气输送设备：由风机、风管、风道、风口等部件组成。

冷热源：夏季降温用冷源一般是制冷机组，也可用自然冷源（例如深井水）来达到节能效果。冬季用热源一般是锅炉或热泵等。

自控调节装置：由一个或多个功能部件或元件组合在一起并预先设定程序来实现对空调系统的使用和控制。

四、通风空调管道的安装

（一）风管支架安装

风管支架安装应注意按风管的中心线找出吊杆安装位置（吊点的位置根据风管中心线对称设置），单吊杆在风管的中心线上，双吊杆可按托架的螺孔间距或风管的中心线对称安装。吊杆与吊件应进行安全可靠的固定，对焊接后的部位应补刷油漆。安装立管管卡时，应先把最上面的一个管件固定好，再用线坠在中心处吊线，可对下面的风管进行固定。

（二）风管的连接

风管连接的方式有法兰连接、无法兰连接两类，无法兰连接包括抱箍式无法兰连接、承接式无法兰连接、插条式无法兰连接。

使用法兰连接时，风管与扁钢法兰之间的连接可采用翻边连接。风管与角钢法兰之间的连接，管壁厚度小于等于 1.5 mm 时，可采用翻边铆接；管壁厚度大于 1.5 mm 时，可采用翻边点焊或周边满焊。法兰连接工程中耗钢量大，投资大。

抱箍式连接主要用于钢板圆风管和螺旋风管连接，先把每一管段的两端轧制处鼓筋，并使其一端缩为小口。安装时按气流方向把小口插入大口，外面用钢制抱箍将两个管端的鼓箍抱紧连接，最后用螺栓穿在耳环中固定拧紧。

插接式连接，主要用于矩形和圆形风管连接。

插条式连接主要用于矩形风管连接。将不同形式插条插入风管两端，再压实。

（三）风管的加固

风管加固要求加固牢固、整齐，每档加固的间距应适宜、均匀、相互平行。常用加固方法有起高接头加固法、角钢框加固、角钢加固、风管内壁加固和风管钢板上滚槽或压棱加固。

起高接头加固法（即采用立咬口），可以节省角钢，但加工麻烦，类似起高单立咬口形式，接头处易漏风，如图 6-33（a）所示。

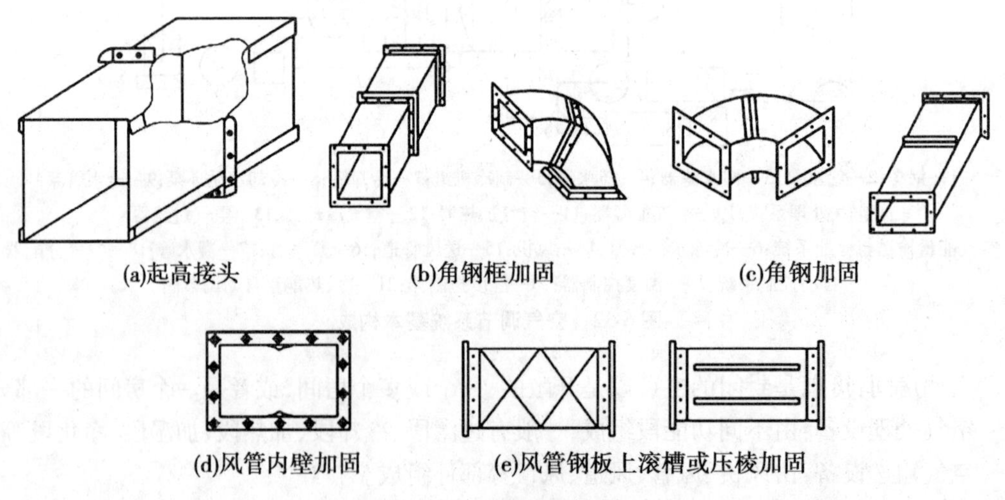

图 6-33　风管加固形式

风管的周边用角钢框加固，强度好，应用广泛，角钢规格可以略小于角钢法兰规格，如图 6-33（b）所示。

风管大边用角钢加固，只适用于风管大边超过规定而小边未超过规定的情况，其优点是施工方便，省工省料，明装风管较少用，角钢规格和法兰相同，如图 6-33(c)所示。

风管内壁纵向设置肋条加固，风管一般为明装，以达到美观的要求，加固肋条用 1～1.5 mm 的镀锌钢板制作，间接地铆接在风管内壁上，使用较少，如图 6-33(d)所示。

风管钢板上滚槽或压棱加固，如图 6-33(e)所示。

第十七节　施工安全用电基本知识

电气安全是一项复杂的系统工程，不仅要考虑运行安全，更主要的是要考虑人身安全。

电气设备在运行过程中由于绝缘损坏等，使正常情况不带电的设备金属外壳带电，当工作人员站在非绝缘体上接触带电的金属外壳时，人体可能成为电流的通路。当通过人体的电流达到危险值时，将对人身安全产生危害。

一、电流对人体的作用

（一）电流通过人体的影响

人体触电可分为两种情况：一种是雷击或高压触电，较大的电流通过人体产生热效应、化学效应和机械效应，使人体遭受严重的电灼伤、组织炭化坏死以及其他难以恢复的永久性伤害。另一种是低压触电，在数十至数百毫安电流作用下，人体有刺痛感，或出现痉挛、血压升高甚至昏迷等暂时性的功能失常，严重的可引起呼吸停止、心室纤维性颤动等危及生命的伤害。我国规定人体触电后最大的摆脱电流即安全电流为 30 mA(50 Hz 交流)，但触电时间不超过 1 s，因此这个安全电流值也称为 30 mA · s。如果通过人体电流达到 50 mA · s 时，对人就有致命危险；达到 100 mA · s 时，一般要致人死亡。

（二）安全电压和人体电阻

安全电压，就是不致使人直接致死或致残的电压。

实际上，从触电安全的角度来说，安全电压与人体电阻是有关系的。人体电阻由体内电阻和皮肤电阻两部分组成，体内电阻约 500 Ω，与接触电压无关。皮肤电阻随皮肤表面的干湿洁污状态和接触电压而变。从触电安全角度考虑，人体电阻一般取下限 1 700 Ω(平均为 2 000 Ω)。由于安全电流取 30 mA，而人体电阻取 1 700 Ω，因此人体允许持续接触的安全电压为 $U = 30\ \text{mA} \times 1\ 700\ \Omega \approx 50\ \text{V}$。

这 50 V 称为一般正常环境条件下允许持续接触的安全最高电压。

二、施工现场临时用电规定

（一）一般规定

施工现场情况复杂，临时性比较大，考虑到用电事故的发生概率与用电的设计，设备的数量、种类、分布和负荷的大小有关，施工现场临时用电管理应符合以下要求：

(1)施工现场临时用电设备数量在 5 台以下，或设备总容量在 50 kW 以下时，应制定符合规范要求的安全用电和电气防火措施。

(2)施工用电设备数量在 5 台及以上，或用电设备容量在 50 kW 及以上时，应编制用电施工组织设计，并经企业技术负责人审核。

(3)应建立施工用电安全技术档案,定期经项目负责人检验签字。

(4)应定期对施工现场电工和用电人员进行安全用电教育培训与技术交底。

(5)施工用电应定期检测。

(二)施工现场临时用电设施及防护技术

1.外电防护

在建工程不得在高、低压线路下方施工、搭设作业棚和生活设施、堆放构件和材料等。在架空线路一侧施工时,在建工程(含脚手架)的外缘应与架空线路边线之间保持安全操作距离,最小安全操作距离如表6-5所示。

表6-5 最小安全操作距离

架空线路电压等级(kV)	<1	1~10	35~110	220	330~500
最小安全操作距离(m)	4	6	8	10	15

(1)上、下脚手架的斜道不宜设在有外电线路的一侧;起重机的任何部位及被吊物边缘与10 kV以下的架空线路边线的最小水平距离不得小于2 m。

(2)旋转臂式起重机的任何部位或被吊物边缘与10 kV以下架空线路边线的最小距离不得小于2 m。

(3)施工现场开挖非热管道沟槽的边缘与埋地外电缆沟槽之间的距离不得小于0.5 m。

(4)施工现场不能满足表6-5中规定的最小距离时,必须按现行行业规范的规定搭设防护设施并设置警告标志;在架空线路一侧或上方搭设或拆除防护屏障等设施时,必须停电后作业,并设监护人员。

2.配电线路

(1)架空线路宜采用木杆或混凝土杆。混凝土杆不得露筋,不得有环向裂纹和扭曲;木杆不得腐朽,其梢径不得小于130 mm。

(2)架空线路必须采用绝缘铜线或铝线,且必须经横担和绝缘子架设在专用电杆上。架空导线截面应满足计算负荷、线路末端电压偏移(不大于5%)和机械强度要求。严禁将架空线路架设在树木或脚手架上。

(3)架空线路相序排列应符合下列规定:在同一横担架设时,面向负荷侧,从左起为L1、N、L2、L3;与保护零线在同一横担架设时,面向负荷侧,从左起为L1、N、L2、L3、PE;动力线、照明线在两个横担架设时,面向负荷侧,上层横担从左起为L1、L2、L3,下横担从左起为L1、(L2、L3)、N、PE;架空敷设挡距不应大于35 m,线间距离不应小于0.3 m。横担间最小垂直距离:高压与低压直线杆为1.2 m,分支或转角杆为1.0 m;低压与低压直线杆为0.6 m,分支或转角杆为0.3 m。

(4)架空线敷设高度应满足下列要求:距施工现场地面不小于4 m;距机动车道不小于6 m;距铁路轨道不小于7.5 m;距暂设工程和地面堆放物顶端不小于2.5 m;距交叉电力线路0.4 kV线路不小于1.2 m,10 kV线路不小于2.5 m。

(5)施工用电电缆线路应采用埋地或架空敷设,不得沿地面明设;埋地敷设深度不应小于0.6 m,并应在电缆上下各均匀铺设不少于50 mm的细沙后再铺设砖等硬质保护层;电缆线路穿越建筑物、道路等易受损伤的场所时,应另加防护套管;架空敷设时,应沿墙或电杆做绝缘固定,电缆最大弧垂处距地面不得小于2.5 m。在建工程内的电缆线路应采用电缆埋地穿管引入,沿工程竖井、垂直孔洞等逐层固定,电缆水平敷设高度不应小于1.8 m。

(6)照明线路的每一个单项回路上,灯具和插座数量不宜超过25个,并应装设熔断电流为15 A及以下的熔断保护器。

(三)安全用电知识

(1)进入施工现场时,不要接触电线、供配电线路以及工地外围的供电线路;遇到地面有电线或电缆时,不要用脚踩踏,以免意外触电。

(2)看到"当心触电"、"禁止合闸"、"止步,高压危险"标志牌时,要特别留意,以免触电。

(3)不要擅自触摸、乱动各种配电箱、开关箱、电气设备等,以免发生触电事故。

(4)不能用潮湿的手去扳开关或触摸电气设备的金属外壳。

(5)衣物或其他杂物不能挂在电线上。

(6)施工现场的生活照明应尽量使用荧光灯。使用灯泡时,不能紧挨着衣物、蚊帐、纸张、木屑等易燃物品,以免发生火灾。施工中使用手持行灯时,要用36 V以下的安全电压。

(7)使用电动工具以前要检查工具外壳、导线绝缘皮等,如有破损应立即请专职电工检修。

(8)电动工具的线不够长时,要使用电源拖板。

(9)使用振捣器、打夯机时,不要拖拽电缆,要有专人收放。操作者要戴绝缘手套、穿绝缘靴等防护用品。使用电焊机时要先检查拖把线的绝缘情况;电焊时要戴绝缘手套、穿绝缘靴等防护用品,不要直接用手去碰触正在焊接的工件。使用电锯等电动机械时,要有防护装置。电动机械的电缆不能随地拖放,如果无法架空只能放在地面,要加盖板保护,防止电缆受到外界的损伤。开关箱周围不能堆放杂物。拉合闸刀时,旁边要有人监护。收工后,要锁好开关箱。使用电器时,如遇跳闸或熔丝熔断时,不要自行更换或合闸,要由专职电工进行检修。

第十八节　建筑供电、照明一般知识

一、建筑供配电

(一)电力系统的组成及其电压等级

1. 电力系统的组成

电力系统一般由发电厂、升(降)压变电所、电力网和用电设备等部分组成,如图6-34所示。

在城市电力网中,发电厂将其他类型的能量转变为电能,然后经由变电—送电—变电—配电等过程,将电能分配到各个用电场所,各部分的具体作用如下:

(1)发电厂:将其他非电能形式的能源转换为电能,例如火力发电厂、水电站、核电站等。

(2)升压变电所:将发电机发出的6~10 kV电压转换为110 kV或220 kV或500 kV的高压电能以利远距离输送。

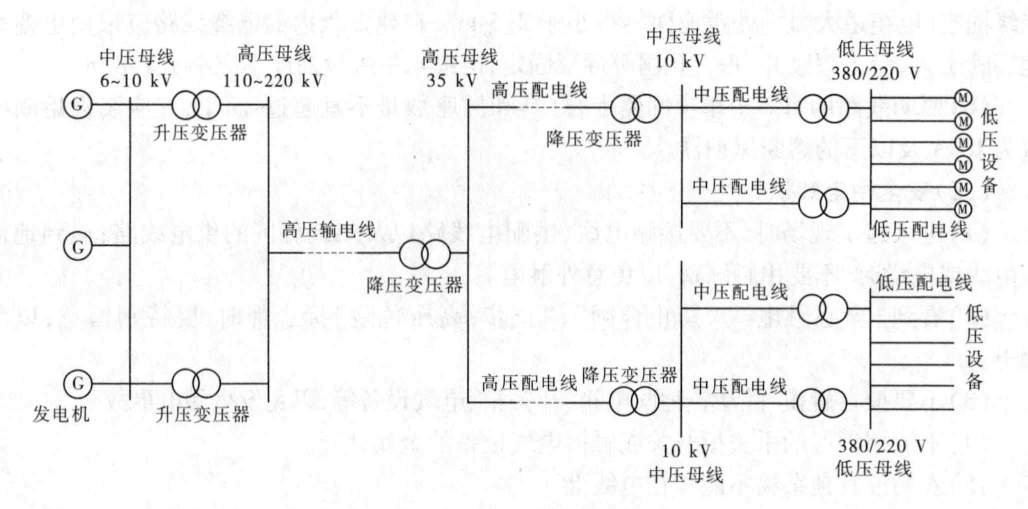

图6-34　电力系统的组成

(3)降压变电所:将远距离传送而来的高压电能转换为中压(10 kV)、低压(380 V/220 V)电能,以满足电力分配和用户低压用电的要求。

(4)电力网:电力系统的有机组成部分,包括变电所、配电所及各种电压等级的电力线路。

(5)用电设备:将电能转换为其他形式的能(如声、光、热、机械能等)的设备。

2. 电压等级

供电电压等级是国家根据工业水平、电机电器制造能力等,进行技术经济综合分析后制订的。我国常用的电压等级分为三类,如表6-6所示。

表6-6　我国常用电压等级

分类	额定电压	用途
安全超低压	5～50 V	潮湿场所照明、消防设备控制
低压	100～1 000 V	低压照明、低压电气设备的电源
高压	1 000 V以上	高压电设备

3. 负荷分级及供电要求

1)负荷分级

根据供电可靠性要求及中断供电在政治、经济上所造成的损失或影响的程度,可将电力负荷分为三级,并据此采用相应的供电措施,满足其对用电可靠性的要求。

一级负荷指中断供电将造成人身伤亡,造成重大政治影响和经济损失,或造成公共场所秩序严重混乱的电力负荷。如重要的交通枢纽、重要的通信枢纽、国宾馆、国家级及承担重大国事活动的会堂、国家级大型体育中心,以及经常用于重要国际活动的大量人员集中的公共场所等的电力负荷。

二级负荷指中断供电将造成较大政治影响,造成较大经济损失或造成公共场所秩序混乱的电力负荷。

三级负荷指不属于一级和二级负荷的其他电力负荷。

2)供电要求

根据供配电系统的运行统计资料,系统中各个环节以电源对供电可靠性的影响最大。

其次是供配电线路等其他因素。因此,为保证供电的可靠性,对于不同级别的负荷,有着不同的供电要求。

(1)一级负荷应由两个独立电源供电。所谓独立电源,是指两个电源之间无联系,或两个电源之间虽有联系但在其中任何一个电源发生故障时,另一个电源应不致同时受到损坏。一级负荷容量较大或有高压用电设备时,应采用两路高压电源。一级负荷中的特别重要的负荷,除上述两个电源外,还必须增设应急电源。为了保证对特别重要负荷供电,严禁将其他负荷接入应急供电系统。如一级负荷容量不大,应优先采用从电力系统或临近单位取得第二低压电源,亦可采用柴油发电机组。如一级负荷仅为应急照明或电话站负荷时,宜采用蓄电池作为备用电源。

工程上常采用的两个独立电源是:一路市电和自备发电机;一路市电和自备蓄电池逆变器组;两路来自两个发电厂或是来自城市高压网络的枢纽变电站的不同母线段的市电电源。如图 6-35 所示。

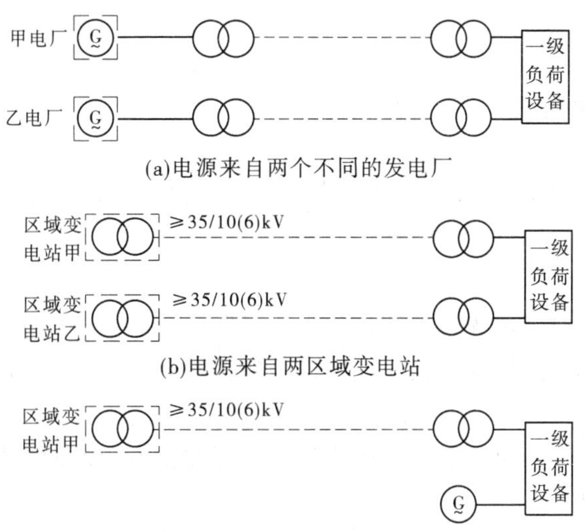

图 6-35　一级负荷供电示意图

(2)二级负荷的供电系统应做到当发生电力变压器故障或线路常见故障时不致中断供电(或中断后能迅速恢复)。二级负荷宜采用两个电源供电。对两个电源的要求条件比一级负荷宽,例如来自不同变压器的两路市电即可满足供电要求。

(3)三级负荷对供电无特殊要求。

(二)供配电方式

供配电方式是指电源与电力用户之间的接线方式。电源与电力用户之间的接线有以下几种方式。

1. 放射式

放射式供配电接线的特点是由供电电源的母线分别用独立回路向各用电负荷供电,某供电回路的切除、投入及故障不影响其他回路的正常工作,因而供电可靠性较高,一般用于可靠性要求较高的场所。

2. 树干式

树干式供配电接线的特点是由供电电源的母线引出一个回路的供电干线,在此干线的不同区段上引出支线向用户供电。这种供电方式较放射式接线所需供配电设备少,具有减少配电所建筑面积及设备、节省投资等特点。但当供电干线发生故障,尤其是靠近电源端的干线发生故障时,停电面积大。因此,此接线方式的供电可靠性不高,一般用于三级负荷供电。

3. 环式

环式供配电接线的特点是由一变电所引出两条干线,由环路断路器构成一个环网。正常运行时环路断路器断开,系统开环运行。一旦环中某台变压器或线路发生故障,则切除故障部分,环路断路器闭合,继续对系统中非故障部分供电。环式供电系统可靠性高,适用于一个地区的几个负荷中心。

4. 格网式

格网式供配电接线的特点是将供电干线结成网格式,在交叉处固定连接。格网式供电系统可靠性最高,适用于负荷密度很大且均匀分布的低压配电地区。但目前我国电气设备的分断能力不够高,应用格网式供电系统尚受到一定限制。

二、电气照明

(一)电气照明基本知识

1. 照明常用的物理量

照明常用的物理量包括光和光强、光通量、照度、亮度、光效、灯具效率、光的显色性、色温等,这些基本的物理量是电气照明最基本的概念。

1)光通量

光通量定义为单位时间内光辐射能量的大小,即光通量表示光源在单位时间内向四周发射的引起人体视觉感应的辐射能量。光通量一般用符号 Φ 表示,单位为流明(lm)。

2)光强

光源在某一方向上光通量的立体角密度称为光源在该方向的发光强度,简称光强,符号为 I,单位为坎德拉(cd)。

设光源在无穷小立体角 $d\omega$ 内辐射的光通量为 $d\Phi$,则在该立体角轴线方向的光强 I 为:$I=\frac{d\Phi}{d\omega}$,单位关系是:1 坎德拉(cd) $=\frac{1\text{ 流明(lm)}}{1\text{ 球面度(Sr)}}$。

3)照度

光通量和光强常用来说明光源和发光体的特点,而照度则用来表示物体被照面上接受光照的强弱。照度就是指单位被照表面所接受的光通量,符号为 E,单位为勒克斯(lx)。

$$E=\frac{d\Phi}{ds} \tag{6-1}$$

照度是照明工程中重要的参数。照明工程的主要任务之一即是使照明空间具有足够的照度以满足人体视觉的要求,照明标准中对各种工作场所都规定了必需的最低照度值,照明设计需要满足照明标准中规定的照度要求。照度是计算照明光源用电负荷的主要依据。照明空间的照度可用照度计测量。

一般情况下,1 lx 仅能够辨别物体轮廓,5 ~ 50 lx 看书阅读还比较困难,50 lx 只能用于短时阅读;距一个 40 W 的白炽灯 1 m 远处的物体表面照度约为 30 lx,白天采光良好的室内的照度为 100 ~ 500 lx。

4)亮度

照度仅说明被照面接受光照的强弱,并不能说明被照面的明暗程度。例如,将面积相同的黑板与白纸放在同一光源照射下,它们的照度相同,但眼睛对它们明暗程度的感觉却完全不同。眼睛对发光体(既指光源,又指被光照射产生反射光的物体)明暗程度的感觉,用亮度来代表。在一个广光源上取一个单位面积 dA,从与表面法线方向成 θ 角的方向上观察,在这个方向上的光强与人眼所见到的光源面积之比,定义为光源在该方向的亮度。

5)光效

光效是光源发光效能的简称,光效定义为光源发出的光通量 Φ 与光源消耗的电功率 P 之比,是一个有单位的参数,光效一般用符号 η_G 表示,其单位为 1 m/W,按光效的定义,光效可表示为:

$$\eta_G = \frac{\Phi}{p} \tag{6-2}$$

在选择照明设备时,要尽量选用光效高的设备,以获得好的照明经济性。例如,一个功率为 40 W、光通量为 2 400 lm 的荧光灯,其光效为 2 400/40 = 60(lm/W),而一个功率为 40 W、光通量为 350 lm 的白炽灯,其光效为 350/40 = 8.8(lm/W),荧光灯的光效是白炽灯的数倍,显然选用荧光灯作为照明光源,经济性更好。

2. 照明种类

为规范照明设计,根据《建筑照明设计标准》的规定,按照明的功能将照明分为正常照明、应急照明、值班照明、警卫照明、障碍照明等五种基本照明类型。除以上五种基本照明类型外,以前的照明设计中还有为观赏建筑物的景观设置的景观照明、为营造艺术效果设置的装饰照明等类型,这类照明的光源选择注重营造视觉效果和衬托建筑主体,一般对供电无特别要求,但其配电回路应能够单独控制。

3. 照明光源的分类

常用照明光源一般按光源的发光原理分为热辐射光源和气体放电光源两大类,随着科学的发展,以半导体材料制造的光源将逐步进入实用阶段。

1)热辐射光源

热辐射光源指利用电流将特殊的物体加热到白炽状态而发光的光源。主要有白炽灯、卤钨灯两种光源,热辐射光源的显色指数通常较高,功率因数高,但光效一般较低。

2)气体放电光源

气体放电光源指利用电流在流过特殊的气体时,使气体放电而发光的光源,以原子辐射方式产生可见光。荧光灯、高压汞灯、高压钠灯、金属卤化物灯、氙灯等都是常见的气体放电光源,这类光源一般有明显的频闪效应。

3)半导体光源

半导体光源的发光原理是利用半导体材料的特性,向半导体二极管的 PN 结施加正向电压,使 N 区电子越过 PN 结注入 P 区,与 P 区空穴复合,以光子的形式释放能量而产生可见光。目前 LED 灯的光效已可达到 100 lm/W,远高于其他光源,而且半导体光源具有体积小、质量轻、耗电低、寿命长、亮度高、响应快等普通光源无法相比的优点,被称为绿色光源,采用半导体灯为照明光源是当今光源发展主流。

(二)电气照明计算

照明计算的目的是在满足照度标准的条件下,合理地选择灯具型式、确定灯具位置和安装方式，尽量减小灯泡总容量，避免产生眩光和阴影，做到维修方便、布置美观等。

照明计算的方法有利用系数法、单位容量法、逐点计算法。在普通建筑物中常用单位容量法。单位容量法是根据房间面积、灯具的计算高度、灯具型式以及照度标准进行照明计算的，是一种简单的照明计算方法，适用于要求照度均匀的场所。

1. 灯具布置

室内灯具的布置与房间的结构及照明要求有关，既要实用、经济，又要尽可能协调、美观。一般灯具的布置有均匀布置和选择性布置两种方案。

1）均匀布置

所谓均匀布置，就是灯具在室内均匀布置，与室内设备位置无关。均匀布置多为有规则的几何形式，如正方形、长方形、菱形等（见图 6-36）。在灯具高度一定的情况下，灯间距离越大，被照面上的照度越不均匀；而当灯间距离一定的情况下，灯具悬挂越低，被照面上的照度越不均匀。为了使工作面上获得较均匀的照度，灯具的悬挂高度与灯具间的距离必须同时考虑。通常，用灯具的间距 L 和计算高度 H 之比（L/H）值来衡量均匀布置是否合理。各种照明灯具较合适的距高比值见表 6-7，荧光灯的最大允许距高比值见表 6-8。

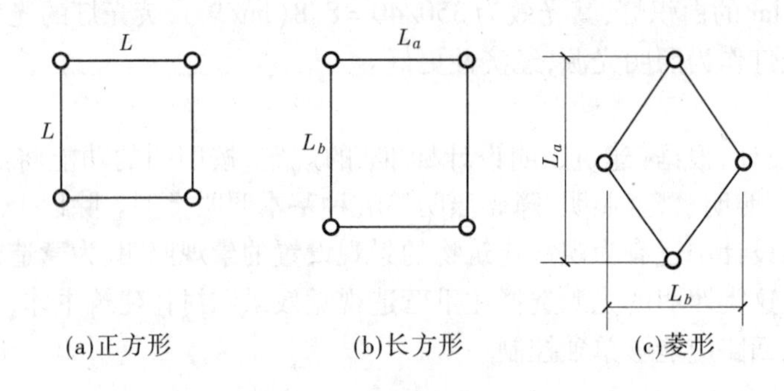

图 6-36　几种常见的点光源灯具均匀布置方案

表 6-7　各种常用灯具比较合适的距高比值

灯具型式	L/H 值		单行布置的房间最大宽度
	单行布置	多行布置	
深照型灯	1.5～1.8	1.6～1.8	1.0H
配照型灯	1.8～2.0	1.8～2.5	1.2H
广照型灯	1.9～2.5	2.3～3.2	1.3H
散照型灯	1.9～2.5	2.3～3.2	1.3H

如图 6-37 所示，被照面高度 h_2 应根据具体情况而定，教室、民用住宅一般取 0.8 m。灯具悬挂高度 h_3 一般在 0～1.5 m。

各种均匀布置方式的灯间距离（简称灯距）L 为：

$$\left.\begin{aligned} &\text{正方形布置} \quad && L = L_a = L_b \\ &\text{长方形布置} \quad && L = \sqrt{L_a \cdot L_b} \\ &\text{菱形布置} \quad && L = \sqrt{\frac{L_a \cdot L_b}{2}} \end{aligned}\right\} \tag{6-3}$$

表 6-8　荧光灯的最大允许距高比值

名称		型号	灯具功率(%)	最大允许距高比 L/H		光通量 F(m)	
				$A—A$	$B—B$		
筒式荧光灯	1×40 W	YG1—1	81	1.62	1.22	2 400	
	1×4 W	YG2—1	88	1.46	1.28	2 400	
	2×40 W	YG2—2	97	1.33	1.28	2×2 400	
密闭型荧光灯 1×40 W		YG4—1	84	1.52	1.27	2 400	
密闭型荧光灯 2×40 W		YG4—2	80	1.41	1.26	2×2 400	A 90° B B 0° A
吸顶式荧光灯 2×40 W		YG6—2	86	1.48	1.22	2×2 400	
吸顶式荧光灯 3×40 W		YG6—3	86	1.5	1.26	3×2 400	
嵌入式格栅荧光灯(塑料格栅)3×40 W		YG15—3	45	1.07	1.05	3×2 400	
嵌入式格栅荧光灯(铝格栅)2×40 W		YYG15—2	63	1.25	1.20		

注:表中 L 为灯与灯之间的距离,m;H 为计算高度,即被照射工作面至灯具的高度,m。

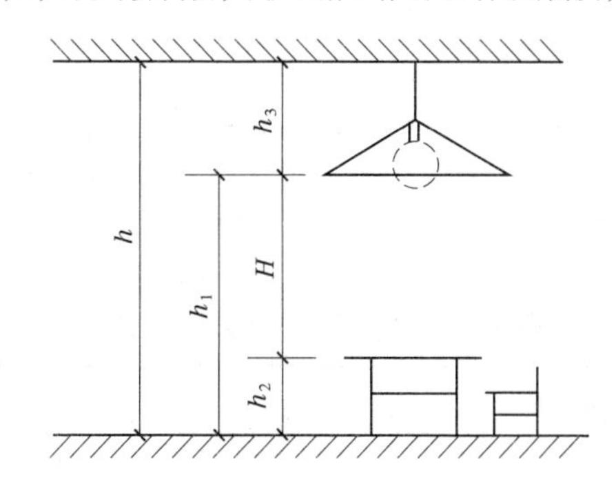

图 6-37　计算高度示意图

此外,在灯具布置中,不仅要考虑灯间距离 L,还要考虑灯具与墙之间的距离 $L_1(L_2)$。

当靠墙有工作面时:$L_1(L_2)=(0.25\sim0.3)L$;

当靠墙无工作面时:$L_1(L_2)=(0.4\sim0.5)L$。

对于线光源的荧光灯,由于其形状在纵向与横向是不同的,它的最大允许距高比值在纵向 $A—A$ 与横向 $B—B$ 有不同的值,所以应分别计算。

2)选择性布置

选择性布置,就是灯具的布置与室内的设备位置有关,大多是按工作面对称布置,力求使工作面能获得最有利的光通方向和消除阴影。例如,大型机械装配车间有大型锤或压力机而不能采用局部照明;化学工业某些笨大设备的车间当照明作均匀布置时将形成显著阴影。在这些情况下照明采用选择性布置方式与全部采用均匀布置方式相比,可减少总的照明安装容量,同时也可得到较好的照明质量。

2. 用单位容量法确定灯具电功率

照明计算是在房屋面积已知,灯具悬挂高度和平面布置确定以后,计算要达到规定的照度值、每盏灯的额定容量。单位容量法,是利用已经编好的单位面积安装功率来计算每盏灯的电功率。

表6-9 ~ 表6-11 为各类灯具的单位面积安装功率,供计算时查用。

表6-9 单位面积安装功率(一) (单位:W/m^2)

灯型	计算高度(m)	房间面积(m^2)	荧光灯照度(lx)					
			30	50	75	100	150	200
带反射罩荧光灯(铁皮罩)	2 ~ 3	10 ~ 15	3.2	5.2	7.8	10.4	15.6	21
		15 ~ 25	2.7	4.5	6.7	8.9	13.4	18
		25 ~ 50	2.4	3.9	5.8	7.7	11.6	15.4
		50 ~ 150	2.1	3.4	5.1	6.8	10.2	13.6
		150 ~ 300	1.9	3.2	4.7	6.3	9.4	12.5
		300 以上	1.8	3.0	4.5	5.9	8.9	11.8
	3 ~ 4	10 ~ 15	4.5	7.5	11.3	15	23	30
		15 ~ 20	3.8	6.2	9.3	12.4	19	25
		20 ~ 30	3.2	5.3	8.0	10.6	15.9	21.2
		30 ~ 50	2.7	4.5	6.8	9	13.6	18.1
		50 ~ 120	2.4	3.9	5.8	7.7	11.6	15.4
		120 ~ 300	2.1	3.4	5.1	6.8	10.2	13.5
		300 以上	1.9	3.2	4.8	6.3	9.5	12.6

表6-10 单位面积安装功率(二) (单位:W/m^2)

灯型	计算高度(m)	房间面积(m^2)	荧光灯照度(lx)					
			30	50	75	100	150	200
不带反射罩荧光灯(木底座)	2 ~ 3	10 ~ 15	3.9	6.5	9.8	13.0	19.5	26.0
		15 ~ 25	3.4	5.6	8.4	11.1	16.7	22.2
		25 ~ 50	3.0	4.9	7.3	9.7	14.6	19.4
		50 ~ 150	2.6	4.2	6.3	8.4	12.6	16.8
		150 ~ 300	2.3	3.7	5.6	7.4	11.1	14.8
		300 以上	2.0	3.4	5.1	6.7	10.1	13.4
	3 ~ 4	10 ~ 15	5.9	9.8	14.7	19.6	29.4	39.2
		15 ~ 20	4.7	7.8	11.7	15.6	23.4	31.0
		20 ~ 30	4.0	6.7	10.0	13.3	20.0	26.6
		30 ~ 50	3.4	5.7	8.5	11.3	17.0	22.6
		50 ~ 120	3.0	4.9	7.3	9.7	14.6	19.4
		120 ~ 300	2.6	4.2	6.3	8.4	12.6	16.8
		300 以上	2.3	3.8	5.7	7.5	11.2	14.0

表 6-11　单位面积安装功率(三)　　(单位:W·m^2)

灯型	计算高度(m)	房间面积(m^2)	白炽灯照度(lx)					
			10	15	20	25	30	40
乳白玻璃罩的球形灯和顶棚灯	2~3	10~15	6.3	8.4	11.2	13.0	15.4	20.5
		15~25	5.3	7.4	9.8	11.2	13.3	17.7
		25~50	4.4	6.0	8.3	9.6	11.2	14.9
		50~150	3.6	5.0	6.7	7.7	9.1	12.1
		150~300	3.0	4.1	5.6	6.5	7.7	10.2
		300以上	2.6	3.6	4.9	5.7	7.0	9.3
	3~4	10~15	7.2	9.9	12.6	14.6	18.2	24.2
		15~20	6.1	8.5	10.5	12.2	15.4	20.6
		20~30	5.2	7.2	9.5	11.0	13.3	17.8
		30~50	4.4	6.1	8.1	9.4	11.2	15.0
		50~120	3.6	5.0	6.7	7.7	9.1	12.1
		120~300	2.9	4.0	5.6	6.5	7.6	10.1
		300以上	2.4	3.2	4.6	5.3	6.3	8.4

单位容量是指单位被照面积所需的照明安装容量,即

$$P_S = \frac{\sum P}{S} = \frac{nP}{S} \tag{6-4}$$

式中　$\sum P$——受照房间总的灯泡安装容量,W;

P——每盏灯的容量,W;

n——受照房间总灯数;

S——受照房间总的水平面积,m^2。

从表6-9~表6-11可知,单位容量与灯具型式、计算高度、房间总面积、照度标准等因素有关。从公式(6-4),利用单位容量法必须先对灯具进行合理布置,求出灯具总数 n,才能求出每盏灯的额定功率 P,以及房间的总的灯泡安装容量 $\sum P$ 。

3.照明供电线路

1)供电方式

对建筑物的照明供电方式,应根据工程规模、设备布置、负荷容量等条件来确定。因照明灯具的额定电压一般为220 V,故通常采用220 V单相供电,对于用电量较大(超过30 A)的建筑物应采用三相四线制供电。图6-188是照明供电系统单线表示的供电系统图。为了保证事故照明可靠,事故照明应与工作照明分开线路供电,且应设法取得备用电源,使之当工作电源因故障停电时,可手动或自动投入备用电源。

2)照明配电线路的布置

(1)进户线、干线及支线。

进户线指由进户点到室内总配电箱的一段导线。选择进户位置时,应综合考虑建筑物的美观、供电安全、工程造价等问题。尽量从建筑物的背面或侧面引入,且尽可能靠近架空

线路电杆。对于多层建筑物采用架空引入时,进户线一般由二层进户。进户线需做重复接地,接地电阻应小于 10 Ω。如图 6-38 所示。图中虚线代表零线。

干线指从总配电箱到分配电箱的一段线路,如图 6-38 所示。照明供电的干线常有 3 种连接方式:树干式、放射式和混合式,如图 6-39 所示。可根据负荷分布情况、负荷的重要性等条件来选择。通常,放射式的可靠性优于树干式,而树干式的经济性优于放射式,在实际设计时,需进行具体的技术、经济比较后方能作出最后结论。

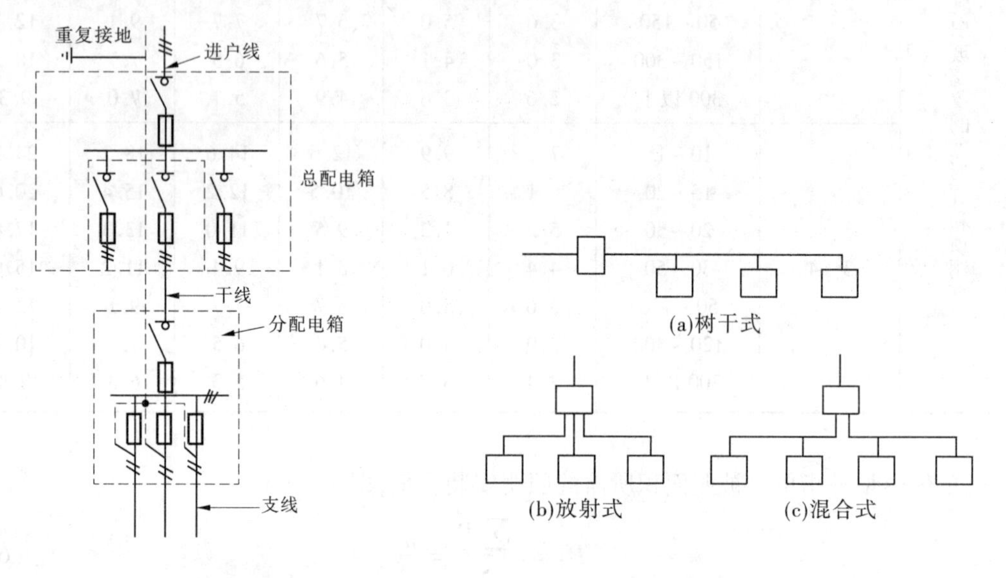

图 6-38　单线表示的照明配电系统图

图 6-39　照明干线的三种配电方式

支线指从分配电箱引至负载的一段线路。支线多为单相二线制。在荧光灯供电线路中,有的场所要求消除频闪效应,则支线应向灯管分相供电,有二相三线(双管荧光灯:二根相线,一根零线),三相四线(三管荧光灯:三根相线一根零线)。单相支线电流不宜超过 15 A,每一支线所接负载数(灯和插座总数)不宜超过 20 个(特殊情况最多不得超过 25 个)。如需安装较多的插座,可专设插座支线,目前的趋势是照明和插座分开供电(其中带接地插孔的单相插座还须有专门的接地保护线)。

由三相电源供电时,各相负荷应尽量平衡分配。

(2)照明配电箱。

配电箱是接受和分配电能的装置,配电箱内的主要电器是开关、熔断器,有的还装有电度表。图 6-40 为照明配电箱的盘面布置图和对应的线路图。其中有自动开关 DZ10 - 250 型 1 只,胶盖闸刀开关 HK1 - 60 3 只,瓷插式熔断器有 RC1A - 30 6 只、RC1A - 10 3 只。由于零线不允许断开,所有熔断器都必须接在相线上。零线接在配电箱内的接线板上,接线板是固定在箱内的一个金属条。每一单相回路所需零线都可从零线板上引出。从线路图中还可看出,除向外引出 3 路干线外,还向外引出 6 路支线,进线由总开关(自动空气开关)控制。

配电箱安装位置的选择原则:布置在干燥通风且便于操作维修之处,尽可能位于负荷中心,高层建筑各层楼的配电箱应放在同一垂直线上。

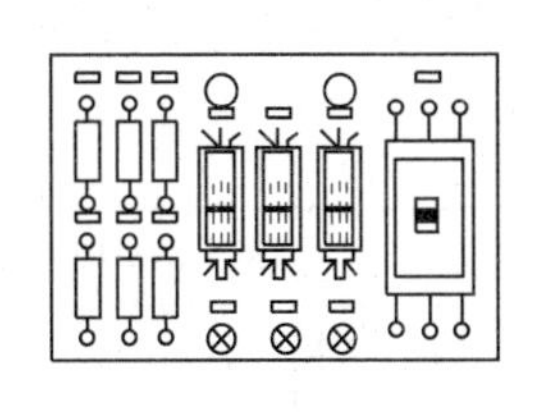
(a)盘面布置图

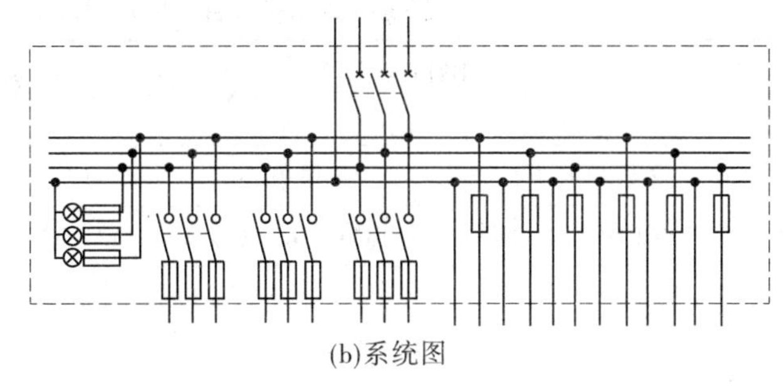
(b)系统图

图 6-40　照明配电箱及其系统图

3)照明线路的敷设

照明线路的导线通常采用聚氯乙烯绝缘电线或橡皮绝缘电线。

照明线路的敷设方式有明敷和暗敷两种。明敷是将导线直接或穿管(或其他保护体)敷设于墙壁、顶棚的表面及桁架、支架等上。明敷的几种方式及适用场所列于表6-12。各种明敷配线方式穿墙或过楼板处都要加保护管,垂直过楼板要穿保护钢管。

表 6-12　明敷的几种方式及其适用场所

敷设方式	适用场所
瓷夹板、塑料线夹配线	适用于正常环境的室内和挑檐下的室外
瓷瓶(针式绝缘子)配线	能使导线与墙面距离增大,可用于比较潮湿的地方(如浴室、较潮的地下室等),或雨雪能落到的室外。工业厂房导线截面较大时常采用
瓷柱(瓷珠、鼓式绝缘子)配线	适用于室内、外,但雨雪能落到的地方不可采用。室内也可用于较潮湿的地方,瓷柱配线的导线截面最大不宜超过 25 mm^2,否则用瓷瓶配线
卡钉(铝片卡)配线	只能采用塑料护套线(BVV、BLVV 型)明敷于室内,不能在室外露天场所明敷。布线时固定点的间距不得大于 200 mm
塑料槽板、木槽板配线	适用于干燥房屋的明敷,槽板应敷设于较隐蔽的地方,应紧贴于建筑物表面,排列整齐。一条槽板内应敷设同一回路的导线
穿管(钢管、电线管、塑料管)	穿钢管适用于用电量较大,易爆、易燃、多尘、干燥,又容易被碰撞的线路及场所 穿塑料管适用于用电量较大、腐蚀、尘多的场所

暗敷是将导线穿管(钢管、塑料管)敷设于墙壁、顶棚、地坪及楼板等的内部。配线管随土建工程施工时预埋好,然后把导线穿入管中。

暗敷配线安装费用大,所以一般用于有特殊要求的工作场所或标准较高的建筑物中。

穿管配线无论是用于明敷或是用于暗敷,管内导线的总截面(包括外护层)不应超过管子内截面的40%,绝缘导线允许穿管根数及相应的最小管径见表6-13。

管内的导线不得有接头,接头时(如分支),应设接线盒。为便于穿线,当管路过长或弯多时,也应适当地加装接线盒。在下列情况下应加装接线盒:

表 6-13　绝缘导线允许穿管根数及相应的最小管径

导线规格	500 V　BX　BLX　橡皮绝缘线																		
截面面积（mm^2）	2 根单心					3 根单心					4 根单心					5 根单心			
	VG	RVG	DG	GG	VXC	VG	RVC	DG	GG	VXC	VG	RVG	DG	GG	VXC	VG	RVC	DG	GG
	最小管径(mm)及线槽号																		
1	15	15	15	15	1	20	20	20	15	1	20	25	20	15	1	25	25	25	20
1.5	15	15	15	15	1	20	20	20	15	1	20	25	25	20	1	25	25	25	20
2.5	15	15	20	15	1	20	20	20	15	1	25	25	25	20	1	25	—	25	20
4	20	20	20	15	1	25	25	25	20	1	25	—	25	20	1	32	—	32	25
6	20	20	20	15	1	25	25	25	20	1	25	—	25	25	1	32	—	32	25
10	25	—	25	25	1	32	—	32	25	1	40	—	40	32	2	40	—	40	32
16	32	—	32	25	1	40	—	40	32	2	40	—	50	32	2	50	—	50	40
25	40	—	40	32	1	50	—	50	40	2	50	—	50	50	3	70	—	50	50
35	40	—	40	32	2	50	—	50	40	3	70	—	50	50	3	70	—	—	50
50	50	—	50	40	3	70	—	—	50	3	70	—	—	70	3	80	—	—	70
70	70	—		50	3	80	—	—	70	3	80	—	—	80	4	—	—	—	80
95	80	—		70	3	—	—	—	80	5	—	—	—	100	—	—	—	—	100
120	80	—		70	3	—	—	—	80	5	—	—	—	100	—	—	—	—	100
150	—	—		70	—	—	—	—	100	—	—	—	—	100	—	—	—	—	—

注：VG 为硬聚氯乙烯管，RVG 为软聚氯乙烯管，DG 为电线管，GG 为水、煤气钢管，VXC 为塑料线槽。
GG、VG 及 RVG 按内径称呼、DG 按外径称呼。

(1)无弯，在管路长度超过 45 m 时；

(2)有 1 个弯，在管路长度超过 30 m 时；

(3)有 2 个弯，在管路长度超过 20 m 时；

(4)有 3 个弯，在管路长度超过 12 m 时。

总之，在照明线路敷设中，应本着经济、节俭、美观、实用等原则，密切与土建、水暖等工程配合，保质、保量完成电气施工任务。

第十九节　建筑弱电系统一般知识

弱电系统指通信与自动控制系统，是现代建筑中不可缺少的电气系统。现代建筑中都装有较完善的弱电设施，如电视监视系统、访客对讲，出入口控制，火灾自动报警和联动控制装置、防盗报警装置、通信网络系统、综合布线系统等。现代建筑实施了自动化管理，使建筑内的各种功能更加完善，成为智能建筑。这里介绍几种生活中常见的弱电系统。

一、闭路电视监控系统

闭路电视监控系统是在闭路电视系统基础上发展起来的，又称闭路监控电视。其特点是以电缆或光缆方式，在特定范围内传输图像信号，达到远距离监视、保安监视的目的，将关键部位或重要场所实时、形象和不失真地显示出来。

（一）系统组成

闭路电视监控系统包括摄像、传输、显示和控制四个部分。当需要记录监视目标的图像时，应设置磁带录像装置。在监视目标的同时，若需要监听声音，可配置声音传输、监听的记录系统。

1. 摄像部分

摄像机系统是整个安保监视系统的前端、信号源。它的功能是用摄像机摄取现场的各种场景，成为(图像)视频信号并传送到监控室外。该系统以摄像机为主体，附加各种配套设备，如镜头、防护设备、云台、支墙架等。

摄像机宜安装在监视目标附近不易受外界损伤的地方，安装位置不应影响现场设备运行和人员正常活动。电梯轿厢内的摄像机，应安装在电梯轿厢顶部、电梯操作器的对角处，并应能监视电梯轿厢内全景。

2. 传输部分

传输部分用于将监控系统的前端设备与终端设备联系起来。前端产生的图像信息、声音信号、报警等通过传输系统传送到控制中心，并将控制中心的控制指令传送到前端设备。

在一般建筑物小型保安监视微机切换/监控系统中，采用视频电缆或光纤方式加屏蔽双绞线传输数码控制信号方式。

3. 显示部分

显示部分一般装在控制室，主要有监视器、录像机和一些视频处理设备。

4. 控制部分

控制部分是整个系统的心脏，指挥整个系统正常运行。该部分主要由总控制台组成。总控制台主要功能有：图像信号的校正与补偿、视频信号放大与分配、图像信号的切换与记录、摄像机及其辅助部件(如镜头，云台等)的控制等。

（二）系统组成形式

闭路电视监控系统中一般把摄像机称为“头”，监视器称为“尾”。为了某些特定目的，闭路电视系统可以有以下四种类型。

(1)单头单尾系统：由摄像机、传输电(光)缆、监视器组成，用于在一处连续监视一个固定目标。

(2)多头单尾系统：由摄像机、传输电(光)缆、切换控制器、监视器组成，用于在一处集中监视多个分散目标。

(3)单头多尾系统：由摄像机、传输电(光)缆、视频分配器、监视器组成，用于在多处监视同一个固定目标。

(4)多头多尾系统：由摄像机、传输电(光)缆、切换控制器、视频分配器、监视器组成，用于在多处监视多个目标。

二、出入口控制系统

出入口控制系统实现人员出入自动控制，又称门禁管制系统，其基本结构如图 6-191 所示。直接与人员打交道的设备有读卡机、电子门锁、出口按钮、报警传感器和报警喇叭等。它们用来接收人员输入的信息，再转换成电信号送到控制器中，同时根据来自控制器的信号，完成开锁、闭锁等工作。控制器接收到有关人员的信息，同存储的信息相比较以作出判断，然后发出处理的信息。

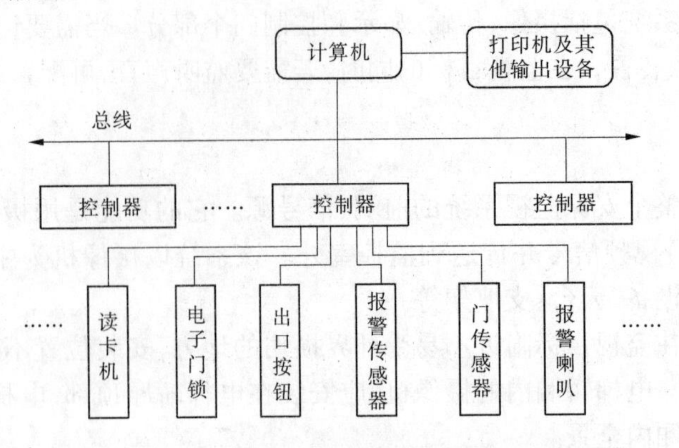

图 6-191　出入口控制系统的基本结构

在出入口控制装置中使用的出入凭证或个人识别方法，有卡片（磁卡、条码卡、智能卡、光卡、光符识别卡等）、代码（指定密码，用于数字密码锁开门）和人体生物特征识别（指纹、掌纹、眼纹、声音等）。

电子门锁一般是设在大楼入口处或办公区域的入口处。电子门锁有多种形式，一种采用数字编码，当密码按对后，门才能打开；另一种采用磁卡或 IC 卡（智能卡）方式，当磁卡或 IC卡插入，门方能打开；还可以设置对讲机控制箱，来访者按探访对象的按钮，相互通话后，电子门锁方能打开；还有指纹锁，锁中存储了能进入房间者的指纹，当进入者的指纹与存储指纹一致时，锁方能打开，是防复制、防窃的最好方法之一。

本章小结

（一）建筑构造的基本知识

1. 民用建筑通常由基础、墙体或柱、楼地层、屋顶、楼梯、门窗，以及阳台、雨篷、台阶、散水、雨水管、勒脚等其他细部组成。

基础是建筑物最下部的承重构件，它埋在地下，承受建筑物的全部荷载，并将这些荷载传递给地基。墙体和柱都是建筑物的竖向承重构件。楼板层是建筑物水平方向的承重构件。屋顶是建筑物最上部的承重和围护构件。楼梯是楼房建筑中联系上下各层的垂直交通设施。门窗均属于非承重构件。

2. 用刚性材料制作的基础称为刚性基础。刚性基础抗压强度较高，而抗拉、抗剪强度较低，常用的刚性基础有砖基础、毛石基础、混凝土基础等。柔性基础的底部配以钢筋，利用钢筋来承受拉力，使基础底部能够承受较大弯矩。常见的柔性基础有独立基础、条形基础、筏板基础、箱形基础、桩基础等。

3. 墙体的主要作用有承重、维护、分隔，其承重方案有纵墙承重、横墙承重、纵横墙承重和内框架承重。组成墙体的块材可用砖、砌块等，砖墙的细部构造主要有勒脚、散水明沟、防潮层、窗台、圈梁、过梁、构造柱等。

4. 地下室一般由墙体、底板、顶板、楼梯、门窗等几部分组成。当设计最高地下水位低于地下室底板 500 mm，且地基范围内的土壤及回填土无形成上层滞水的可能时，只需做防潮处理。当设计最高地下水位高于地下室底板顶面时,必须做防水处理,可采用卷材防水和混凝土结构自防水,卷材防水又分为内防水和外防水。

5. 楼地层是楼板层和地层的总称。楼板层主要由面层、结构层和顶棚组成,地层主要由面层、垫层和基层组成。钢筋混凝土楼板按施工方式可分为现浇钢筋混凝土楼板、预制装配式楼板和装配整体式钢筋混凝土楼板三种。常见的楼地面做法有整体地面和块材地面;水泥砂浆地面、细石混凝土地面、现浇水磨石地面均属于整体地面,常见的块材地面有陶瓷地砖、陶瓷锦砖、水泥花砖、大理石板、花岗岩板、木地板等。

6. 顶棚有直接式顶棚和悬吊式顶棚两种。直接式顶棚是指在屋面板、楼板等的底面直接喷浆、抹灰、粘贴壁纸或面砖等饰面材料;悬吊式顶棚简称吊顶,一般由吊杆、骨架和面层三部分组成。

阳台由承重结构(梁、板)、栏杆、扶手等组成。根据雨篷的支承方式不同,钢筋混凝土雨篷分为板式和梁板式两种。

7. 楼梯是建筑中各楼层间相互联系的主要垂直交通设施,也是紧急情况下安全疏散的主要通道,主要由楼梯段、楼梯平台、栏杆和扶手组成。楼梯的允许坡度范围在23°~45°,踏步的高度以150 mm为宜,踢面的宽度以300 mm为宜,楼梯段的净高不应小于2.2 m,平台过道处的净高不应小于2 m,一般建筑室内楼梯扶手高度不宜小于900 mm。

(二)建筑结构的基本知识

1. 建筑结构是建筑物的骨架,是建筑物赖以存在的物质基础,所谓建筑结构,就是在建筑物中由若干个构件连接而成的能承受作用、传递作用效应并起骨架作用的平面或空间体系,简称结构。

2. 建筑结构按所用的材料不同分为砌体结构、木结构、钢结构、混凝土结构。

3. 建筑结构按照结构的受力及构造特点分为混合结构、框架结构、剪力墙结构、框剪结构、筒体结构、排架结构等类型。

4. 荷载按随时间的变异分为下列三类:久荷载、变荷载、偶然荷载。

5. 设计任何建筑物和构筑物时,必须使其满足安全性、适用性、耐久性等方面的预定功能要求。

(三)建筑设备的知识

1. 给水系统按照用途分为生活、生产、消防给水;给水系统由引入管、水表节点、建筑给水管网、给水附件和升压及贮水设备组成;常用给水方式有直接给水、设水箱给水、设水池水泵水箱给水、竖向分区给水、气压给水方式等多种系统;给水系统管道安装。

2. 建筑采暖工程热水供应系统,通常有加热设备、热媒管网、热水储存水箱、热水输配管网和循环管网、其他设备和附件组成;主要系统有局部供热水、集中供热水和区域供热水系统。

3. 消防系统设置应遵循相关规范,消火栓系统由水源、室内消火栓、水带、水枪、消火栓箱、消防水泵、消防水箱和水泵接合器组成;给水方式主要有无加压水泵和水箱的系统、设水箱的系统、设水泵水箱的系统以及不分区和分区室内消火栓给水系统;自动喷水消防系统有湿式、干式、预作用式、水幕系统、水喷雾系统等。

4. 排水系统包括生活污(废)水排水系统、生产污(废)水排水系统和雨水排水系统三类;排水系统由污水收集器、排水管道系统、通气管、清通设备、抽升设备及污水局部处理设备组成；建筑排水系统常用管材主要有排水铸铁管、排水塑料管；管道和设备的敷设安装应遵循验收规范。

5. 热水采暖系统有多种分类方法，主要设备是热媒、热水管网和散热设备，多用于民用建筑。

第七章　环境与职业健康管理的基本知识

【学习目标】

熟悉工程项目的职业健康安全管理；了解工程职业健康安全事故的分类和处理；掌握工程项目的施工安全控制。

第一节　环境与职业健康的基本原则

一、概述

（一）职业健康安全与环境管理的概念

职业健康安全是指影响工作场所内员工、临时工作人员、合同方人员、访问者和其他人员健康安全的条件和因素。它包括为制定、实施、实现、评审和保持职业健康安全方针所需的组织结构、计划活动、职责、惯例、程序、过程和资源。

环境是指组织运行活动的外部存在，包括空气、水、土地、自然资源、植物、动物、人，以及它们之间的相互关系。环境管理体系是整个管理体系的一个组成部分，包括为制定、实施、实现、评审和保持环境方针所需的组织结构、计划活动、职责、惯例、程序、过程和资源。

（二）职业健康安全与环境管理的目的

建设工程项目的职业健康安全管理的目的是保护产品生产者和使用者的健康与安全。要控制影响工作场所内员工、临时工作人员、合同方人员、访问者和其他人员健康与安全的条件和因素，考虑和避免因使用不当对使用者造成的健康与安全的危害。

建设工程项目环境管理的目的是保护生态环境，使社会的经济发展与人类的生存环境相协调。要控制作业现场的各种粉尘、废水、废气、固体废弃物以及噪声、振动对环境的污染和危害，考虑能源节约和避免资源的浪费。

（三）职业健康安全与环境管理的任务

职业健康安全与环境管理的任务是，建筑生产组织（企业）为达到建筑工程职业健康安全与环境管理的目的而进行的组织、计划、控制、领导和协调的活动，包括制定、实施、实现、评审和保持职业健康安全与环境方针所需的组织结构、计划活动、职责、惯例、程序、过程和资源，并为此建立职业健康安全与环境管理体系。

（四）建设工程职业健康安全与环境管理的特点

建设工程职业健康安全与环境管理的特点包括以下内容：①建筑产品的固定性和生产的流动性及外部环境影响因素多，决定了职业健康安全与环境管理的复杂性。②产品的多样性和生产的单件性决定了职业健康安全与环境管理的多变性。③产品生产过程的连续性和分工性决定了职业健康安全与环境管理的协调性。④产品的委托性决定了职业健康安全与环境管理的不符合性。⑤产品生产的阶段性决定了职业健康安全与环境管理的持续性。⑥产品的时代性和社会性决定了职业健康安全与环境管理的经济性。

二、工程项目施工安全控制

(一)工程项目施工安全控制概述

安全控制是为了满足生产安全,对生产过程中的危险进行控制的计划、组织、监控、调节和改进等一系列管理活动。安全控制的目标是减少和消除生产过程中的事故,保证人员健康安全和财产免受损失。

1. 施工安全控制的特点

施工安全控制具有控制面广、控制的动态性、控制系统交叉性和控制的严谨性特点。

2. 施工安全控制的程序

建设工程项目施工安全控制的程序如图 7-1 所示。

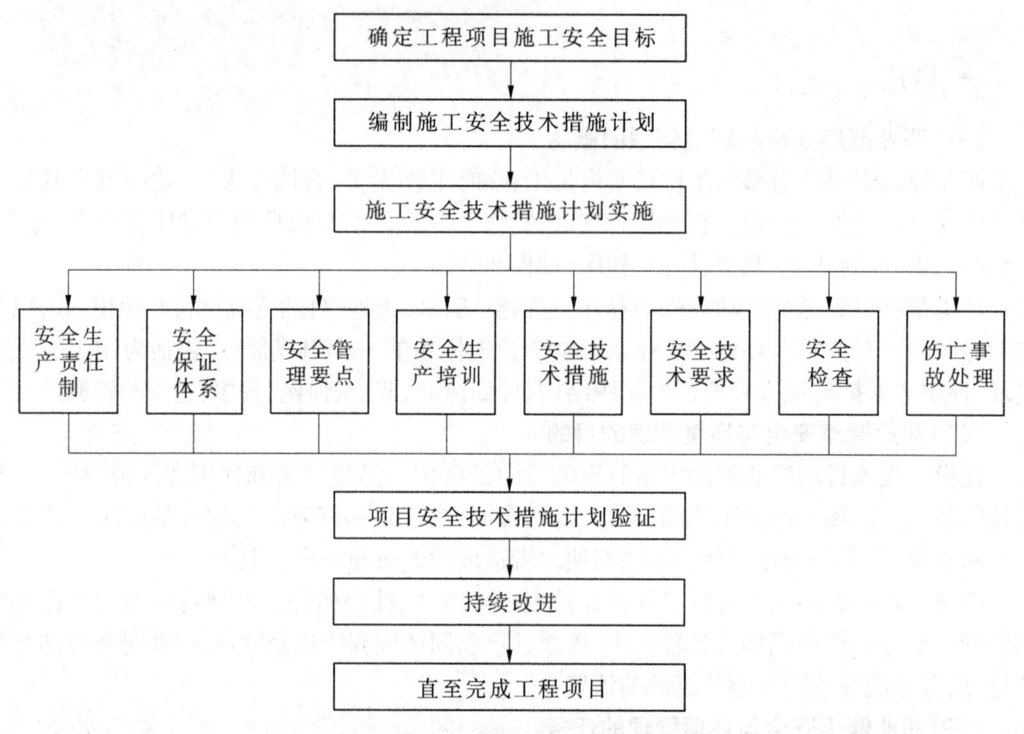

图 7-1　建设工程项目施工安全控制程序

(1)确定建设工程项目施工的安全目标。

(2)编制建设工程项目施工安全技术措施计划。

(3)安全技术措施计划的实施。

(4)施工安全技术措施计划的验证。

(5)持续改进,直至完成建设工程项目的所有工作。

3. 工程施工安全控制的基本要求

工程施工安全控制的基本要求主要包括以下内容:

(1)施工单位在取得安全行政主管部门颁发的"安全施工许可证"后才可开工。

(2)总承包单位和每一个分包单位都应经过安全资格审查认可。

(3)各类作业人员和管理人员必须具备相应的执业资格才能上岗。

(4)所有新员工必须经过三级安全教育，即进厂、进车间和进班组的安全教育。

(5)特殊工种作业人员必须持有特种作业操作证，并严格按规定定期进行复查。

(6)对查出的安全隐患要做到“五定”，即定整改责任人、定整改措施、定整改完成时间、定整改完成人、定整改验收人。

(7)必须把好安全生产“六关”，即措施关、交底关、教育关、防护关、检查关、改进关。

(8)施工现场安全设施齐全，并符合国家及地方有关规定。

(9)施工机械(特别是现场安设的起重设备等)必须经安全检查合格后方可使用。

(10)保证安全技术措施费用的落实，不得挪作他用。

(二)施工安全技术措施计划及其实施

1.工程项目安全计划的内容

工程项目安全计划的内容包括项目概况、安全控制和管理目标、安全控制和管理程序、安全组织机构、职责权限、规章制度、资源配置、安全措施、检查评价和奖惩制度。

2.施工方案中安全措施的主要内容

一般工程安全技术措施主要考虑以下内容：

(1)从建筑或安装工程整体考虑施工期内对周围道路、行人及邻近居民、设施的影响，采取相应的防护措施(全封闭防护或部分封闭防护)；平面布置应考虑施工区与生活区分隔，以及自己的施工排水、安全通道、高处作业对下部和地面人员的影响；临时用电线路的整体布置、架设方法；安装工程中的设备、构配件吊运，起重设备的选择和确定，起重半径以外安全防护范围等，复杂的吊装工程还应考虑视角、信号、步骤等细节。

(2)对深基坑、基槽的土方开挖，应了解土壤种类，选择土方开挖方法、放坡坡度或固壁支撑的具体做法，总的要求是防坍塌。人工挖孔桩基础工程还须有测毒设备和防中毒措施。

(3)30 m以上脚手架或设置的挑架、大型混凝土模板工程，还应进行架体和模板承重强度、荷载计算，以保证施工过程中的安全。安全平网、立网的架设要求，架设层次段落，做好严密的随层安全防护。龙门、井架等垂直运输设备的拉结、固定方法及防护措施。

(4)施工过程中的“四口”(即楼梯口、电梯口、通道口、预留洞口)应有防护措施。如楼梯、通道口应设置1.2 m高的防护栏杆并加装安全立网；预留孔洞应加盖；大面积孔洞，如吊装孔、设备安装孔、天井孔等应加周边栏杆并安装立网。交叉作业应采取隔离防护，如上部作业应满铺脚手板，外侧边沿应加挡板和网等防物体下落措施。

(5)“临边”防护措施。施工中未安装栏杆的阳台(走台)周边、无外架防护的屋面(或平台)周边、框架工程楼层周边、跑道(斜道)两侧边、卸料平台外侧边等均属于临边危险地域，应采取防人员和物料下落的措施。

(6)当外用电线路与在建工程(含脚手架具)的外侧边缘之间达到最小安全操作距离时，必须采取屏障、保护网等措施；如果小于最小安全距离，还应设置绝缘屏障，并悬挂醒目的警示标志。根据施工总平面的布置和现场临时用电需要量，制定相应的安全用电技术措施和电气防火措施，如果临时用电设备在5台及5台以上或设备总容量在50 kW及50 kW以上者，应编制临时用电组织设计。

(7)施工工程、暂设工程、井架门架等金属构筑物，凡高于周围原有避雷设备，均应有防雷设施；易燃易爆作业场所必须采取防火防爆措施。

(8)季节性施工的安全措施。如夏季防止中暑措施，包括降温、防热辐射、调整作息时间、疏导风源等措施;雨季施工要制定防雷防电、防坍塌措施;冬季防火、防大风等。

3. 安全计划的实施

1)建立安全生产责任制

安全生产责任制包括项目经理安全职责、作业队长安全职责、班组长安全职责、操作工人安全职责、承包人对分包人的安全生产责任、分包人安全生产责任。

2)安全教育培训

安全教育培训的内容包括项目经理部的安全教育内容;作业队安全教育培训内容;班组安全教育培训内容;对从事电工、压力容器操作、爆破作业、金属焊接、井下检验、机动车驾驶、机动船舶驾驶、高空作业等特殊工种的作业人员,必须经国家认可的具有资质的单位进行安全技术培训,考试合格并取得上岗证书方可上岗作业。

3)安全技术交底

安全技术交底的基本要求如下:

(1)项目经理部必须实行逐级安全技术交底制度,纵向延伸到班组全体作业人员。

(2)技术交底必须具体、明确、针对性强。

(3)技术交底的内容应针对分部分项工程施工中给作业人员带来的潜在危害和存在问题。

(4)应优先采用新的安全技术措施。

(5)应将工程概况、施工方法、施工程序、安全技术措施等向工长、班组长进行详细交底。

(6)定期向由两个以上作业队和多工种进行交叉施工的作业队伍进行书面交底。

(7)保持书面安全技术交底签字记录。

安全技术交底主要内容包括:本工程项目的施工作业特点和危险点;针对危险点的具体预防措施;应注意的安全事项;相应的安全操作规程和标准;发生事故后应及时采取的避难和急救措施。

4)施工现场安全管理规定

(1)施工单位应在施工现场入口处、施工起重机械、临时用电设施、脚手架、出入通道口、楼梯口、电梯井口、孔洞口、桥梁口、隧道口、基坑边沿、爆破物及有害危险气体和液体存放处等危险部位,设置明显的安全警示标志。安全警示标志必须符合国家标准。

(2)现场的办公、生活区与作业区分开设置,并保持安全距离;办公、生活区的选址应当符合安全性要求。职工的膳食、饮水、休息场所等应当符合卫生标准。施工单位不得在尚未竣工的建筑物内设置员工集体宿舍。

(3)施工单位应在施工现场建立消防安全责任制度,确定消防安全责任人,制定用火、用电、使用易燃易爆材料等各项消防安全管理制度和操作规程,设置消防通道、消防水源,配备消防设施和足够的有效的灭火器材,指定专门人员定期维护保持设备良好,并在施工现场入口处设置明显标志,建立消防安全组织,坚持对员工进行防火安全教育。

(4)施工现场安全用电规定。

(5)施工现场安全纪律。

(6)个人劳动保护和安全防护用品的使用规定。

5)施工安全检查

(1)安全检查可分为日常性检查、专业性检查、季节性检查、节假日前后的检查和不定期检查。

(2)安全检查的主要内容包括查思想、查管理、查隐患、查整改和查事故处理。

(3)安全检查的注意事项:

①每周或每旬由主要负责人带队组织定期的安全大检查;

②施工班组每天上班前由班组长和安全值日人员组织班前安全检查。

③季节更换前由安全生产管理人员和安全专职人员、安全值日人员组织季节劳动保护安全检查。

④由安全管理小组、职能部门人员、专职安全员和专业技术人员等组成对电气、机械设备、脚手架、登高设施等专项设备、高处作业、用电安全、消防保卫等进行专项检查。

⑤由安全管理小组、安全专兼职人员和安全值日人员进行日常的安全检查。

⑥对塔式起重机等起重设备、井架、龙门架、脚手架、电气设备、吊篮、现浇混凝土模板及支撑等设备在安装搭设完成后进行安全验收、检查。

三、建设工程职业健康安全事故的分类和处理

(一)建设工程职业健康安全事故的分类

事故即造成死亡、疾病、伤害、损坏或其他损失的意外情况。职业健康安全事故分两大类型,即职业伤害事故与职业病。

职业伤害事故是指因生产过程及工作原因或与其相关的其他原因造成的伤亡事故。

1.按照事故发生的原因分类

按照我国《企业职工伤亡事故分类标准》(GB 6441—1986)规定,职业伤害事故分为20类:①物体打击;②车辆伤害;③机械伤害;④起重伤害;⑤触电;⑥淹溺;⑦灼烫;⑧火灾;⑨高处坠落;⑩坍塌;⑪冒顶片帮;⑫透水;⑬放炮;⑭火药爆炸;⑮瓦斯爆炸;⑯锅炉爆炸;⑰容器爆炸;⑱其他爆炸;⑲中毒和窒息;⑳其他伤害。

2.按事故后果严重程度分类

按事故后果严重程度分分为轻伤事故、重伤事故、死亡事故、重大伤亡事故、特大伤亡事故和急性中毒事故。

3.职业病

职业病一般包括:①尘肺;②职业性放射性疾病;③职业中毒;④物理因素所致职业病;⑤生物因素所致职业病;⑥职业性皮肤病;⑦职业性眼病;⑧职业性耳鼻喉口腔疾病;⑨职业性肿瘤;⑩其他职业病。

(二)建设工程职业健康安全事故的处理

1.安全事故处理的原则

安全事故处理应遵循“四不放过”的原则,即事故原因不清楚不放过,事故责任者和员工没有受到教育不放过,事故责任者没有处理不放过,没有制订防范措施不放过。

2.安全事故处理程序

安全事故处理程序如下:

(1)迅速抢救伤员并保护好事故现场。

(2)组织调查组。

(3)现场勘察(现场笔录、现场拍照、现场绘图)。

(4)分析事故原因。

(5)事故性质类别划分(责任事故、非责任事故、破坏性事故)。

(6)制定预防措施。

(7)写出调查报告。

(8)事故审理和结案(事故调查处理结论应经有关机关审批后方可结案。伤亡事故处理工作应当在 90 d 内结案,特殊情况不得超过 180 d。事故案件的审批权限同企业的隶属关系及人事管理权限一致。对事故责任者的处理应根据其情节轻重和损失大小来判断。事故调查处理的文件、图纸、照片、资料等记录应妥善地保存起来)。

(9)员工伤亡事故登记记录(员工伤亡事故登记记录包括:①员工重伤、死亡事故调查报告书,现场勘察资料(记录、图纸、照片);②技术鉴定和试验资料;③物证、人证调查材料;④医疗部门对伤亡者的诊断结论及影印件;⑤事故调查组人员的姓名、职务并应逐个签字;⑥企业或其主管部门对该事故所作的结案报告;⑦受处理人员的检查材料;⑧有关部门对事故的结案批复等)。

建筑工程施工现场常见的事故有:高处坠落、物体打击、触电、机械伤害、坍塌事故。

在 24 h 内上报的重大事故的书面报告,应包括下列内容:①事故发生的时间、地点、工程项目、企业名称;②事故发生的简要经过、伤亡人数和直接经济损失的初步估计;③事故发生原因的初步判断;④事故发生后采取的措施及事故控制情况;⑤事故报告单位。

事故结案后需保存的资料有:职工伤亡事故登记表;职工伤亡、重伤事故调查报告及批复;现场调查记录、图纸、照片;技术鉴定和试验报告;物证、人证材料;直接和间接经济损失材料;事故责任者自述材料;医疗部门对伤亡人员的诊断书;发生事故时工艺条件、操作情况和设计资料;有关事故的通报、简报及文件;注明参加调查组的人员名单、职务、单位。

按安全事故伤害程度分类:①轻伤,指损失一个工作日至 105 个工作日以下的失能伤害;②重伤,指损失工作日等于和超过 105 个工作日的失能伤害,重伤的损失工作日最多不超过 6 000 个工作日;③死亡,指损失工作日超过 6 000 个工日,这是根据我国职工的平均退休年龄和平均计算出来的。(注:“以上”包括本数,“以下”不包括本数。)

按生产安全事故造成的人员伤亡或者直接经济损失,事故一般分为:①特别重大事故,造成 30 人以上死亡,或者 100 人以上重伤,或者 1 亿元以上直接经济损失的事故;②重大事故,指造成 10 人以上 30 人以下死亡,或者 50 人以上 100 人以下重伤,或者 5 000 万元以上 1 亿元以下直接经济损失的事故;③较大事故,指造成 3 人以上 10 人以下死亡,或者 10 人以上 50 人以下重伤,或者 1 000 万元以上 5 000 万元以下直接经济损失的事故;④一般事故:指造成 3 人以下死亡,或者 10 人以下重伤,或者 1 000 万元以下 100 万元以上直接经济损失的事故。

3. 工伤认定

工伤认定包括:①在工作时间和工作场所内,因工作原因受到事故伤害的;②工作时间前后在工作场所内,从事与工作有关的预备性或者收尾性工作受到事故伤害的;③在工作时间和工作场所内,因履行工作职责受到暴力等意外伤害的;④患职业病的;⑤因工外出期间,由于工作原因受到伤害或者发生事故下落不明的;⑥在上下班途中,受到机动车事故伤害的;⑦法律、行政法规规定应当认定为工伤的其他情形。

职工有下列情形之一的,视同工伤:①在工作时间和工作岗位,突发疾病死亡或者在48 h之内经抢救无效死亡的;②在抢险救灾等维护国家利益、公共利益活动中受到伤害的;③职工原在军队服役,因战、因公负伤致残,已取得革命伤残军人证,到用人单位后旧伤复发的。

职工有下列情形之一的,不得认定为工伤或者视同工伤:①因犯罪或者违反治安管理条例伤亡的;②醉酒导致伤亡的;③自残或者自杀的。

4. 职业病的处理

1) 职业病报告

职业病报告实行以地方为主、逐级上报的办法。地方各级卫生行政部门指定相应的职业病防治机构或卫生防疫机构负责职业病的统计和报告工作。

一切企业、事业单位发生的职业病,都应按规定要求向当地卫生监督机构报告,由卫生监督机构统一汇总上报。

2) 职业病处理

(1)职工被确诊患有职业病后,其所在单位应根据职业病诊断机构的意见,安排其医疗或疗养。

(2)在医治或疗养后被确认不宜继续从事原有害作业或工作的,应自确认之日起的两个月内将其调离原工作岗位,另行安排工作;对于因工作需要暂不能调离的生产、工作的技术骨干,调离期限最长不得超过半年。

(3)患有职业病的职工变动工作单位时,其职业病待遇应由原单位负责或两个单位协调处理,双方商妥后方可办理调转手续,并将其健康档案、职业病诊断证明及职业病处理情况等材料全部移交新单位。

(4)职工到新单位后,新发生的职业病不论与现工作有无关系,其职业病待遇由新单位负责。劳动合同制工人、临时工终止或解除劳动合同后,在待业期间新发现的职业病,与上一个劳动合同期工作有关时,其职业病待遇由原终止或解除劳动合同的单位负责。如原单位已与其他单位合并,由合并后的单位负责;如原单位已撤销,应由原单位的上级主管机关负责。

第二节　施工现场环境保护的有关规定

一、文明施工的要求

(一)文明施工的意义

文明施工是指保持施工现场良好的作业环境、卫生环境和工作秩序。主要包括:规范施工现场的场容,保持作业环境的整洁卫生;科学组织施工,使生产有序进行;减少施工对周围居民和环境的影响;遵守施工现场文明施工的规定和要求,保证职工的安全和身体健康。

(二)文明施工的管理组织和管理制度

1. 管理组织

施工现场应成立以项目经理为第一责任人的文明施工管理组织。分包单位应服从总包单位的文明施工管理组织的统一管理,并接受监督检查。

2. 管理制度

各项施工现场管理制度应有文明施工的规定,包括个人岗位责任制、经济责任制、安全检查制度、持证上岗制度、奖惩制度、竞赛制度和各项专业管理制度等。

3. 文明施工的检查

加强和落实现场文明施工的检查、考核及奖惩管理,以促进文明施工管理工作提高。

(三)保存文明施工的文件和资料

文明施工的文件和资料包括:

(1)上级关于文明施工的标准、规定、法律、法规等;

(2)施工组织设计(方案)中对文明施工的管理规定,各阶段施工现场文明施工的措施;

(3)文明施工自检资料;

(4)文明施工教育、培训、考核计划的资料;

(5)文明施工活动各项记录资料。

(四)现场文明施工的基本要求

现场文明施工的基本要求包括以下内容:

(1)施工现场必须设置明显的标牌,标明工程项目名称、建设单位、设计单位、施工单位、项目经理和施工现场总代表人的姓名、开工和竣工日期、施工许可证批准文号等。施工单位负责现场标牌的保护工作。

(2)施工现场的管理人员应佩戴证明其身份的证卡。

(3)应当按照施工总平面布置图设置各项临时设施。现场堆放的大宗材料、成品、半成品和机具设备不得侵占场内道路及安全防护等设施。

(4)施工现场的用电线路、用电设施的安装和使用必须符合安装规范及安全操作规程,并按照施工组织设计进行架设,严禁任意拉线接电。施工现场必须设有保证施工安全要求的夜间照明;危险潮湿场所的照明以及手持照明灯具,必须采用符合安全要求的电压。

(5)施工机械应当按照施工总平面布置图规定的位置和线路设置,不得任意侵占场内道路。施工机械进场时须经过安全检查,经检查合格的方能使用。施工机械操作人员必须按有关规定持证上岗,禁止无证人员操作机械。

(6)应保证施工现场道路畅通,排水系统处于良好的使用状态;保持场容场貌的整洁,随时清理建筑垃圾。在车辆、行人通行的地方施工,应当设置施工标志,并对沟、井、坎、穴进行覆盖。

(7)施工现场的各种安全设施和劳动保护器具必须定期检查和维护,及时消除隐患,保证其安全有效。

(8)施工现场应当设置各类必要的职工生活设施,并符合卫生、通风、照明等要求。职工的膳食、饮水供应等应当符合卫生要求。

(9)应当做好施工现场安全保卫工作,采取必要的防盗措施,在现场周边设立围护设施。

(10)应当严格依照《中华人民共和国消防条例》的规定,在施工现场建立和执行防火管理制度,设置符合消防要求的消防设施,并保持完好的备用状态。在容易发生火灾的地区施工,或者储存、使用易燃易爆器材时,应当采取特殊的消防安全措施。

(11)施工现场发生的工程建设重大事故的处理,依照《工程建设重大事故报告和调查程序规定》执行。

二、施工现场环境保护的措施

(一)大气污染的防治

1. 大气污染物

大气污染物一般包括:气体状态污染物,如二氧化硫、氮氧化物、一氧化碳、苯、苯酚、汽油等。②粒子状态污染物。包括降尘和飘尘。飘尘又称为可吸入颗粒物,易随呼吸进入人体肺脏,危害人体健康。③工程施工工地对大气产生的主要污染物有锅炉、熔化炉、厨房烧煤产生的烟尘,建材破碎、筛分、碾磨、加料过程、装卸运输过程产生的粉尘,施工动力机械尾气排放等。

2. 施工现场空气污染的防治措施

(1)严格控制施工现场和施工运输过程中的降尘和飘尘对周围大气的污染,可采用清扫、洒水、遮盖、密封等措施降低污染。

(2)严格控制有毒有害气体的产生和排放,如禁止随意焚烧油毡、橡胶、塑料、皮革、树叶、枯草、各种包装物等废弃物品,尽量不使用有毒有害的涂料等化学物质。

(3)所有机动车的尾气排放应符合国家现行标准。

(二)水污染的防治

1. 水体的主要污染源和污染物

(1)水体污染源。包括工业污染源、生活污染源、农业污染源等。

(2)水体的主要污染物。包括各种有机和无机有毒物质以及热温等。有毒有机物质包括挥发酚、有机氯农药、多氯联苯等。有毒无机物质包括汞、镉、铬、铅等重金属以及氰化物等。

(3)施工现场废水和固体废物随水流流入水体部分,包括泥浆、水泥、油漆、各种油类、混凝土添加剂、有机溶剂、重金属、酸碱盐等。

2. 防止水体污染的措施

防止水体污染的措施主要有:控制污水的排放;改革施工工艺,减少污水的产生;综合利用废水。

(三)建设工程施工现场的噪声控制

1. 噪声的分类

噪声按照振动性质可分为气体动力噪声、机械噪声、电磁性噪声。

噪声按来源可分为交通噪声(如汽车、火车等)、工业噪声(如鼓风机、汽轮机等)、建筑施工的噪声(如打桩机、混凝土搅拌机等)、社会生活噪声(如高音喇叭、收音机等)。

2. 施工现场噪声的控制措施

噪声控制技术可从声源、传播途径、接收者防护等方面来考虑。

从声源上降低噪声是防止噪声污染的最根本的措施。具体做法是:①尽量采用低噪声设备和工艺代替高噪声设备与工艺,如采用低噪声振捣器、风机、电动空压机、电锯等。②在声源处安装消声器消声,即在通风机、鼓风机、压缩机、燃气机、内燃机及各类排气放空装置等进出风管的适当位置设置消声器。③严格控制人为噪声。

从传播途径上控制噪声的方法主要有吸声、隔声、消声和减振降噪。

(四)建设工程施工现场固体废物处理

固体废物是生产、建设、日常生活和其他活动中产生的固态、半固态废弃物质。固体废物是一个极其复杂的废物体系,按照其化学组成可分为有机废物和无机废物,按照其对环境和人类健康的危害程度可以分为一般废物和危险废物。

施工工地上常见的固体废物包括:建筑渣土,废弃的散装建筑材料,生活垃圾,设备、材料等的包装材料,粪便。

固体废物的主要处理和处置方法有:①物理处理,包括压实浓缩、破碎、分选、脱水干燥等;②化学处理,包括氧化还原、中和、化学浸出等;③生物处理,包括好氧处理、厌氧处理等;④热处理,包括焚烧、热解、焙烧、烧结等;⑤固化处理,包括水泥固化法和沥青固化法等;⑥回收利用,包括回收利用和集中处理等资源化、减量化的方法;⑦处置,包括土地填埋、焚烧、贮留池贮存等。

本章小结

职业健康安全与环境管理作为建设工程项目管理的主要内容之一,是时代的要求。因此,正确理解职业健康安全与环境管理的内涵,明确其基本任务、掌握建设工程职业安全与环境管理的特点是管理者的工作内容之一。

工程项目施工安全控制事关生命安全和工程成本,“安全第一,预防为主”是我国安全生产的方针,切实可行的安全技术措施计划和有效实施是安全控制的重点。

明确安全事故的处理原则,掌握安全事故的处理程序,是安全事故处理的核心。明确文明施工的要求,有效实施施工现场环境保护措施是环境管理的关键所在。

参考文献

[1] 中华人民共和国建设部. GB 50009—2012 混凝土结构设计规范[S]. 北京:中国建筑工业出版社, 2012.

[2] 中华人民共和国建设部. GB 50011—2010 建筑抗震设计规范[S]. 北京:中国建筑工业出版社,2010.

[3] 中华人民共和国建设部. GB 50010—2011 混凝土结构设计规范[S]. 北京:中国建筑工业出版社, 2011.

[4] 中华人民共和国建设部. GB 50017—2003 钢结构设计规范[S]. 北京:中国建筑工业出版社,2003.

[5] 中华人民共和国建设部. GB 50007—2011 建筑地基基础设计规范[S]. 北京:中国建筑工业出版社, 2012.

[6] 吴承霞. 混凝土与砌体结构[M]. 北京:中国建筑工业出版社,2012.

[7] 沈祖炎. 钢结构基本原理[M]. 北京:中国建筑工业出版社,2012.

[8] 陈绍蕃. 钢结构设计原理[M]. 北京:科学出版社,1998.

[9] 吕西平,周德源. 建筑结构抗震设计原理与实例[M]. 上海:同济大学出版社,2002.

[10] 全国二级建造师执业资格考试用书编写委员会. 建设工程项目管理[M]. 北京:中国建筑工业出版社,2011.

[11] 王立霞. 项目施工组织与管理[M]. 郑州:郑州大学出版社,2007.

[12] 王辉. 建设工程施工项目管理[M]. 北京:冶金工业出版社,2009.

[13] 姚玉娟,翟丽旻. 建筑施工组织与管理[M]. 北京:北京大学出版社,2009.

[14] http://jpkc. hnjs. com. cn:8080/C6/Course/Index. htm 河南建筑职业技术学院《建筑施工组织》精品课网站

[15] 中华人民共和国建设部. GB 50019—2003 采暖通风与空气调节设计规范[S]. 北京:中国计划出版社,2004.

[16] 高明远. 建筑设备工程[M]. 3 版. 北京:中国建筑工业出版社,2005.

[17] 王付全,杨师斌. 建筑设备[M]. 北京:科学出版社,2011.

[18] 韦节廷. 建筑设备工程[M]. 武汉:武汉理工大学出版社, 2010.

[19] 周业梅. 建筑设备识图与施工工艺[M]. 北京:北京大学出版社, 2012.

[20] 汤万龙. 建筑设备[M]. 北京:化学工业出版社,2010.

[21] 邵正荣,张郁,宋勇军. 建筑设备[M]. 北京:北京理工大学出版社,2011.

[22] 王东萍,王维红. 建筑设备工程[M]. 哈尔滨:哈尔滨工业大学出版社,2009.

[23] 张思忠. 建筑设备[M]. 郑州:黄河水利出版社,2011.

[24] 陈明彩,毛颖. 建筑设备安装识图与施工工艺[M]. 北京:北京理工大学出版社,2009.

[25] 中华人民共和国建设部. GB 50016—2006 建筑设计防火规范[S]. 北京:中国计划出版社,2006.

[26] 中华人民共和国建设部. GB 50015—2003 建筑给水排水设计规范(2009 年版)[S]. 北京:中国计划出版社,2010.

[27] GB 50242—2002 建筑给水排水及采暖工程施工质量验收规范[S]. 北京:中国建筑工业出版社,2002.

[28] 中华人民共和国水利部. GB 50243—2002 通风与空调工程施工质量验收规范[S]. 北京:中国计划出版社,2002.

[29] 王明昌. 建筑电工学[M]. 重庆:重庆大学出版社,2010.

[30] 徐晓宁. 建筑电气设计基础[M]. 广州:华南理工大学出版社,2007.

[31] 张瑞生. 建筑工程安全管理[M]. 武汉:武汉理工大学出版社,2007.

[32] 卢军. 建筑环境与设备工程概论[M]. 重庆:重庆大学出版社,2003.
[33]《建筑施工手册》编写组. 建筑施工手册[M]. 4 版. 北京:中国建筑工业出版社,2004.
[34] 中华人民共和国建设部. GB 50300—2001 建筑工程施工质量验收统一标准[S]. 北京:中国建筑工业出版社,2002.
[35] 姚谨英. 建筑施工技术[M]. 4 版. 北京:建筑工业出版社,2012.
[36] GB 50208—2002 地下防水工程质量验收规范[S].
[37] 中华人民共和国建设部. GB 50207—2002 屋面工程质量验收规范[S]. 北京:中国建筑工业出版社,2002.
[38] 钟汉华,李念国. 建筑工程施工工艺[M]. 北京:北京大学出版社,2009.
[39] 中华人民共和国建设部. GB 50204—2002 混凝土结构工程施工质量验收规范(2011 年版)[S]. . 北京:中国建筑工业出版社,2011.
[40] 夏锦红. 建筑力学[M]. 郑州:郑州大学出版社,2007.
[41] 刘志宏. 建筑工程基础(下)[M]. 南京:东南大学出版社,2005.
[42] 滕春,朱缨. 建筑识图与构造[M]. 武汉:武汉理工大学出版社,2012.
[43] 肖芳. 建筑构造[M]. 北京:北京大学出版社,2012.
[44] 李少红. 房屋建筑构造[M]. 北京:北京大学出版社,2012.
[45] 赵妍. 建筑识图与构造[M]. 北京:中国建筑工业出版社,2008.
[46] 王崇杰. 房屋建筑学[M]. 北京:中国建筑工业出版社,2008.